Storytelling im UX-Design

Storytelling im UX-Design

Mit Heldenreise, Storyboards und dem roten Faden zu erfolgreichen Produkten

Anna Dahlström

Deutsche Übersetzung von Isolde und Christoph Kommer

Anna Dahlström

Übersetzung: Isolde Kommer, Christoph Kommer
Lektorat: Sandra Bollenbacher
Lektoratsassistenz: Anja Weimer
Korrektorat: Petra Heubach-Erdmann, Düsseldorf
Satz: Tilly Mersin und Isolde Kommer, Großerlach, *www.mersinkommer.de*
Herstellung: Stefanie Weidner
Umschlaggestaltung: Karen Montgomery, Michael Oréal, *www.oreal.de*
Illustrationen: Jose Marzan Jr. und Rebecca Demarest
Druck und Bindung: mediaprint solutions GmbH, 33100 Paderborn

Bibliografische Information der Deutschen Nationalbibliothek
Die Deutsche Nationalbibliothek verzeichnet diese Publikation in der Deutschen Nationalbibliografie; detaillierte bibliografische Daten sind im Internet über *http://dnb.d-nb.de* abrufbar.

ISBN:
Print 978-3-96009-171-4
PDF 978-3-96010-584-8
ePub 978-3-96010-585-5
mobi 978-3-96010-586-2

1. Auflage 2021

Wieblinger Weg 17
69123 Heidelberg

Hinweis:
Dieses Buch wurde auf PEFC-zertifiziertem Papier aus nachhaltiger Waldwirtschaft gedruckt. Der Umwelt zuliebe verzichten wir zusätzlich auf die Einschweißfolie.

Schreiben Sie uns:
Falls Sie Anregungen, Wünsche und Kommentare haben, lassen Sie es uns wissen: *kommentar@oreilly.de*.

5 4 3 2 1 0

Inhaltsverzeichnis

Vorwort

Alles beginnt mit »Es war einmal ...«

Ich bin in einer Familie aufgewachsen, in der immer Geschichten erzählt wurden. Mein Vater Ingvar ist Schriftsteller, und Lesen und Schreiben spielten in meiner Kindheit eine große Rolle. Ich erinnere mich, wie ich neben meinem Vater auf dem Sofa saß, einer meiner Brüder saß auf der anderen Seite. Dad las uns die Mumin-Bücher vor, die Chroniken von Narnia, die Gebrüder Grimm, Hans Christian Andersen und Astrid Lindgren, und wir saßen völlig vertieft da.

Die Geschichten, die er vorlas, schickten uns auf Reisen an Orte, von deren Existenz wir nichts wussten. Sie schufen Welten in unseren Köpfen und regten unsere Fantasie an, indem sie uns Dinge zeigten, die wir nie zuvor gesehen hatten. Wie bei einem Traum, aus dem man nicht aufwachen möchte, wollten wir, dass diese Vorlesesitzungen nie aufhörten. Wir wollten wissen, was als Nächstes passieren würde, wie alles begann und wie es enden würde. Abend für Abend rückten wir der Auflösung einen Schritt näher, bis die letzte Seite umgeblättert wurde und es Zeit war, ein neues Kapitel zu beginnen, manchmal auch ein neues Buch.

Viele klassische Märchen aus unserer Kindheit – *Schneewittchen, Rumpelstilzchen* und *Hänsel und Gretel* – beginnen mit einem der bekanntesten Sätze der Welt: »Es war einmal ...« Laut dem Oxford English Dictionary wird der Satz in dieser oder ähnlicher Form seit mindestens 1380 verwendet, um Erzählungen von vergangenen Ereignissen einzuleiten, typischerweise in Form von Märchen und Volkserzählungen. In den 1600er-Jahren wurde er häufig verwendet, um mündliche Erzählungen zu beginnen, und diese endeten oft mit »... und sie lebten glücklich bis an ihr Lebensende.«

Heute gibt es eine Reihe moderner Varianten von »Es war einmal ...«, vor allem in Film und Fernsehen. Eine der bekanntesten ist »Vor langer Zeit in einer weit entfernten Galaxie ...«, mit der die *Krieg-der-Sterne*-Filme beginnen. Andere bekannte Variationen sind »In einem Land der Mythen und einer Zeit der Magie ...«, das die Eröffnungszeile der TV-Serie *Merlin* ist, und »In der Zeit vor der Zeit ...« aus dem Film *Bionicle*. Ob das klassische »Es war einmal ...« oder eine der modernen Varianten, diese Eröffnungssätze signalisieren, dass es Zeit ist, sich zurückzulehnen, denn in der einen oder anderen Form wird eine Geschichte folgen. Dieses Buch ist die Geschichte der Rolle, die das Storytelling im Produktdesign spielt: Geschichten mit unserer Arbeit zu erzählen, ist essenziell für die Menschen und Kontexte, für die wir heute gestalten.

Die Kunst des Erzählens

Die Erzählkunst war schon immer eine hochgeschätzte Fähigkeit, und wer großartige Geschichten erzählen konnte, war oft eine wichtige Person in der Gemeinschaft. Große Storyteller waren schon immer besonders begabt darin, einprägsam und effektiv zu kommunizieren und nicht nur eine Abfolge von Ereignissen zu vermitteln, sondern auch Emotionen bei den Zuhörern hervorzurufen. So konnten sie sicherstellen, dass der Inhalt der Geschichte – sei es ein Krieg, eine Heldentat oder ein Ereignis – nicht in Vergessenheit geriet und weitergegeben werden konnte. Heute haben Technologie und Druck die Herausforderung der Informationsweitergabe gelöst, aber großartige Storyteller sind heute noch genauso wichtig wie früher.

Im Jahr 2014 veröffentlichte Raconteur einen Artikel und eine Infografik mit dem Titel »The World's Greatest Storytellers«. Beides war das Ergebnis einer Umfrage, bei der fast fünfhundert Autoren, Journalisten, Redakteure, Studenten sowie Medien- und Marketingfachleute befragt wurden, wen sie für einen großen Geschichtenerzähler halten. Zu den Top Five gehörten William Shakespeare, J. K. Rowling, Roald Dahl, Charles Dickens und Stephen King, aber die Antworten und die Gründe für die jeweilige Wahl waren sehr unterschiedlich. Die Vorschläge erstreckten sich über Kontinente, Genres, Disziplinen und Medien. Einige wählten einflussreiche Personen in ihrem eigenen Bereich. Andere wählten Familienmitglieder, die ihre Liebe zum Schreiben und zur Geschichte beeinflusst hatten. Wieder andere begründeten ihre Entscheidung mit ihrer eigenen Definition von »großartig«. Sie alle einte, dass die Geschichten auf die eine oder andere Weise bei ihnen ins Schwarze getroffen hatten.[1]

Dies verdeutlicht einige der wichtigsten Aspekte einer guten Geschichte. Wie auch immer wir eine Geschichte erzählen oder entwickeln, alle guten Geschichten erwecken die Aufmerksamkeit des Publikums und finden bei ihm Resonanz. Manchmal sind sie geradezu fesselnd und ziehen uns so sehr in ihren Bann, dass wir gar nicht anders können, als weiterzublättern, um zu erfahren, was als Nächstes passiert. In anderen Fällen versetzt uns eine emotionale Erzählung in Aufregung oder sogar in Wut – »Das kann nicht richtig sein«, »Wie konnten sie das zulassen?« Alle Beispiele für gutes Storytelling beinhalten ein

1 »The World's Greatest Storytellers«, Raconteur, 17. Dezember, 2014. *https://oreil.ly/K4_Gh*.

bisschen Magie. Der Erzähler zieht das Publikum in eine andere Welt hinein und hält es gewissermaßen gefangen, indem er die Neugier darauf weckt, wie die Geschichte enden wird.

Warum ich dieses Buch geschrieben habe

Während viele Geschichten in Film, Fernsehen, Theater und Büchern mit einem Happy End abschließen, bewegt sich das Storytelling zunehmend außerhalb seiner traditionellen Form. Eine schnelle Suche bei Google nach »Storytelling« und »Business« liefert rund 122 Millionen Ergebnisse, und es besteht kein Zweifel, dass Storytelling in den letzten Jahren zu einem Schlagwort in der Geschäftswelt geworden ist – wie dieses Buch zeigt, nicht ohne Grund. Geschichten haben die Kraft, uns zum Nachdenken zu bringen, uns emotional zu bewegen und zum Handeln aufzufordern und uns dazu zu bringen, Fakten zu verarbeiten und uns zu erinnern. Geschichten gehören zu dem, was uns menschlich macht.

Als Business-Tool ist Storytelling ebenfalls unglaublich wichtig. Wir alle haben wahrscheinlich schon grauenhafte Präsentationen erlebt, bei denen wir am liebsten den Raum verlassen hätten. Andererseits waren viele von uns schon einmal von jemandem beeindruckt, der eine großartige Präsentation abgeliefert und den ganzen Saal in seinen Bann gezogen hat. Heutzutage ist es eine zunehmend gefragte Kompetenz, ein guter Kommunikator zu sein, und das bedeutet vor allem, ein guter Storyteller zu sein. Sie wirkt sich auf unsere Fähigkeit aus, mit Kunden, Teammitgliedern und internen Stakeholdern zu kommunizieren, ob wir nun alltägliche Gespräche führen oder großartige Präsentationen erstellen und halten. Ein guter Geschichtenerzähler zu sein, spiegelt sich auch in der von uns produzierten Arbeit wider. Es wird auch immer wichtiger, wenn wir nach einer neuen Rolle suchen – von unserem persönlichen Branding bis hin zu der Präsentation unserer Person und unserer Arbeit, genauso in jedem Portfolio. Bei der Arbeit können wir alle profitieren, wenn wir wissen, wie man eine gute Geschichte erzählt.

Was unterscheidet also eine großartige Geschichte von einer durchschnittlichen oder auch einer guten Geschichte? Was macht *Krieg der Sterne* und *Die Verurteilten* zu Kassenschlagern und *Harry Potter* zu einem solchen Pageturner? Und warum werden bestimmte TED-Talks zu den meistgesehenen aller Zeiten?

Die Frage, was eine gute Geschichte ausmacht, war der Ausgangspunkt für die Entstehung dieses Buchs. Es ist eine Frage, die ich meinem Vater stellte, als ich mich auf meinen allerersten Vortrag zum Thema Storytelling vorbereitete. Ich wollte herausfinden, ob es außer einem Anfang, einer Mitte und einem Ende vielleicht ein magisches Rezept oder eine Formel gibt, die man anwenden kann. Ich erwartete zwar keine Antwort wie »Ja, die gibt es!«, aber die Antwort meines Vaters und die damit verbundenen Nachforschungen erwiesen sich als viel interessanter, als ich es mir hätte vorstellen können. Überall, wo man hinschaut und wo man hingeht, gibt es eine Geschichte zu erzählen. Was genau eine gute Erzählung ausmacht und wie diese mit dem Produktdesign zusammenhängt – diese Geschichte möchte ich Ihnen in diesem Buch erzählen.

Da die Welt, für die wir gestalten, immer komplexer und automatisierter wird, verschieben sich die Anforderungen an uns als UX-Designer, Product Owner, Strategen, Gründer, Marketing-Fachleute und so weiter. Nicht nur, dass sich unsere T-Form – eine Metapher, die verwendet wird, um Menschen mit Querschnittskompetenzen zu beschreiben, die über Fachwissen in mindestens einem Bereich (vertikaler Balken) verfügen und sich auch in verwandten Bereichen auskennen (horizontaler Balken) – etwas weiter ausdehnen muss, sondern wir tragen auch mehr Verantwortung. Mit den Worten des Produktdesigners Wilson Miner:

> Wir entwickeln nicht nur hübsche Benutzeroberflächen, sondern eine Umgebung, in der wir für den Rest unseres Lebens den größten Teil unserer Zeit verbringen werden. Wir sind die Designer, wir sind die Konstrukteure, wie soll sich diese Umgebung anfühlen? Wie wollen wir uns fühlen?[2]

Um großartige Produkterfahrungen zu entwickeln und zu gestalten, die sowohl dem Benutzer als auch dem Unternehmen nützen, müssen wir Walt Disneys Fähigkeit beherrschen, sowohl das große Ganze als auch die kleinen Details richtig zu erkennen. Wir müssen auch eine wachsende Anzahl von Eventualitäten und beweglichen Teilen berücksichtigen, die definiert und gestaltet werden müssen, damit sie alle zusammenpassen. Genau wie eine gute Geschichte. Indem wir uns dem traditionellen Storytelling zuwenden, können wir auf Werkzeuge, Prinzipien und Methoden zurückgreifen, die uns dabei helfen – von der Charakterentwicklung (um alle beteiligten Akteure zu identifizieren und zu definieren, die eine Rolle spielen) bis hin zu Erzählstruktur, Haupthandlung und Nebenhandlungen, um alle Eventualitäten zu definieren und zu gestalten. Glückliche und unglückliche. Hinzu kommt natürlich noch das Set-, Szenen- und Einstellungs-Design, das uns hilft, bestimmte Teile eines Produkts oder einer Dienstleistung zum Leben zu erwecken. All dies trägt dazu bei, dass die Menschen, die unsere Produkte und Dienstleistungen nutzen oder nutzen werden, zu den Helden unserer Geschichten und der von gestalteten Erfahrungen werden.

2 Wilson Miner, »When We Build«, Build, Vimeo Video, auf der Build 2011 aufgezeichnet, *https://vimeo.com/34017777.*

Wie dieses Buch aufgebaut ist

In diesem Buch geht es nicht darum, neue Werkzeuge und Techniken zu entwickeln, um diejenigen zu ersetzen, mit denen wir und unsere Kunden gewohnheitsmäßig arbeiten. Stattdessen möchte ich Methoden, Werkzeuge und Prinzipien aus dem traditionellen Storytelling übernehmen und nutzen, um die von uns bereits verwendeten Techniken zu ergänzen und zu verbessern. Es gibt immer mehr Überschneidungen zwischen den verschiedenen am Produktdesign beteiligten Disziplinen und Rollen, und jedes Teammitglied beeinflusst das Projekt, das Produkt und die Erfahrung dessen auf unterschiedliche Weise. Da unsere Produkte und Dienstleistungen nicht mehr nur am Bildschirm, sondern zunehmend auch offline erfahren werden können, profitieren wir, wenn wir über den Tellerrand hinausschauen. Hier kann die Hinwendung zum traditionellen Storytelling Einblicke, Inspiration und praktische Werkzeuge liefern, die uns helfen, anders an das Produktdesign heranzugehen.

Dieses Buch ist in drei Teile gegliedert. Der erste Teil liefert Hintergrund und Kontext rund um die Erzählungstheorie, ihre Relevanz für das Produktdesign, was wir beim aktuellen Stand der digitalen Erfahrungen beachten müssen und wohin wir uns entwickeln. Er ist weniger praktisch als theoretisch und bildet die Grundlage des Buchs. Wenn Sie das Gefühl haben, dass Sie einige oder alle Themen dieses Teils bereits kennen, blättern Sie zu Teil 2.

Kapitel 1: Geschichten sind wichtig

In diesem Kapitel betrachten wir die Rolle von Erzählungen im Laufe der Geschichte als Mittel zur Weitergabe von Informationen, zur Vermittlung moralischer Werte und des hochangesehenen Berufs des Storytellers. Wir sehen uns auch an, wie sich das Medium des Storytellings entwickelt hat, welche Rolle Storytelling in unserem täglichen Leben spielt, bevor ich mit der heutigen Rolle des Storytellings im Produktdesign schließe.

Kapitel 2: Die Anatomie einer guten Geschichte

Hier beschäftige ich mich mit den Theorien, die hinter großartigen Geschichten stehen. Dazu gehören die sieben goldenen Regeln des Aristoteles, die Kunst der Dramaturgie, die Drei-Akt-Struktur des Aristoteles und die Freytag-Pyramide. Wir werfen auch einen ersten Blick darauf, was Produktdesigner von der Dramaturgie lernen können, bevor ich mit fünf wichtigen Lektionen aus verschiedenen Arten des Storytellings abschließe.

Kapitel 3: Storytelling für das Produktdesign

Im dritten Kapitel geht es zunächst um sieben Bereiche, in denen sich das traditionelle Storytelling verändert – von der Verlagerung auf On-Demand bis hin zum transmedialen Storytelling. Danach richte ich den Fokus auf die sich verändernde Produktdesign-Landschaft und deren Konsequenzen für die Beteiligten.

Im zweiten Teil des Buchs sehen Sie sich explizit an, was Sie vom traditionellen Storytelling lernen und diese Lektionen auf das Produktdesign anwenden können. Da ich selbst User-Experience-Designerin bin, geht es in jedem Kapitel dieses Teils um einen wichtigen Aspekt des UX-Designs und Parallelen zu traditionellen Storytelling-Prinzipien, -Tools und -Techniken.

Kapitel 4: Die emotionale Seite des Produktdesigns

Der Kern einer guten Geschichte ist die emotionale Verbindung, die sie mit ihrem Publikum herstellt. Ohne diese interessiert uns die Erzählung nicht. In dieser Verbindung liegt auch die Überzeugungskraft des Storytellings. In diesem Kapitel sehen wir uns an, warum Emotionen im Design immer wichtiger werden und was wir davon lernen können, wie traditionelles Storytelling Emotionen bei Lesern, Zuhörern und Zuschauern hervorruft.

Kapitel 5: Nutzererfahrungen durch Dramaturgie definieren und strukturieren

Genau wie jede gute Geschichte eine gute Struktur braucht, benötigt auch ein sorgfältig durchdachtes Produkt oder eine Dienstleistung eine gute Struktur. Die Anwendung der Dramaturgie auf unsere Produkte und Dienstleistungen ist ein einfaches, aber wirkungsvolles Werkzeug, um Ist und Soll zu analysieren. Sie hilft uns, die gewünschte Erzählung des Produkts oder der Dienstleistung, an der wir arbeiten, zu definieren. Das Kapitel zeigt Ihnen, wie es geht.

Kapitel 6: Charakterentwicklung im Produktdesign

Charaktere bilden zusammen mit der Handlung den wichtigsten Teil jeder guten Geschichte. Wenn Sie es nicht schaffen, Ihre Charaktere glaubhaft darzustellen, bleibt die Geschichte eindimensional. Machen Sie Ihre Hauptfigur – den Protagonisten – zum Helden und achten Sie auch auf die Entwicklung aller anderen Charaktere. Dann wird Ihre Geschichte mit größerer Wahrscheinlichkeit überzeugen. In diesem Kapitel sehen wir uns an, was wir vom traditionellen Storytelling lernen können, wenn es darum geht, die Menschen zu charakterisieren, für die wir unser Produkt oder unsere Dienstleistung entwickeln. Sie sehen auch, wie Storytelling hilft, all die anderen Charaktere und Akteure zu ermitteln, die zunehmend ein Teil unserer Produkt- und Service-Erfahrungen werden, zum Beispiel Bots und VUIs (Voice User Interfaces; sprachgesteuerte Benutzerschnittstellen).

Kapitel 7: Das Umfeld und den Kontext Ihres Produkts bestimmen

Das Umfeld ist eines der Hauptelemente des traditionellen Storytellings. In diesem Kapitel untersuchen wir, was Umfeld und Kontext bedeuten, welche Rolle sie im traditionellen Storytelling spielen und wie sich dies auf die Umgebung und den Kontext der Produkterfahrung übertragen lässt.

Kapitel 8: Der Einsatz von Storyboards im Produktdesign

Storyboards sind in Film und Fernsehen weit verbreitet, und bis zu einem gewissen Grad werden sie auch im Produktdesign genutzt. Hier beschäftigen Sie sich mit Storyboarding und erfahren, wie Sie Storyboards in den Produktdesignprozess einbinden können.

Kapitel 9: Die Produkterfahrung visualisieren

Die meisten Geschichten auf der ganzen Welt folgen einem von wenigen bekannten Handlungssträngen. In diesem Kapitel sehen wir uns an, was wir von den Formen und Strukturen typischer Geschichten über das Produktdesign lernen können. Die Darstellung der visuellen Form der Erfahrung mit unseren Produkten und Dienstleistungen kann uns nicht nur helfen, bessere Produkte zu konzipieren und zu gestalten, sondern auch die Akzeptanz für unsere Projekte zu erhöhen.

Kapitel 10: Haupt- und Nebenhandlungen auf User Journeys und Flows anwenden

Traditionelle Geschichten werden meist von mehreren Handlungssträngen durchzogen, die die Erzählung bilden. In diesem Kapitel betrachten Sie die Rolle von Haupt- und Nebenhandlungen im traditionellen Storytelling und erfahren, warum und wie Haupt- und Nebenhandlungen im Produktdesign angewendet werden können.

Kapitel 11: Themen- und Storyentwicklung im Produktdesign

In allen guten Geschichten geschehen die Dinge aus einem bestimmten Grund. Zu dem Kitt, der eine Geschichte zusammenhält, gehört ihr Thema. In diesem Kapitel betrachten wir das Thema im traditionelle Storytelling sowie im Produktdesign. Hier untersuchen wir auch, wie Sie Ihre Geschichte entwickeln können.

Kapitel 12: Choose-Your-Own-Adventure-Storys and modulares Design

In Choose-Your-Own-Adventure(CYOA)-Büchern ist der Leser ein aktiver Teilnehmer, der Entscheidungen über die Entwicklung der Geschichte trifft. In diesem Kapitel erfahren Sie, welche Ähnlichkeiten dies mit dem Produktdesign hat und was Sie von CYOA im Zusammenhang mit modularem Design lernen können.

Kapitel 13: Szenenstruktur auf Wireframes, Designs und Prototypen anwenden

Jedes BuchKapitel und jede Episode einer Fernsehserie ist eine Geschichte für sich, und das gilt auch für die Seiten und Bildschirme in den Produkten und Dienstleistungen, die wir gestalten. In diesem Kapitel beschäftigen wir uns damit, wie Sie mithilfe von Storytelling-Prinzipien das Layout von Seiten und Ansichten über verschiedene Geräte und Größen hinweg entwickeln und alles mit den in den vorherigen Kapiteln beschriebenen Werkzeugen zusammenführen.

Der dritte Teil umfasst das letzte Buchkapitel und bietet eine Einführung in die Bedeutung des Erzählens und Präsentierens Ihrer Geschichte.

Kapitel 14: Ihre Geschichte präsentieren und teilen

Im letzten Kapitel befasse ich mich mit der Rolle des zielgerichteten Storytellings. Ich zeige, wie wir Storytelling einsetzen können, um zu inspirieren, um sicherzustellen, dass wir für unsere Produkte und Dienstleistungen Zustimmung erhalten, und als Möglichkeit, die richtige Geschichte hinter den Daten zu finden und zu erzählen. Außerdem wissen großartige Storyteller, wie sie ihre Erzählung an das Publikum anpassen können. Damit wir am Arbeitsplatz die gewünschte Wirkung erzielen, sollten wir unsere Story-Präsentationen ebenfalls an unser Publikum anpassen, von Kunden über Teammitglieder bis hin zu internen Stakeholdern. Ich zeige Ihnen, wie Sie das anstellen, und Sie erhalten einige wichtige Tipps für visuelle und verbale Präsentationen.

Wer sollte dieses Buch lesen

Ich habe dieses Buch mit einem Zielpublikum aus UX-Designern und Praktikern wie mir im Hinterkopf geschrieben. Auch wenn dieses Buch vor allem UX-Designer ansprechen wird, sind Projekte und Produkte in der heutigen Zeit immer das Ergebnis des Zusammenwirkens vieler Menschen und Disziplinen. Wir alle, egal ob irgendwo in unserer Berufsbezeichnung »UX« vorkommt, haben einen Einfluss auf die User Experience der Produkte und Dienstleistungen, an denen wir arbeiten. Wie das Buch deutlich macht, ist alles eine Erfahrung, und die behandelten Werkzeuge, Methoden und Theorien sind wertvoll für Dienstleistungs-Designer, Produktverantwortliche, Strategen, visuelle Designer, Entwickler, Marketing-Fachleute und Start-ups. In der Tat sind sie für jede Art von Erfahrung wertvoll, nicht nur für digitale.

Das Buch wird vor allem für diejenigen von Interesse sein, die schon einige Jahre Berufserfahrung haben, aber es bietet auch Menschen mit weniger Erfahrung oder Neulingen im digitalen Bereich eine wertvolle Lektüre mit nützlichen Werkzeugen. Durch die Verweise auf traditionelles Storytelling und die neuesten technologischen Entwicklungen bietet das Buch hoffentlich auch all denjenigen eine interessante Lektüre, die sich für die Schnittmenge dieser beiden Bereiche interessieren.

So nutzen Sie dieses Buch

Obwohl die Kapitel aufeinander aufbauen und idealerweise in der richtigen Reihenfolge durchgearbeitet werden sollten, müssen Sie sie nicht auf diese Weise lesen; Sie können mit dem Kapitel beginnen, das Sie gerade interessiert.

Übung

Dieses Kastenelement zeigt eine Übung an. Die im ganzen Buch eingestreuten Übungen setzen das gerade Gelesene in Beziehung zu den Produkten und Dienstleistungen, an denen Sie arbeiten oder die Sie regelmäßig nutzen. Verwenden Sie die Übungen als Kontrollpunkte oder als Möglichkeit, Ihre Produkterfahrung zu überprüfen, zu bestimmen oder zu verbessern.

Da kein Projekt dem anderen gleicht, bietet dieses Buch keinen allgemeingültigen Rahmen, den Sie von Anfang bis Ende durcharbeiten können. Stattdessen zeigen die Kapitel einige der wichtigsten Schritte, die Sie normalerweise in einem Projekt finden, und bieten Werkzeuge, die vom traditionellen Storytelling inspiriert sind und die Sie direkt verwenden oder besser noch so anpassen können, dass sie zu Ihrem konkreten Projekt passen.

Als ergänzende Ressource habe ich unter *storytellinguxdesign.com* eine Website zum Thema erstellt. Hier finden Sie Fallstudien, Beispiele, nützliche Links, Arbeitsblätter und Vorlagen zum Download und vieles mehr.

So erreichen Sie uns

Kommentare und Fragen zu diesem Buch richten Sie bitte an:
kommentar@oreilly.de

Wir haben eine Webseite für dieses Buch eingerichtet, auf der wir Errata, Beispiele und alle zusätzlichen Informationen auflisten. Sie finden sie auf Englisch unter *https://oreil.ly/storytelling-in-design* und auf Deutsch unter:
https://oreilly.de/produkt/storytelling-im-ux-design

Sie finden uns auf Facebook *(https://www.facebook.com/oreilly.de),*
Twitter *(https://twitter.com/oreillyverlag)* und
Instagram *(https://www.instagram.com/oreillyverlag).*

Danksagungen

Dieses Buch hätte es nicht gegeben, wenn mein Vater nicht gewesen wäre, der mich zum Schreiben inspiriert hat, seit ich ein kleines Mädchen war. Er gab auch den Anstoß für das Thema dieses Buchs und half mir, die Verbindung zwischen traditionellem Storytelling und UX-Design zu erkennen.

Ein großes Dankeschön an alle bei O'Reilly und Nick Lombardi, der mich angesprochen und auf die Idee gebracht hat, ein Buch zu diesem Thema zu schreiben, was ich zunächst mit einem »Wer, ich?« abtat. »Keine Chance!« Mein besonderer Dank gilt meiner Lektorin Angela Ruffino, die an mich geglaubt hat und so viel Geduld hatte. Ein großes Dankeschön auch an Katherine Tozer, meine Produktionslektorin, Kim Cofer, meine Lektorin, und Sharon Wilkey, meine Korrektorin. Sie haben alle dazu beigetragen das Buch zu dem zu machen, was Sie jetzt in Ihren Händen halten. Ich möchte auch Jose Marzan Jr. und der Grafikabteilung von O'Reilly danken, deren Zeichnungen dieses Buch richtig zum Leben erweckt haben.

Aufgrund verschiedener Ereignisse im meinem Leben hat die Fertigstellung dieses Buchs länger gedauert, als ich es mir vorgestellt hatte. Ohne die Unterstützung meiner Familie und Freunde und insbesondere meines Partners Dion (im Folgenden D.) wäre es nicht möglich gewesen, dieses Buch zu schreiben. Angefangen damit, dass sie mir den Raum und die Zeit zum Schreiben gegeben haben, bis hin zur physischen und mentalen Unterstützung in verschiedenen Formen, Füttern, Zuhören, Umarmen und Anfeuern – vielen Dank. Ich danke meiner Schwester und ihrem Partner dafür, dass sie uns ihre BabyBjörn-Wippe geliehen haben, was die Umstrukturierung des Buchs mit einem schlafenden Neugeborenen immens erleichtert hat.

Ein großer Dank geht auch an die erste Gruppe von Gutachtern, Christian Manzella, Christian Desjardins und Ellen DeVries, die sich die Zeit genommen haben, die sehr frühe und nicht sehr gute erste Entwurfsversion durchzulesen und mir ihr unschätzbares Feedback zu geben. Genauso an die zweite Gruppe – Ryan Harper, Christy Ennis Kloote, Frances Close und Ellen Chisa –, die mir geholfen haben, die endgültige und notwendige Neustrukturierung vorzunehmen, und die mir unschätzbare Anregungen gegeben haben.

Danke an alle in der UX-Community, die mir geholfen haben, Kontakte für die Fallstudien der Website zu knüpfen oder das Buch zu promoten, sei es durch Mundpropaganda oder über die sozialen Medien. Danke an die Organisatoren der SXSW Interactive, die mich 2017 nicht nur zu einer, sondern gleich zu zwei »Lese«-Sessions bewegt haben, und an alle Konferenzteilnehmer. Und ein großes Dankeschön an die Organisatoren der folgenden Konferenzen und Meetups, die mich eingeladen haben, Vorträge zu halten und Workshops zu leiten, die dazu beigetragen haben, die Werkzeuge und Gedanken in diesem Buch zu destillieren und in die Praxis umzusetzen: UCD London (wo ich meinen ersten Storytelling-Vortrag hielt), Digital Pond, Design + Banter, UX Oxford, Digital Dumbo, Breaking Borders, Amuse, Bulgaria Web Summit, Funkas Tillgänglighetsdagar, UX London, Conversion Hotel, DXN Nottingham, SXSW, ConversionXL Live, Click Summit, UXLx, IIex Europe, CXL, Conversion World, NUX Camp, Conversion Elite, UX Insider, Digital Growth Unleashed, Agile Scotland, InOrbit und Webbdagarna. Vielen Dank an alle, die zu meinen Vorträgen und Workshops gekommen sind und danach mit mir geplaudert haben.

Zu guter Letzt möchte ich mich bei allen bedanken, die dieses Buch gekauft haben und es nun in den Händen halten, und bei allen, die die Vorabversion gekauft und sich nach dem Buch erkundigt haben, als es eigentlich hätte veröffentlicht werden sollen. Ich danke Ihnen für Ihre Geduld. Ich hoffe, dass das Buch Ihnen gefällt und dass sich das Warten gelohnt hat. Nun, es war einmal ...

| 1

Geschichten sind wichtig

Wie alles begann

Jede gute Geschichte hat einen Anfang, eine Mitte und ein Ende. Und die Geschichte, wie es zu diesem Buch kam, folgt dem gleichen Muster. 2013 wurde ich als Rednerin zu einer Konferenz in London eingeladen und sollte über Design und Storytelling sprechen. Mein Vater und ich unterhielten uns oft über unsere jeweiligen Berufsfelder und bei diesen Gesprächen war ich immer wieder verblüfft, wie sehr die schriftstellerische Tätigkeit meines Vaters meiner Arbeit an digitalen und physischen Produkterfahrungen ähnelte. Als ich dann meinen Storytelling-Vortrag vorbereiten wollte, rief ich Dad an und fragte ihn, was für ihn als Buchautor die wichtigsten Elemente seiner Tätigkeit seien. Sie kennen den Ausspruch »aller guten Dinge sind drei« – und er meinte, dass in einer guten Geschichte drei Elemente vorhanden sein sollten:

Als Erstes, so mein Vater, sollte eine gute Geschichte *Ihre Vorstellungskraft beflügeln*. Genau wie die Bücher, die Dad uns vorlas, als wir klein waren, uns an unbekannte Orte entführten, sollte eine gute Geschichte mitreißen, Ihre Vorstellungskraft sollte Bilder in Ihrem Kopf produzieren. Brad Fulchuk, der Co-Autor der Fernsehserie *American Horror Story* sagt: »Wenn man sich selbst in dieser Situation vorstellen kann, ist es unendlich viel gruseliger.«[1] Auch wenn man dem Publikum einige Dinge zeigt, sollte man den Rest der Vorstellung überlassen. Ob es sich um eine Horrorgeschichte oder ein Märchen handelt – zu der Kraft einer guten Geschichte gehört die Magie, uns die Geschehnisse sehen zu lassen.

Zweitens, so mein Vater, ist die *Dynamik der Geschichte* wichtig. Jede Geschichte enthält Ereignisse und Personen, die sie zusammenhalten. Die Dynamik der Geschichte liegt darin, wie sich diese vom Anfang bis zum Ende der Erzählung entwickeln. Beginnt die Geschichte mit einem Rückblick oder spielt sie in der Gegenwart oder vielleicht gar in der Zukunft? Egal, wie sie anfängt, in einer guten Geschichte geschieht alles aus einem guten Grund. Es gibt miteinander verflochtene Beziehungen, und ein roter Faden oder ein Thema zieht sich durch die Erzählung und verknüpft alles miteinander. Sowohl das alles umschließende

1 Joe Berkowitz, »How To Tell Scary Stories«, *Fast Company*, 31. Oktober, 2013, *https://oreil.ly/PY2Ng*.

Thema der Geschichte als auch die kleinen Details sind entscheidend für das große Ganze.

Als letztes und drittes Element einer guten Geschichte sah mein Vater das *Element der Überraschung*. Fulchuk drückt es perfekt aus:

> Im Allgemeinen sollte es eine Grundidee geben, wohin sich die Geschichte entwickelt, aber nicht für jeden Charakter. Man weiß nicht, wer sterben wird und wer immer wichtiger wird. Vom Gesamtbild her betrachtet gibt es eine Grundidee, aber es sind auch einige Überraschungen nötig. Es ist, als ob man von New York nach L.A. fährt: Man weiß, man wird in L.A. ankommen , aber es gibt 10 verschiedene Wege, die man nehmen kann.

Dieses Zitat bringt alle drei Elemente einer guten Geschichte auf den Punkt. Beim bloßen Lesen können Sie sich vorstellen, wie Sie im dunklen Kino sitzen und den gruseligen Film sehen, über den er spricht. Ihr Herz schlägt etwas schneller als normal. Die Musik ist intensiv und Ihre Hand geht sich zwischen der Popcorntüte und Ihrem Mund hin und her. Sie wissen, dass gleich etwas geschehen wird und dass sehr wahrscheinlich gleich jemand sterben wird. Ob Sie wollen oder nicht, Sie fangen an, sich vorzustellen, wer es wohl ist und wie es passieren könnte. Sie kennen die Grundhandlung der Geschichte und während sich die Erzählung abspielt, wird die Dynamik deutlich. Sie beginnen, die kleinen Details zu erkennen, die den roten Faden ausmachen. Stück für Stück wird Ihre Idee deutlicher, wie sich die Geschichte entwickeln wird, aber Sie wollen nicht wissen, wer getötet wird oder wer der Mörder ist, auf jeden Fall noch nicht jetzt.

Als mein Vater und ich uns weiter darüber unterhielten, was eine gute Geschichte ausmacht, fielen mir die vielen Parallelen zwischen seiner Arbeit als Schriftsteller und meiner als UX-Designerin auf. In unserem täglichen Job als UX-Designer müssen wir die Vorstellungskraft und die Aufmerksamkeit der Menschen, für und mit denen wir arbeiten, und der Nutzer, für die wir gestalten, einfangen. Natürlich versuchen wir nicht, unsere Nutzer und Kunden zu erschrecken, aber unsere Produkte und Dienstleistungen werden erfolgreicher, wenn sie sich vorstellen können, wie sie sie nutzen können, und wenn sie sich mit der von uns erzählten Geschichte identifizieren können.

Die Fähigkeit, die Vorstellungskraft zu beflügeln, ist auch der Schlüssel zur Entwicklung von Empathie bei den Nutzern, für die wir gestalten, und um Kunden und internen Stakeholdern unsere Ideen zu verkaufen. Diese Kompetenz ist unverzichtbar, damit sie den von uns angebotenen Benefit und unsere Vision erkennen können und unsere verbalen und visuellen Präsentationen gelingen.

Im Hinblick auf die Dynamik und den roten Faden muss alles, was wir gestalten, eine deutliche Erzählung und Struktur bieten. Jeder Inhalt und jedes Feature sollte aus einem bestimmten Grund existieren. Wie Sie in Kapitel 11 sehen werden, sollten diese Elemente einem ganz bestimmten Zweck dienen und den Nutzer zu einer Handlung auffordern.

Und zuletzt zum Überraschungsmoment: Obwohl der rote Faden und die Struktur alles durchziehen sollten, sollten wir nicht jeden einzelnen Call-to-Action als solchen kennzeichnen oder die Möglichkeit, Erfahrung zu sammeln, zu stark einschränken. Stattdessen sollten wir die Nutzer ihren eigenen Weg finden lassen. Eine großartige Möglichkeit besteht darin, Überraschungselemente in unsere Produkte und Dienstleistungen einfließen zu lassen, um den Nutzer zurückzuholen und seine Aufmerksamkeit beim Scrollen auf der Seite zu erhalten oder um einen üblicherweise mühsamen Vorgang wie eine An- oder Abmeldung in eine angenehme Überraschung zu verwandeln.

Dies waren nur ein paar der Gedanken, die mir nach dem Gespräch mit meinem Varer kamen. Nachdem ich traditionelle Storytelling-Techniken erforscht hatte, wurde mir klar, was für ein machtvolles Werkzeug das Storytelling ist. So viele Aspekte – vom Sinn des Geschichtenerzählens bis zu den verschiedenen Möglichkeiten, sie zu strukturieren, zu erzählen und zum Leben zu erwecken – können auf verschiedene Aspekte des Designs und der Arbeit mit digitalen Produkten und Erfahrungen angewandt werden.

In diesem Kapitel beschäftigen wir uns mit der Bedeutung des Storytellings im Laufe der Geschichte, verschiedenen Medien des Geschichtenerzählens und der Rolle, die es heute noch spielt. Wenn Sie die Geschichte des Storytellings kennen, können Sie gerne bis zum Ende des Kapitels vorblättern, dort schreibe ich über die heutige Rolle des Storytellings und seine Bedeutung für das Produktdesign.

Die Rolle von Erzählungen im Laufe der Geschichte

Wenn Sie in der Geschichte zurückblicken, erkennen Sie, dass Erzählungen schon immer ein wichtiger Teil unseres Lebens waren. In diesem Abschnitt werfe ich einen Blick auf einige Aufgaben des Storytellings.

Storytelling als Mittel zur Verknüpfung und Weitergabe von Informationen

Lange bevor das geschriebene Wort ungefähr um 3200 v. Chr. in Mesopotamien erfunden wurde,[2] erzählte man sich Geschichten über den Mond und die

2 Denise Schmandt-Besserat, »The Evolution of Writing«, *Denise Schmandt-Besserat* (Blog), *https://oreil.ly/a4adq*.

Sterne, Schlachten, die verloren und gewonnen wurden, und über die Welt da draußen, die wir noch nicht entdeckt hatten. Storytelling war unsere Möglichkeit, Informationen an andere Generationen weiterzugeben, damit Geschichte, Fakten und Traditionen nicht verloren gingen, zum Beispiel, wie man in der Natur überlebt. Geschichten halfen uns auch, die Welt um uns herum zu verstehen.

Sie halfen uns zu erklären, was wir nicht verstanden, die Dinge, die wir fürchteten und die wir begehrten. Geschichten halfen uns, unsere Erfahrungen greifbarer zu machen, förderten und erhielten das Gemeinschaftsgefühl, indem sie Vergangenheit, Gegenwart und Zukunft miteinander verbanden. Durch Geschichten konnten wir anderen Einblick in das Geschehene geben und unsere Ansichten über die Welt, in der wir lebten, teilen.

Storytelling als Möglichkeit, moralische Werte zu vermitteln

Während Storytelling in der Frühzeit hauptsächlich benutzt wurde, um Informationen zu erklären und weiterzugeben, sind *Fabeln* – prägnante, erfundene Geschichten in Prosa oder Versform, die Tieren, Pflanzen und mystischen Kreaturen menschliche Züge verleihen – ein Beispiel dafür, wie Erzählungen im Laufe der Geschichte genutzt wurden, um moralische Werte zu vermitteln. Auch heute lehren uns *Aesops Fabeln*, eine Sammlung von Fabeln, die dem Sklaven Aesop, der zwischen 620 und 564 v. Chr. in Griechenland lebte, zugeschrieben wird, Lektionen über das Leben. Fabeln wurden jedoch auch für andere Zwecke genutzt.

Im Mittelalter wurden sie als Weg genutzt, um sich über gesellschaftliche Ereignisse lustig zu machen und um sie zu parodieren, ohne Repressalien zu riskieren. Auch im alten Griechenland und in römischen Zeiten bestanden die ersten *Progymnasmata* – Trainingsübungen, die sich auf das Verfassen von Prosa und öffentlicher Reden konzentrierten – aus Fabeln. Die Studenten wurden angewiesen, eine Vielzahl Fabeln zu erlernen, sie zu vertiefen, selbst welche zu ersinnen und sie dann in überzeugenden Argumenten zu nutzen. Das steht in einem engen Zusammenhang mit der Bedeutung, die das Storytelling heute in Design und der Arbeitswelt allgemein einnimmt, egal ob bei Präsentationen, bei einem Vortrag oder bei der Vorstellung von Arbeitsergebnissen.

Storytelling als Beruf

Ob der Umsatz gesteigert werden oder ein Bestseller entstehen soll – Storytelling in jeder Form ist eine wahre Kunst. Im Mittelalter waren Geschichtenerzähler sehr angesehen und ihr Beruf galt als einer der besten überhaupt. Troubadoure oder Barden reisten von Ort zu Ort und waren als Unterhalter und

Lehrer sehr gefragt. Geschichtenerzähler verschiedener Stämme veranstalteten sogar Wettbewerbe, wer die spannendste und fesselndste Geschichte erzählen konnte.

Genau wie Studenten im alten Griechenland und im römischen Zeitalter Fabeln benutzten, um ihre Prosa- und ihre rhetorische Kunst zu verbessern, üben wir die Kunst des Geschichtenerzählens und der Präsentation heute an weltweit durchgeführten PechaKucha-Abenden. Bei diesen Veranstaltungen zeigen die Präsentatoren 20 Bilder und haben pro Bild 20 Sekunden Zeit, bis automatisch das nächste angezeigt wird. PechaKucha wurde 2003 von Astrid Klein und Mark Dytham von *Klein Dytham Architecture* erfunden als Format für Architekten, die ihre Arbeit zeigen und teilen möchten, ohne viel zu erklären. Heute werden in mittlerweile über tausend Städten PechaKucha-Veranstaltungen durchgeführt, und die Teilnehmer sind längst nicht mehr nur Architekten – jeder kann teilnehmen. Viele Firmen veranstalten ihre eigenen internen PechaKucha-Veranstaltungen, um die Präsentationskompetenzen in einer amüsanten und informellen Art zu üben, die die Mitarbeitenden oder die Teammitglieder auch außerhalb der normalen Tagesaufgaben zusammenschweißt.

Sicherlich hat es nicht mehr dieselbe Bedeutung wie im Mittelalter, ein guter Storyteller zu sein. Doch die Fähigkeit, wirkungsvoll zu präsentieren oder einen erfolgreichen Workshop mit Kunden oder internen Stakeholdern durchzuführen, wird immer wichtiger, je höher Sie auf der Karriereleiter nach oben klettern. Und diese Fähigkeiten sind eng damit verbunden, ein guter Storyteller zu sein.

Storytelling als frühe Form des Brandings

Das Storytelling spielte eine zentrale Rolle bei der Stärkung und dem Erhalt des Gemeinschaftsgefühls. Es diente auch der Entwicklung einer Identität, mit der sich Angehörige des inneren Kreises identifizieren und Außenstehende erkennen konnten, ähnlich wie indigene Gruppen die Sitten und Kompetenzen ihrer Stämme weitergaben.

Branding, wie wir es heute kennen, nahm in den 1950er-Jahren Gestalt an, als die auf Verpackungen abgebildeten Bilder und Charaktere nicht mehr nur einfach dekorativ waren, sondern eine Persönlichkeit und Hintergrundgeschichten entwickelten. Ein gutes Beispiel ist der *Marlboro Man*. Clarence Hailey Long, ein gewöhnlicher Cowboy, wurde das Gesicht der Zigaretten und verhalf dem Zigarettenhersteller Philip Morris, den Absatz seiner Zigaretten, deren Zielgruppe ursprünglich Frauen waren, um 300 % zu steigern.[3]

3 Mustafa Kurtuldu, »Brand New: The History of Branding«, *Design Today* (Blog), 29. November 2012, *https://oreil.ly/1o-5B*.

Heute sind Identität und Werte wesentliche Aspekte einer Marke. In *Tell to Win* erklärt der Autor und Hollywood-Produzent Peter Guber, dass immer öfter »ohne eine überzeugende Geschichte unser Produkt, unsere Idee oder persönliche Marke schon bei der Markteinführung tot ist« und dass »man nichts verkaufen kann, wenn man es nicht erzählen kann«.[4] Egal, wie man zum Storytelling steht: In einer Welt voller Lärm und Wettbewerb lässt sich nicht leugnen, dass diese Zitate wahr sind. Mit den Worten von Linda Boff, CMO bei General Electric: »Das Publikum sucht mehr als das, was Sie verkaufen. Sie möchten wissen, wer Sie sind und wofür Sie stehen.«[5] Sie möchten eine Beziehung aufbauen.

Storytelling-Medien

Nicht nur die Bedeutung des Geschichtenerzählens hat sich in den 200.000 Jahren, seit der Mensch existiert, verändert, sondern auch die Form des Storytellings – und das hat unsere Gesellschaft mitgeprägt.

Mündliches Storytelling

Die frühesten Geschichten wurden mündlich weitergegeben und verbanden Gestik und Mimik, um die Erzählung zu vermitteln. Es wird angenommen, dass viele mündlich überlieferte Geschichten Mythen waren, die natürliche Vorkommnisse erklären sollten, von Unwettern bis hin zu Sonnenfinsternissen. Andere wurden wohl erzählt, um Ängsten und Glaubensvorstellungen Ausdruck zu verleihen, und ebenso, um Geschichten über das eigene Heldentum zu verbreiten.

Mündliche Geschichten wurden oft einem im Kreis sitzenden Publikum erzählt. Durch die gemeinsam erfahrene Geschichte entstand eine enge Verbindung zwischen dem Storyteller und den Zuhörern. Durch die Fähigkeit des Storytellers, die Geschichte an die Bedürfnisse des Publikums und/oder den Ort anzupassen, ging von der Erzählung eine große Kraft aus. Da jeder Geschichtenerzähler eine andere Persönlichkeit hatte, glich keine Geschichte der anderen. All das trifft auch noch heute auf die Erzählkunst zu.[6]

4 Jonathan Gottschall, »Why Storytelling Is the Ultimate Weapon«, *Fast Company*, 2. Mai 2012, *https://oreil.ly/wMbtW*.

5 Adam Fridman, »Fiction Isn't Just for Networks Anymore«, *Inc.*, 29. April 2016, *https://oreil.ly/v0ZJo*.

6 Linda Crampton, »Oral Storytelling, Ancient Myths, and a Narrative Poem«, *Owlcation*, 2. Juli 2019, *https://oreil.ly/f4_C5*.

Felsenmalerei

Andere frühe Formen des Storytellings entstanden rund um Jagdpraktiken und Rituale und manifestierten sich in einer Form der Felsenmalerei. Diese spielte in vielen vorzeitlichen Kulturen eine wichtige Rolle.

Die australischen Aborigines nutzten Felsenmalerei nicht nur für religiöse Rituale, sondern auch als Möglichkeiten, um Geschichten von mittlerweile ausgestorbenen Großtieren wie Genyornis (einem großen, flugunfähigen Vogel) und Thylacoleo (auch Beutellöwe genannt), zu erzählen. Jüngere Felsenmalereien erzählen von der Ankunft europäischer Schiffe. All das half, den verschiedenen Aspekten der menschlichen Existenz einen Sinn zu geben.

Die Aborigines erzählten ihre Geschichten oft als Kombination von mündlicher Erzählung, Gestik, Gesang, Tanz und Musik, und die auf Felswände gemalten Bilder halfen dem Erzähler, sich an seine Geschichte zu erinnern – ähnlich wie die Bilder, die wir heute bei Präsentationen nutzen, um uns die Punkte zu merken, die wir vermitteln möchten.

Bewegliche Materialien

Bevor die Menschen die Schrift entwickelten, nutzten sie neben der Felsenmalerei Schnitzereien, Sand und Blätter, um Geschichten zu erzählen. Diese Materialien ermöglichten es ihnen, ihre Geschichten aufzubewahren und an andere weiterzugeben. Als sich um 3200 v. Chr. die Schrift entwickelte, konnten sich Geschichten über größere geografische Gebiete ausbreiten. Die Menschen nahmen, was sie gerade zur Hand hatten, und malten und schnitzten ihre Geschichten auf Holz, Bambus, Leder, Tontafeln, Elfenbein, Haut, Knochen, Textilien und vieles mehr.

Auch wenn es die Möglichkeit gab, Geschichten festzuhalten, behielt das mündliche Storytelling eine wichtige Rolle und sorgte dafür, dass die Geschichten, die wir erzählten, noch weiter reisen konnten und weiterlebten. *Aesops Fabel* sind ein gutes Beispiel dieser Tradition. Seine Fabeln lebten durch mündliches Weitererzählen weiter und wurden erst dreihundert Jahre nach seinem Tod im sechsten Jahrhundert v. Chr. aufgeschrieben.[7]

Wie wichtig es ist, dass Geschichten weitergetragen werden, haben wir mit dem Aufstieg des Internets erlebt. Besonders Smartphones ermöglichen es uns, zu lesen, zuzuhören und Geschichten anzusehen, fast egal, wo wir gerade sind.

---

7 »A Very Brief History Of Storytelling«, Big Fish Presentations, 28. Februar 2012, *https://oreil.ly/UQXKo*.

Bewegliche Lettern und die Druckerpresse

Obwohl seit 3000 v. Chr. die Möglichkeit bestand, Texte mit wiederverwendbaren Glyphen zu reproduzieren (mit den Punziereisen, mit denen im antiken Sumer Münzen hergestellt wurden, und später mit Stempeln), bestand das erste bekannte bewegliche System mit beweglichen Lettern für den Buchdruck auf Papier aus Porzellan und wurde im Jahr 1040 in China erfunden. Das älteste erhaltene Buch, das mit beweglichen Metalllettern gedruckt wurde, war *Jikji*, ein koreanisches buddistisches Dokument, das während der Goryeo-Dynastie im Jahr 1377 entstand.

Ungefähr 1440 wurde die Druckerpresse von Johannes Gutenberg erfunden. Der deutsche Erfinder entwickelte ein komplettes System, das die schnelle und präzise Herstellung von beweglichen Metalllettern ermöglichte. Mit diesem System konnte man große Auflagen drucken, und über die nächsten Jahrzehnte breitete sich der Buchdruck von einer einzigen Druckerei in Mainz in 270 Städte in ganz Europa aus. Man geht davon aus, dass um 1500 über 20 Millionen Bände gedruckt wurden. Im 16. Jahrundert verzehnfachte sich dies. Dadurch entstand eine völlig neue Branche, die nach ihrem wichtigsten Werkzeug, der Presse, benannt wurde. Gutenbergs System war also die Geburt des gedruckten Buchs, von dem man annimmt, dass es ab etwa 1480 allgemein verwendet wurde und den Aufstieg der Bestsellerautoren ermöglichte. Dies weist Paralellen zu dem Wachstum von Blogs und professionellen Bloggern heute auf.

Das Aufkommen der Massenkommunikation

Mit der Einführung der mechanischen beweglichen Lettern verschwand der Bedarf an mündlichem Storytelling nahezu. Diese Erfindung führte auch zu einer Ära der Massenkommunikation, die die Gesellschaft im Europa der Renaissancezeit veränderte. Denken Sie daran, wie die sozialen Medien eine Bewegung wie #MeToo möglich machten (die Frauen ermutigte, öffentlich über ihre Erfahrungen mit sexueller Belästigung und Missbrauch zu sprechen), um nicht nur die Musik- und Filmindustrie aufzurütteln, sondern auch Politik und Wissenschaft. In ähnlicher Weise ermöglichte es die Druckerpresse, dass massenproduzierte Informationen relativ ungehindert zirkulieren konnten und die Macht von politischen und religiösen Autoritäten bedrohten.

Die Druckerpresse ermöglichte eine rasante Zunahme der Alphabetisierung, wodurch Lernen und Bildung nicht mehr nur der Elite vorbehalten blieb, sondern die aufsteigende Mittelklasse stärkte. Mit dem Buchdruck entstand auch eine Gemeinschaft von Wissenschaftlern, die ihre Entdeckungen in akademischen Schriften verbreiteten. Die Autorentätigkeit wurde sowohl profitabler als auch wichtiger. Vorher war der Urheber einer Schrift weniger wichtig – ein in Paris angefertigtes Exemplar von Aristoteles' Werk unterschied sich beispielsweise von einem Exemplar, das anderswo hergestellt wurde. Jetzt war es plötzlich wichtig, wer was und wann gesagt oder geschrieben hatte. Nun galt die Regel »Ein Autor, ein Werk (Titel), eine Information«.

Im 19. Jahrhundert wurde die handbetriebene Gutenberg-Presse durch dampfbetriebene Rotationspressen ersetzt. Der Druck erreichte ein industrielles Ausmaß, Millionen von Kopien einer Seite konnten an einem Tag gedruckt werden. Die Massenproduktion von Druckwerken florierte und dominierte den Konsum und die Verbreitung von Informationen, bis das Radio 1919 in unsere Wohnungen Einzug hielt. Jedes Massenmedium, das danach eingeführt wurde, etwa Fernsehen und Internet, veränderte die Art, wie wir Geschichten erzählten und erlebten, sowie auch die Rolle, die Geschichten in unserem Leben spielten. Ging es beim Storytelling zuvor eher um die Weitergabe von Informationen und um die Erklärung der Welt um uns herum, verlagerte die Einführung des Buchdrucks, des Radios und später des Fernsehens und des Internets den Schwerpunkt zunehmend auf Unterhaltung.

Die Rolle des persönlichen Storytellings im Alltag

Mit der Zeit haben sich das Storytelling und die Rolle, die es in unseren Leben spielt, geändert. Nicht geändert hat sich hingegen das Bedürfnis nach Erzählungen und die Erzählkunst selbst. Es liegt in der Natur des Menschen, Geschichten zu erzählen. Tatsächlich gehört Storytelling zu den vielen Dinge, die uns ausmachen.

Wir erschaffen jeden Tag unsere eigenen Geschichten, von Tagträumen bis hin zu echten Träumen in der Nacht. Obwohl man sie leicht als »Unsinn« beiseitewischen kann, können wir viel von ihnen lernen und sogar im Berufsleben davon profitieren.

Träume

Träume waren schon immer ein wichtiger Teil unseres Storytellings im Alltag, den wir mit unserer Familie, unseren Freunden und Kollegen teilen. Die frühesten Dokumentationen von Träumen stammen aus Mesopotamien. Dort wurden vor ungefähr fünftausend Jahren Träume auf Tontafeln festgehalten, damit man sie deuten konnte.[8] Heutzutage verbinden viele Menschen positive Assoziationen mit Träumen, vom Erzählen eines Traums – »du wirst nicht glauben, was ich letzte Nacht geträumt habe« – bis zur Faszination, war das alles bedeuten könnte.

8 Kristine Bruun-Andersen, »7 Reasons Why You Should Write Down Your Dreams« *Odyssey*, 20. Mai 2015, *https://oreil.ly/nSQzE*.

Im Mittelalter sah man Träume jedoch als Übel an. Martin Luther (und andere) hielten Träume für ein Werk des Teufels. Er war nicht der Erste, der glaubte, dass Träume Botschaften anderer Wesen seien: Im alten Griechenland und Rom glaubten die Menschen, dass Träume Botschaften von Göttern seien und die Zukunft vorhersagten. Das führte dazu, dass in manchen Kulturen Trauminkubation betrieben wurde, um Träume zu fördern, die Prophezeiungen enthüllen würden.

Es gibt viele Theorien und Spekulationen, warum wir träumen. Viele Wissenschaftler vertreten die Freud'sche Traumtheorie, die festlegt, dass Träume versteckte Sehnsüchte und Emotionen offenbaren. Eine andere viel beachtete und anerkannte Theorie ist, dass zwar einige Träume einfach zufällig von der eigenen Gehirnaktivität hervorgebracht werden, Träume aber ganz allgemein bei der Lösung von Problemen und der Gedächtnisbildung helfen.

Tagträume

Viele Jahre lang wurden *Tagträume* mit Faulheit assoziiert und man hielt sie sogar für gefährlich. Diese Ansicht kam vor allem dann ins Spiel, wenn unsere Arbeit an Fließbändern stattfand und von den Werkzeugen diktiert wurde, die wir nutzten. Diese ließen wenig Spielraum, um abzutauchen für die kurzfristige Loslösung von der unmittelbaren Umgebung, die Tagträumen unweigerlich mit sich bringt.

Heutzutage wird Tagträumen weitestgehend als Möglichkeit akzeptiert, um Langeweile zu vermindern und Gelerntes zu verfestigen. Tatsächlich ist Tagträumen der mentale Grundzustand, und wir verbringen ungefähr die Hälfte unserer wachen Stunden im Land der Fantasie – das entspricht einem Drittel unseres Lebens. Wann immer das Gehirn nicht mit etwas Wichtigem beschäftigt ist oder wenn wir uns langweilen, schweifen die Gedanken. Das geschieht ungefähr zweitausendmal am Tag und dauert im Durchschnitt 14 Sekunden.[9]

Für viele sind Tagträume mit glücklichen Assoziationen, Hoffnungen und Erwartungen verbunden. Inzwischen ist es allgemein anerkannt, dass sie kein Zeichen der Faulheit sind, sondern zu konstruktiven Ergebnissen führen können, auch der Entwicklung neuer Ideen sowohl im wissenschaftlichen als auch im kreativen Bereich. In diesem Sinn sind Tagträume nicht viel mehr als Visualisierungen, die dazu dienen, mentale Bilder von den Dingen zu erzeugen, die wir im realen Leben erleben oder fühlen wollen.

---

9 Jonathan Gottschall, »The Science Of Storytelling«, *Fast Company*, 16. Oktober 2013, *https://oreil.ly/yidOi*.

Visualisierungen

Visualisierungen sind eine andere Form des kraftvollen, alltäglichen Storytellings. Sie wird von vielen Profisportlern als Teil ihres Trainingsprozesses vor großen Wettkämpfen und Veranstaltungen genutzt. Indem der Athlet den Ablauf eines Ereignisses im Geist durchgeht und sich selber erzählt, wie sich diese Erfahrung anfühlt, bereitet er sich mental vor und gewinnt erwiesenermaßen dadurch einen Wettbewerbsvorteil, ein gesteigertes mentales Bewusstsein sowie ein erhöhtes Wohlbefinden und Selbstvertrauen. Forschungen haben ergeben, dass diese mentale Generalprobe einen positiven Effekt auf mentale wie körperliche Reaktionen hat, und im Geschäftsleben genauso wirksam ist wie im Sport. Durch Visualisierung, die die visuellen, kinetischen und auditiven Sinne involviert, treten wir direkt in die von uns erschaffene Erzählung ein, was uns auch besser in die Lage versetzt, unsere Wunschziele anderen Personen zu vermitteln und zu kommunizieren.[10]

Die Kraft des persönlichen Geschichtenerzählens

Träume, Tagträume und Visualisierungen helfen uns, alle Dinge in den richtigen Kontext zu setzen, zu verarbeiten, was wir erlebt und gelernt haben, und um neue oder vielleicht furchterregende Ideen zu testen. Genau wie die Bücher, die Dad uns vorlas, uns in unserer Fantasie an neue Orte brachten, nehmen uns auch die Geschichten, die wir bewusst oder unbewusst in unseren Gedanken erzählen, mit auf eine Reise. Sie erzeugen emotionale Antworten in unserem Verstand und unserem Körper, indem sie uns veranlassen, Dinge nicht nur in diesem Moment, sondern auch noch Stunden später zu sehen und zu fühlen.

Eine emotionale Verbindung zu schaffen und die Vorstellungskraft anzuregen, sind die beiden wichtigsten Ziele aller großen Erzählungen und Storyteller. Egal, ob wir unsere Träume, Tagträume und Visualisierungen für uns behalten oder sie Freunden, Familie oder Kollegen weitererzählen, sie sind Werkzeuge, die uns helfen, zu verarbeiten und zu lernen. Sie beflügeln zudem unsere Vorstellungskraft und helfen uns, unsere Erfahrungen weiterzuerzählen, und das können wir auch in unsere Arbeit einbringen.

---

10 Elizabeth Quinn, »Visualization Techniques for Athletes«, *Verywell Fit*, 17. September 2019, *https://oreil.ly/nqNCE*.

Übung: Die Rolle des persönlichen Storytellings im Alltag

Denken Sie darüber nach, welchen Stellenwert Träume, Tagträume und Visualisierungen für Sie einnehmen:

- **Welche Rolle spielen Träume für Sie persönlich?** Zum Beispiel: Erzählen Sie oft von Ihren Träumen? Führen Sie ein Traumtagebuch? Oder haben Sie den Eindruck, dass sie Sie oft etwas lehren oder Ihnen etwas mitteilen? Wenn nicht, glauben Sie, dass Sie davon profitieren könnten?
- **Welche Rolle spielen Tagträume für Sie?** Nutzen Sie sie aktiv, um sich zu motivieren, oder vielleicht auch nur, um sich die Zeit zu vertreiben oder zu entspannen?
- **Welche Rolle spielt die Visualisierung für Sie persönlich?** Zum Beispiel: Haben Sie schon einmal Visualisierungen in irgendeiner Form praktiziert? Welche Erfahrung haben Sie dabei gemacht? Wenn Sie es noch nicht versucht haben, für welchen Bereich Ihres Lebens – beruflich und/oder privat – könnten Sie sich einen Nutzen davon versprechen?

Storytelling in der heutigen Zeit

Neben den Träumen, die wir selbst erschaffen, sind wir umgeben von den Erzählungen – von Filmen und Serien, die wir im Fernsehen und »On Demand« sehen, bis zu kurzen und langen Erzählungen in Form von Texten, Bild und Ton. Wurden Geschichten früher traditionell passiv angeschaut oder angehört, laden die heutigen Geschichten zur aktiven Teilnahme ein.

Das sehen wir im traditionellem Storytelling zum Beispiel in Filmen, in denen Interaktivität eingesetzt wurde. In dem interaktiven Film *Black Mirror Bandersnatch* zum Beispiel treffen die Zuschauer Entscheidungen für den Hauptcharakter (Abbildung 1.1).[11] Auch Produkt- oder Dienstleistungskampagnen fordern die Nutzer auf, ihre eigenen Geschichten in Form von Inhalten beizutragen, und stellen dem Nutzer bzw. dem Publikum interaktive Medien und Plattformen bereit, um die nächste Wendung der Ereignisse in der Erzählung zu beeinflussen. Virtuelle Realität (VR) und erweiterte Realität (AR) sind noch weit von Mainstream entfernt, gewinnen aber zunehmend an Boden. Wir sind an einem Punkt, an dem wir bald direkt in die Welt der entstehenden Geschichten eintauchen werden.

Wir geraten jedoch nicht nur durch die etwas traditionelleren Plattformen Fernsehen, Bücher und Magazine mit dem Storytelling in Berührung. Wir erleben zunehmend, dass die Kunst des Geschichtenerzählens von Politikern im Fernsehen, CEOs und Führungskräften bei ihren Reden und sogar in Restaurants, Ausstellungen und öffentlichen Räumen, die wir besuchen, aufgegriffen

11 Den interaktiven Film *Black Mirror Bandersnatch* finden Sie auf Netflix (*https://oreil.ly/mpnTt*).

wird. Wir leben in einer Welt, die immer stärker kuratiert wird, um durch das Rauschen und die Fülle an Informationen zu dringen, damit wir das Gesuchte leichter finden können.

Aus Sicht des Verkäufers gibt es ein erhöhtes Bedürfnis nach einer Möglichkeit, sich von der Konkurrenz abzuheben. Ob es eine Restaurantbesitzerin, ein Messeveranstalter, ein CEO oder ein Ladengeschäft ist – alle suchen nach interessanten Blickwinkeln und verschiedenen Wegen, um ihre Geschichte und ihr Produkt- und Serviceangebot zu vermitteln.

Abbildung 1.1: Der Screenshot aus dem Film »Black Mirror: Bandersnatch« zeigt eine der Entscheidungen, die der Zuschauer für den Hauptdarsteller treffen muss.

Diese Verlagerung hin zu kuratierten Erfahrungen wird nicht nur von Marken vorangetrieben. Sie spiegelt sich auch im Verbraucherverhalten und in der sogenannten *Erfahrungswirtschaft* wider. Die Menschen geben weniger Geld für Kleidung und Essen und mehr für Urlaube, Autos, Unterhaltung und Essengehen aus.[12] Diese Änderung des Konsumverhaltens ist einer der Gründe für den Aufstieg von kuratierten Erfahrungen, von Content-Marketing und -Strategie insgesamt. All das hat einen guten Grund. Obwohl immersive Erfahrungen nichts Neues sind (auch nicht Content-Marketing oder Storytelling im Allgemeinen), ist die Notwendigkeit, eine enge Verbindung mit dem Publikum herzustellen, gestiegen. An diesem Punkt kommt die Kunst des Storytellings ins

12 Katie Allen and Sarah Butler, »The Way We Shop Now«, *The Guardian*, 6. Mai 2016, *https://oreil.ly/5y8wP*.

Spiel, ob für uns als Einzelne, als Führungskräfte, Start-up-Gründer, Marken oder Designer.

Übung: Storytelling in der heutigen Zeit

Was sind für Sie die besten Beispiele für innovatives Storytelling?

- **Im traditionellen Storytelling?** Zum Beispiel ein Film, ein Buch, eine TV-Serie oder ein Spiel.
- **In Bezug auf ein Produkt oder eine Dienstleistung?** Zum Beispiel eine Kampagne, eine Website oder eine App hinsichtlich ihrer Umsetzung oder der darin enthaltenen Inhalte.

Storytelling als Überzeugungstechnik

Lange Zeit konnten wir über die überzeugende Wirkung von Geschichten nur spekulieren. Aber in den letzten Jahrzehnten hat man untersucht, wie Geschichten in ihren verschiedenen Formen das menschliche Gehirn beeinflussen und wie wir Informationen verarbeiten.

Diese Studien haben gezeigt, dass wir trockene, faktenmäßige Argumente mit Vorbehalt lesen. Mit anderen Worten: Wir sind skeptisch und kritisch. Wenn wir andererseits eine Geschichte hören, geschieht etwas mit uns. Unsere Wachsamkeit lässt nach, wir sind emotional berührt und dadurch gewissermaßen wehrlos. In einem *Fast-Company*-Artikel vom Februar 2012 mit dem Titel *Why Storytelling Is The Ultimate Weapon* schreibt Jonathan Gottschall, der Autor von *The Storytelling Animal:*[13]

> Es zeigt sich immer wieder, dass unsere Einstellungen, Ängste, Hoffnungen und Werte stark von Geschichten beeinflusst werden. Tatsächlich scheinen Erzählungen effektiver zu sein, wenn es darum geht, Überzeugungen zu verändern, als Texte, die speziell darauf ausgelegt sind, durch Argumente und Beweise zu überzeugen.

Es ist daher nicht überraschend, dass es für Marken und Organisationen immer wichtiger wird, auf Storytelling zu setzen, um Bindung und Engagement ihrer Kunden zu fördern. Aber wie viel Wahrheit steckt wirklich in der überzeugenden Wirkung von Geschichten? Und inwieweit können wir sie im Design nutzen?

13 Gottschall, »Why Storytelling Is The Ultimate Weapon«.

Geschichten als Mittel, um Menschen zu aktivieren

Geschichten dienen nicht nur als Kommunikationsmittel und zur Unterhaltung, sondern wurden schon immer von Stammeskämpfern bis zu Aktivisten genutzt, um Menschen zu aktivieren. Storytelling wurde als Mittel eingesetzt, um Menschen zu gewinnen und anzuspornen, sei es, um feindliche Linien zu überwinden, für eine Sache zu kämpfen oder eine Pilgerreise zu unternehmen.

Peter Guber spricht von zweckgebundenen Geschichten und betont ihre Notwendigkeit, um andere von einer Vision oder einer Sache zu überzeugen. Er definiert eine zweckgebundene Geschichte als »eine Geschichte, die man mit einem bestimmten Zweck im Hinterkopf erzählt«, und zieht die Parallele zu dem Lacher, den Sie am Ende eines Witzes erhalten möchten.[14] Ob wir das Publikum zum Lachen bringen oder etwas anderes wollen, jede einzelne Geschichte, die wir erzählen, wird von unserem Wunsch nach einer Aktion und/oder nach einer Reaktion der Person oder Personen auf der anderen Seite motiviert. Viele von uns vergessen, sich klarzumachen, um welche Aktion es geht, oder sogar den vorausgehenden Schritt, nämlich innezuhalten, den Zweck unserer Geschichte zu bestimmen und zu überlegen, wie wir sie am besten erzählen können, um die gewünschte Aktion oder Reaktion hervorzurufen.

Zielgerichtete Geschichten

Auch wenn in jeder guten Geschichte das Versprechen von etwas Kommendem enthalten ist, gibt es in zweckgebundenen Geschichten ein Ziel, auf das die Geschichte hinführt und von dem der Storyteller die Menschen überzeugen möchte. Was auch immer wir mit unserer Geschichte erreichen möchten, Handlungen sind ein wichtiger Teil unserer Erzähltechnik – von unserer eigenen subtilen Handlung beim Erzählen bis hin zu den Handlungen, zu denen wir unser Publikum auffordern.

Aktionen sind besonders wichtig, wenn es um zweckgebundene und überzeugende Geschichten in Bezug auf Design und Business geht. Zweckgebundene Geschichten helfen uns, interne Teammitglieder, Stakeholder und Kunden davon zu überzeugen, sich beispielsweise für UX und die anderen von uns vorgeschlagenen Lösungen zu entscheiden. Diese Geschichten spielen auch eine entscheidende Rolle bei der Gestaltung von Erfahrungen und den tatsächlichen, primären, sekundären und begleitenden CTAs (Calls-to-Action) in unseren Produkten, die die Nutzer zu unseren Produkten führen sollen. Diese CTAs müssen bei den Nutzern auf Resonanz stoßen und ihren Wünschen entgegenkommen, und zwar nicht nur hinsichtlich ihres Bedarfs und des aktuellen Punkts in ihrer User Journey, sondern auch hinsichtlich der für den CTA ver-

14 Mike Hofman, »Peter Guber on the Power of Effective Communicators«, *Inc.*, 1. März 2011, *https://oreil.ly/jxvOC*.

wendeten Sprache. Nur wenn alle diese Anforderungen erfüllt sind, kann die Geschichte den Nutzer zum Handeln bewegen.

Übung: Storytelling als Überzeugungstechnik

Nachdem wir wissen, dass zweckgebundene Geschichten eine wertvolle Möglichkeit sind, Menschen zum Handeln zu bewegen, denken Sie über Beispiele in den folgenden drei Bereichen nach:

- Welche besonders zweckgebundenen Formen des Geschichtenerzählens sind Ihnen begegnet?
- Wie könnte zielgerichtetes Storytelling für Sie persönlich von Vorteil sein?
- Wie könnte zielgerichtetes Storytelling Ihrem Produkt oder Ihrer Dienstleistung zugute kommen?

Die Rolle des Storytellings beim Produktdesign

Ein großer Teil unserer täglichen Arbeit besteht darin, Geschichten zu erzählen, ob wir uns nun darüber im Klaren sind oder nicht. Vielleicht nutzen wir eine Metapher, um etwas zu erklären, oder wir betrachten die von uns entwickelten Erfahrungen durch die Augen einer Persona oder mithilfe der von uns definierten User Journey. Als UX-Designer sind wir daran gewöhnt, Storytelling in verschiedenen Formen zu nutzen, um unsere Arbeit zu definieren und zu gestalten. Manchmal ist unser Storytelling explizit, manchmal merken wir es gar nicht so richtig, wir tun es einfach, ohne darüber viel nachzudenken.

Die Komplexitität unserer Designs nimmt immer weiter zu und die Interaktionen der Nutzer gehen über das Bildschirm-Paradigma hinaus. Deshalb können wir konkrete und messbare Vorteile erzielen, wenn wir Storytelling-Prinzipien aktiv und explizit anwenden, und zwar vom Anfang bis zum Ende eines Projekts. Der Rest des Buchs wird sich mit diesem Thema eingehender beschäftigen.

Storytelling als Werkzeug für den Produktdesignprozess

Der offensichtlichste Ansatz, wie Storytelling uns helfen kann, ist, ein gutes Erfahrungsnarrativ für unsere Produkte und Dienstleistungen zu entwickeln. Wenn wir von den traditionellen Techniken für das Schreiben von Romanen, Theaterstücken, Fernseh- und Filmdrehbüchern lernen, erhalten wir viele konkrete Vorteile für den Projektablauf. Diese reichen von Frameworks und Tools, die uns helfen, die Ist- und die Sollsituation zu verstehen, bis hin zur ganzheitlichen Konzeption der Erfahrung, damit wir den wachsenden Herausforderungen gewachsen sind, denen wir mit der steigenden Anzahl von Geräten, Touchpoints (Wege, auf denen die Verbraucher mit einem Unternehmen interagieren, beispielsweise über eine Website, App oder andere Kommunikationsform) und Eingabemethoden begegnen. Am wichtigsten ist die Überlegung, für wen wir eigentlich gestalten.

Storytelling als Werkzeug, um unsere Arbeit zu verkaufen

Storytelling ist nicht nur ein großartiges Werkzeug, das uns hilft, unsere Produkte und Dienstleistungen zu verstehen, zu definieren und zu gestalten, sondern auch ein äußerst wirkungsvolles Werkzeug, um Akzeptanz für nutzerzentriertes Design, agile Arbeitsweisen und unsere Lösungsvorschläge zu schaffen. Als UX-Designer, Marketing-Fachleute und Product Owner sind wir daran gewöhnt, unsere Zielgruppe zu definieren. In unterschiedlichem Maß entwickeln wir Personas, Pen Portraits, User Journeys, Flows und andere Deliverables, um uns, dem restlichen Team und den Stakeholdern zu helfen, den Nutzer im Auge zu behalten. Wir definieren unter anderem, was für sie wichtig ist (Bedürfnisse), was sie erreichen wollen (Ziele), was sie eventuell beunruhigt (Bedenken) und welche Hindernisse (Barrieren und Risiken) der Erfahrung entgegenstehen.

Allerdings vergessen wir oft, genau diese Prinzipien und Werkzeuge auch auf die Menschen anzuwenden, mit denen wir arbeiten, und, am wichtigsten, die Menschen, denen wir Rede und Antwort stehen und denen wir unsere Arbeit präsentieren. Ob es eine Kundin oder ein Stakeholder ist – je höher diese Person in der Hackordnung aufgestiegen ist, je weniger Zeit sie hat, desto wichtiger wird es, zu verstehen, was ihr wirklich wichtig ist. Wenn Sie dies nicht beachten, kommt es zu Missverständnissen und Fehlinformationen, und in wirklich schweren Fällen können interne oder externe Zusammenarbeit und Beziehungen ruiniert werden. »Tod durch PowerPoint« ist (fast) real und nicht selten präsentieren wir zu viele Dokumente, aber zu wenig Mehrwert, den unsere Arbeit den Kunden und manchmal auch den Nutzern bieten kann. Hier kommt die Bedeutung des Storytellings ins Spiel, und einfache Regeln und Prinzipien können Ihnen helfen, eine klare und gut strukturierte Geschichte zu erzählen, die relevant und auf Ihr Publikum zugeschnitten ist.

Storytelling als Weg, unsere Nutzer zu verstehen

Was den Kunden auf der anderen Seite anbelangt, so ist jeder Benutzer anders, egal ob er gerade erst von Ihrem Produkt oder Ihrer Dienstleistung erfahren hat oder schon seit längerer Zeit ein treuer Kunde ist. Auch wenn die User Journeys der Nutzer einander ähneln können, so ist doch jede Reise auch anders, egal wie gerne wir die User Journey von A über B nach C und so weiter planen würden.

Wenn Sie sich diese Reisen anschauen und aufschlüsseln, was der Nutzer denkt, fühlt, braucht und wo seine Bedenken liegen und wie er vielleicht genau dort gelandet ist und wohin er als Nächstes geht, dann wird jede einzelne User Journey auch zu einer Geschichte – zu einer Geschichte, in der der Nutzer mittendrin ist, und eine Geschichte, die wir, so banal es auch klingen mag, zu steuern versuchen.

Um diese Kontrolle zu erreichen und um sicherzustellen, dass sich der Nutzer für die von uns erzählte Produktgeschichte interessiert, müssen wir dafür sorgen, dass beide zusammenpassen. Der Rückgriff auf traditionelles Storytelling kann helfen, sowohl die Menschen, für die wir gestalten, besser zu verstehen als auch die Produktgeschichte, die wir erzählen, mit der konkreten Geschichte des Nutzers abzugleichen.

Übung: Die Rolle des Storytellings im Produktdesign

Denken Sie angesichts der erläuterten Punkte darüber nach, wie Sie, Ihr Team oder Ihr Unternehmen das Storytelling nutzen:

- Auf welche Weise setzen Sie, Ihr Team oder Ihr Unternehmen derzeit Storytelling ein?
    - Im Produktentwicklungsprozess?
    - Um Unterstützung zu bekommen?
    - Um die Menschen zu verstehen, für die Sie gestalten?
- In welchen Bereichen könnten Sie, Ihr Team oder Ihr Unternehmen den Einsatz von Storytelling verbessern?
    - Im Produktentwicklungsprozess?
    - Um Unterstützung zu bekommen?
    - Um die Menschen zu verstehen, für die Sie gestalten?

Zusammenfassung

Wenn wir die Geschichte des Storytellings betrachten, können wir feststellen, dass die Rolle und der Wert, den Geschichten in der Vergangenheit besaßen, auch heute noch relevant sind. Im Produktdesignprozess hat es eine Schlüsselrolle inne, egal, ob es für den Designprozess, für das Buy-in oder für Präsentationen genutzt wird – es ist an uns, Storytelling sinnvoll einzusetzen und uns auf einen CTA oder ein Ergebnis zu konzentrieren. Es geht dabei allerdings nicht darum, Storytelling als Marketingwerkzeug zu nutzen, sondern darum, wie wir eine bessere Verbindung mit den Menschen auf der anderen Seite herstellen können.

Geschichten haben eine überzeugende Wirkung auf uns, weil wir uns emotional angesprochen fühlen. Sie können an etwas bereits Vorhandenes anknüpfen, etwa Interesse, Leidenschaft oder ein Thema, das uns wichtig ist, oder die Geschichte selbst kann uns überzeugen. So oder so, der Schlüssel zur überzeugenden Wirkung liegt in der Verbindung zwischen Geschichte und Storyteller einerseits und der Person auf der anderen Seite andererseits – so wie es die Erzähler mündlicher Geschichten schon immer gemacht haben.

Beim traditionellen Storytelling hat der Urheber die Kontrolle über jede Wendung der Ereignisse. Aber wenn es um die Erfahrungen unserer Nutzer und Kunden geht, haben wir heute nur noch sehr wenig Kontrolle darüber, wie sie dorthin kommen und wohin sie als Nächstes gehen werden. Aber auch, wenn wir diese Parameter nicht komplett vorgeben können, heißt das nicht, dass wir sie dem Zufall überlassen sollten. Je komplexer die Erfahrung mit ihren multiplen Ein- und Ausstiegspunkten und Touchpoints insgesamt und je ausgefeilter die Technologie wird, desto stärker werden Offline und Online zusammenwachsen. Auch wenn wir viel von digitalen Produkten und Erfahrungen reden, nichts ist mehr ausschließlich digital. Alles ist miteinander verbunden. Durch den vermehrten Einsatz von künstlicher Intelligenz (KI) und maschinellem Lernen in Produkten und Dienstleistung wird unsere Welt immer stärker kuratiert. Deshalb wird es umso wichtiger, dass wir Produkte und Dienstleistungen schaffen, die nicht nur bei unseren individuellen Nutzern und Kunden ankommen und für sie funktioieren, sondern auch für das Unternehmen. Und das ist der Moment, in dem wir von traditionellem Storytelling lernen können.

KAPITEL 2

Die Anatomie einer guten Geschichte

UX und Architektur

Der erste von mir geschriebene und veröffentlichte Blogbeitrag trug den Titel »An Information Architect vs. a Normal Architect«[1] und stammt aus dem Jahr 2010. Darin erkläre ich, womit ich meinen Lebensunterhalt verdiene, indem ich Parallelen zwischen dem Planen eines Hauses und dem Planen von Online-Erfahrungen und Strategien zog. Schon als kleines Mädchen in Südschweden hatte ich eine Vorliebe für Analogien und Metaphern, die die Vorstellungskraft einfangen und anregen, sich mit einem Gegenstand auseinanderzusetzen, egal ob er tatsächlich vorhanden ist oder nur als geistiges Bild im Kopf existiert.

Das Erfinden von Geschichten war schon immer meine Form, mich zu artikulieren und Verbindungen zu ziehen, von Wünschen bis hin zu Parallelen zwischen den Ereignissen in meinem Leben und den Menschen und Erfahrungen, denen ich begegne. Ich liebe es, Dinge zusammenzufügen, und sage oft, dass das Leben einer UX-Designerin ein wenig an das Dasein eine Spinne erinnert. Nicht in dem Sinne, dass diese Kreatur ihre Beute umbringt und auffrisst, sondern dass sie ein kunstvolles, komplexes Netz spinnt, das alles zusammenhält, und einen Überblick über alles hat, was vor sich geht – wie alles miteinander zusammenhängt und dass eine Änderung an einer bestimmten Stelle auch alles andere beeinflusst.

Die Spinnenanalogie scheint vielleicht etwas ungewöhnlich. Aber die Analogie zwischen der Informationsarchitektur oder dem UX-Design und einem Hausbau – da bin ich bestimmt nicht die Erste, die auf diese Idee kommt. Abgesehen davon reagiere ich mit dieser Analogie auf den leeren Blick, den ich normalerweise ernte, wenn ich sage, dass ich UX-Designerin bin. Zwar führt die Haus-Analogie meistens zu weiteren Fragen, womit ich eigentlich meine Zeit wirklich verbringe, aber ich liebe am UX-Design, dass wir so viele Parallelen zum täglichen Leben und zu anderen Berufen ziehen können. Wir können unsere Erklärung des UX-Designs leicht an unser jeweiliges Gegenüber anpassen. Es ist auch ein unglaublich faszinierendes Feld, da es so viele andere Disziplinen

1 Sehen Sie sich dazu meinen allerersten Blogbeitrag unter *https://oreil.ly/RzCgF* an.

gibt, von denen wir lernen und profitieren können, etwa der Beruf des Schriftstellers, wie mein Vater, der des Architekten oder Landschaftsarchitekten, wie mein Bruder Johan, oder der des Schauspielers, wie mein Partner D.

Wir alle arbeiten auf verschiedene Art und Weise mit Erfahrungen, aber jeder von uns ist ein Storyteller und macht sich Gedanken darüber, wie die Geschichten, an denen wir arbeiten, Gestalt annehmen und umgesetzt werden können. Ob mein Vater sie in Worte fasst, mein Partner nach dem ihm vorgegebenen Drehbuch arbeitet, mein Bruder einen physischen Raum gestaltet oder ob ich definiere, was eine Geschichte in Form einer Online- oder Offline-Erfahrung bedeutet – jeder von uns arbeitet mit Charakterentwicklung, der eigentlichen Erzählung und der Frage, wie am Schluss alles zusammengeführt wird. Für meinen Vater ist es wichtig, sein Manuskript von der ersten bis zur letzten Seite durchzustrukturieren. Für D. geht es um den ersten Teil seiner Darbietung – eines Satzes, einer Bewegung, einer Geste – bis zum letzten. Für meinen Bruder geht es um die physische Erfahrung und die Rolle, die sie im Leben der Menschen spielen wird, und für mich geht es darum, wo die Erfahrung beginnt und welche Handlungen der Nutzer während der Erfahrung bis zu ihrem Ende ausführt (bzw. ausführen soll).

In jedem unserer Berufe arbeiten wir mit einer Verheißung des Kommenden. Auf die eine oder andere Art und Weise möchten wir die Menschen auf der anderen Seite inspirieren, ob nun Dads Leser, D.'s Publikum, die Leute, die die von meinem Bruder gestalteten Räume aufsuchen, oder die Menschen, die die Produkterfahrung nutzen, an der ich gearbeitet habe. Vor allem mein Vater und ich sind verantwortlich dafür, all die kleinen Teile zusammenzusetzen und mehr oder weniger detailliert zu planen, wo die Geschichte anfängt und endet. Manchmal entstehen einfache, eher lineare Geschichten und Reisen. Manchmal springen sie hin und her zwischen diesem und jenem. Der Prozess mag chaotisch oder eigenwillig erscheinen, aber alles ist choreografiert, von dem übergeordneten Bild bis zu den kleinen Details, die den entscheidenden Unterschied für die ganze Geschichte machen.

Es sind Dads Leidenschaft, alle Teile zusammenzufügen, wenn er ein Buch schreibt, und die Ähnlichkeiten, die dies mit der Arbeit einer UX-Designerin hat, die den Anstoß für den Vortrag gaben, aus dem später dieses Buch entstand. Genauso wie es bewährte Prinzipien, Werkzeuge und Prozesse gibt, um hervorragende Arbeit und Projekte im UX- und Produktdesign zu abzuliefern, gehört beim Schreiben einer guten Erzählung mehr dazu, als nur den Stift aufs Papier zu setzen. In diesem Kapitel sehen Sie, was eine gute Geschichte ausmacht, wie man sie gut strukturiert und welche Elemente sie beinhalten sollte, angefangen mit Aristoteles' sieben goldenen Regeln des Geschichtenerzählens.

Aristoteles' sieben goldene Regeln des Geschichtenerzählens

Aristoteles war der Erste, der auf die Wechselbeziehung zwischen der Art und Weise, wie wir Geschichten erzählen, und der unmittelbaren menschlichen Erfahrung derselben hinwies. 300 Jahre vor Christi Geburt verfasste er das Werk Poetik, das die Beziehung zwischen den Charakteren, Handlungen und der Sprache eines Theaterstücks und den beim Publikum hervorgerufenen Reaktionen untersuchte. Er kam zu dem Schluss, dass es sieben goldene Regeln für gelungene Geschichten gibt:

1. *Handlung*
   Die Abfolge der Geschehnisse (Aktionen)
2. *Charaktere*
   Der moralische oder ethische Charakter des Schauspiels
3. *Thema/Gedanke/Idee*
   Die Erklärung des Hintergrunds des Protagonisten oder der Geschichte
4. *Sprachliche Form*
   Die Unterhaltung zwischen den Charakteren, aber auch der Erzähler
5. *Melodik*
   Die Klänge, die die Geschichte unterstützen
6. *Dekor*
   Die Gestaltung des Raums, in dem sich die Geschichte ereignet
7. *Inszenierung*
   Etwas, das den Zuhörer richtig beeindruckt und das er nicht vergisst

Zwar liefert Aristoteles in seiner Poetik keine Gebrauchsanweisung zum Schreiben einer tollen Geschichte, aber zahlreiche Interpretationen seines Werks haben die sieben goldenen Regeln leichter verständlich gemacht. Je nachdem, auf welche Branche man sie anwendet, haben die sieben goldenen Regeln etwas andere Bezeichnungen erhalten. Abbildung 2.1 zeigt zwei Beispiele für die Abänderung der Bezeichnungen, damit sie besser zu dem jeweiligen Thema passen.

Obwohl Aristoteles' Prinzipien auf das altgriechische Theater abzielten, bleiben sie trotzdem bis heute relevant und sind sogar für den Autor von guten Filmdrehbüchern unabdingbar. Aristoteles hielt den Plot für das wichtigste Element, mehr noch als die Charaktere, allerdings würden die meisten Drehbuchschreiber heute einwenden, dass das zwei Seiten derselben Medaille sind.[2]

2 »Character-Driven Vs. Plot Driven: Which is Best«, NY Book Editors (Blog), *https://oreil.ly/ZD5JU*.

ORIGINAL	FILM	UX
1. Handlung	Plot	Plot
2. Charaktere	Charaktere *oder* Stars	Charaktere
3. Thema/Gedanke/Idee	Idee	Thema
4. Sprachliche Form	Dialog	Diktion
5. Melodik	Song/Musik	Melodie
6. Dekor	Production Design/ Art Direction	Dekor
7. Inszenierung	Special Effects	Show

Tabelle 2.1: Aristoteles sieben Regeln, angepasst an die Film- und die UX-Branche (Quelle: Jeroen Vaan Geel)[3,4]

In diesem Buch komme ich immer wieder auf Aristoteles' goldene Regeln des Geschichtenerzählens hinsichtlich Produkt- und UX-Design zurück. Davor sehen Sie sich jedoch an, was eine gute Geschichte sonst noch enthalten sollte.

Die drei Teile einer Geschichte

Zusätzlich zu den sieben goldenen Regeln des Geschichtenerzählens spricht Aristoteles über die Geschichte als Ganzes und stellt folgende Definition auf: »Ein Ganzes ist, was Anfang, Mitte und Ende hat.« Weiterhin definiert er Anfang, Mitte und Ende folgendermaßen:

> Ein Anfang ist, was selbst nicht mit Notwendigkeit auf etwas anderes folgt, nach dem jedoch natürlicherweise etwas anderes eintritt oder entsteht. Ein Ende ist umgekehrt, was selbst natürlicherweise auf etwas anderes folgt, und zwar notwendigerweise oder in der Regel, während nach ihm nichts anderes mehr eintritt. Eine Mitte ist, was sowohl selbst auf etwas anderes folgt als auch etwas anderes nach sich zieht.

Seine allgemeine Schlussfolgerung ist, dass »eine gut konstruierte Handlung daher weder zufällig beginnen noch enden darf, sondern diesen Prinzipien folgen muss.« Das bedeutet, dass die Ereignisse mit Wahrscheinlichkeit aufeinanderfolgen und eine Kausalkette aufweisen sollten. Der französische Autor, Regisseur und Pionier der French Nouvelle Vague Jean-Luc Godard führt aus:

3 Aus Jalal Jonroys Unterlagen, die er bei der Begleitung von Absolventen zu ihren Abschlussfilmen an der Film & Television: Tisch School of the Arts an der New York University angefertigt hat, *https://oreil.ly/sHFiU*.

4 Die vollständige Interpretation von Johnny Holland finden Sie unter *https://oreil.ly/_nxiG*.

»Ein Film sollte einen Anfang, eine Mitte und ein Ende haben, aber nicht notwendigerweise in dieser Reihenfolge!«[5] Wie Sie später in diesem Kapitel und im ganzen Buch noch sehen werden, sind die Bestandteile des Storytellings für digitale Produkte, die mit verschiedenen Geräten und Touchpoints funktionieren müssen, nicht unbedingt linear, benötigen aber dennoch diese drei Bestandteile.

Obwohl Aristoteles nie gesagt hat, dass ein Drama aus drei Akten bestehen sollte, haben die drei Teile – ein Anfang, eine Mitte und ein Ende – zu der dreiaktigen Struktur geführt, die in vielen traditionellen Erzählungen verwendet wird.

Die Kunst der Dramaturgie

Der Prozess, einer Erzählung Struktur zu verleihen, wird *Dramaturgie* genannt. Merriam-Webster definiert sie als »die Kunst oder Technik einer dramatischen Komposition und theatralischen Darstellung«. In der weiter gefassten Definition, geht es bei Dramaturgie darum, eine Geschichte in eine Form zu bringen, die dargeboten werden kann, indem das Werk eine Struktur erhält.

Die Dramaturgie wurde von Gotthold Ephraim Lessing im 18. Jahrhundert entwickelt und ist eine praxisbezogene und praxisgeleitete Disziplin, die sich auf den Kontext des Stücks in einer umfassenden Form bezieht. Dieser Kontext kann alles beinhalten – von der Umgebung (physisch, sozial, wirtschaftlich und politisch), in der die Handlung stattfindet, über den psychologischen Hintergrund der Charaktere bis zu der Art und Weise, in der das Stück geschrieben ist (Struktur, Rhythmus, Fluss und Wortwahl).

Der Experte auf diesem Gebiet wird Dramaturg genannt. Diese Person ist oft in alle Phasen einer Produktion involviert, beeinflusst das Casting, leistet Beiträge zum Verlauf der Produktion des Stücks und lenkt in Zusammenarbeit mit Regisseur und Darstellern die Aufführung und die Erzählung in die richtige Richtung.

Die alles beobachtende Rolle eines Dramaturgen entscheidet sich gar nicht so sehr von der einer Führungsperson. Die Verantwortlichkeiten einer Führungskraft unterscheiden sich von Organisation zu Organisation. Als ich in der Digitalagentur Dare arbeitete, kümmerten sich die Experience Leads aus dem Blickpunkt der UX um die Kunden, indem sie auf projektübergreifende Konsistenz achteten und allen Teammitgliedern ein klares Bild der Nutzer- und Geschäftsanforderungen vermittelten.

5 Mehr Zitate von Jean-Luc Goddard finden Sie in der IMDb (*https://oreil.ly/9u8xu*).

Die Experience Leads waren auch dafür verantwortlich, das große Ganze eines bestimmten Projekts zu verstehen, sodass alle Aspekte der User Experience und der wirtschaftlichen Seite berücksichtigt wurden. Diejenigen von uns, die als Experience Leads tätig waren, waren an der Ressourcenplanung, den meisten UX-, Design- und technischen Reviews beteiligt und arbeiteten eng mit den jeweiligen Führungskräften zusammen, um zu garantieren, dass sich alles zusammenfügte.

Abgesehen von den Ähnlichkeiten zwischen der Rolle eines Dramaturgen und einer Führungskraft kommt die Kunst der Dramaturgie dem Produktdesign in hohem Maß zugute, da sie darauf ausgerichtet ist, dem Werk eine Struktur zu geben. Zwei der berühmtesten dramaturgischen Erkenntnisse sind die Drei-Akt-Struktur des Aristoteles und die Freytags Pyramide.

Aristoteles' Drei-Akt-Struktur

Aristoteles' Drei-Akt-Struktur besteht aus einem Anfang, der die Handlung einführt, einer Mitte, in der die Handlung eine Zuspitzung erfährt, und einem Ende, an dem sich die Handlung auflöst. Bis zum heutigen Tag ist die Drei-Akt-Struktur ein beim Drehbuchschreiben verwendetes Modell, das die Erzählung in drei Teile aufgliedert.

Diese Teile oder Akte sind verbunden mit zwei Wendepunkten – Schlüsselereignissen, die die Geschichte in eine neue Richtung führen. Der erste Wendepunkt ereignet sich am Ende des ersten Akts, der zweite am Ende des zweiten Akts, wie in Abbildung 2.1 gezeigt.

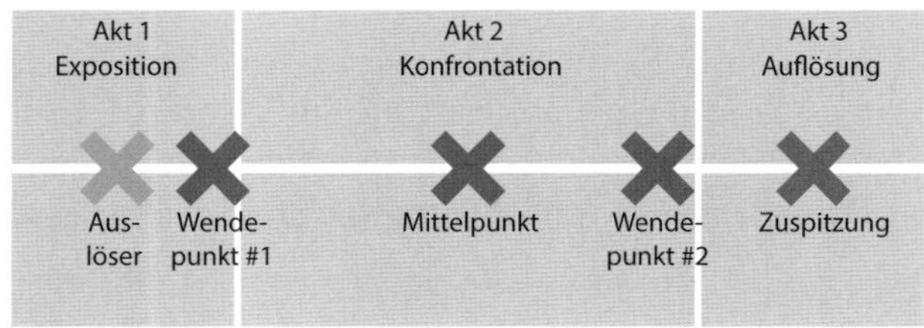

Abbildung 2.1: Die Drei-Akt-Struktur

Erster Akt

Der erste Akt, die Exposition, wird normalerweise für die Einführung verwendet. Die Hauptcharaktere, ihre Verbindungen und die Welt, in der sie leben, werden entwickelt. Ein wenig später im ersten Akt geschieht der Auslöser: Der Hauptcharakter, auch Protagonist genannt, wird mit einer Situation konfrontiert, die er lösen muss, was zu einer noch dramatischeren Situation führt, dem Wendepunkt. Der erste Wendepunkt signalisiert das Ende des ersten Akts und ist der Punkt, an dem die dramatische Frage gestellt wird – zum Beispiel: »Werden sie glücklich bis an ihr Lebensende leben?« – und der sicherstellt, dass das Leben des Protagonisten nie wieder so sein wird wie zuvor.

Zweiter Akt

Im zweiten Akt, der *Konfrontation*, versucht der Protagonist, das Problem zu lösen, dass sich beim ersten Wendepunkt gestellt hat. In diesem Akt findet sich der Charakter oft in einer schlechteren Situation wieder als vorher, da er nicht die nötigen Fähigkeiten besitzt oder nicht weiß, wie er mit dem Antagonismus umgehen muss, mit dem er konfrontiert wird.

Im zweiten Akt findet die *Charakterentwicklung* statt. Der Protagonist muss nicht nur neue Fähigkeiten erlernen, sondern auch ein tieferes Bewusstsein für seine eigene Person erlangen und begreifen, wozu er in der Lage ist, wodurch sich oft auch seine Persönlichkeit entwickelt. Meistens erfordert diese Herausforderung die Hilfe eines Mentors oder Co-Protagonisten.

Dritter Akt

Im dritten Akt, der *Auflösung*, gipfeln die Hauptgeschichte und alle Nebenerzählungen in einer gemeinsamen *Zuspitzung* (*Klimax*) – der intensivsten Szene oder Sequenz, in der die dramatische Frage beantwortet wird. Hier finden wir heraus, ob der Junge und das Mädchen für immer glücklich zusammenleben werden, und ab dort werden auch der Protagonist und die anderen Charaktere mit einem neuen Selbstverständnis leben.[6]

Freytags Pyramide und Kritik der Drei-Akt-Struktur

Es gibt einige Kritikpunkte an der traditionellen Drei-Akt-Struktur, unter anderem, dass sie sich zu sehr auf die Handlungspunkte fokussiert statt auf die Charaktere und dass sie für das Theater erarbeitet wurde. Zusätzlich sind die drei Akte eher willkürlich und passen zum Beispiel nicht für Werbepausen bei Fernsehserien und TV-Filmen. Wie Sie in Kapitel 5 sehen werden, gibt es auch eine Reihe von Interpretationen und weitere Arbeiten zu den Akten und ihren Plotpunkten. Eine der wichtigsten Alternativen ist die Arbeit von Gustav Freytag (Abbildung 2.2). Im späten 19. Jahrhundert veröffentlichte er *Die Technik des Dramas*, die als Vorlage für das erste Hollywood-Handbuch zum Drehbuchschreiben gilt. Anders als Aristoteles' drei Akte sah Freytag fünf Bestandteile einer Erzählung – die Exposition, die Steigerung, den Höhepunkt, Umkehr oder fallende Handlung und das Denouement bzw. die Auflösung.

6 »How to Write a Novel Using the Three Act Structure«, Reedsy (Blog), 15. Juni 2018, *https://oreil.ly/KOGoQ*.

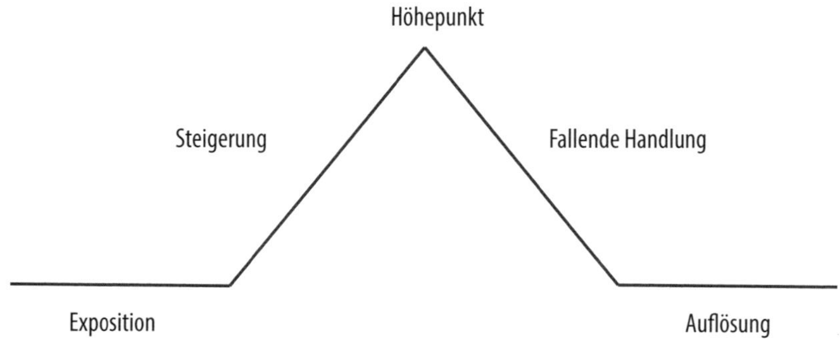

Abbildung 2.2: Freytags Pyramide

Exposition

Dieser Teil der Geschichte bietet wichtige Hintergrundinformationen, etwa die Umgebung, die Hintergrundgeschichten der Charaktere und die Ereignisse, die vor der Haupthandlung stattgefunden haben. Diese Informationen können durch Hintergrunddetails, Rückblenden, einen Sprecher, der die Hintergrundgeschichte erzählt, oder durch Dialoge oder Gedanken der Charaktere vermittelt werden.

Steigerung

Während der steigenden Handlung findet eine Reihe von Ereignissen statt, die sich zum Höhepunkt hin aufbauen – der Klimax. Diese Ereignisse beginnen gleich nach der Exposition und sind oft der wichtigste Teil der Geschichte, da die ganze Handlung von ihnen abhängt.

Höhepunkt

Die Klimax ist der Wendepunkt der Geschichte, der das Geschick des Protagonisten ändert. Hier beginnt sich der Plot zugunsten des Protagonisten oder des Antagonisten zu entfalten, und der Protagonist muss oft verborgene Stärken aktivieren.

Fallende Handlung

Während der fallenden Handlung dröselt sich der Konflikt zwischen dem Protagonisten und dem Antagonisten auf und der Protagonist gewinnt oder verliert.

Auflösung

Ganz ähnlich wie die steigende Handlung sich zur Zuspitzung aufbaut, finden die finalen Ereignisse am Ende der Erzählung statt, von der abfallenden Handlung bis zur Schlussszene. Der Konflikt ist gelöst und in den Charakteren breitet sich ein Gefühl der Normalität aus, wenn die Verwicklungen der Handlung entwirrt sind.

Was uns Dramaturgie über Produktdesign lehrt

Sowohl Aristoteles' Drei-Akt-Struktur als auch Freytags Pyramide lehren uns, dass eine Erzählung aus bestimmten Akten besteht: Dem Anfang, dann geschieht etwas, dann noch etwas, und die Geschichte kommt zu ihrem Ende. Beim Produktdesign fokussieren wir uns zu oft auf die Details und vergessen, dass zunächst die gesamte Erzählstruktur definiert werden muss. Wie Aristoteles deutlich macht, hat die Erzählweise einer Geschichte auch einen Einfluss auf die unmittelbare menschliche Erfahrung. Was unsere Nutzer am anderen Ende denken, fühlen und tun, hängt davon ab, wie wir die Erfahrung unseres Produkts oder unserer Dienstleistung strukturieren.

Die zyklische Natur digitaler Produkterfahrungen

Aristoteles' sieben Prinzipien für gute Geschichten, die Drei-Akt-Struktur und Freytags fünf Akte wurden für lineare und begrenzte Erzählungen erdacht. Die meisten unserer Online-Erfahrungen sind hingegen vernetzt und besitzen keinen eindeutigen Anfang und kein eindeutiges Ende. Tatsächlich geht es bei der Anwendung des Storytellings auf das Produktdesign um zyklische Erzählungen: Jeder Zyklus ist mit anderen Zyklen verknüpft, wodurch sich eine Kette von Untergeschichten bildet, einige eigenständiger und andere enger miteinander verknüpft. Das gilt für verschiedene Teile einer Erfahrung sowie für den ganzen Prozess, bei dem die einzelnen Teile – egal ob Strategie, UX-Design oder Entwicklung – sich überschneiden und von den anderen Teilen wie auch von ihrem eigenen Bereich abhängen.

Um diese Verkettung von untergeordneten Erzählungen zu verstehen, denken Sie an die Reise eines Nutzers, bis er einen Kauf tätigt. Diese Art End-to-End-Erfahrung besteht oft aus vielen kleineren Erfahrungszyklen, die miteinander verbunden sind. Es könnte damit anfangen, dass der Nutzer ein Produkt in den sozialen Medien sieht, den Link anklickt und auf dem Blog der Influencerin, in deren Beitrag er das Produkt gesehen hat, landet. Wenn sich der Nutzer für das Produkt erwärmt, tritt er in eine aktivere Suchphase ein: Er besucht die Webseite, auf der das Produkt verkauft wird, und beginnt wahrscheinlich, auf anderen Websites nach dem günstigsten Preis zu suchen, oder vergleicht das Produkt mit dem anderer Anbieter, oder beides. Je teurer das Produkt und basierend auf seiner Art könnte die Suche (und schließlich die Überlegungsphase, in der die Optionen immer weiter eingegrenzt werden) länger dauern. Diese Phase könnte auch mehr Touchpoints beinhalten, auch offline, etwa Gespräche mit Freunden und Familienmitgliedern und/oder der Besuch eines echten Ladens, bevor der Nutzer wieder online geht. Er besucht vielleicht noch ein letztes Mal zur Bestätigung den originalen Blogbeitrag, in dem er das Produkt kennengelernt hat, und wiederholt seine Suche noch ein letztes Mal, bevor er sich dafür entscheidet, das Produkt zu kaufen. Im Wesentlichen gibt es Wechselwirkungen und Überschneidungen, und nur sehr wenige User Journeys vollziehen sich in einem Rutsch. Stattdessen gibt es Pausen zwischen dem ersten und dem letzten Schritt.

Multiple Anfänge, Mitten und Enden

Als ich ein Kind war, setzte sich einmal die Idee in meinen Kopf fest, dass die Welt flach sei und sich am Boden eines Milchkartons befände. Ich glaube, das stammte von einer Kinder-CD, die wir uns anhörten und die die Welt als flach wie einen Pfannkuchen beschrieb. In meiner Vorstellung, wie unsere flache Welt funktionierte, gehörte der Milchkarton Riesen und diese Riesen würden den Karton manchmal schütteln, und dadurch, dachte ich, entstünden Wellen und Erdbeben und dergleichen.

Wenn wir uns vorstellen, dass ein Riese unseren Milchkarton schüttelt, der mit einander überschneidenden und eng miteinander verknüpften Kreisen von Geschichten gefüllt ist, dann werden sich beim Herumrütteln plötzlich einige dieser Kreise überschneiden und sich mit neuen oder anderen Teilerzählungen verbinden. Zwar bin ich mir mittlerweile sicher, dass wir nicht am Boden einer Milchtüte leben und dass Naturkatastrophen nicht durch Riesen, die herumschütteln, verursacht werden, aber unsere Online-Erfahrungen werden immer in einer Weise durchgeschüttelt und umgerührt, die uns von unserem Weg ab- und auf einen neuen bringt, wo eine neue Unterstory anfängt. Manchmal entscheiden wir uns, ob wir unsere User Journey fortführen, durch eine andere Seite oder eine Unterhaltung mit Freunden (Abbildung 2.3). In anderen Fällen kommen diese Veränderungen zufälliger – sie geschehen durch Dinge, die wir entdecken, wenn wir zwanglos stöbern, oder durch Nachrichten, die aufpoppen, oder durch Dinge, die unsere Freunde und Bekannten oder Kollegen auch gesehen haben.

Abbildung 2.3: Ein Beispiel für die Komplexität der Online-Erfahrung der Nutzer bis zu einem Kauf mit verschiedenen Interaktionen auf verschiedenen Webseiten[7]

Das Chaos erzählen

Das Chaos der User Journey – wie auch unser Mangel an Kontrolle darüber, wie und mit welchem Medium die Nutzer unsere Produkte und Dienstleistungen erreichen und erleben, macht die Rolle des Storytellings so wichtig. Egal, wo die Reise des Nutzers anfängt und endet und wie vernetzt oder zufällig sie ist: Der Nutzer wird sich trotzdem auf den Weg machen. Wo auch immer er sich auf dieser Reise befindet und auf welcher Seite oder aus welchem Blickwinkel er sie betrachtet, wir als UX-Designer, Product Owner, Marketing-Fachleute und Start-up-Gründer müssen wir seine Bedürfnisse genau dann und auch auf dem nächsten Schritt seines Wegs erfüllen.

Auch wenn das Ende nie so endgültig sein wird, wie es Aristoteles definiert hat, sondern den nächsten Teil der Erzählung initiiert, sollten wir trotzdem versuchen, die User Journey stärker zu strukturieren. Obwohl die Nutzer unterschiedliche Erfahrungen machen werden, hat jede User Journey einen Anfang, eine Mitte und ein Ende.

7 »How supershoppers use search to tackle the holiday season«, Think with Google, Oktober 2016, *https://oreil.ly/Ndxa_*.

Den Beginn der Reise berücksichtigen

Hier gibt es eine schöne Parallele zum arabischen Alphabet. Arabisch schreibt man von rechts nach links; jeder Buchstabe des Alphabets hat mehrere Formen, je nachdem, ob er sich am Wortanfang, in der Mitte oder am Ende befindet. Nicht alle Buchstaben können mit den Folgebuchstaben (zur Linken) verbunden werden, aber alle mit den vorhergehenden (zur Rechten).[8]

Ganz ähnlich können wir nicht immer kontrollieren, wie die Reise mit unseren Produkten und Dienstleistungen endet, aber wir können immer dafür sorgen, dass wir unser Bestes geben, uns dem Anfang der User Journey anzupassen, egal wo und wie dieser stattfindet. Wir können für verschiedene Einstiegspunkte konzipieren und planen, wie die Erfahrungen vom Anfang bis zum Ende aussehen sollen, so weit wir dies kontrollieren können. In Kapitel 7 sehen Sie, wie der Kontext die Nutzererfahrung beeinflusst und was wir als UX-Designer beachten und entsprechend diesem Kontext anpassen sollten. Als Nächstes beschäftige ich mich damit, was wir von anderen Formen des Geschichtenerzählens lernen können.

Fünf wichtige Lektionen zum Storytelling

Die Kraft einer guten Geschichte liegt in der emotionalen Verbindung, die sie zu ihrem Publikum herstellt. Ohne diese emotionale Verbindung gibt es keine nennenswerte Geschichte. Aber wodurch hebt sich eine großartige Geschichte von einer mittelmäßigen oder selbst von einer guten ab? Was macht Filme wie *Toy Story, Monster AG, Der König der Löwen* zu Kinohits und Bücher wie *Harry Potter, The Twilight Zone* und die *Millenium*-Trilogie zu Bestsellern?

Wenn Sie nach dem weltbesten Storyteller forschen, tauchen ganz unterschiedliche Berufe und Menschen auf: historische Persönlichkeiten, Anführer oder Aktivisten, wie ich schon gezeigt habe, aber auch Geschichtenerzähler in einem eher literarischen Sinn, etwa Schriftsteller, Dramatiker, Filmemacher, Songwriter und Fotografen. Jeder Beruf nutzt Aspekte des Geschichtenerzählens in unterschiedlicher Art und Weise, und wir können von allen lernen.

Traditionelles Storytelling und die dramatische Frage

Die *dramatische Frage* konzentriert sich auf den zentralen Konflikt des Protagonisten und ist das Zentrum des traditionellen Geschichtenerzählens. Es ist der Job des Autors, die dramatische Frage so zu stellen, dass der Leser sie mit einem überzeugten »Ja« beantworten möchte. Der Schriftsteller muss dann Spannung aufbauen, indem er Hindernisse in die Erzählung einbaut, sodass der Nutzer

8 »Arabic alphabet table«, The Guardian, 6. Februar 2010, *https://oreil.ly/DcLuK*.

weiterlesen, weiter zuschauen oder zuhören möchte. Es ist die dramatische Frage zusammen mit der Spannung, die *Twilight* zu einem Bestseller macht, statt zu einem durchschnittlichen Roman. Wenn die dramatische Frage wirkungsvoll eingesetzt wird und die richtige Art Spannung erzeugt wird, werden die meisten Menschen weiterlesen, auch wenn der Rest des Buchs mittelmäßig ist.

Eine Geschichte enthält oft mehr als eine dramatische Frage, aber die wichtigste oder zentrale dramatische Frage veranlasst uns, weiterzulesen oder weiterzuschauen. Sie betrifft das Hauptziel des Protagonisten und ist nicht reaktiv und intern, sondern aktiv und extern. Die Frage, ob der Protagonist sein Ziel erreicht, muss mit einem Ja oder Nein beantwortet werden, und wenn sie beantwortet ist, endet die Geschichte. Ähnlich wie der im vorigen Kapitel erwähnte rote Faden ist die wichtigste dramatische Frage die Leitschnur, der wir vom ersten Akt bis zur Zuspitzung folgen.

Einige Beispiele für dramatische Fragen:

- Werden Romeo und Julia je zusammenkommen? (*Romeo und Julia*)
- Wird Odysseus von Troja wieder nach Hause finden? (*Odyssee*)
- Wird Scarlet Ashley gewinnen? (*Vom Winde verweht*)
- Wird Indiana Jones die legendäre Bundeslade finden? (*Jäger des verlorenen Schatzes*)
- Wer/was ist Rosebud? (*Citizen Kane*)
- Wird Marlin seinen Sohn finden? (*Findet Nemo*)

In manchen Fällen, etwa in *Schindlers Liste*, ist die wichtigste dramatische Frage nicht hundertprozentig eindeutig. Aber auch unter solchen Umständen möchte man trotzdem wissen, was als Nächstes geschieht und wie alles enden wird. Dieser Wunsch, zu erfahren, wie eine Geschichte endet, besteht auch fort, wenn von Anfang an ziemlich sicher ist, wie die Antwort auf die dramatische Frage lauten wird und dass der Junge und das Mädchen wahrscheinlich glücklich bis ans Ende ihrer Tage miteinander leben werden.

Anwendung auf das Produktdesign

Für die meisten Produkte und Dienstleistungen, an denen wir arbeiten, gibt es sowohl wichtige als auch unwichtige dramatische Fragen. Denken Sie nur an das allumfassende Ziel eines Nutzers, wenn er zum Beispiel einen neuen Fernseher kaufen möchte. Als Teil der Zielerfüllung muss er mehrere kleine Aufgaben erledigen, etwa sich über verschiedene Marken informieren, den besten Preis und den Laden finden, der diesen konkreten Fernseher verkauft oder ihn dem Nutzer übersendet. Und dann können zusätzliche Aspekte auftauchen, wenn der Nutzer Hilfe braucht und andere Personen um Rat fragt oder sich sogar mit dem Personal im Laden unterhält.

Wenn wir uns verdeutlichen, wie die wichtigen und die unwichtigen dramatischen Fragen lauten, stellen wir sicher, dass wir den Kern der Produkterfahrungen im Fokus behalten. Gleichzeitig können wir uns weiterhin der kleineren Aspekte der ganzen End-to-End-Erfahrung bewusst bleiben.

Disneys magische Liebe zum Detail

Wenn die Rede auf großartiges Storytelling kommt, fällt oft der Name Disney. Die Walt Disney Company hat Kultfilme und ganze Welten erschaffen, von den aktuellen Disney-Themenparks bis zu den pulsierenden Welten in Filmen wie *Der König der Löwen, Die kleine Meerjungfrau* und *Die Schöne und das Biest*. In den Disney-Produktionen, egal ob in den Parks oder den Filmen, ist alles aus einem bestimmten Grund da. Das ist einer der Gründe, warum Walt Disney als großartiger Storyteller bejubelt wird. Er hatte die fantastische Gabe, sich auf die kleinen Details zu fokussieren, und verstand, wie alle diese Nuancen zum großen Ganzen und zu der vom Publikum erwarteten Erfahrung beitragen.

In der Designwelt beschäftigen wir uns oft mit diesem Thema, und bekannte Blogs wie *Little big details* bieten Beispiele für liebevoll gestaltete und durchdachte UX-Details. Und auch wenn diese aus Budget- oder Zeitgründen oft nicht berücksichtigt werden, können sie an bestimmten Punkten der User Journey einen großen Unterschied für die Gesamterfahrung bedeuten.

Walt Disneys Aufmerksamkeit für Details und sein Wunsch, die Dinge immer besser zu machen – er nannte dies *Plussing* –, überträgt sich auch auf die physische Erfahrung der Disney-Themenparks. Walt Disney gab sich nicht zufrieden, einfach nur einen Themenpark zu erschaffen. Genau wie bei seinen Filmen wollte er eine erinnerungswürdige Erfahrung schaffen, die die Kunden sonst nirgends finden würden.

Im Jahr 2008 begann die Arbeit an einer großen Studie, die jeden einzelnen Aspekt der Disney-World-Erfahrung untersuchte, vom ersten Betreten des Parks bis zum Verlassen. Das Ziel war, Reibungspunkte zu beseitigen. Diese Arbeit umfasste Erfahrungen wie das Anstehen für eine Fahrt, die Suche nach einem Restaurant und dann dort das Warten auf einen Sitzplatz. Die Lösung war das Disney MagicBand.[9]

Zusammen mit der Webseite und der App, die der Besucher nutzen kann, um die Attraktionen, Restaurants und Unterhaltungen zu erkunden und einen Tourenplan und eine Wunschliste zu erstellen, wird dieses Armband der Schlüssel

9 Cliff Kuang, »Disney's $1 Billion Bet on a Magical Wristband«, *Wired*, 10. März 2015, *https://oreil.ly/_ThwX*.

zum magischen Königreich. Durch RFID-Chips und Triangulationstechnologie können Sie mit dem Armband Warteschlangen vermeiden, in einem Restaurant Ihre Bestellung automatisch aufgeben und zum ausgewählten Tisch bringen lassen. Das System basiert auf Vorausplanung, die Besucher können ihre Fahrten reservieren und Restaurant und Speisen vorab auswählen. Aber das Endergebnis fühlt sich fast magisch an, bis hin zu Kleinigkeiten wie der Tatsache, dass das Personal Ihren Namen kennt, wenn Sie durch die Tür kommen.

Anwendung auf das Produktdesign

Der Drang, sich immer weiter zu verbessern und auf jeden einzelnen Aspekt einer Erfahrung zu achten, wird beim Produktdesign immer wichtiger. Wie Sie in Kapitel 3 erfahren werden, gehen die technologischen Entwicklungen und die Erwartungen der Nutzer immer mehr zu maßgeschneiderten und personalisierten Erfahrungen, die ihnen das Gefühl geben, das Produkt oder die Dienstleistung würde sie kennen.

Ganz gleich, an welcher Art Produkt oder Dienstleistung wir arbeiten, wir tun gut daran, Disneys Liebe zum Details mit einem tiefen Verständnis und einem Interesse daran zu kombinieren, wie alles zusammenpasst. Alles ist miteinander verbunden, und obwohl unser Produkt vielleicht nur digital ist, umfasst die gesamte End-to-End-Erfahrung des Nutzers auch Offline-Aspekte. In Kapitel 5 werden wir auch auf die Reibungspunkte imProduktdesign eingehen.

Übung: Disneys Liebe zum Detail

Denken Sie an Ihre oder an regelmäßig genutzte Produkte oder Dienstleistungen. Achten Sie nicht auf praktische oder physische Einschränkungen Ihrer Lösungen und denken Sie über Folgendes nach:

- **Welche sind die zentralen Reibungspunkte im aktuellen Zustand?**
  Zum Beispiel: Registrierung, Bezahlung, Überforderung durch die Auswahlmöglichkeiten.
- **Wie könnten Sie diese Reibungspunkte vermeiden?**
  Zum Beispiel: Nutzung vorhandener Social-Media-Konten für die Anmeldung, Ein-Klick-Zahlung, die Möglichkeit, die Auswahl einzugrenzen.
- **Wie könnten Sie die Erfahrung attraktiver und nahtloser gestalten?**
  Zum Beispiel: Gesichtserkennung für die Anmeldung, berührungsbasiertes Bezahlen, drei sorgfältig empfohlene Optionen basierend auf Vorlieben und Nutzerverhalten.

Pixars Lektionen zum Storytelling

Seit der Veröffentlichung von *Toy Story* im Jahr 1995 hat Pixar einen ganz Schatz an Weisheiten rund um das Storytelling gesammelt, von der anfänglichen Grundstruktur bis zu dem einfachen Rat, eine Geschichte zu Ende zu schreiben, auch wenn sie nicht perfekt ist. Damals 2011 twitterte die Storytellerin Emma Coats 22 grundlegende Richtlinien, die sie von erfahrenen Kollegen erlernte:[10]

1. Menschen bewundern einen Charakter mehr für seine Bemühungen als für seine Erfolge.
2. Behalten Sie im Kopf, was für Sie als Publikum interessant ist, nicht, was als Autor Spaß macht. Das kann etwas ganz anderes sein.
3. Es ist wichtig, sich um ein Thema zu bemühen, aber erst am Ende wissen Sie wirklich, wovon die Geschichte handelt. Schreiben Sie sie jetzt neu.
4. Es war einmal. Jeden Tag, __________. Eines Tages __________. Deshalb __________, und deshalb __________, bis endlich __________.
5. Vereinfachen Sie. Fokussieren Sie. Verbinden Sie Charaktere. Vermeiden Sie Umwege. Sie werden das Gefühl haben, wertvolle wichtige Dinge zu verlieren, aber es macht Sie frei.
6. Was kann Ihr Charakter gut, wobei fühlt er sich wohl? Bieten Sie ihm das totale Gegenteil. Fordern Sie ihn heraus. Wie geht er damit um?
7. Denken Sie sich das Ende vor der Mitte aus. Ernsthaft. Das Ende ist schwierig, arbeiten Sie es zuerst aus.
8. Stellen Sie Ihre Geschichte fertig, lassen Sie los, auch wenn sie nicht perfekt ist. Nur in einer perfekten Welt bekommen Sie beides, aber machen Sie einfach weiter. Machen Sie es nächstes Mal besser.
9. Wenn Sie eine Blockade haben, machen Sie eine Liste, was als Nächstes nicht geschehen wird. Oft wird dadurch das Material sichtbar, das Ihnen aus der Klemme helfen wird.
10. Analysieren Sie Geschichten, die Ihnen gefallen. Was Ihnen an ihnen gefällt, ist ein Teil von Ihnen; bevor Sie es nutzen können, müssen Sie es erkennen.
11. Wenn Sie etwas zu Papier bringen, legen Sie sich fest. Wenn die perfekte Idee in Ihrem Kopf bleibt, werden Sie sie nie mit jemanden teilen.

---

10 »Pixar Story Rules«, The Pixar Touch (Blog), 15. Mai 2011, *https://oreil.ly/jDea9*.

12. Streichen Sie das Erste, was Ihnen in den Sinn kommt. Und das zweite, dritte, vierte, fünfte – schaffen Sie das Offensichtliche aus dem Weg. Überraschen Sie sich selbst.
13. Lassen Sie Ihre Figuren eine Meinung haben. Passiv/formbar erscheint Ihnen vielleicht beim Schreiben angenehm, aber für das Publikum ist es Gift.
14. Warum müssen Sie genau *diese* Geschichte erzählen? Was ist der Glaube, der in Ihnen brennt, der Ihre Geschichte entzündet? Das ist der Kern der Geschichte.
15. Wenn Sie Ihr Charakter wären und sich in dieser Situation befinden würden, wie würden Sie sich fühlen? Durch Ehrlichkeit werden unglaubliche Situationen glaubwürdig.
16. Geben Sie uns einen Grund, für den Charakter zu brennen. Was passiert, wenn er keinen Erfolg hat? Verringern Sie die Erfolgsaussichten.
17. Keine Arbeit ist je vergeblich. Wenn etwas nicht funktioniert, vergessen Sie es und machen Sie weiter – irgendwann wird es doch wieder nützlich sein.
18. Kennen Sie sich selbst: den Unterschied zwischen Ihrer Bestleistung und sinnlosem Aktionismus. Storytelling bedeutet ausprobieren, nicht verfeinern.
19. Zufälle sind großartig, um die Charaktere in schwierige Situationen zu bringen. Den Zufall zu Hilfe zu nehmen, um sie wieder daraus zu befreien, ist geschummelt.
20. Übung: Nehmen Sie die Bestandteile eines Films, den Sie nicht mögen. Wie könnten Sie sie ändern, damit er Ihnen gefällt?
21. Sie müssen sich mit der Situation/dem Charakter identifizieren, nicht nur »cool« schreiben. Was würde Sie veranlassen, so zu handeln?
22. Was ist der Kern Ihrer Geschichte? Wie lässt sie sich am sparsamsten erzählen? Wenn Sie das herausfinden, können Sie darauf aufbauen.

Anwendung auf das Produktdesign

Einige dieser Lektionen enthalten praktische Übungen, die Sie durcharbeiten können. Andere sind Hilfestellungen und Gedankenfutter, und andere, etwa Lektion 4, erinnern an unsere Werkzeuge im Produktdesign, in diesem Fall User Storys. Diese Lektionen lehren uns, unsere Ideen zu Papier zu bringen, fokussieren uns auf das Wichtigste, strukturieren sowohl das Narrativ als auch Ihre Arbeitsweise und unterstreichen, wie wichtig es ist, sich mit den Charakteren in Ihrer Geschichte zu identifizieren. All das gilt auch für Produktdesign.

Videospiele und immersives Storytelling

Genau wie VR und AR die Nutzer mitten in die Erfahrung setzen, ist das Besondere an Videospielen, dass die Spieler Teil einer immersiven Welt werden. Die UX-Designerin Joanna Ngai schreibt dazu: »Von Anfang bis Ende wird der Spieler in eine vollständig entwickelte Welt mit einer einzigartigen Ästhetik versetzt, die die Benutzeroberfläche, die Stimme und die Interaktionen des Spielers innerhalb dieser Welt beeinflusst.«[11] Jeder Aspekt dieser Welt wurde gestaltet und der Nutzer wird zum Hauptprotagonisten. Die Regeln bestimmen alles in der Welt, was die Nutzer können und nicht können und welche Touchpoints verfügbar sind.

Anwendung auf das Produktdesign

Da die Produkte und Dienstleistungen, an denen wir arbeiten, nicht mehr nur aus Apps oder Websites bestehen, mit denen die Nutzer interagieren, sondern aus Erfahrungen mit komplex verknüpften Touchpoints, die die App/Website einschließen, aber nicht darauf beschränkt sind, muss genau wie bei Spielen auch jeder Aspekt der Erfahrungen, an denen wir arbeiten, konkretisiert werden. Die Interaktionen der Nutzer bestehen nicht mehr nur aus Klicks mit der Maus, sondern oft aus einer Mischung aus Klicks, Berührungen, Unterhaltungen mit Bots, Gesten und dem Einsatz der eigenen Stimme – alles Aspekte, die wir als Designer definieren müssen.

Da die Nutzer der Produkte und Dienstleistungen, die wir designen, ihre eigenen Ziele im Sinn haben, ist eines der entscheidenden Merkmale von Spielen, dass die Spieler Ihre Ziele und die Funktionsweise der Welt kennenlernen müssen, in die sie eintauchen. Manchmal wird das Ziel durch die Erzählung des Spiels erläutert, wie in Die Legende von Zelda, wo dem spielenden Charakter die Aufgabe übertragen wird, Prinzessin Zelda und das Königreich Hyrule vor dem Hauptantagonisten Ganom zu retten. In anderen Fällen lernen sie ihr Ziel durch das Spielen kennen, oder es gibt wie in *Second Life* überhaupt kein vorgegebenes Ziel.

Unsere Interaktionen mit der Technologie beinhalten immer mehr Touch-Benutzeroberflächen, bei denen die Interaktivität bestimmter Elemente nicht immer klar ist, außerdem Natural User Interfaces (NUIs) und Voice User Interfaces (VUIs). Hier muss der Nutzer schnell vom Einsteiger zum Experten werden,

---

11 Joanna Ngai, »What UX Designers Can Learn From Video Games«, *Medium*, 22. September 2016, *https://oreil.ly/n-_E-*.

damit er in der Lage ist, sie zu nutzen. Infolgedessen können wir viel davon lernen, wie in Spielen mit dem unkomplizierten Kennenlernen von Zielen und Regeln und der Welt, in die der Benutzer eintaucht, umgegangen wird von der Tatsache, dass das Lernen ein Teil des Erlebnisses und kein separates Tutorial ist, bis hin zur Bereitstellung von Feedbackschleifen und visuellen Hinweisen.

Übung: Videospiele und immersives Storytelling

Denken Sie an Ihr Lieblings-Videospiel und überlegen Sie Folgendes:

- Was ist das Ziel des Spiels?
- Welche Regeln werden zu Beginn des Spiels aufgestellt?
- Auf welche Weise lehren die Regeln Sie etwas über die Welt, in die Sie eingetaucht sind?

Wir meinen oft, dass wir Aspekte unserer Arbeit kennen oder artikulieren können. Es ist jedoch eine andere Sache, dies tatsächlich zu tun, und oft erkennen wir, dass es schwer ist, Dinge in Worte zu fassen.

Wenn wir uns im Klaren darüber sind, was wir entwickeln, und unsere Design-Entscheidungen artikulieren, können wir unser Angebot besser verstehen und durchdenken. Außerdem können wir so sicherstellen, dass alle – die Kunden und das Team – an einem Strang ziehen.

Denken Sie an ein Projekt, an dem Sie gerade arbeiten, oder eine Website und App, die Sie regelmäßig nutzen, und beantworten Sie die folgenden Fragen:

- Was ist das Ziel der Website oder App?
- Welche Regeln gibt es oder sollten aufgestellt werden, während Sie die Website oder App nutzen?
- Wie sollten Sie dem Nutzer die Welt der Website oder App nahebringen (oder wie wird sie ihm nahegebracht)?

Öffentliches Sprechen und der Reiz des Möglichen beim Storytelling

Wenn Sie an eine großartige Rede denken, die Sie erlebt haben, und dann überlegen, warum sie so großartig war, fällt Ihnen oft das beflügelte Gefühl ein, dass Sie hinterher hatten. Johnson Kee, der Gründer und Herausgeber von *100 Naked Words*, schreibt über den *Reiz des Möglichen* und zitiert Tom Asackers *The Business of Belief* (CreateSpace Independent Publishing):[12]

> Wir hungern nach Orientierung und Inspiration. Wir wollen, dass alles, was uns wichtig ist, besser wird – unser Körper, unsere Arbeit, unser Zuhause, unsere Beziehungen. Wir möchten uns vorstellen, wie wir unser Leben und das Leben anderer verändern.

12 Johnson Kee, »The Secret Structure of Steve Jobs' Stories«, *Medium*, 30. April 2016, *https://oreil.ly/hvip-*.

Wir möchten uns gut fühlen mit unseren sich entfaltenden Erzählungen. Deshalb lesen wir Bücher, durchsuchen das Internet und blättern durch Zeitschriften. Wir suchen nach Vorher-nachher-Geschichten. Wir möchten den Reiz des Möglichen spüren, weiter gehen als unsere existierende Realität.

Die amerikanische Schriftstellerin, Rednerin und CEO Nancy Duarte beschäftigt sich mit dem Reiz der Möglichkeit und seiner Wichtigkeit beim Storytelling.[13] Jede und jeder Einzelne von uns hat die Kraft, die Welt zu verändern, sagt sie, und alles fängt mit einer Idee an. Was eine Idee von der anderen unterscheidet, ist die Art, wie sie kommuniziert wird. Wenn die Idee auf Resonanz stößt, hat sie die Macht, die Welt zu ändern, aber dazu muss sie aus uns herauskommen und geteilt werden – und der effektivste Weg, diese Resonanz zu erreichen, ist durch eine Geschichte.

Wenn wir eine gute Geschichte hören, so Duarte, reagiert unser Körper. Es läuft uns kalt den Rücken runter, wir fühlen es im Bauch und bekommen eine Gänsehaut. Unsere Augen werden feucht und unser Herz schlägt schneller. Aber wenn wir eine Präsentation erleben, sagt sie, schlafen wir manchmal eher ein.

Duarte beschloss, sich andere Disziplinen anzuschauen, um zu sehen, wie Geschichten dort strukturiert werden. Sie untersuchte Aristoteles' Drei-Akt-Struktur und Freytags Pyramide mit ihren fünf Akten und der starken Form. Diese dreieckige Form warf eine Frage auf: Was wäre, wenn großartige Reden eine Form hätten? Sie untersuchte zwei der berühmtesten Reden von zwei Menschen, deren Ideen die Welt verändert hatten: Marin Luther King Jr. und Steve Jobs. Dabei fand sie heraus, dass es tatsächlich eine Form gab, die sie mit allen großartigen Reden gemeinsam hatten. Genau wie bei der Drei-Akt-Struktur und jeder guten oder schlechten Geschichte hat die Form, die sie bei großartigen Reden feststellte, einen Anfang, eine Mitte und ein Ende. Sie sieht aus wie in Abbildung 2.4.

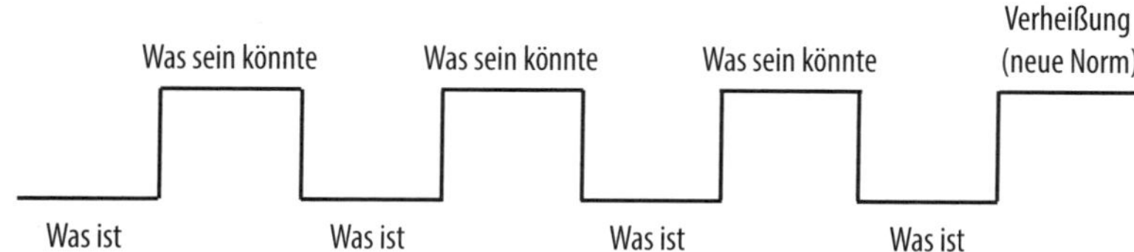

Abbildung 2.4: Die Form großartiger Geschichten nach Nancy Duarte

13 Nancy Duarte, »The Secret Structure of Great Talks«, *TEDxEast* Video, November 2011, *https://oreil.ly/qZGSV*.

Alle großartigen Reden beginnen laut Duarte mit einem flachen Status quo, der sich zu einer glänzenden Zukunft aufschwingt. Dieser Einstieg ähnelt dem ersten Wendepunkt und dem erregenden Moment in Aristoteles' Drei-Akt-Struktur, wenn die dramatische Frage gestellt wird. Die Kluft zwischen dem Status quo und den Verheißungen der Zukunft muss groß sein, um die Idee der Möglichkeit in den Gedanken des Publikums zu verankern.

In der Mitte verändert sich die Form einer großartigen Rede. Sie zeigt, was sein könnte, und das liegt daran, dass Sie auf Widerstand stoßen werden. Den Menschen gefällt ihre Welt vielleicht so, wie sie ist, und genau wie man sich vor- und zurückbewegen muss, um den Wind einzufangen und vorwärtszusegeln, müssen auch Sie mit Ihrer Präsentation zwischen demStatus quo und dem Versprechen des Möglichen hin und her pendeln, bis Sie zum Ende kommen. Das Ende beinhaltet einen starken CTA, den, genau wie auch Peter Guber erklärt, jede gute Geschichte oder Präsentation enthalten sollte.

Anwendung auf das Produktdesign

Wenn es um die Präsentation unserer Arbeit geht, hören wir oft, dass wir nicht erzählen, sondern zeigen sollen. Auch wenn das meist stimmt, müssen wir doch planen, was wir erzählen wollten, auch wenn wir es am Ende hauptsächlich zeigen werden. In Kapitel 14 werde ich mich mit der Rolle des Geschichtenerzählens und seiner Wichtigkeit für den Verkauf unserer Ideen beschäftigen. Sie sehen auch an, wie wir unsere Erzählungen genau wie Steve Jobs an ein wie immer geartetes Publikum anpassen können, um das gewünschte Ergebnis zu erzielen.

Übung: Öffentliches Reden und der Reiz des Möglichen beim Geschichtenerzählen

Überlegen Sie anhand der Struktur von »Was ist – was könnte sein – was ist ...«, wie Sie Ihre nächste Präsentation organisieren und durchführen würden, oder alternativ, wie Sie eine gerade gehaltene Präsentation umorganisieren könnten:

- Was ist das Wichtigste an dem aktuellen Ist-Zustand, das Sie beseitigen müssen?
- Was ist die neue Glückseligkeit, auf die Sie hinarbeiten?
- Was sind die wichtigsten »Was sein könnte«-Elemente in Bezug auf Ihre Präsentation?
- Was sind die zugehörigen »Was ist«-Elemente?

Zusammenfassung

Auch wenn wir nicht die ganze Welt verändern können, sagt Duarte, können wir alle unsere eine Welt verändern – durch unsere Erzählungen und indem wir ihnen einen entschiedenen CTA hinzufügen. Aristoteles und traditionelles Geschichenerzählen lehren uns in ihrer einfachsten Form, dass eine gute Produktdesign-Erfahrung einen Anfang, eine Mitte und ein Ende beinhalten sollte. Wie bereits erwähnt, beginnen wir manchmal zu schnell mit den Details, ob es sich nun um eine Seite oder die zu definierenden Anforderungen handelt. Dadurch versäumen wir, einen Schritt zurückzutreten und tatsächlich die ganze Geschichte zu erfassen, die unser Produkt erzählen sollte, und auch die Details bestmöglich zur Geltung zu bringen.

Im weiteren Verlauf dieses Buchs möchte ich Ihnen zeigen, wie Sie die Welt für die Menschen, für die Ihre Designs bestimmt sind, verändern können, indem Sie Prinzipien und Techniken aus dem traditionelle Storytelling auf die Definition, Gestaltung und den Verkauf Ihrer Produktdesign-Projekte anwenden. Egal, welche Art von Geschichte Sie erzählen, verbinden Sie sich emotional mit Ihrem Publikum. Und das erreichen Sie, indem Sie die Geschichte, die Sie erzählen möchten, sorgfältig ausarbeiten.

Storytelling für das Produktdesign

Jedes Gerät ist Ihr Ausgangspunkt – überall und jederzeit

Bereits 2011 twitterte der international anerkannte digitale Vordenker Luke Wroblewski: »Was sollen Sie machen, wenn alles, jeder, überall und jederzeit Ihr Use Case ist?« (@lukew, 12. Mai 2011). Ich fand zwar keine eindeutige Antwort, aber das Thema des Tweets inspirierte mich und beschäftigte mich die ganze Woche – so sehr, dass ich schließlich einen Vorschlag für einen Vortrag auf einer Konferenz einreichte. Und das führte zu meinem ersten öffentlichen Auftritt als Referentin – und schließlich zu diesem Buch.

Seit diesem Tag im Jahr 2011 ist viel passiert. Noch faszinierender ist der Gedanke, wie stark sich unser Leben verändert hat, seit Apple 2007 das erste iPhone herausbrachte. Davor konnten wir nur bei der Arbeit oder zu Hause online gehen oder einen WAP-Browser (Wireless Application Protocol) – einen Webbrowser für mobile Geräte – auf unserem Handy verwenden. WAP wurde 1999 eingeführt, aber die Surf-Erfahrung mit WAP entsprach in keiner Weise den Websites, die wir auf unseren Laptops oder Desktops besuchten (Abbildung 3.1).

Um 2010 wurde WAP durch modernere Standards ersetzt, und heute bieten die meisten Internetbrowser moderner Smartphones volle HTML-Unterstützung. Wir können das Web also so erfahren, wie es eigentlich aussehen und funktionieren soll. Durch diese Entwicklung hat sich alles grundlegend verändert. Im Jahr 2009 wurden weltweit nur 0,7 % aller Webseiten auf einem Smartphone aufgerufen, im Jahr 2018 waren es 52,2 %.

Wir sind heute einfach überall online – der durchschnittliche Smartphone-Nutzer in den USA blickt 150 Mal am Tag auf sein Handy – es ist unsere erste Handlung am Morgen (wir nehmen es sogar mit ins Bad) und die letzte am Abend. Unsere Handysucht ist zu einem solchen Problem geworden, dass sowohl Android als auch Apple mittlerweile Betriebssystem-Updates herausgebracht haben, die uns helfen, unsere Mobilnutzung zu überwachen und uns eine Auszeit von den Geräten und darauf installierten Apps zu nehmen.

Abbildung 3.1: Eine in einem WAP-Browser betrachtete Webseite (Quelle: Norbert Huffschmid, https://oreil.ly/NJW1Q)

Aufgaben wie Online-Einkäufe, die wir früher nur mit einem Desktop-PC oder Laptop erledigen konnten, sind heute mit dem Smartphone eine Selbstverständlichkeit. Mehr als ein Fünftel der Online-Käufe in Großbritannien werden auf der Fahrt zur Arbeit getätigt.[1] Mobiloptimierte Websites, die vor wenigen Jahren noch als nette Option galten, sind heute ein absolutes Muss für Business-to-Consumer (B2C) und zunehmend auch für Business-to-Business (B2B), da die Beschäftigten immer mobiler werden. Im Jahr 2015 trat bekanntermaßen Googles »Mobilegeddon« in Kraft, und seither werden nicht mobilfreundliche Websites durch den aktuellen Google-Algorithmus im Suchranking abgestraft.

All das hat sich in nur wenigen Jahren entwickelt. Die Einführung des iPhones und der nachfolgenden Smartphones hat fraglos unsere Welt verändert. Die Mobiltechnologie bestimmt, wie und wo wir online gehen, wie wir als Menschen kommunizieren (oder eben nicht), welche Produkte und Dienstleistungen wir nutzen und wie wir unseren Alltag bewältigen: Alles ist auf Knopfdruck zugänglich.

Wir sind an einem Punkt angekommen, an dem sich erneut alles verändert: durch die Entwicklung der künstlichen Intelligenz, des maschinellen Lernens, des Internet der Dinge (IoT), durch Smarthome-Geräte und VUIs. Obwohl die

1 Lynsey Barber Barber, »We're Spending Billions Shopping Online While Commuting«, *City A.M.*, 2. Juli 2015, *https://oreil.ly/MieZG*.

virtuelle Realität noch nicht so richtig in Fahrt gekommen ist, geht es bei den bereits verfügbaren und erschwinglichen Geräten sowohl in puncto VR als auch AR voran. Dasselbe gilt für das Internet der Dinge (IoT): Immer mehr Geräte sind über Bluetooth und das Internet miteinander verbunden, von Schwangerschaftstests über Kühlschränke, die Lebensmittel scannen können, bis hin zu intelligenten, sprachgesteuerten Geräten wie Amazon Echo und Google Home, über die wir immer mehr andere Geräte und Anwendungen in unseren Wohnungen mit Sprachbefehlen steuern können.

Bald wird so ziemlich alles auf die eine oder andere Weise miteinander verbunden sein. Die von Wroblewski gestellte Frage ist nicht mehr hypothetisch, sondern das neue Normal. Alles, jeder, überall und jederzeit – damit haben wir es zu tun, und wir stehen erst am Anfang.

Wie sich traditionelles Storytelling verändert

Schon immer haben Technologie und von uns genutzte Medien unsere Geschichten geprägt – wie wir sie erzählen, mit ihnen interagieren und wie wir mit ihnen in Berührung kommen. Durch die jüngsten technischen Entwicklungen sind neue Arten von Geschichten hinzugekommen – angefangen beim Aufkommen der Fotografie, von Kino, Radio und Fernsehen und später des Internets bis hin zu mobilen und sozialen Medien. Diese Entwicklungen haben nicht nur die kreativen Möglichkeiten beeinflusst, Geschichten zum Leben zu erwecken, sondern auch die Struktur der Geschichten selbst verändert.

Wenn wir an eine Geschichte denken, kommt uns unmittelbar die von Aristoteles definierte Handlungsstruktur in den Sinn, die wir aus Büchern, Film und Fernsehen kennen: Anfang, Mittelteil und Ende. Durch die jüngsten technischen Entwicklungen, neue Plattformen und Geräte und eine wachsende On-Demand-Kultur verändert sich das Storytelling jedoch. Im Folgenden werden wir uns ansehen, welche Auswirkungen die Veränderungen in acht Bereichen auf das Storytelling und das Produktdesign haben.

Der Trend zur Abrufbarkeit

Eine der offensichtlichsten Veränderungen im Storytelling ist die zunehmende Verlagerung vom linearen hin zum On-Demand-Fernsehen. Ich erinnere mich noch, wie ich als Kind vor dem Fernseher saß und der Testbildschirm angezeigt wurde, weil zu dieser Zeit nichts gesendet wurde (Abbildung 3.2).

Die meisten Fernsehprogramme begannen gegen 15 Uhr, und insgesamt hatten wir etwa fünf Kanäle. Ein paar Jahre später gab es ein regelmäßigeres Sendeprogramm, das rund um die Uhr etwas zu bieten hatte, wenn auch manchmal nur den TV-Shopping-Kanal. Dennoch mussten wir bei den meisten Sendungen eine Woche auf die nächste Folge warten. Die Wartezeit war frustrierend, baute aber auch Vorfreude auf und ließ uns auf eine heute kaum mehr nachvollziehbare Weise auf bestimmte Sendungen, Tage und Zeiten hinfiebern.

Heute müssen wir kaum noch auf die nächste Folge warten. In vielen Fällen warten wir stattdessen auf die nächste Serie. Netflix und andere abobasierte Video-On-Demand-Dienste (SVoD) wie Now TV, Amazon Prime Video, Hulu und TVPlayer haben unsere Erfahrung mit Film und Fernsehen verändert. Wir schalten jetzt nicht mehr zu vorgegebenen Sendezeiten ein, sondern wann und wo wir wollen. Und wahrscheinlich wird das Wachstum in diesem Bereich noch zunehmen. Im Jahr 2018 gab es weltweit 283 Millionen SVoD-Abonnenten, und man geht davon aus, dass diese Zahl bis 2022 auf 411 Millionen steigen wird.[2]

Die Verlagerung auf On-Demand ist nicht nur auf TV und Filme beschränkt. Sie gilt auch für Romane und audiobasierte Erzählungen sowie für Spiele und Computerprogramme. Als ich ein Kind war, gingen wir jeden Samstagmorgen mit unserem Bibliotheksausweis in die Bibliothek in meiner Heimatstadt Lund. Wir saßen in der Cafeteria, lasen dort Bücher und nahmen auch einige mit nach Hause. Diese Art On-Demand-Erfahrung gibt es heute zwar immer noch, aber mittlerweile machen E-Books etwa ein Viertel der weltweiten Buchverkäufe aus.[3] Digitale Hörbuch-Apps wie Audible machen es möglich, fast jedes Buch in englischer Sprache zu konsumieren, wenn man ein Abonnement abschließt und eine monatliche Gebühr bezahlt.

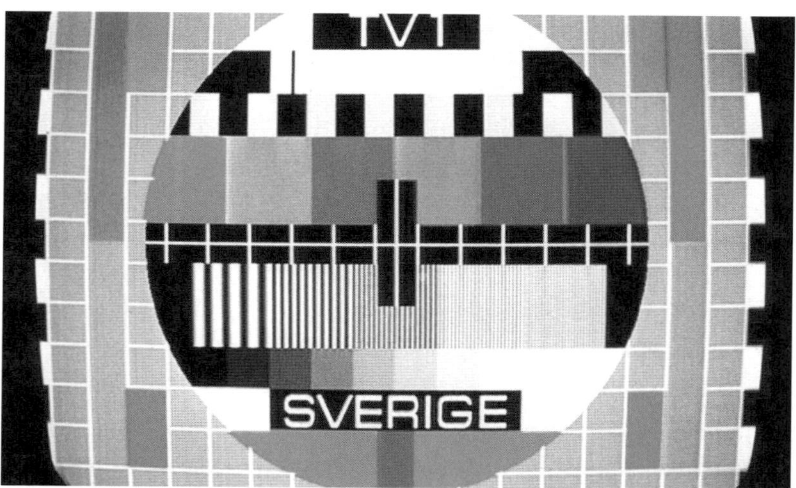

Abbildung 3.2: So sahen Sendepausen im schwedischen Staatsfernsehen aus.

2 Amy Watson, »Subscription Video On Demand«, Statista, 10. Oktober 2018, *https://oreil.ly/RB51N*.

3 Amy Watson, »E-books – Statistics & Facts«, Statista, 18. Dezember 2018, *https://oreil.ly/wDqhe*.

Was bedeutet das für das Produktdesign?

Der On-Demand-Trend ist ein Beispiel für die allgemeine Verlagerung der Verbrauchererwartungen. Diese führen dazu, dass die Nutzer immer mehr Produkte und Dienstleistungen per Fingertipp oder Klick abrufen können. Sie können zu ihren Bedingungen und mit ihrem bevorzugten Gerät sehen, lesen, hören und interagieren, wann und wo es ihnen passt. Wir müssen die neueste Folge einer angesagten Fernsehserie wie Stranger Things nicht mehr im Wohnzimmer sehen, stattdessen können wir sie mit einem guten 3G-, 4G-, 5G- oder WLAN-Signal überall konsumieren – auf dem Weg zur Arbeit, im Flughafen oder auf einer Parkbank.

Oft gehen wir davon aus, dass ein bestimmtes Gerät und eine bestimmte Seherfahrung für die Nutzer ideal sind – zum Beispiel das heimische TV-Gerät. Es bleibt jedoch den Nutzern überlassen, was sie bevorzugen, und On-Demand ist häufig kein »nice to have« mehr, sondern wird zunehmend zur Anforderung. Wo sinnvoll, müssen wir sicherstellen, dass die von uns erstellten Inhalte überall und jederzeit erfahren werden können, und das gilt auch für unsere Produkte und Dienstleistungen insgesamt.

Übung: Die Umstellung auf On-Demand

Denken Sie an Ihr Produkt oder Ihre Dienstleistung oder an eines, das Sie in den letzten Jahren regelmäßig genutzt haben:

- Gibt es neue Nutzererwartungen, die sich auf den Wandel zur On-Demand-Kultur zurückführen lassen?
- Welche Aspekte Ihres Produkts oder Ihrer Dienstleistung sind für ein On-Demand-Publikum besonders attraktiv?
- Was könnte Ihr Produkt oder Ihre Dienstleistung für ein On-Demand-Publikum noch attraktiver machen?

Das Publikum als Storyteller

Durch das Smartphone konsumieren wir heute mehr Medien als je zuvor. Wie und was wir konsumieren, hat sich jedoch weiterentwickelt. Im Jahr 2017 haben wir jeden Tag eine Milliarde Stunden auf YouTube verbracht. Während die Zeit vor dem Fernseher stetig abnimmt, ist YouTube kontinuierlich auf dem Vormarsch und hat sowohl Netflix als auch Facebook-Video in Bezug auf die Anzahl der auf der jeweiligen Plattform verbrachten Stunden überholt. Ich zitiere Cristos Goodrow, VP of Engineering bei YouTube:

Weltweit verbringen Menschen täglich eine Milliarde Stunden damit, ihre Neugier zu befriedigen, tolle Musik zu entdecken, sich über die Nachrichten auf dem Laufenden zu halten, sich mit den gewünschten Persönlichkeiten zu verbinden oder über den neuesten Trend zu informieren.[4]

Diese neue Art des Storytellings läuft seltener nach Drehbuch ab, wird von der Masse und nicht von einem Spezialistenteam erstellt wird und entsteht im Vergleich zu anderen Videoinhalten in sehr kurzer Zeit.

Stündlich werden vierhundert Stunden Inhalte auf YouTube hochgeladen, und zwar von sogenannten YouTube Creators. Dieser »Creator«-Trend ist nicht nur auf YouTube oder Erwachsene beschränkt. Ende 2018 gab YouTube bekannt, dass der bestverdienende Creator ein siebenjähriger Junge namens Ryan sei, der Spielzeug rezensierte.[5]

Lance Weiler, der Mitbegründer von Connected Sparks – einem Unternehmen für Medien und vernetztes Spielzeug der nächsten Generation –, schreibt über seinen Sohn und dessen Freunde: »Tatsache ist, dass sie nicht fernsehen, sondern ihre eigenen kleinen Medienunternehmen geworden sind.«[6] Weilers Sohn und seine Freunde lassen sich von Creators inspirieren, denen sie folgen, und erstellen dann ihre eigenen Let's-Play-Videos, die das Durchspielen eines Video-Games dokumentieren und in der Regel vom Spieler kommentiert werden. Manchem mag diese Art von Videos sinnlos erscheinen, und viele würden sie wohl als ganz furchtbar schlechte Idee abtun: »Wer will sich das schon ansehen?!« Die Antwort lautet: eine ganze Menge Leute, und zwar so viele, dass spezielle Plattformen dafür entstanden sind. Die Live-Streaming-Videoplattform Twitch zum Beispiel hatte 2019 3,7 Millionen monatliche Übertragende und täglich aktive Nutzer, die sich sowohl Live- als auch On-Demand-Inhalte auf der Plattform ansehen.

Was bedeutet das für das Produktdesign?

In zunehmendem Maße kann jeder ein Storyteller sein. Von den Updates, Bildern und Bildunterschriften, die wir in den sozialen Medien teilen, bis hin zu den Videos, die wir erstellen – Plattformen wie YouTube, Twitch, Snapchat, Facebook und Instagram haben es für jedermann einfach gemacht, Inhalte zu veröffentlichen und ein Publikum zu erreichen. Und die Plattformen entwickeln sich ständig weiter, weil sie den Nutzerbedürfnissen folgen.

2018 führte Instagram IGTV ein, eine neue App für hochformatige Videoinhalte, die auch innerhalb der Instagram-App erlebt werden können. In IGTV können Ihre Videos bis zu eine Stunde lang sein, während sie bei Instagram

4 Sirena Bergman, »We Spend a Billion Hours a Day on YouTube, More Than Netflix and Facebook Video Combined«, *Forbes*, 28. Februar 2017, *https://oreil.ly/UsdVP*.

5 Caitlin O'Kane, »The 10 Highest-Paid YouTube Stars of 2018, According to Forbes«, *CBS News*, 4. Dezember 2018, *https://oreil.ly/qrYup*.

6 Lance Weiler, »How Storytelling Has Changed in the Digital Age«, *World Economic Forum*, 23. Januar 2015, *https://oreil.ly/oTAuD*.

Storys auf 15 Sekunden beschränkt sind. Das Format ist ein bildschirmfüllendes vertikales Video, das automatisch abgespielt wird. Außerdem gibt es auf IGTV Kanäle wie im Fernsehen, nur dass die Kanäle die Creators sind.

Die neuen Storytelling-Formate und das Publikum als Storyteller stellen neue Marken, Produkte und Dienstleistungen vor neue Herausforderungen. Während die Produktion eines langen Videoinhalts früher Monate dauerte und ein beträchtliches Budget in Anspruch nahm, müssen Marken, Produkte und Dienstleistungen heute schnell und agil mit der Content-Produktion durch Nutzer und Kunden Schritt halten.

In Kapitel 4, »Die emotionale Seite des Produktdesigns«, erfahren Sie, dass Menschen immer öfter nach einer Möglichkeit suchen, eine Beziehung aufzubauen. Bei Markeninhalten besteht diese in der Regel nicht aus einem ausgefeilten Video, sondern aus einer echten Geschichte, die die Nutzer bewegt – wie die Tweet-Serie, die Rosey Blair im Juli 2018 auf Twitter teilte. Blairs Tweet über einen einfachen Sitztausch wurde zu einer romantischen Geschichte, die live ging, während sich die Ereignisse im Flugzeug abspielten (Abbildung 3.3). Der Tweet wurde inzwischen gelöscht, aber als ich dieses Buch schrieb, hatten bereits über neunhunderttausend Menschen den Tweet gelikt. Medien auf der ganzen Welt, von der BBC bis Buzzfeed, griffen die Geschichte auf und schrieben darüber.

Abbildung 3.3: Der erste Tweet in der Tweet-Saga von Rosey Blair über #planbae und die geheimnisvolle Helen

Übung: Das Publikum als Storyteller

Beantworten Sie sich mit Blick auf Ihr eigenes Produkt oder Ihre Dienstleistung die folgenden Fragen:

- Wie hat sich das Publikum als Storyteller auf Ihr Produkt oder Ihre Dienstleistung ausgewirkt?
- Welche konkreten Konsequenzen hatte dies?
- Wie sehen Sie die Entwicklung des Publikums als Storyteller in den nächsten Jahren?

Das Publikum als Protagonist

Einer der Hauptcharaktere in der oben genannten Real-Life-Saga war Euan Holden, auch als #planebae bezeichnet. Während die Frau in der Geschichte anonym bleiben wollte, ging er an die Öffentlichkeit. Menschen aus der ganzen Welt machten mit und verfolgten die klassische »Wird-der-Junge-das-Mädchen-bekommen«-Saga. Holden stand im Mittelpunkt der Aufmerksamkeit, da alle wissen wollten, was als Nächstes passieren würde.

Angeblich hat ein Film eine größere Wirkung auf das Publikum als ein Theaterstück, und das mag daran liegen, dass man beim Betrachten eines Films näher an den Darstellern dran ist, als wenn man sich im Theatersessel zurücklehnt und ein Stück ansieht. Obwohl Euan sich nicht absichtlich in den Mittelpunkt der Geschichte gestellt hat, sondern sich einfach auf sie einließ, ist ihre Nachvollziehbarkeit ein möglicher Grund für die Aufmerksamkeit, die diese Geschichte bekam. Viele von uns nutzen regelmäßig öffentliche Verkehrsmittel, und der Gedanke »es könnte jedem passieren« oder gar »es könnte mir passieren« schuf eine starke Beziehung zu der Geschichte – sowie natürlich die Tatsache, dass wir alle uns zu einer großartigen Liebesgeschichte hingezogen fühlen.

Der Wunsch, Erfahrungen zu machen, hat in den letzten Jahren zugenommen. Interaktive Theaterstücke und Erfahrungen sind entstanden, die das Publikum dazu einladen, Teil der Geschichte zu werden. Ein solches Beispiel ist *Sleep No More* von Punchdrunk, eine immersive und interaktive Hamlet-Version: Das Publikum trägt Masken und erlebt das Stück, indem es durch die Zimmer eines Hotels wandert. In jedem Zimmer spielen Schauspieler eine Szene, und das Publikum kann sich mit ihnen beschäftigen und so lange oder kurz bleiben, wie es möchte. In manchen Produktionen wird das Publikum zum Protagonisten, manchmal auch zum Antagonisten und Bösewicht.

Zwar machen nicht alle diese Arten des interaktiven Storytellings das Publikum zum Hauptdarsteller, aber sie machen das Publikum zu Charakteren. Dieses Potenzial, etwas Neues zu bieten und Menschen anzuziehen, hat sich auch auf andere Bereiche ausgeweitet, zum Beispiel auf Museen. Fortschritte in der Technologie revolutionieren alles – unser Kunsterleben genauso wie unser Lernverhalten. Im Ergebnis verzeichnen viele Museen die höchsten Besucherzahlen, die sie je hatten. Menschen, die immer schon gerne Museen besuchen, besuchen sie so oder so, aber für diejenigen, die Museen als Zeitvertreib für die Familie betrachten oder einem Trend folgen, werden Museumsbesuche durch Technologien wie VR attraktiver.[7] Abbildung 3.4 zeigt zum Beispiel einen Screenshot aus *The Night Cafe: A VR Tribute to Van Gogh*. Das Publikum kann die Werke Vincent Van Goghs aus erster Hand erkunden, von seinen ikonischen Sonnenblumen in 3D bis hin zu einem Rundgang, bei dem man den Stuhl, den er in seinem Schlafzimmer gemalt hat, aus jedem Winkel betrachten kann.

Abbildung 3.4: The Night Cafe: eine VR-Hommage an Van Gogh[8]

Was bedeutet das für das Produktdesign?

Die Menschen suchen zunehmend nach neuen Möglichkeiten, sich zu beteiligen und Erfahrungen zu machen. Mit der Entwicklung von AR und VR ist es möglich geworden, den Nutzer tatsächlich in die Mitte der Erfahrung zu stellen. Zwar hatten solche Erfahrungen, die auch als immersives Storytelling bezeichnet werden, bisher ein eher kleines Publikum, doch der Bedarf daran steigt. In der AOL-Studie »2017 State of the Video industry« möchten 31 % der australischen Verbraucher mehr Filme in VR sehen und 22 % beschäftigen sich bereits mindestens einmal pro Woche mit AR.[9]

7 Kelly Song, »Virtual Reality and Van Gogh Collide«, *CNBC*, 24. September 2017, *https://oreil.ly/QPGIK*.

8 »The Night Cafe: A VR Tribute to Van Gogh«, Oculus, *https://oreil.ly/n_hkO*.

9 »What Is Immersive Storytelling?« *The CMO Show*, *https://oreil.ly/ZTcKl*.

Aus kreativer und datentechnischer Sicht sind VR und AR Teil eines unglaublich spannenden Feldes. Durch Heatmaps, die Augenbewegungen, die »Gaze through Rate« (den Prozentsatz der Personen, die ein Ereignis mit ihrem Blick auslösen) und bewegungsbasierte Interaktivität messen, kann eine erstaunliche Datenmenge aus solchen Erfahrungen gesammelt werden. In kreativer Hinsicht bieten AR und VR neue Erfahrungen ohne festen Rahmen und die Möglichkeit, beim Publikum ein hohes Maß an Teilhabe und Interaktion zu erreichen. Und sie können auch dem Nutzer ungemein viel Positives bringen.

Zwar eignen sich nicht alle Produkte und Dienstleistungen für immersive Erfahrungen in Form von 360°-VR oder AR, doch wir sollten bestrebt sein, den Nutzer zum Hauptdarsteller der von uns entwickelten Produkte und Dienstleistungen zu machen. In den Anfängen des digitalen Zeitalters haben wir uns viel mehr mit unseren Produkten und Dienstleistungen auseinandergesetzt als mit unseren Nutzern und Kunden. Heute stehen bei den effektivsten und erfolgreichsten Produkten, Dienstleistungen und Marketingkampagnen die Nutzer und Kunden im Mittelpunkt und nicht mehr das Unternehmen oder die Marke. Wir haben – nicht zuletzt durch Daten – herausgefunden, dass Nutzer und (potenzielle) Kunden am stärksten auf Botschaften reagieren, in denen es indirekt um sie selbst geht. Und dazu erzeugen wir in ihren Köpfen Bilder, was sie mit dem Produkt oder der Dienstleistung tun könnten.

Übung: Das Publikum als Protagonist

Stellen Sie sich vor, dass Ihr Produkt oder Ihre Dienstleistung – oder etwas das Sie regelmäßig nutzen – um eine 360°-VR- oder AR-Funktion erweitert würde:

- Welchen Zweck würde dies erfüllen?
- Welche Vorteile würde die Funktion dem Nutzer gegenüber einer einfachen Web-Erfahrung bieten?

Partizipierendes und interaktives Storytelling

Bei interaktiven Erfahrungen wie Punchdrunks *Sleep No More* wird das Publikum eingeladen, sich zu beteiligen und den Raum individuell zu erkunden, wobei es mitbestimmt, was zu sehen ist und wohin es sich begibt. Dies passt zu der Tatsache, dass das Publikum meist keine Scheu hat, ein Wörtchen mitzureden. In einer Latitude-Studie zu den Publikumswünschen gaben 79 % an, dass sie sich Interaktionen wünschen, mit denen sie die Entscheidungen der Charaktere und damit die Entwicklung der Geschichte beeinflussen können, oder dass sie gerne selbst zu Protagonisten würden. Die Möglichkeit, Einfluss auf eine Geschichte zu nehmen, wurde in den 1980er- und 1990er-Jahren mit dem Genre »Choose-Your-Own-Adventure« (CYOA) für Bücher populär. Auch in Film und Fernsehen gibt es ein paar Beispiele, die sich aber nicht durchgesetzt haben, zumindest bisher nicht.

In den letzten Jahren hat der Film seine Zuschauer an das Spiel verloren – dies wird sich in den kommenden Jahren wohl noch verstärken.[10] Vor allem junge Menschen haben weniger Interesse an passivem Zusehen, und die Sender suchen nach besseren Möglichkeiten, die Zuschauer einzubinden und bei der Stange zu halten.[11] Ein Beispiel ist Mosaic, ein Krimi von Steven Soderbergh, der 2017 als iOS/Android-App und 2018 als TV-Serie veröffentlicht wurde. Die App funktioniert wie ein interaktiver Film, bei dem der Nutzer entscheidet, aus welchem Blickwinkel er den Film sehen will, und verschiedene Facetten des Films erkunden kann. Die TV-Serie war nicht interaktiv und etwas kürzer als die Erfahrung in der App. Sowohl die App als auch die TV-Serie bekamen gemischte Kritiken, einige beurteilten sie positiv, andere fanden die Handlung etwas verwirrend und kritisierten das Risiko, wichtige Teile der Handlung zu verpassen.

Was bedeutet das für das Produktdesign?

Wenn das Publikum durch Co-Creation mitgestaltet, was als Nächstes passiert, oder auch einfach entscheidet, wie es die verschiedenen Bestandteile des Produkts oder der Dienstleistung erleben möchte, liegt der Schwerpunkt auf der Schaffung einer flexiblen und anpassungsfähigen Produkterfahrung, die in der individuell gewählten Reihenfolge angesehen oder genutzt werden kann. Vor ein paar Jahren sah ich ein Interview auf BBC Breakfast mit einem Teil der Besetzung der britischen »nordischen« Noir-TV-Serie Marcella. In dem Interview erzählten die Darsteller, dass sie erst wussten, was in der nächsten Folge passieren würde, wenn sie das Drehbuch dafür bekamen. Bei echter Co-Creation trifft das auf die beteiligten Personen immer zu. Zwar kann Co-Creation den Produktionsprozess in vielen Fällen verkürzen, manchmal, etwa bei der AXE-Anarchy-Kampagne, kann er auch länger dauern. In diesem Fall erdachte das Herrenduft-Unternehmen eine Kampagne, bei der die Nutzer aus ihren eigenen Wahlmöglichkeiten eine Erzählung schufen. Die Agentur Razorfish machte daraus dann ein Comicbuch, das Tausende von Menschen erreichte.[12]

10 Scott Meslow, »Are Choose-Your-Own-Adventure Movies Finally About to Become a Thing?« *GQ*, 21. Juni 2017, *https://oreil.ly/kCgT5*.

11 Owen Gibson, »What Happens Next?« *The Guardian*, 26. September 2005, *https://oreil.ly/qCNtj*.

12 PSFK Originals, »Participatory Storytelling in Advertising«, YouTube-Video, 22. März 2013, *https://oreil.ly/r-Qh6*.

Übung: Partizipatives und interaktives Storytelling

Denken Sie an die von Ihnen entwickelten regelmäßig genutzten Produkte oder Dienstleistungen:

- Könnten sie von einem Element des partizipativen Storytellings profitieren – wenn ja, warum und wie?
- Wenn es bereits partizipative Elemente enthält: Welche Rolle spielen diese? Wie profitieren die Nutzer und das Produkt davon?

Datengesteuertes Storytelling

Neben partizipativem und interaktivem Storytelling gibt es immer mehr Beispiele dafür, dass Daten einen Einfluss darauf haben, was wir wann und wie sehen. Eines der wichtigsten Beispiele ist Netflix: Daten werden unter anderem genutzt, um zu ermitteln, welche Sendungen in Auftrag gegeben werden sollen und wie die ideale Kombination aus Schauspielern, Dauer des Films, Umfeld usw. aussehen sollte. Erst dann wird eine Entscheidung getroffen.

Eines der meistdiskutierten Beispiele ist in diesem Zusammenhang die Entstehung von *House of Cards*. Das Team von Netflix analysierte das organische Sehverhalten der Nutzer, um herauszufinden, was sie in der Vergangenheit am meisten interessiert hatte. Man stellte fest, dass die Menschen, die sich die ursprüngliche BBC-Version der Serie ansahen, auch Filme sahen, in denen David Fincher Regie führte und Kevin Spacey die Hauptrolle spielte. Dies führte zu der neuen Version von *House of Cards* mit Spacey in der Hauptrolle und unter der Regie von Fincher.[13]

In einem TED-Vortrag, der den seinerzeitigen Unterschied zwischen Amazons und Netflix' Herangehensweise an Daten zur Produktion von TV-Hits analysierte, erklärte der Datenwissenschaftler Dr. Sebastian Wernicke, dass Amazon bei der Beauftragung von Alpha House Daten hinsichtlich einer kontrollierten Teilmenge von Pilotepisoden analysierte, während Netflix sich bei *House of Cards* den Konsum auf der gesamten Plattform ansah. Wernicke erkannte während seiner Tätigkeit als Datenwissenschaftler, dass Daten an sich nur dazu taugen, ein Problem zu sezieren und seine vielen Variablen zu verstehen. Darüber hinaus stellte er fest, dass man Branchenkenntnisse in den Prozess einbringen muss, um erfolgreich zu sein und die Daten und die Erkenntnisse auf die richtige Weise anzuwenden. Bei *House of Cards* haben die Daten Netflix zwar nicht

---

13 Kristin Westcott Grant, »Netflix's Data-Driven Strategy Strengthens Claim for ›Best Original Content‹ in 2018«, *Forbes*, 28. Mai 2018, *https://oreil.ly/YhqCW*.

direkt dazu veranlasst, die Serie zu lizenzsieren, aber sie haben das Unternehmen in die richtige Richtung gelenkt.[14]

Was bedeutet das für das Produktdesign?

Genau wie Netflix bei den Investitionen und Entscheidungen rund um *House of Cards* müssen wir hinsichtlich unserer Produkte und Services und unserer Entscheidungen die Daten ganzheitlich und systemweit betrachten, statt in die Falle zu tappen, nur reaktive Daten in Bezug auf einen Teil der Testmenge auszuwerten. Wie Wernicke betonte, sollten wir auch Branchenexperten hinzuziehen, um die richtigen Schlüsse zu ziehen und sicherzustellen, dass wir die passenden strategischen Entscheidungen treffen.

Mit den richtigen Erkenntnissen und dem richtigen Entscheidungsprozess können Daten sowohl dem Unternehmen förderlich sein als auch die Nutzererfahrung verbessern, weil dem Nutzer mehr für ihn interessante und weniger uninteressante Informationen angeboten werden.

Übung: Datengestütztes Storytelling

Denken Sie an die von Ihnen entwickelten oder genutzten Produkte/Dienstleistungen:

- Welche Rolle spielen bzw. spielten Daten oder könnten Daten spielen?
- Wie werden bzw. wurden Daten analysiert oder könnten Daten analysiert werden, um eine ganzheitliche Betrachtung zu gewährleisten?
- Inwiefern konnten bzw. könnten Erkenntnisse aus der Datenanalyse die Ausrichtung des Produkts beeinflussen?

Neue Storytelling-Formate

Lance Weiler, der Mitbegründer von Connected Sparks, erklärt, wie sich das Storytelling im digitalen Zeitalter verändert hat. Auch wenn die Motivation im Mittelpunkt des Storytellings steht, ist es unser Wunsch, das Geschichtenerzählen zu kommerzialisieren, der neue Storytelling-Formate hervorgebracht hat. Als die Kinobesitzer erkannten, dass ihr Publikum die Filmlänge als Maß für ihre Qualität betrachtete, wurden Kurz- durch längere Filme ersetzt. Für solche Spielfilme konnte zudem ein höherer Preis verlangt werden, und man richtete verschiedene Vertriebskanäle ein, um diese Chance bestmöglich zu nutzen. Später erklärte Alfred Hitchcock: »Die Länge eines Films sollte in direktem Zusammenhang mit der Kapazität der menschlichen Blase stehen.« Da-

14 Sebastian Wernicke, »How to Use Data to Make a Hit TV Show«, TEDxCambridge Video, Juni 2015, *https://oreil.ly/S9ME2*.

raufhin gingen die Kinos von den langen, durch eine Pause für die physischen Bedürfnisse des Publikums unterbrochenen Filmen zu den heute üblichen blasenfreundlicheren Spielfilmlängen über.[15]

Der Kommerzialisierungsschub und die Fortschritte in der Technologie veränderten auch die Geschichten, mit denen wir uns beschäftigen. Als Snapchat 2011 startete, war es das erste Unternehmen, das Bildinhalte mit begrenzter Lebensdauer einführte. Marken, die zuvor horizontale und hauptsächlich längere Videoinhalte für ihre Nutzer und Kunden erstellt hatten, mussten sich anpassen und vertikale Video- und bildbasierte Inhalte erstellen sowie sich an die ursprüngliche 10-Sekunden-Beschränkung von Snapchat anpassen. Später trat Instagram in die Fußstapfen von Snapchat und brachte 15-Sekunden-Videos namens »Storys« heraus, die ebenfalls nach 24 Stunden verschwanden. Beide Plattformen passten sich an: Snapchat erlaubte den Nutzern, Snaps als »Memories« zu speichern. Bei Instagram sprach man von »Highlights«. Auch die ursprüngliche 10-Sekunden-Beschränkung bei Snapchat wurde 2017 zugunsten von Snaps mit unbegrenzter Betrachtungsdauer aufgehoben.

Was bedeutet das für das Produktdesign?

Der Aufstieg neuer Plattformen wie Snapchat und die damit einhergehenden neuen Formate haben auch für Unternehmen Konsequenzen, da zum Beispiel Print- und TV-Budgets durch Snapchat- und Instagram-Storys ersetzt werden. Anstatt nur Käufe zu puschen, bieten solche Geschichten oft einen Blick hinter die Kulissen der jeweiligen Marke. Sie geben den Zuschauern die Möglichkeit, sich zu unterhalten und mit der Marke zu verbinden – und genau das wird dem Publikum immer wichtiger.

Wenn wir zuhören, was unsere Nutzer und die Ersteller von Inhalten sich von unseren Produkten und Dienstleistungen wünschen, können wir mit ihren sich ändernden Bedürfnissen und neuen Formaten auf dem Markt Schritt halten und uns an sie anpassen. Wie Sie als Nächstes erfahren werden, haben wir jedoch auch die Möglichkeit, die Erzählweise unserer Geschichten zu verändern. Kreativität, Technologie und eine Vorstellung von Geschichten, die wir gerne erzählen würden, weisen uns den Weg.

15 Lance Weiler, »How Storytelling Has Changed in the Digital Age«, *World Economic Forum*, 23. Januar 2015, *https://oreil.ly/R6MFc*.

Übung: Neue Storytelling-Formate

Denken Sie an Ihre eigenen Produkte oder Dienstleistungen bzw. an Produkte, auf die Sie gerade gestoßen sind:

- Inwiefern hat sich die Präsentation unserer Inhalte und Botschaften in den letzten Jahren verändert?
- Gibt es bestimmte Designtrends, die sich als neue Möglichkeit herauskristallisiert haben, Inhalte zum Leben zu erwecken?

Transmediales Storytelling

Wie die oben genannten Beispiele Snapchat und Instagram zeigen, sind neue Storytelling-Formate eng mit neuen Plattformen und Akteuren im Technologiemarkt verbunden. Eine Form des Storytellings, die zunehmend im Zusammenhang mit (neuen) Plattformen diskutiert wird, ist das transmediale Storytelling.

Transmediales Storytelling wird verwendet, um Geschichten über mehrere Plattformen hinweg zu erzählen – Fernsehen, Radio, Romane, Spiele, soziale Online-Medien, eine Website oder eine andere geeignete Plattform.[16] Beim transmedialen Storytelling entfaltet sich die Geschichte auf unterschiedliche Weise; das Publikum kann nicht nur durch verschiedene Zugangspunkte in die Geschichte einsteigen, sondern diese auch über die verschiedenen Plattformen hinweg weiter erkunden. Die Idee dahinter ist, dass man durch das Erzählen (eines Teils) der Geschichte auf verschiedenen Plattformen dem Publikum mehr bieten und dabei gleichzeitig eine Zielgruppe erreichen kann, die man sonst vielleicht nicht angesprochen hätte (z.B. über soziale Medien).

Eine Serie, die für ihre Herangehensweise an transmediales Storytelling sowie für ihre Handlung und die angesprochenen Themen viel positive Kritik erhalten hat, ist die norwegische Serie *Skam* (»Schuld«), die eine Gruppe von Teenagern an der Hartvig-Nissen-Schule in Oslo begleitet. *Skam* ist eine ziemlich traditionell produzierte Fernsehserie in vier Staffeln, wobei in jeder Staffel eine andere Hauptfigur im Mittelpunkt steht. Das Besondere an der Serie ist, dass sie in Echtzeit ausgestrahlt wird und sich von Episode zu Episode transmedial weiterentwickelt.

Am Beginn jeder Woche wurde ein Clip, ein Gespräch oder ein Social-Media-Post auf der Skam-Website zu der Zeit veröffentlicht, zu der das Ereignis in der Welt der Charaktere auch stattfinden würde; wenn zum Beispiel die Protagonistinnen Eva und Noora am Dienstagmorgen um 9:30 Uhr miteinander sprechen, dann wird der Clip am Dienstagmorgen um 9:30 Uhr veröffentlicht.

---

16 »Transmedia Storytelling«, *BBC Academy*, 19. September 2017, ***https://oreil.ly/GsblO***.

Zwischen den Aktualisierungen konnten die Zuschauer auch Textnachrichten lesen, die sich die Charaktere über die Skam-Website schickten, und ihren Instagram-Accounts folgen, die die Zuschauer ebenfalls zur Interaktion mit den Charakteren aufforderten (Abbildung 3.5).[17]

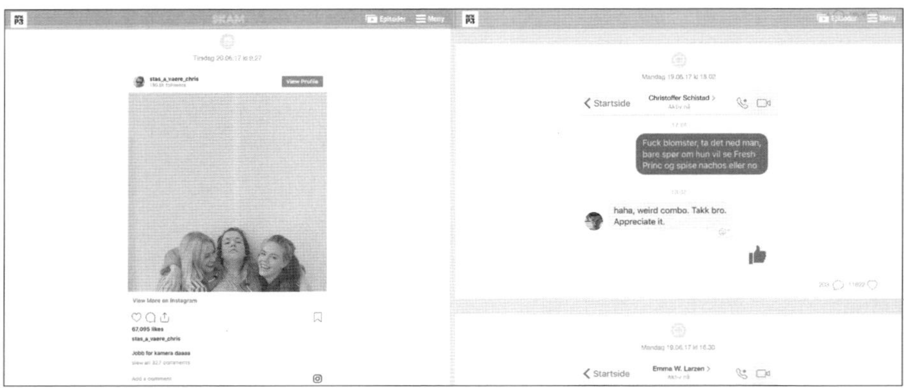

Abbildung 3.5: Die Skam-Website (www.skam.p3.no) zeigt ein Instagram-Update von einem der Charaktere sowie Textkonversationen.

Was bedeutet das für das Produktdesign?

Transmediales Storytelling erfordert eine bewusste Entscheidung, die jeweilige Geschichte nicht nur auf einigen wenigen, sondern übergreifend auf zahlreichen Plattformen zu erzählen. Beim Produktdesign müssen wir zusätzlich auch überlegen, wie und was wir in diesem Kontext liefern. Die Nutzer sind auf mehreren Plattformen unterwegs, und wie ich später noch ausführen werde, können wir nicht immer kontrollieren, wo und wie sie ihre Reise mit uns beginnen. Beim transmedialen Storytelling wollen 82 % der Nutzer ergänzende Apps anstelle von doppelten Inhalten, und das müssen wir auch bei Produkt- und Dienstleistungserfahrungen im Auge behalten.[18] Während die allgemeine Richtlinie lautet, dass in der mobilen Ansicht die gleichen Website-Inhalte vorhanden sein sollten wie auf einem Desktop oder Tablet, bieten sich auch Möglichkeiten, die Inhalte an die spezifische Plattform anzupassen und gegebenenfalls ein zusätzliches Angebot z. B. in einer App bereitzustellen.

---

17 Kayti Burt, »What Is Skam and Why Is It Taking Over the Internet?«, *Den of Geek*, 9. April 2017, *https://oreil.ly/9cOCE*.

18 KC Ifeanyi, »The Future of Storytelling«, *Fast Company*, 17. August 2012, *https://oreil.ly/baLgf*.

Übung: Transmediales Storytelling

Denken Sie an Ihr eigenes Produkt oder Ihre Dienstleistung:

- Welche Plattformen werden genutzt, um die Botschaft auf die unterschiedliche Arten zu kommunizieren?
- Wie unterscheidet sich die Funktion der einzelnen Plattformen in Bezug auf die vermittelte Botschaft oder Erfahrung?

Erweitertes versus übernommenes Universum

Das Konzept des erweiterten und übernommenen Universums ist eng mit dem transmedialen Storytelling verbunden. Das erweiterte Universum umfasst alle offiziellen Inhalte, die das vorhandene fiktionale Universum deutlich über das bereits Bekannte hinaus erweitern. Zum Beispiel ist das Videospiel *The Walking Dead* Teil der Franchise und führt neue Charaktere und Handlungsstränge ein. Das übernommene Universum hingegen kann entweder offizielle oder inoffizielle Inhalte bieten, die Teile des fiktionalen Universums neu erfinden oder interpretieren. Dies hat jedoch keinen Einfluss auf die ursprüngliche fiktionale Welt. Die Fernsehserie *The Walking Dead* ist ein Beispiel für ein übernommenes Universum, da die dortigen Geschehnisse keinen Einfluss auf die ursprünglichen Comics haben.

Vor dem Aufkommen des Internets wurde das Wachstum des erweiterten oder übernommenen Universums durch einige ganz offensichtliche Faktoren eingeschränkt, vor allem in puncto Bekanntheit und Zugänglichkeit. Ein Buch oder ein Comic war vielleicht lokal nicht lieferbar. Durch das Internet änderte sich das, und mit den sozialen Medien und einer wachsenden On-Demand-Kultur wurden sowohl Inhalte des erweiterten als auch des übernommenen Universums leicht verfügbar und es ist relativ einfach, ein großes Publikum zu erreichen.

Creators, Fans und Investoren profitieren von dem erweiterten und übernommenen Universum an Inhalten. Wie beim transmedialen Storytelling bietet es eine Chance für unsere Marken, für unsere Produkte und Dienstleistungen, wenn es darum geht, welche Geschichte wir wo erzählen. Und sie hat das Potenzial, ein eigentliches Risiko bzw. eine Bedrohung in eine neue Chance zu verwandeln. Das war bei der Rollenspielserie *Mass Effect* der Fall. Das ursprüngliche Spiel war ein Riesenerfolg. Um die Fans bei Laune zu halten, während sie auf die Fortsetzung warteten (deren Herstellung lange dauern würde), begann der Herausgeber EA Games, neue herunterladbare Inhalte zu veröffentlichen, die die Geschichten erweiterten und das Publikum bei der Stange hielten.

Was bedeutet das für das Produktdesign?

Je besser wir unsere Nutzer verstehen und wissen, was sie wollen oder worauf sie ansprechen, desto besser sind wir in der Lage, sie umfassend zu bedienen und zu betreuen. Wir können dann mit unserem Produkt oder unserer Dienstleistung eine Geschichte erzählen, die Möglichkeiten für erweiterte und übernommene Universumsinhalte bietet und plattform- und geräteübergreifend funktioniert.

Übung: Erweitertes versus übernommenes Universum

Denken Sie an einen Franchise-Film und versuchen Sie, folgende Beispiele zu finden:

- ein Beispiel für ein erweitertes Universum
- ein Beispiel für ein übernommenes Universum

Betrachten Sie nun Ihr Produkt oder Ihre Dienstleistung oder ein Produkt oder einen Service, mit dem Sie vertraut sind:

- Was würde/könnte zum erweiterten Universum gehören?
- Was würde/könnte zum übernommenen Universum gehören?
- Welchen Nutzen sehen Sie für das Design dieses Produkts?

Als Nächstes betrachten wir die Entwicklung der Multigeräte-, Multiplattform- und Multieingabemethoden-Landschaft, mit der wir heute arbeiten, die Herausforderungen an das Produktdesign und die Frage, warum Storytelling so gut für diesen Bereich geeignet ist.

Wie sich die Produktdesign-Landschaft ändert

In den vorangegangenen Abschnitten habe ich einige Möglichkeiten aufgezeigt, wie sich das traditionelle Storytelling verändert und wie sich dies auf Produktdesign und Marketing auswirkt. Im Laufe der Geschichte hat das traditionelle Storytelling Innovationen in Technik und Wissenschaft beeinflusst und vorangetrieben. Ein Beispiel sind Arthur Conan Doyles Geschichten über Sherlock Holmes, die tatsächlich die Kriminalistik nachhaltig beeinflusst haben. In den Büchern ist Sherlock Holmes davon besessen, Tatorte vor Verunreinigungen zu schützen. Er ist ein eifriger Hobby-Chemiker, beschäftigt sich mit Ballistik, Blutspuren und Fingerabdrücken, um seine Verbrechen zu lösen. All das hat zu den Grundlagen der forensischen Untersuchung beigetragen.[19]

Natürlich gibt es in vielen fiktionalen Werken Visionen von der damaligen Zukunft – also der Jetztzeit –, die noch nicht eingetreten sind. Wenn Marty McFly

---

19 Weiler, »How Storytelling Has Changed«.

mit seiner Freundin Jennifer und Dr. Emmet Brown, auch bekannt als »Doc«, von 1985 nach 2015 warpt, sind fliegende Autos und Hoverboards weit verbreitet – in der Realität noch nicht ganz. Es wird auch noch ein paar Jahre dauern, bis wir herausfinden, ob der Film *Minority Report*, der im Jahr 2054 spielt, die Zukunft richtig vorhergesehen hat.

Bloomberg erklärt jedoch: »Es ist nicht schwer, vorherzusagen, wie die Welt in 20 Jahren aussehen wird. Das Schwierige ist, tatsächlich vorherzusagen oder herauszufinden, wie man dorthin kommt.«[20] Seien es fliegende Autos, intelligente Humanoide wie im Film *Ex Machina* oder Betriebssysteme, mit denen wir uns unterhalten und in die wir uns sogar verlieben wie im Film *Her* – eines wissen wir: Wie und wo wir Inhalte erleben und wie wir mit ihnen interagieren, wird sich ändern. In einer nicht allzu fernen Zukunft werden wir uns Bilder von Menschen ansehen, die mit gesenktem Kopf die Straße entlanggehen und auf ihr Smartphone blicken. Wir werden lächeln und sagen: »Könnt ihr euch vorstellen, dass wir das wirklich einmal getan haben?«, genau wie wir heute sentimental darüber kichern, dass wir früher Bleistifte zum Zurück- und Vorspulen von Musikkassetten verwendet haben, um die Batterie unseres Walkmans zu schonen.

Die Zukunft beginnt jetzt

Bei »der Zukunft« geht es jedoch nicht nur um futuristische Dinge wie fliegende Autos oder sprechende Humanoide. Die Zukunft hat viel mit dem zu tun, was bereits jetzt geschieht und zu geschehen beginnt, von den kleinen bis zu den großen Dingen. In ihrer einfachsten Form beinhaltet »die Zukunft« zunehmend KI-gesteuerte Produkte und Dienstleistungen, mehrere Touchpoints, vernetzte Geräte, Apps und Erfahrungen sowie verschiedene Schnittstellen, die wir berühren, Schnittstellen, mit denen wir sprechen und chatten, unsichtbare Schnittstellen und Schnittstellen, von denen wir (durch sensorische Daten oder AR und VR) tatsächlich ein Teil sind. Wir werden zunehmend mit maßgeschneiderten Inhalten und Erfahrungen bedient, die auf unseren Vorlieben und dem, was wir tun oder nicht tun, basieren. Und wir werden immer mehr von der Technologie erwarten. In der Tat ist das bereits jetzt so. Google berichtete Anfang 2018, dass die Menschen die Suchfunktion zunehmend als persönlichen Berater nutzen, wobei die Qualifizierer »me« und »I« in der mobilen Suche im Vergleich zu den beiden Vorjahren um 60 % gestiegen sind.[21]

Durch die wachsende Anzahl an Variablen wird es immer wichtiger zu wissen, welche Geschichte wir mit unseren Produkten und Dienstleistungen warum und wie erzählen. Nur so können wir sicherstellen, dass wir die sich ständig verändernden und anspruchsvollen Erwartungen der Nutzer erfüllen. Nur so

20 Bryant Urstadt and Sarah Frier, »Welcome to Zuckerworld«, *Bloomberg Businessweek*, 27. Juli 2016, *https://oreil.ly/qOgRU*.

21 Lisa Gevelber, »It's All About ›Me‹«, *Think with Google*, Januar 2018, *https://oreil.ly/SIw3m*.

können wir mit den Wettbewerbern nicht nur Schritt halten, sondern uns von ihnen abheben.

Als Nächstes sehen wir uns acht Kernbereiche an, die das Produktdesign berühren. Wir betrachten die Entwicklungen und Herausforderungen, mit denen wir im Produktdesign konfrontiert sind.

Frei fließende Inhalte und allgegenwärtige Erfahrungen

Wenn wir uns mit der Zukunft von Schnittstellen beschäftigen, kommt vielen von uns der Film *Minority Report* in den Sinn. Gestengesteuerte Schnittstellen, die wir mit Leichtigkeit manipulieren können. Es gibt keine Einschränkungen, wie wir Informationen übertragen oder was wir mit ihnen tun können. Wir »berühren« einfach die Objekte, mit denen wir interagieren wollen, und manipulieren sie auf jede beliebige Weise, wobei die Nutzeroberfläche entsprechend reagiert.

John Underkoffler, Gründer und Chefwissenschaftler von Oblong, gehörte zu dem Team, das die Technologie-Ideen für *Minority Report* ausarbeitete. Eines der Grundprinzipien war, dass die Kamera überall hinkommen könnte, und demzufolge mussten sich ihre Entwürfe dem anpassen können. Ursprünglich sollte *Minority Report* im Jahr 2080 spielen, dann entschied man sich aber für 2044 und in allerletzter Minute für 2054. Viele Ideen, wie etwa selbstfahrende Autos, haben es nicht in den Film geschafft, anders als die gestische Nutzeroberfläche mit dem Namen G-Speak, und sie gehört zu den Dingen, für die *Minority Report* berühmt geworden ist. Sie wurde auch zur Grundlage von Oblongs heutiger Arbeit.

Eines der Grundprinzipien von Underkofflers Sicht auf die Zukunft lautet, dass die Erfahrung nicht an den Gerätegrenzen enden sollte. Wenn man sich in der Nähe von anderen Pixeln befindet und die Erfahrung auf einem bestimmten Gerät auch auf diesen anderen Pixel abgebildet werden kann, dann sollte die aktuelle Erfahrung auch auf die naheliegenden Pixel überfließen können. Damit das funktioniert, müssen zahreiche Systeme und Apps miteinander kommunizieren und wir müssen in der Lage sein, Erfahrungen im physischen Raum abzubilden, statt nur als relative Position auf einem Bildschirm.[22]

Minority Report ist nicht das einzige Beispiel für Touch-UIs und andere Natural Interfaces als wichtige Bestandteile der Interaktion von Mensch und Technologie. Es wurden zwar bereits Versuche mit größeren Touch-Oberflächen unternommen, aber bisher hat sich – hauptsächlich aus Kostengründen – keine davon durchgesetzt.

---

22 Zoe Mutter, »Why We Need Critical Dialogue Around the User Interface«, *AV Magazine*, 2. November 2018, *https://oreil.ly/p0WKB*.

In konzeptuellen Videos wie der Videoreihe *A Day Made of Glass* des innovativen Glasherstellers Corning sehen wir, wie unsere Zukunft aussehen könnte, wenn uns in Küche, Bad und Homeoffice auf großen Flächen Informationen präsentiert werden und wir mit verschiedenen Apps interagieren können. Das reicht von Nachrichten und der Wettervorhersage beim Blick in den Spiegel und beim Zähneputzen bis hin zum Rezept des Gerichts, das wir gerade in unserer interaktiven Küche zubereiten.

Was bedeutet das für das Produktdesign?

Diese Entwicklung von Technologie und Nutzeroberflächen ist zweifelsohne sehr aufregend. Aber bis sie Realität wird, sind der Fluss von einem Bildschirm zum anderen und große interaktive Oberflächen in unseren Wohnungen nur eine gute Metapher und Erinnerung daran, wie wir Produkt- und Service-Erfahrungen insgesamt denken sollten. Wir benötigen immer mehr ortsunabhängige Informationen, und die Nutzer werden sie noch nichtlinearer erleben als heute schon.

Wir sind alle an die Touch-Eingabe-Methode gewöhnt. Mit der zunehmenden Verbreitung von Spracheingaben wählen wir immer öfter einen natürlichen Ansatz der Interaktion mit Technologie. Für Produktdesign-Teams bedeutet dies, dass wir über Berührungen und Maussteuerung hinaus denken müssen, damit die Nutzer mit unseren Produkten und Dienstleistungen interagieren können. Auch wenn wir noch weit von Underkofflers Vision entfernt sind, gibt es immer mehr Apps, die miteinander kommunizieren können. Mit der Erlaubnis des Nutzers können wir so einen Mehrwert liefern und ihm die Frustration nehmen, für verschiedene Produktanbieter und Dienstleister immer wieder dieselben Informationen eingeben zu müssen. Für uns Designer bedeutet das jedoch, dass wir immer öfter andere Apps und Systeme als Akteure betrachten müssen, die auch Input für unsere Produkterfahrungen liefern.

So macht sich Storytelling nützlich

- visualisieren, was sein könnte, und dadurch eine Vision für die künftige Produkterfahrung schaffen (z. B. durch ein Storyboard)
- diese Vision durch ein Storyboard für einen wichtigen Teil der Erfahrung zum Leben erwecken
- herausfinden, welche Eingabemethode wann verwendet werden kann, indem der Ablauf der Erfahrung in jeder Schlüsselszene dargestellt wird
- die wichtigsten Anforderungen für jede Eingabemethode durch das Schildern der Erfahrung für jeden Touchpoint ermitteln

Mehrgeräte-Design

Denken Sie an Cliff Kuangs Aussage: »Wenn Sie eine Vorstellung davon wollen, wie die Welt in ein paar Jahren aussehen wird, [...] vergessen Sie Silicon Valley. Gehen Sie nach Disney World.«[23] In dieser Welt der magischen Armbänder wissen die Restaurants, die wir besuchen möchten, dass wir uns auf den Weg gemacht haben, noch bevor wir das Lokal betreten. Sie kennen unseren Namen, wissen, wo wir waren, wohin wir als Nächstes gehen, was uns gefällt, und sie passen den Service entsprechend an.

Im Maßstab ist diese Zukunft viel kleiner als die Underkofflers, aber in ihr ist tatsächlich alles miteinander verbunden. Auch wenn so etwas noch längst nicht zum Alltag gehört, spiegelt es die Entwicklung wider, die wir sowohl an den Erwartungen der Nutzer als auch bei den Technologietrends rund um unsere Mehrgeräte-Erfahrungen erkennen können.

Bei der Konzeption und Entwicklung von Mehrgeräte-Erfahrungen geht es immer weniger darum, was die Nutzer tun. Wichtiger ist, was die Nutzer tun *wollen*. Nur so können wir die richtigen Inhalte zur richtigen Zeit auf dem richtigen Gerät bereitstellen. Laut einer Google-Studie wechseln 90 % der Nutzer mehrmals am Tag das Gerät. Mit der steigenden Geräteanzahl, die wir im Alltag verwenden, erwarten die Nutzer, dass sie dort weitermachen können, wo sie aufgehört haben, unabhängig von dem verwendeten Gerät. Das bedeutet, dass sie auf allen Geräten nicht nur dieselben Dinge tun können und Zugriff auf dieselben Funktionen haben, sondern auch dieselben Inhalte sehen möchten.

Was bedeutet das für das Produktdesign?

Vor ein paar Jahren entbrannte online eine umfangreiche Diskussion über maßgeschneiderte mobile Websites versus responsive Websites. Damals waren die vorgefertigten Ansichten darüber, was die Nutzer insbesondere auf Smartphones, aber auch auf Tablets tun und was nicht, stärker ausgeprägt als heute, und ein Teil der Branche plädierte deshalb für abgespeckte Versionen mobiler Angebote. Es wird immer Unterschiede zwischen den Geräten geben – von der Rolle, die sie spielen, bis hin zu der Frage, welches Gerät die Nutzer für bestimmte Aufgaben bevorzugen, und was auf einem Gerät die bessere Nutzererfahrung im Vergleich zu einem anderen Gerät ist. Heutzutage stimmt man jedoch allgemein überein, dass die Nutzer insbesondere auf Smartphones mehr oder weniger die gleichen Aufgaben ausführen wie auf Laptops, wenn auch nicht unbedingt auf dieselbe Weise.

Für alle Beteiligten am Produktdesign bedeutet dies, dass als Ausgangspunkt immer dieselbe Erfahrung auf allen Geräten (d. h. Laptops, Tablets und Smart-

23 Cliff Kuang, »Disney's $1 Billion Bet on a Magical Wristband«, *Wired*, 18. März 2015, *https://oreil.ly/SzDnI*.

phones) geboten werden sollte, damit die Menschen auf allen Geräten ähnliche Interaktionen durchführen können. Wir müssen jedoch auch den Nutzungskontext und die Stärken/Schwächen der einzelnen Gerätetypen berücksichtigen und das Was und dann das Wie entsprechend anpassen. Wie Sie im weiteren Verlauf dieses Buchs sehen werden, spielen Geräte auch eine Rolle bei den von uns entwickelten Erfahrungen, und die Definition dieser Rolle ist ein wichtiger Faktor, den es zu berücksichtigen gilt.

So macht sich Storytelling nützlich

- alle Geräteakteure durch Zuordnung der Charaktere bestimmen
- herausfinden, wie die Erfahrung am besten vermittelt werden kann, indem Sie bestimmen, welche Rolle die Geräte wann und wo spielen
- festlegen, wie die Inhalte für unterschiedliche Bildschirmgrößen bereitgestellt werden können, indem Inhalte und Kommunikation zwischen den Geräten abgestimmt werden

Maschinelles Lernen und KI

Film und Literatur sind voller Beispiele für künstliche Intelligenz, sowohl gute als auch schlechte. Einer der berühmtesten KI-Filme ist *2001: Odyssee im Weltraum*, in dem HAL 9000, der empfindungsfähige Bordcomputer des Raumschiffs, zumindest nach eigener Aussage der zuverlässigste existierende Computer ist. Er steuert die meisten Operationen des Raumschiffs (genannt Discovery One), beginnt aber bald, die Besatzung zu töten. Ein weniger erschreckender, aber dennoch zum Nachdenken anregender Film ist *Ex Machina*, in dem der Programmierer Caleb von seinem CEO Nathan gebeten wird, zu untersuchen, ob dessen humanoider Roboter Ava zu Gedanken und Bewusstsein fähig ist und ob Caleb eine Beziehung zu ihr aufbauen kann, obwohl sie künstlich ist. Es ist ein fesselnder Film über die potenziellen Herausforderungen, die wir in Zukunft erleben werden, wenn es um die Kontrolle der immer ausgefeilteren KI geht, und was passieren würde, wenn eine solche KI freigesetzt wird. Obwohl wir noch weit davon entfernt sind, dass eines dieser Szenarien Realität wird, gehören maschinelles Lernen und KI zunehmend zu den von uns entwickelten Produkten.

Was bedeutet das für das Produktdesign?

Die Nutzung von maschinellem Lernen und KI muss nicht in die Vollen gehen, sondern kann auch kleine Integrationen umfassen, die die Produkterfahrung für die Nutzer verbessern und für das Unternehmen von Vorteil sind. Beispiele sind Empfehlungen (Sortieren und Priorisieren von Daten, damit sie für den

Nutzer wertvoller und relevanter werden), Vorhersagen (die nächsten Schritte auf der Grundlage der aktuellen Aktivitäten analysieren), Klassifizierungen (Objekte auf Basis von Klassen oder Kategorien sortieren) und Clustering (Ähnlichkeitsstrukturen entdecken, um neue Gruppen in den Daten zu identifizieren).[24]

Bei der Implementierung von maschinellem Lernen und KI werden die geschäftlichen Anforderungen und Ziele immer weiter gesteckt. Wie wir zum Beispiel von ehemaligen Mitarbeitern von Facebook erfahren haben, müssen immer häufiger intensive Gespräche über die Nutzung von Datenerfassung und Interaktionsmustern geführt werden. Wer von uns am Produktdesign beteiligt ist und Daten jeglicher Art nutzt, um die Produkterfahrung zu beeinflussen, muss bereit sein, zu hinterfragen und Widerstand zu leisten, wenn das vom Unternehmen Verlangte nicht im besten Interesse der Nutzer ist. Wir alle tragen Verantwortung und müssen verhindern, dass wir eine dystopische Zukunft schaffen, in der die Maschinen die Macht übernehmen und uns stillschweigend auslöschen, während sie sich genau wie HAL noch für die zuverlässigsten existierenden »Computer« halten.

Auch wenn dies ein sehr pessimistischer Blick auf maschinelles Lernen und KI ist, müssen wir daran denken, dass KI und maschinelles Lernen trainiert werden muss. Unsere Eingaben wirken sich auf das Endergebnis aus, und wenn wir voreingenommene oder eingeschränkte Daten eingeben, dann wird dies die Welt sein, in der sich die Maschinen entwickeln. Unser nächstes Thema verdeutlicht dies: Bots und Konversationsschnittstellen.

So macht sich Storytelling nützlich

- die Persönlichkeit und das Verhaltens der KI durch Anwendung von Methoden der Charakterentwicklung bestimmen
- die Vision durch Inspiration aus Film und Fernsehen definieren
- alle Eventualitäten durch Abbildung des Erzählflusses verschiedener Szenarien berücksichtigen

Bots und Kommunikationsschnittstellen

Wie im vorigen Abschnitt beschrieben, kommt in vielen Filmen KI zum Einsatz. Einige haben sogar reale KI und Bots hervorgebracht: Jarvis aus Iron Man ist zum Beispiel die Inspiration für Mark Zuckerbergs persönliches Smarthome mit dem gleichen Namen.

24 Josh Clark, »The New Design Material«, *beyond tellerrand*, 5. November 2018, *https://oreil.ly/AoyK*.

Im Jahr 2017 waren die Themen Bots und Nutzeroberflächen in aller Munde. Sie wurden als das nächste große Ding angesehen, und überall tauchten Briefings für Bots als Bestandteile von Schnittstellen auf. Dann wurde es etwas ruhiger um Bots. Auch wenn sie dem Hype nicht gerecht wurden, was zum Teil an schlechten Implementierungen lag, können Bots in manchen Fällen einen echten Mehrwert nicht nur für das Unternehmen bieten, sondern auch für den Kunden. Der Kundenservice ist ein solcher Bereich.

Die durchschnittliche Reaktionszeit im Kundenservice beträgt 20 Minuten. Studien zeigen jedoch, dass eine Verkürzung dieser Reaktionszeit auf weniger als 3 oder 4 Minuten zu einer Verfünffachung der Kundenumsätze führt.[25] Bots und Chats dienen aber nicht nur zu mehr Konversionen. Sie sind ein sehr geeignetes Medium, wenn Barrieren bestehen, mit echten Menschen zu sprechen (z.B. den Telefonhörer am Arbeitsplatz abzunehmen).

Was bedeutet das für das Produktdesign?

Auch wenn ein Chatbot als leicht implementierbares »Feature« erscheint, sind dazu viele Überlegungen notwendig. Die Technologie mag neu sein, aber ihre Verwendung ist nicht immer der beste Weg für die Nutzer, sich in einem Produkt oder einer Dienstleistung zurechtzufinden. Die Verwendung eines Bots sollte immer im Zusammenhang mit dem übrigen Produkt und den Nutzern betrachtet werden. Und wie im vorherigen Abschnitt beschrieben, müssen dem maschinellen Lernen und der von ihm gesteuerten KI Verhaltensweisen und Reaktionen in bestimmten Situationen antrainiert werden – aber auch, welche Verhaltensweisen und Reaktionen unerwünscht sind.

Weitere Überlegungen gelten der Frage, wie der Bot gegebenenfalls personifiziert werden soll. Was der eine ansprechend finden mag, kann auf den anderen skurril oder zu formell wirken. Je nach Rolle des Bots ist es für seinen Erfolg oft entscheidend, das richtige Gleichgewicht zwischen seiner Sprech- und Verhaltensweise und seinem Aussehen zu finden.

So macht sich Storytelling nützlich

- herausfinden, ob ein Bot geeignet ist, seine Rolle definieren und festlegen, wann und wo er genutzt werden sollte
- den Bot-Charakter mithilfe der Prinzipien der Charakterentwicklung entwickeln
- die richtige Tonalität (TOV) durch Charakterentwicklung und die Einbeziehung von Prinzipien der natürlichen Sprache finden
- die Erzählung durch Abbilden des Gesprächsflusses bestimmen

25 Eleanor Kahn, »Bots Are Still in their Infancy«, *Campaign*, 21. Juni 2017, ***https://oreil.ly/QEMpA***.

Sprachschnittstellen

Auch wenn wir von dem Szenario im Film *Her* weit entfernt sind, ist die Sprachsteuerung in den letzten Jahren immer mehr zum Mainstream geworden. In Millionen von Haushalten weltweit gibt es mittlerweile Alexa, Cortana oder Google Home. Mittlerweile werden schätzungsweise 30 % aller Web-Browsing-Sitzungen ohne Bildschirm durchgeführt.[26]

Auch wenn die Gestaltung von VUIs für die meisten neu ist, ist diese Interaktionsform für Menschen sehr natürlich. Vergleichen Sie dazu nur eine Google-Anfrage mit dem Gespräch mit einer Person. Gespräche sind für uns ganz natürlich, auch wenn es bei VUIs am Anfang eine gewisse Unbeholfenheit zu überwinden gilt. Die meisten werden etwas vereinfacht sprechen, langsamer und deutlicher als normal, um die Chance auf eine exakte Antwort zu erhöhen.

Die Frustration, die ein nicht funktionierendes VUI verursachen kann (das heißt, es versteht Sie falsch, hört Sie nicht richtig oder tut nicht das, wozu Sie es aufgefordert haben), sollte nicht auf die leichte Schulter genommen werden, und der Nutzungskontext ist für VUIs unglaublich wichtig.

Was bedeutet das für das Produktdesign?

Auch wenn beispielsweise mit Amazon Echo Show und Google Home-Hub inzwischen mehr Geräte auf dem Markt sind, die neben gesprochenen auch visuelle Ausgaben liefern, bieten VUIs dem Produktdesign-Team weniger Spielraum, dem Nutzer mehrere unterschiedliche Ergebnisse zu liefern. Als UX- und Produktdesigner müssen wir intuitive Wege finden, damit die Ausgaben eine natürliche Folgeantwort des Nutzers fördern. Und wir müssen über alle möglichen Antworten und Fragen nachdenken, denen die VUI ausgesetzt sein wird. UX-Designer kamen bisher oft damit durch, nicht alle möglichen Ergebnisse oder Szenarien zu berücksichtigen und sich auf den Idealfall und ein paar Alternativen zu konzentrieren. VUIs erfordern hier sehr viel mehr Detailarbeit. Alle möglichen Ergebnisse müssen berücksichtigt werden, und selbst wenn es kein Ergebnis für die Anfrage eines Nutzers gibt, muss er trotzdem eine Antwort erhalten.

Hier kommt eine andere Fähigkeit zum Tragen, die auch vom UX-Designer benötigt wird. Es wird nicht immer ein spezielles VUI-Texterteam geben, und die Aufgabe, die initiale VUI zu betexten, wird oft beim VUI/UX-Designer bleiben.

---

26 Raffaela Rein, »UX Design Trends for 2018«, *Invision*, 4. Januar 2018, *https://oreil.ly/_LIne*.

So macht sich Storytelling nützlich

- die Persönlichkeit der VUI mithilfe von Techniken der Charakterentwicklung definieren
- den TOV definieren und festlegen, was in verschiedenen Situationen angemessen ist
- für VUI-Texte auf traditionelles schriftstellerisches Know-how zurückgreifen
- alle möglichen Situationen berücksichtigen, verzweigte Erzählungen betrachten, Haupthandlungen und Nebenhandlungen abbilden
- durch Bestimmen der verschiedenen Nutzungsszenarien ein gemeinsames Verständnis für den Kontext schaffen

IoT und das Smarthome

Bereits 1999 veröffentlichte Disney den Film *Smarthome*. Darin kümmert sich eine allgegenwärtige KI namens PAT um alle Bedürfnisse, von der Anzeige von Speiseplänen auf Wanddisplays in der Küche über die Steuerung der Beleuchtung und der Temperatur im Haus bis hin zur Beseitigung verschütteter Milch auf dem Boden und der Zubereitung von Speisen. Seitdem wurden zahlreiche weitere Filme mit Smarthome-Aspekten ausgestattet. Da ist die Stark-Villa in *Iron Man*, unter anderem mit durchsichtigen Bildschirmen vor den Fenstern, die den Wetterbericht und andere wichtige Informationen anzeigen, wenn man aufwacht. Dann haben wir in *Ex Machina* Nathans Labor mit intelligenter Beleuchtung. Im Film *Her* gibt es in der Wohnung der Hauptfigur Theodore Twombly neben dem Laptop im iMac-Stil ganz offensichtlich keine Bildschirme. Alles wird über Sprachinteraktionen und Gesten gesteuert, und der Protagonist spielt ein VR/AR-Spiel, das auf seine Möbel projiziert wird.

Zwar gibt es eine sehr enge Verbindung zwischen KI-basierten Sprachassistenten und dem Smarthome, aber es steckt noch mehr dahinter. Viele fangen mit einem Smarthome-Lautsprecher an, mit dem sie Musik steuern, sich den Wecker einstellen, vielleicht das Licht ein- und ausschalten. Oder einfach mit intelligenten Thermostaten und Feuermeldern. Obwohl viele von uns immer noch skeptisch sind, wenn die Technologie unser Zuhause übernehmen soll, gehen 68 % der Amerikaner davon aus, dass Smarthomes in 10 Jahren genauso alltäglich sein werden wie Smartphones.[27] Ich sage voraus, dass es viel schneller gehen wird, aber vorher müssen wir noch einige Hürden überwinden.

Wir stehen an einem Wendepunkt und teilen mehr und mehr Daten mit den von uns genutzten Geräten und Diensten. Mit dem Smarthome werden wir alles im Blick behalten können, von unseren eigenen Handlungen bis hin zu verschiedenen Aspekten des Hauses selbst. Hier gibt es viele Chancen, einen

27 Chris Klein, »2016 Predictions for IoT and Smart Homes«, *The Next Web*, 23. Dezember 2015, *https://oreil.ly/rljG8*.

Mehrwert zu schaffen und den Alltag zu erleichtern: von der Möglichkeit, aus der Ferne zu prüfen, ob die Haustür verschlossen und der Herd ausgeschaltet ist, bis hin zur automatischen Bestellung von Lebensmitteln, wenn unser intelligenter Kühlschrank merkt, dass keine Lebensmittel mehr da sind. Aber all das ist mit Daten verbunden. Wir müssen nicht nur das Vertrauen der Nutzer in den Umgang mit den Daten gewinnen und diese dann auch tatsächlich sicher und ethisch vertretbar behandeln, sondern wir müssen auch vermeiden, sie mit den Daten und all den potenziell damit einhergehenden Benachrichtigungen zu bombardieren.

Damit das Smarthome angenommen und zum Mainstream wird, müssen wir einen Mehrwert bieten, zuverlässig sein und die Erfahrung einfach machen. Und es besteht eine große Wahrscheinlichkeit, dass wir genau das tun werden. Die Definition des IoT besagt, dass es sich um ein Netzwerk von Objekten handelt, die miteinander kommunizieren können, indem sie Daten senden und empfangen, ohne dass ein Mensch daran beteiligt ist. Viele meiner Leser werden genau wie ich Technologie-Enthusiasten und Early Adopters sein. Aber jede neue Technologie stößt auf einen gewissen Widerstand, nachdem die anfängliche Aufregung abgeklungen ist, so wie damals, als Thomas Edison die elektrische Glühbirne erfand. Zunächst staunten die Menschen über seine Schöpfung, als sie ab 1880 die Straßen von New York beleuchtete, doch später begegneten sie dem elektrischen Licht mit Misstrauen und betrachteten es als unsicher für ihre Häuser, als sich Geschichten von Pferden verbreiteten, die an einem Stromschlag gestorben waren, weil sie über Gleise liefen, in denen Stromkabel verlegt worden waren.

Was bedeutet das für das Produktdesign?

Sicherlich sind bei IoT keine solchen schweren Unfälle zu erwarten und die Skepsis ist nicht so groß. Der Wert von IoT, Smarthomes und zunehmend vernetzten Erfahrungen über alle unsere Geräte hinweg liegt in den Daten, die wir mit der Technologie und den Technologieanbietern sowie zwischen verschiedenen Touchpointsn wie Apps und Betriebssystemen austauschen werden. Das Ziel sollte sein, Geräte und Erfahrungen zu schaffen, die nahtlos zusammenarbeiten, unabhängig von der Art oder Marke des Geräts. Darin liegt das wahre Potenzial von vernetzten Erfahrungen, und das ist nicht allzu weit von Underkofflers Ideen entfernt.

Aber bis wir diesen Punkt erreichen und während wir uns darauf vorbereiten, können wir eine Menge tun, damit die von uns entwickelten Erfahrungen dem richtigen Nutzer zur richtigen Zeit und auf dem richtigen Gerät die richtige Geschichte erzählen. Und es gibt vieles, was wir, die Menschen hinter diesen Produkten und Diensten, im besten Interesse aller tun sollten. Neben einer insgesamt ethischen Herangehensweise, den angemessenen Umgang mit

Daten und dem Verzicht auf die Überflutung der Nutzer mit Benachrichtigungen müssen wir bedenken, wie unsere Produkte und Dienste auch missbraucht werden können. John Naughton, ein Autor und Professor an der Open University, schreibt: »Die neuesten Annehmlichkeiten werden mittlerweile auch als Mittel zur Belästigung, Überwachung, Rache und Kontrolle eingesetzt.«[28]

So macht sich Storytelling nützlich

- alle Akteure bestimmen, mit denen sich der Nutzer mit unserem Produkt oder unserer Dienstleistung verbinden kann, und dadurch Erfahrungen verbinden
- Missbrauchsfälle vermeiden, indem wir den Antagonisten in der Erfahrungserzählung unserer Produkte und Dienstleistungen identifizieren
- nicht nur die Happy Journey abbilden, sondern auch die entgegengesetzte Unhappy Journey, und analysieren, wie sich diese vermeiden ließe

AR und VR

Im Film *Ready Player One*, der auf dem gleichnamigen Roman basiert, nutzt ein Großteil der Menschheit die virtuelle Realität, um der düsteren Umgebung der realen Welt zu entkommen, oder wie es die Hauptfigur, Wade Watts, ausdrückt: »Man kann nirgendwo mehr hingehen, außer in die OASIS.« In der OASIS, so der Name der VR-Software, können die Menschen sein, wer immer sie wollen; die einzige Grenze ist ihre Vorstellungskraft. Der Film spielt in Columbus, Ohio, im Jahr 2045 und ist ein faszinierendes, aber auch etwas beängstigendes Beispiel für Online-Welten, die uns in ihren Bann ziehen und von der realen »realen« Welt wegführen können.

AR hat hingegen die Fähigkeit, diese Lücke zu schließen. Gemäß einer Studie des in Boston ansässigen Forschungsunternehmens Latitude wird auch die reale Welt zunehmend zu einer Plattform: 52 % der Befragten gaben an, dass sie sie als eine weitere Plattform betrachteten, wobei sie erwarteten, dass Technologien wie 3D und AR das Digitale und Physische miteinander verbinden würden.[29] Auch wenn der Hype um *Pokemon Go* schon bald wieder abflaute, war dies für viele das erste Mal, dass sie ein der realen Welt hinzugefügtes »Overlay« erlebten, auf dem Charaktere und Zusatzinformationen angezeigt wurden.

28 John Naughton, »The Internet of Things Has Opened Up a New Frontier of Domestic Abuse«, *The Guardian*, 1. Juli 2018., *https://oreil.ly/pksjf*.

29 Ifeanyi, »The Future of Storytelling«.

Was bedeutet das für das Produktdesign?

Das Design für VR und AR orientiert sich stark am Film- und Spieldesign. Als Produktdesigner müssen wir unsere Fähigkeiten über das traditionelle Produktdesign hinaus weiterentwickeln, da Faktoren wie Tiefe, Berührung, Klang und Emotionen integrale Bestandteile der Erfahrungen sind. Wir müssen weitere Aspekte berücksichtigen, zum Beispiel, dass der Spieler oder Nutzer ähnlich wie bei einem Film davon ausgeht, dass jedes Objekt, das Teil der Erfahrung ist, eine Rolle spielt und eine Aktion oder ein Ereignis damit verbunden ist.

Einer der größten Unterschiede bei der Gestaltung von AR und VR ist, dass der Spieler oder Nutzer nicht nur ein passiver Beobachter ist, sondern ein tatsächlicher Teil der Produkterfahrung. Außerdem entwickeln Sie für einen immersiven 360°-Raum und nicht für einen festen Desktop-, Tablet- oder Mobilbildschirm. Bei AR und VR gibt es eine Menge Besonderheiten zu beachten. Um wirklich zu verstehen, wofür wir entwickeln, müssen wir sowohl in VR als auch in AR einsteigen und beides aus erster Hand erleben.

So macht sich Storytelling nützlich

- den Nutzer in den Mittelpunkt der Erfahrung stellen, ihn zum Protagonisten machen, der die Erfahrung aus der Ich-Perspektive betrachtet
- Szenen in den AR- und VR-Produkten unter Rückgriff auf Prinzipien und Methoden aus Game Design und Kinematografie planen
- Den Ablauf der Ereignisse mit traditionellen Methoden des Storytellings konzipieren

Omnichannel-Erfahrungen

In einer gut erzählten Geschichte läuft alles zusammen, vom großen Ganzen bis zum kleinen Detail. Wir sehen heute, dass Online- und Offline-Erfahrungen zunehmend miteinander verschmelzen und sich gegenseitig beeinflussen. Seit ein paar Jahren sprechen wir von Omnichannel-Erfahrungen. Diese sind als kanalübergreifende Erfahrungen definiert und umfassen Kanäle wie soziale Medien, physische Standorte, E-Commerce, mobile Apps, Desktop-Computer und mehr. Alle liefern sich gegenseitig immer mehr Ein- und Ausgaben. Vor ein paar Jahren hatten Unternehmen, die ihre mobile Erfahrung optimierten, einen Vorteil gegenüber anderen, die dies verpasst hatten. Heute erringen Unternehmen, die die Erfahrung so optimieren, dass sich der Nutzer nahtlos über die Kanäle hinweg bewegen kann, einen Wettbewerbsvorteil. Zu den Vorteilen gehören höhere Konversionsraten und stärkere Markentreue, da Einfachheit und gleichbleibende Erfahrung immer wichtiger werden.[30]

30 Kim Flaherty, »Seamlessness in the Omnichannel User Experience«, *Nielsen Norman Group*, 19. März 2017, ***https://oreil.ly/YWIrz***.

Was bedeutet das für das Produktdesign?

Die Grenze zwischen digitalen und physischen Umgebungen verschwimmt zusehends. Deshalb müssen Produktdesign-Teams immer wieder umlernen, um mit den technologischen Veränderungen Schritt zu halten. Das bedeutet auch, dass alles immer stärker zu einer einzigen Erfahrung zusammenwächst und auch Teammitglieder, die kein »UX« in ihrer Berufsbezeichnung tragen, von einem zumindest grundlegenden UX-Know-how profitieren werden.

Und die eigentlichen UX-Designer müssen den digitalen Gesichtspunkt, die Möglichkeiten der Geräte und Hardware verstehen. Sie müssen wissen, wie die Produkte, an denen sie arbeiten, jenseits des Bildschirms funktionieren und die Rolle, den Einfluss und die Möglichkeiten des Kontexts kennen.

So macht sich Storytelling nützlich

- herausfinden, wie unsere Produkte jenseits des Bildschirms funktionieren werden, indem wir die Erzählung der Erfahrung durch Storyboards zum Leben erwecken
- gemeinsamen Nenner schaffen, indem Teams und Abteilungen die Erzählung der Nutzererfahrung gemeinsam durcharbeiten
- alle Akteure und Charakter identifizieren, die eine Rolle in der Erfahrung spielen, und damit eine kohärente Geschichte über alle Touchpoints hinweg erstellen

Die Erwartungen der Verbraucher ändern sich

Auch die Erwartungen der Verbraucher ändern sich, und das hängt mit der Veränderung von Storytelling und Produktdesign zusammen. Als Nächstes sehen wir uns drei Bereiche an, die sowohl Storytelling als auch Produktdesign umfassen.

Erwartungshaltung: Unmittelbarkeit und Knopfdruck

Eine der wichtigsten Veränderungen, die iPhones und alle nachfolgenden Smartphones mit sich brachten, war eine Verschiebung der Nutzererwartungen. Alles ist jetzt mit einem Griff in die Hosentasche sofort verfügbar. Wir können uns kaum noch daran erinnern, wie es war, als wir im Voraus planen oder sogar in die Bibliothek gehen mussten, um etwas zu recherchieren. Stattdessen erwarten wir die Antwort in dem Augenblick, in dem wir irgendwohin reisen, etwas tun oder kaufen wollen.[31]

31 Natalie Zmuda, »The New Customer Behaviors That Defined Google's Year in Search«, *Think with Google*, Dezember 2017, *https://oreil.ly/yrUsK*; Lisa Gevelbier, »Micro-Moments Now«, *Think with Google*, Juli 2017, *https://oreil.ly/vAshk*.

Diese Unmittelbarkeit ist eine zunehmende Erwartung von Nutzern und Kunden. Arztpraxen bieten die Möglichkeit, rund um die Uhr auf Knopfdruck Termine zu vereinbaren, von Unternehmen und Behörden wird erwartet, dass sie auf Vorkommnisse in den sozialen Medien in Minutenschnelle reagieren, ansprechbar und transparent sind.

Was bedeutet das für das Produktdesign?

Was die Nutzer von den sozialen Medien gewohnt sind, erwarten sie immer öfter auch anderswo von den genutzten Produkten und Dienstleistungen. Für Marken und Unternehmen wird es immer wichtiger zu wissen, wie sie agieren und reagieren müssen. Durch das Aufkommen von immer mehr Bots und KI-gesteuerten Schnittstellen ist es entscheidend zu wissen, wann man eine Aufgabe lieber einem Menschen überlassen sollte, um negative Auswirkungen auf die Marke bzw. das Unternehmen zu vermeiden.[32]

Die Dringlichkeit des »Hier und Jetzt« bringt auch hinsichtlich Inhalt und Kontext interessante Aspekte mit sich. Wie Sie in Kürze sehen werden, gibt es eine wachsende »Für-mich«-Erwartungshaltung und eine zunehmende Betonung der Suche als Abkürzung direkt zu den relevantesten Dingen, über die sich die Nutzer informieren möchten. Wer mit Produktdesign zu tun hat, sollte in der Lage sein, seine Inhalte ad hoc zu liefern, unabhängig davon, woher der Nutzer kommt.

So macht sich Storytelling nützlich

- alle Akteure in einer potenziellen Erfahrung definieren und entwickeln und dadurch herausfinden, wie wir uns wann und wo verhalten sollten
- die Erfahrung erzählen, indem wir einen Schritt zurücktreten und prüfen, wie und wo wir eine Bedeutung haben können
- Das »Was wäre, wenn …« erforschen und dadurch Reibungsverluste minimieren
- alle Eventualitäten berücksichtigen, indem Sie sowohl die Happy als auch die Unhappy Journey abbilden

Personalisierte und maßgeschneiderte Erfahrungen

Eine Studie von Ericsson Trend hat die Personalisierung gut erfasst: »Heute müssen Sie alle Geräte kennen. Aber morgen werden alle Geräte Sie kennen müssen.«[33] Je mehr wir über unsere Nutzer wissen und je ausgefeilter maschinelles Lernen und programmatische Verfahren werden, desto maßgeschneider-

32 The State of UX in 2019, *https://trends.uxdesign.cc*.

33 »10 Hot Consumer Trends 2018«, ericsson.com, *https://oreil.ly/N6B9v*.

ter werden alle unsere Erfahrungen sein. Es wird nicht mehr »eine Website« oder eine Erfahrung geben. Genau wie die Ergebnisse unserer Google-Suche bereits auf Grundlage unserer früheren Suchen und unseres Online-Verhaltens speziell auf uns zugeschnitten sind, wird dies auch auf alle unsere Online-Erfahrungen zutreffen.

Was bedeutet das für das Produktdesign?

Personalisierung und maßgeschneiderte Erfahrungen haben nicht nur mit dem Inhalt zu tun. Eine große Chance liegt in der Anpassung an die tatsächlichen Bedürfnisse der Nutzer (z.B. größere oder kleinere Schriftgrößen, Standort, Verlauf, durchgeführte oder nicht durchgeführte Aktionen). Dazu müssen wir jedoch die Nutzerbedürfnisse in den verschiedenen Kontexten und Situationen wirklich verstehen und die Macht der Daten verantwortungsvoll nutzen.

So macht sich Storytelling nützlich

- Empathie entwickeln und dadurch die Bedürfnisse der Nutzer verstehen
- den Nutzer zum Hauptheiden der Produkterfahrung machen und dadurch für bestimmte Nutzer gestalten
- ermitteln, wie sich die misslungene in eine erfolgreiche Journey verkehren könnte und dadurch die Möglichkeiten der Personalisierung erkennen

---

Suchfunktion und Zugriff auf Informationen

Viele von uns, auch ich, haben bestimmte Dinge wie Telefonnummern nicht mehr im Kopf, selbst die unseres Partners nicht. Wir merken uns stattdessen, wo wir diese Informationen finden können. Wir werden zu Suchexperten – mehr noch, wir erwarten, dass wir fast alles durch Suchen finden können, und unsere Erwartungen an das Gefundene wachsen ebenfalls.

2018 hat insbesondere Google über Suchanfragen mit den Qualifizierern »the best« und »should I« berichtet. Dies zeigt eine Verschiebung von Vertrauen wie auch Erwartungshaltung. Die Nutzer wenden sich immer häufiger ratsuchend an die Suchfunktion wie an einen Freund. Sie stellen spezifische Fragen und erwarten eine relevante Antwort.

Darüber hinaus nutzen sie die Suche zunehmend als Mittel zur Navigation auf Websites und in Apps, überspringen die Hauptnavigation und greifen direkt auf das Gewünschte zu. Das geht manchmal schneller, und wenn das zurückgelieferte Ergebnis gut ist, bekommen sie genau das in diesem Moment Benötigte.

Was bedeutet das für das Produktdesign?

Wenn wir die Seiten/Ansichten und die Gesamterfahrung der Produkte und Dienstleistungen, an denen wir arbeiten, definieren und entwickeln, wird eine Überlegung immer wichtiger: Die Nutzer werden höchstwahrscheinlich nicht zuerst auf der Startseite ankommen. In der Tat ist die »Startseite« unserer Produkte oder Dienste oft die Suche.

Das wirkt sich auf unsere Überlegungen hinsichtlich Inhalt und Seitengestaltung aus. Der Hintergrundkontext, den der Nutzer bekommen hätte, wenn er unsere Website nach unserem sorgfältigen Plan genutzt hätte, ist oft nicht vorhanden. Stattdessen sollte der Nutzer in der Lage sein, diesen Kontext oder zumindest einen Teil davon zu erfassen, unabhängig davon, auf welcher Seite er zuerst landet.

So macht sich Storytelling nützlich

- die Erzählstruktur von Seiten und Ansichten und dadurch den Inhalt ermitteln
- die Suche optimieren und neben genauen Suchergebnissen auch den Kontext sicherstellen

Zusammenfassung

Im Laufe der Jahre hat Storytelling in Wissenschaft und Technologie Innovationen beeinflusst und vorangetrieben, von Sherlock Holmes und der Kriminalistik bis hin zu Star Trek als Inspiration für Amazons Alexa. Storytelling hat auch eine entscheidende Rolle bei der Kommunikation und der Verbindung mit dem Publikum gespielt, und für die Produkte und Dienstleistungen, an denen wir heute arbeiten, wird es immer wichtiger.

Der Kontext, in dem unsere Produkte und Dienstleistungen verwendet werden, wird von Tag zu Tag komplexer. Gleichzeitig erwarten die Nutzer immer öfter, dass Produkte und Dienste für sie funktionieren, und zwar unabhängig davon, wo sie sich befinden, welches Gerät und welche Eingabemethoden sie verwenden und auf welche Weise sie sie nutzen wollen.

Designer benötigen neue Kompetenzen, da unsere Produkte immer mehr KI und maschinelles Lernen, mehrere Touchpoints, vernetzte Geräte und Apps sowie eine Mischung aus mehreren Schnittstellen umfassen – Schnittstellen, die wir berühren, Schnittstellen, mit denen wir sprechen, Schnittstellen, die wir nicht sehen können, und solche, von denen wir durch sensorische Daten oder AR und VR tatsächlich ein Teil sind. Als Designer müssen wir Walt Disneys

Fähigkeit beherrschen, neben den kleinen Details auch das große Ganze richtig zu erkennen. Wir müssen zudem eine wachsende Anzahl von Eventualitäten und sich verändernden Elementen berücksichtigen. Diese müssen definiert und entwickelt werden, damit schließlich alles zusammenpasst. Ganz wie eine gute Geschichte.

Die emotionale Seite des Produktdesigns

Den Sprachassistenten anschreien

2016 arbeitete ich bei der Full-Service-Werbeagentur 72andSunny in Amsterdam und half bei der Einführungskampagne von Google Home unter anderem in Großbritannien. Heute, im Jahr 2019, ist Google Home ein fester Bestandteil des häuslichen Lebens meiner eigenen Familie. Sogar unsere Tochter, die im Sommer 2017 geboren wurde, weiß aufgrund des Sprachbefehls »Hey Google«, was Google Home ist.

Viele Szenarien und Use Cases, die wir im Rahmen der Einführungskampagne erarbeitet haben, treffen auf meine Familie zu. Wir nutzen Google Home im Moment hauptsächlich für einfache Dinge, wie z. B. das Abspielen von Musik auf Spotify oder das Erzeugen verschiedener Tier- und Fahrzeuggeräusche, die unserer Tochter Freude machen. Aber das Leben kann kompliziert sein, und manchmal macht Google Home alles noch schlimmer. Manchmal funktionieren ganz einfache Dinge nicht – zum Beispiel verwechselt Google Home »Lauter stellen« mit »Leiser stellen« oder hört nicht, wenn wir die Musik ausgeschaltet oder leiser gestellt haben wollen. Das lässt unsere Emotionen hochkochen, vor allem, wenn es ohnehin schon etwas hektisch ist oder wir müde sind.

Während wir uns mit der Einführungskampagne beschäftigten, arbeiteten wir an relativ allgemeinen Szenarien, weil diese ausreichten. Anders wäre es gewesen, wenn wir an der eigentlichen Software für Google Home gearbeitet hätten. Arbeitet man mit Technologien, die Sprache als primäre Nutzeroberfläche für Ein- und Ausgabe verwenden, muss man ins Detail gehen, um die Szenarien zu verstehen. Zum ersten Weihnachtsfest unserer Tochter waren wir bei Freunden im schwedischen Malmö. Die gesamte Wohnung war mit Amazon Echo verbunden, und die einfachste Möglichkeit, das Licht ein- und auszuschalten, bestand darin, Alexa darum zu bitten. Im Jahr 2017 antwortete Alexa, wenn man sie bat, das Licht auszuschalten, mit »OK« und schaltete dann die Lichter aus. Zunächst war das kein Problem, aber als ich die Lichter im Schlafzimmer ausschalten wollte, wenn mein Partner und das Baby schliefen, war die verbale Antwort von Alexa nicht gerade ideal. Die Tatsache, dass ich den Lautstärkepegel von Alexa nicht kannte, verschärfte das Problem noch.

Die Lichter im Kinderzimmer zur Schlafenszeit auszuschalten oder die Farbe der Beleuchtung zu ändern, war eines der Szenarien, die wir für die Einführungskampagne von Google Home geplant hatten. Solche Dinge wirken ziemlich magisch, wenn sie neu sind, und gerade wenn man kleine Kinder hat, kann es äußerst praktisch sein, nicht aufstehen zu müssen. Wie diese Funktion implementiert wird, will jedoch gut überlegt sein. Ich finde, dass ein Sprachassistent nicht per Stimme bestätigen muss, dass er das Licht ausgeschaltet hat. Es reicht, wenn er es einfach erledigt.

Heute wird diskutiert, wie VR und AR die Nutzererfahrung und das Storytelling insgesamt beeinflussen werden, aber auch, wie wir als Designer unsere Entwicklungen selbst erfahren können. Traditionell sind wir – ob wir arbeiten, einen Film sehen oder einem Konzert lauschen – daran gewöhnt, der Beobachter zu sein, der hineinschaut. Die vierte Wand steht zwischen uns und den Geschehnissen hinter der Leinwand oder auf der Bühne. Mit AR und VR im Besonderen versetzen wir uns direkt in die Geschichte und die Erfahrung hinein, und es fühlt sich zunehmend so an, als wären wir dabei und Teil des Geschehens. Studien haben gezeigt, dass unser Körper in seiner Reaktion nicht zwischen einem Gedanken und einer tatsächlichen Erfahrung unterscheiden kann. Unsere Sinne lassen sich leicht täuschen, und wenn wir Freude und Glück empfinden, wird unser Blutkreislauf mit Endorphinen geflutet; wenn wir Angst haben, wird Adrenalin in unserem Körper freigesetzt.

An jedem einzelnen Punkt der Erfahrung mit Ihrem Produkt, auch wenn es weder AR noch VR beinhaltet, durchleben die Nutzer Emotionen – von Frustration (die meisten kennen es vom Umgang mit Passwörtern oder wenn sie das Gesuchte nicht finden können oder wenn etwas einfach nicht funktioniert) bis hin zu Glück (wenn etwas reibungslos und ohne Probleme klappt, als wüsste die genutzte Website oder App genau, was wir wollen). Ob es ein Nutzer ist, der unsere Produkte und Dienstleistungen anwendet, ein internes Teammitglied, das unsere Arbeit beurteilt, oder ein Kunde, der an einer unserer Präsentationen teilnimmt – bei jeder Form der Erfahrung sind Emotionen beteiligt und spielen eine große Rolle. Genauso wie in Geschichten.

Die Rolle von Emotionen beim Storytelling

Schon in der Urzeit wurden Geschichten zu einem bestimmten Zweck erzählt – sie waren eine Erklärung für Naturphänomene oder schilderten die Abenteuer eines Stammes. Sie dienten dazu, die Menschen zu beruhigen und ihnen zu versichern, dass nach dem Regen der Sonnenschein kommt, oder um den Rest des Stammes, der nicht dabei war, einen Kampf noch mitzuerleben zu lassen, und um dafür zu sorgen, dass wichtige Ereignisse niemals in Vergessenheit geraten. Jeder Roman, jeder Film, jede Fernsehserie und jedes Theaterstück soll eine Geschichte erzählen und die gewünschte emotionale Reaktion beim Publikum hervorrufen, und das ist die Aufgabe des Storytellers.

Ich zitiere Daniel Dercksen von *Writing Studio*: »Der Storyteller ist der Puppenspieler der Emotionen.« Er schreibt:

> Als Autor haben Sie die Macht, Ihr Publikum zum Lachen zu bringen, wann immer es Ihnen gefällt, erwachsene Männer hemmungslos weinen zu lassen, Millionen an die Grenzen des Verstands zu führen, Couch-Potatoes davon abzuhalten, den Kanal zu wechseln, und die Menschen mit Furcht zu erfüllen.[1]

Die Emotionen des Publikums zu wecken, ist das Herzstück des Storytellings, und ohne diese emotionale Verbindung gäbe es keine Geschichte, über die man reden könnte. Autoren und Storyteller haben zahlreiche Möglichkeiten, die Aufmerksamkeit des Publikums zu fesseln und es in ihren Bann zu ziehen; zum Beispiel durch die Art, wie die Geschichte erzählt wird, oder durch Spannungen und Konflikte. Aber den stärksten Einfluss auf die emotionale Verbindung haben die Charaktere selbst. Denken Sie einfach an die Filme, Bücher oder Theaterstücke, die einen bleibenden Eindruck bei Ihnen hinterlassen haben: Es sind die Charaktere und ihr Schicksal, die Sie beschäftigt haben.

Emotionen spielen auch eine Rolle, wenn die Geschichte für den/die Storyteller zum Leben erweckt werden soll. Die US-amerikanische Drehbuchautorin Meg LeFauve erzählt, dass bei der Entstehung des Pixar-Films *Alles steht Kopf* die Personifizierung der Emotionen (Freude, Wut, Traurigkeit, Angst und Ekel) bereits angelegt war, als sie hinzukam. Das bedeutete, dass sie Riley sehen konnte, das Mädchen, zu dem diese Emotionen gehörten. Die Tatsache, dass die Sprecherin von Joy ebenfalls bereits als Amy Poehler gecastet worden war, verlieh dem Charakter eine weitere Ebene, was in LeFauves Fall bedeutete, dass sie wirklich für Poehler schreiben konnte.[2] Schriftstellern wird oft geraten, aus ihren eigenen oder zumindest realen Erfahrungen zu schöpfen, um Inspiration

---

1 Daniel Dercksen, »The Art of Manipulating Emotions in Storytelling«, *The Writing Studio*, 22. Februar 2016, *https://oreil.ly/K1bxJ*.

2 Joe Berkowitz, »7 Tips on Emotional Storytelling«, *Fast Company, 1. Dezember* 2015, *https://oreil.ly/yBG-l*.

zu finden und der Geschichte Tiefe zu verleihen. Die Fähigkeit, einen Bezug zu sich selbst herzustellen, ist ein wichtiger Aspekt, der gewährleistet, dass Ihre Erzählung eine emotionale Verbindung zu den Lesern herstellt.

Beim Produktdesign ist Empathie für die Nutzer, für die wir unsere Produkte und Dienstleistungen entwickeln, ein wichtiger Aspekt. In Kapitel 6, »Charakterentwicklung im Produktdesign«, gehe ich näher darauf ein. In diesem Kapitel konzentriere ich mich darauf, warum es so wichtig ist, bestimmte Emotionen hervorzurufen (man spricht auch vom emotionalen Design), um eine bessere Nutzererfahrung zu schaffen.

Die Rolle von Emotionen im Produktdesign

In den Anfangstagen des Personal Computers und der Mensch-Computer-Interaktion lag der Schwerpunkt auf der Nutzerfreundlichkeit, der Funktionalität und der Verbesserung von Prozessen. In jüngerer Zeit hat sich der Schwerpunkt auf die emotionale Seite verlagert. Dieser Wandel ist zu einem großen Teil zwei Vordenkern zu verdanken: Don Norman, dem Wissenschaftler, Professor und Autor von *Emotional Design* (Basic Books, 2004) (Abbildung 4.1), und Aaron Walter, dem Autor von *Designing for Emotion* (A Book Apart, 2011).

Emotional Design war unter anderem eine Antwort an seine Kritiker, die argumentierten, dass die Produkte funktional, aber hässlich würden, wenn sie den Ratschlägen aus Normans früheren Buch *The Design of Everyday Things* folgten. Norman erwähnte Emotionen in der ersten Ausgabe von *The Design of Everyday Things* nicht. Stattdessen konzentrierte er sich auf Nützlichkeit und Verwendbarkeit, Funktion und Form in einer logischen und, wie er selbst sagte, leidenschaftslosen Weise. In *Emotional Design* erforschte er den tiefgreifenden Einfluss, den Gefühle und Emotionen auf uns haben, und wie diese durch Alltagsgegenstände hervorgerufen werden.

Ein zentrales Thema des Buchs ist, dass ein Großteil des menschlichen Verhaltens unbewusst ist und das Bewusstsein erst später ins Spiel kommt. Wir reagieren auf eine Siuation zuerst emotional, bevor wir sie kognitiv bewerten, schreibt er. Und wenn man uns fragt, warum wir uns für etwas entschieden haben, könnten die meisten von uns keinen Grund angeben. Wir haben einfach »Lust darauf« oder »es fühlt sich gut an«.

Lassen Sie uns die Rolle von Emotionen im Design untersuchen und herausfinden, welche Rolle Storytelling dabei einnehmen kann.

Abbildung 4.1: Die berühmt-berüchtigte Zitruspresse »Juicy Salif« ziert das Cover von Normans »Emotional Design«.

Der Einfluss von Emotionen auf die Entscheidungsfindung

Die Rolle von Emotionen bei der Entscheidungsfindung ist in Marketing und Psychologie gut erforscht. Antonio Damasio, Professor für Neurowissenschaften an der University of Southern California, schreibt in *Descartes' Irrtum*, dass Emotionen eine notwendige Zutat für fast alle Entscheidungen sind. Wenn wir eine Entscheidung treffen müssen, beeinflussen unsere Emotionen aus früheren, damit zusammenhängenden Erfahrungen die Wahrnehmung unserer Wahlmöglichkeiten, was schließlich dazu führt, dass wir Präferenzen bilden.[3] Dies ähnelt dem positiven Rückkopplungsmechanismus und Freuds Lustprinzip, das besagt, dass wir instinktiv nach Vergnügen suchen und versuchen, Schmerz zu vermeiden, indem wir frühere angenehme Erfahrungen nachempfinden und Situationen vermeiden, die wir wahrscheinlich als schmerzhaft empfinden werden.

Positive Emotionen sind es auch, die die Markentreue in größerem Maße beeinflussen als zum Beispiel Vertrauen. Wie beim ersten iPod und der neuesten Ver-

3 Peter Noel Murray, »How Emotions Influence What We Buy«, *Psychology Today*, 26. Februar 2013, *https://oreil.ly/Hsfp4*.

sion des iPhones sind es positive Emotionen, die uns dazu bringen, bestimmte Produkte eher zu kaufen als andere, selbst wenn es nicht immer die besonders praktischen sind. Ein Beispiel ist Philip Starcks ikonischer Juicy Salif, der auf dem Cover von *Emotional Design* zu sehen ist.

Ohne Emotionen wäre unsere Entscheidungsfähigkeit beeinträchtigt und wir wären nicht in der Lage, zwischen Alternativen zu entscheiden, insbesondere zwischen solchen, die uns gleichwertig erscheinen.

Die Rolle von Affekt und Kognition bei der Entscheidungsfindung

Wenn es um unsere alltägliche Entscheidungsfindung geht, sind Emotion und Affekt entscheidend. Sowohl Affekt als auch Kognition sind informationsverarbeitende Systeme, aber mit unterschiedlichen Funktionen. Das affektive System reagiert schnell, indem es ein Urteil darüber fällt, ob Dinge in der Umgebung gefährlich oder sicher, gut oder schlecht sind. Es ist unser Reptiliengehirn, und die Reaktionen können bewusst oder unbewusst sein. Das kognitive System hingegen interpretiert die Welt und verleiht ihr einen Sinn. Emotionen entstehen durch das bewusste Erleben eines Affekts in Verbindung mit der Zuordnung seiner Ursache und der Identifizierung seines Gegenstands.

Affekt und Kognition beeinflussen sich gegenseitig. In manchen Situationen wird der affektive Zustand von der Kognition gesteuert, aber meistens ist es umgekehrt. Norman verwendet zur Veranschaulichung dieser Beziehung das Beispiel eines Bretts. Wenn ich ein Brett auf den Boden lege und frage, ob man darauf gehen kann, wird die Antwort ein klares »Aber sicher!« sein. Platziere ich es jedoch hundert Meter über dem Boden und stelle dieselbe Frage, wird die Antwort ganz anders ausfallen. Dieses Beispiel verdeutlicht: Das affektive System funktioniert unabhängig vom bewussten Denken. Die viszerale Ebene gewinnt – das, was wir tief in unserem Bauch fühlen, wenn wir hundert Meter nach unten blicken. Die Angst dominiert unsere Reaktion eher als der reflektierende Teil unseres Gehirns, der vielleicht versucht zu rationalisieren, dass es sich um dasselbe 10 Meter lange und 1 Meter breite Brett handelt – also kann man natürlich darauf laufen.

Ganz ähnlich reagieren wir, wenn wir einen Gruselfilm sehen, oder fühlen wir uns, nachdem wir einen gesehen haben. Unser kognitives System kann rationalisieren und uns sagen, dass sich mit 99,9-prozentiger Sicherheit niemand in der dunklen Zimmerecke versteckt, aber das gerade Gesehene und die Emotionen, die dadurch in uns hervorgerufen werden, halten uns vielleicht davon ab, den finsteren Raum zu betreten.

Übung: Die Rolle von Affekt und Kognition bei der Entscheidungsfindung

Denken Sie an zwei Situationen, die Sie selbst erlebt haben:

- Wie hat Ihr affektives System reagiert?
- Wie hat Ihr kognitives System reagiert?

Auch wenn die Bauchgefühl-Reaktion auf die Erfahrungen, die wir mit Produkten und Dienstleistungen machen, selten so stark ist wie in dem Beispiel mit dem Brett in 100 Metern Höhe, dominiert dennoch manchmal das affektive System unsere Reaktion. Denken Sie nun an das Produkt oder die Dienstleistung, an der Sie gerade arbeiten:

- Wie wird das affektive System des Nutzers wahrscheinlich reagieren?
- Wie wird das kognitive System des Nutzers wahrscheinlich reagieren?

Die Kopplung zwischen unserem emotionalen und unserem verhaltensbezogenen System

Laut Norman ist unser emotionales System so eng mit dem Verhalten und der Vorbereitung unseres Körpers auf die Reaktion gekoppelt, dass die Reaktionen auf eine bestimmte Situation reale Manifestationen davon sind, wie unsere Emotionen etwa Muskeln und Verdauungssystem steuern. Dieselben Reaktionen zeigen wir, wenn wir eine Geschichte hören. Ob als Reaktion auf eine Geschichte oder auf eine Online-Erfahrung, sei sie gut oder schlecht, ob sie uns anstrengt oder entspannt, unsere Emotionen fällen ein Urteil und bereiten unseren Körper entsprechend vor, und das bewusste, kognitive Selbst beobachtet diese Veränderungen.

Es ist auch erwiesen, dass ästhetisch ansprechende Produkte besser funktionieren und dass angenehme Aspekte eines Designs die Menschen toleranter gegenüber Schwierigkeiten und Problemen machen können, wenn sie sich in einer entspannten Situation befinden. Obwohl schlechtes Design, wie Norman es ausdrückt, »niemals entschuldbar« ist, wird eine gute menschzentrierte Designpraxis umso wichtiger für Aufgaben oder Situationen, die stressig sein können und in denen Ablenkungen, Engpässe und Irritationen insgesamt minimiert werden müssen.

Übung: Die Kopplung zwischen unserem emotionalen und unserem Verhaltenssystem

Denken Sie an Ihr Produkt oder Ihre Dienstleistung oder an ein Produkt oder einen Service, mit dem Sie vertraut sind. Finden Sie Folgendes heraus:

- Wo und inwiefern könnte Stress mit der Nutzung des Produkts oder der Dienstleistung verbunden sein? Der Stress könnte durch eine Teilaufgabe, externe Faktoren in der Umgebung des Nutzers oder einfach durch schlechtes Design verursacht werden.
- Wo bietet die Experience Journey dieses Produkts einen positiven Aspekt bzw. wo sollte es ihn geben?

Der Einfluss von Emotionen auf das Handeln

Besonders interessant an Emotionen ist, dass sie uns zum Handeln bewegen. Wir zeigen eventuell eine Kampf-oder-Flucht-Reaktion, wenn wir bei einer körperlichen Konfrontation Angst haben. Alltägliche soziale Situationen, die Verlangen oder Unsicherheit auslösen, können uns dazu bringen, das neueste iPhone zu kaufen. Oder unsere emotionalen Reaktionen bestimmen einfach, wie wir uns durch eine Website oder App klicken bzw. tippen. Wie Sie in Kapitel 1 gesehen haben, wurde Storytelling im Laufe der Geschichte immer wieder eingesetzt, um Menschen zum Handeln zu bewegen – von der Anregung unserer Fantasie bis hin zur Unterstützung einer Sache. Und all das ist auf die Emotionen zurückzuführen, die Geschichten in uns hervorrufen.

Bei der Beschäftigung mit den Einflussfaktoren auf Kaufentscheidungen stößt man auf Untersuchungen, die zeigen, dass die emotionale Reaktion auf den Inhalt bedeutsamer ist als der Inhalt selbst. Für Marken bedeutet das, dass Sie zur richtigen Zeit das richtige Maß an emotionaler Resonanz treffen müssen. Mit anderen Worten: Sie verbinden sich mit Ihren potenziellen Kunden auf der richtigen emotionalen Ebene.[4]

Den Einfluss unserer Emotionen auf unsere Handlungen zu verstehen, bedeutet jedoch ebenso, zu verstehen, warum wir uns entscheiden, nicht zu handeln. Alessandro Suraci, Visual Designer bei Google, schreibt, wie schwer es ist, sich zu engagieren, und dass die tatsächliche Umsetzung oft weiter entfernt ist als die Ausrede, seine Pläne nicht umzusetzen, wenn es darum geht, sich Ziele zu setzen und darauf hinzuarbeiten, diese zu erreichen.[5] Als UX-Designer müssen wir das typische Situations-Narrativ kennen und wissen, was die Nutzer fühlen, um zu verstehen, wie wir sie zum Handeln bewegen können und was sie davon abhält, bei der Stange zu bleiben.

4 Andrea Lehr, »The Role of Emotions in Shareable Content«, *HubSpot* (Blog), ***https://oreil.ly/ImfOe***.

5 Alessandro Suraci, »Picture a Better You«, *Medium*, 13. April 2016, ***https://oreil.ly/c3T9J***.

TIPP

Die folgende Übung ist insbesondere in Bezug auf die Darstellung von Wendepunkten und die Visualisierung der Form einer Erfahrung nützlich. Mehr darüber erfahren Sie in Kapitel 5 und 9.

Übung: Der Einfluss von Emotionen auf das Handeln

Finden Sie am Beispiel Ihrer eigenen oder der von Ihnen regelmäßig genutzten Produkte oder Dienstleistungen Folgendes heraus:

- Wo ermutigen positive emotionale Reaktionen den Nutzer in der Product Journey zum Handeln?
- Wo werden negative emotionale Reaktionen in der Product Journey zu Handlungsbarrieren für den Nutzer?

Der Einfluss von Emotionen auf die Marken- und Produktwahrnehmung

Auch für unser Langzeitgedächtnis und unsere Fähigkeit, die Welt zu verstehen und zu erfahren, sind Emotionen von entscheidender Bedeutung. Nicht zuletzt deshalb ist Storytelling auch im Marketing zu einem Schlagwort geworden. Marketing mit Storytelling, das das Herz anspricht, ist effektiver als jede andere Marketingform.

Der Grund für diese verstärkte Wirksamkeit ist die Einprägsamkeit von emotionalem Storytelling. Es schafft tiefe Verbindungen, durch die die Botschaft nicht so leicht vergessen wird. Emotionales Storytelling schafft auch positive Assoziationen mit der jeweiligen Marke, indem es positive Bilder mit dem Ziel hinter Ihrer Marketingkampagne verknüpft. Und schließlich appelliert Marketing, das emotionales Storytelling einsetzt, an Emotionen statt an die Vernunft und bietet dem Nutzer die Möglichkeit, eine Erfahrung zu machen.

Eigentlich ist das eine Selbstverständlichkeit. Nur sehr wenige von uns werden sich an einen ganz passablen Film oder an ein ganz passables Buch erinnern, aber wir erinnern uns an einen wirklich guten oder schlechten Film. Genauso verhält es sich mit den von uns genutzten Produkten und Dienstleistungen. Wir erinnern uns an diejenigen, die uns massive frustriert haben, und an diejenigen, die uns Freude gemacht haben. Meistens sind es die Produkte und Dienstleistungen an beiden Enden der Skala, über die wir mit anderen sprechen und zu denen wir eine gute oder schlechte Bewertung schreiben.

TIPP

Die folgende Übung können Sie auch intern unter Teammitgliedern, internen Stakeholdern und mit Kunden durchführen. Sie schafft eine Grundlage für die Hypothesen, die Sie später überprüfen können.

Übung: Der Einfluss von Emotionen auf die Marken- und Produktwahrnehmung

Wenn Sie das nächste Mal mit einem (potenziellen) Nutzer oder Kunden sprechen, stellen Sie diese Fragen:

- Was fällt Ihnen bei [Name Ihres Produkts oder einer Marketingkampagne] als Erstes ein?
- Warum erinnern Sie sich an [diesen speziellen Aspekt Ihres Produkts]?

Emotionen und unsere verschiedenen Bedürfnisebenen

Aaron Walter, der Autor von *Designing for Emotion*, definiert Emotionen als die »Lingua franca der Menschheit«, die Muttersprache, mit der alle Menschen geboren werden, und sagt, dass emotionale Erfahrungen für unser Langzeitgedächtnis entscheidend sind. In Bezug auf das Design vermittelt eine emotionale Reaktion das Gefühl, dass auf der anderen Seite keine Maschine steht, sondern ein Mensch.[6]

Walter hat in seinem Buch eine Pyramide der Nutzerbedürfnisse entwickelt, die sich an die Maslow'sche Bedürfnispyramide anlehnt. Letztere wurde 1943 entwickelt und erschien in der Abhandlung *A Theory of Human Motivation* (Abbildung 4.2). Maslow stellte die These auf, dass wir als Menschen Grundbedürfnisse haben (z. B. physiologische), die erfüllt werden müssen, bevor weitergehende Bedürfnisse (z. B. Selbstverwirklichung) befriedigt werden können.

Abbildung 4.2: Maslows Bedürfnispyramide

6 Aarron Walter, »Emotional Interface Design«, Treehouse, 7. August 2012, *https://oreil.ly/PBC5y*.

Wenn die vier grundlegendsten Bedürfnisse, die Maslow als Defizitbedürfnisse oder D-Bedürfnisse bezeichnet, nicht erfüllt werden, fühlt sich das Individuum ängstlich und angespannt, auch wenn es keine körperlichen Anzeichen dafür gibt. Dies hat interessante Parallelen zum Design. Wenn wir die Erkenntnis aus Maslows Pyramide auf das Interface-Design übertragen, so Walter, können wir »ein besseres Verständnis für unsere Zielgruppe bekommen.«

Genau wie bei der Maslow'schen Bedürfnispyramide müssen auch in Walters Pyramide der Nutzerbedürfnisse die vier Basisebenen erfüllt sein, bevor der Nutzer die Ebene des Vergnügens schätzen kann (Abbildung 4.3).

Walters Theorie besagt, dass wir uns bei unseren Produkten und Dienstleistungen zuerst um die funktionale Ebene kümmern und sicherstellen müssen, dass wir ein Problem für unsere Nutzer lösen. Danach müssen wir sicherstellen, dass unsere Produkte und Dienstleistungen zuverlässig und nutzerfreundlich sind, d.h. leicht zu erlernen, leicht zu benutzen und leicht zu merken. Was wir jedoch oft übersehen, so Walter, ist die Freude, die als Nächstes kommt.[7]

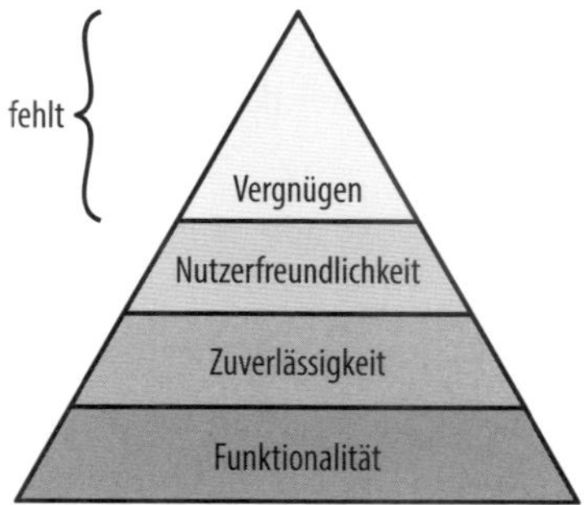

Abbildung 4.3: Walters Hierarchie der Nutzerbedürfnisse besagt, dass grundlegende Nutzerbedürfnisse zuerst vom Interface erfüllt werden müssen, bevor weitergehende Bedürfnisse erfüllt werden können.

Freude am Design

Die Ebene des Vergnügens ist der Punkt, an dem wir die Möglichkeit haben, die Nutzererfahrung auf die nächste Stufe zu heben. Damit sind nicht nur nur die Gimmicks gemeint, die Ihnen eine Erwähnung in der Presse einbringen, sondern die kleinen Details, die dazu beitragen, dass der Nutzer auf einer emotionalen Ebene eine Verbindung herstellen kann. Details, die Freude bereiten, können einfach eine Animation sein oder die Illustrationen, die viele der Installations-Dialogfelder auf dem Mac begleiten.

7 Walter, »Emotional Interface Design«.

Es geht jedoch um noch weit mehr – auch das allgemeine Erleben einer Erfahrung, die Weise, wie Sie sich flüssig und ohne Verzögerungen von einem Bildschirm zum nächsten bewegen, die verwendeten Animationen und Übergänge sowie Mikrotexte und Ikonografie gehören dazu, um nur ein paar Beispiele zu nennen.

Walter spricht hier von Vergnügen und sieht eine starke Parallele zum Essengehen. Wenn wir ein schickes Restaurant besuchen, hoffen wir nicht nur auf eine genießbare Mahlzeit, sondern erwarten viel mehr. Wir hoffen, dass das Essen fantastisch ist, dass das Umfeld und der Service großartig sind und dass die ganze Erfahrung unvergesslich bleiben wird. Walter führt aus, dass wir uns beim Design nicht mit der bloßen Nutzbarkeit zufrieden geben sollten, wenn wir stattdessen auch Designs schaffen können, die sowohl nutzbar sind als auch Vergnügen bereiten.

Walter nennt innerhalb der höchsten Stufe der Pyramide zwei Aspekte:

Oberflächliches Vergnügen
: Dies ist lokal und kontextabhängig und wird oft von isolierten Schnittstellenfunktionen wie Animationen, Gestenbefehlen, Mikrotexten, hochauflösenden Bildern oder Klanginteraktionen ausgelöst.

Tiefes Vergnügen
: Dies ist ganzheitlich und wird erst dann erreicht, wenn alle Bedürfnisse des Nutzers erfüllt sind und dieser einen Flow-Zustand mit geringer Ablenkung von der eigentlichen Aufgabe erreicht hat.

Tiefes Vergnügen ist viel schwieriger zu verwirklichen als oberflächliches. Selbst bei einer mangelhaften Gesamterfahrung können die Nutzer trotzdem noch ein gewisses oberflächliches Vergnügen erleben. Tiefes Vergnügen wird er hingegen nur dann empfinden, wenn die Dinge genau so funktionieren, wie sie sollten, und wenn alles ohne Störungen wie erwartet abläuft. Es erinnert ein bisschen an die Magie einer guten Geschichte, bei der alles zusammenpasst.

Wenn die Nutzer tiefes Vergnügen erleben, ist die Wahrscheinlichkeit am größten, dass sie das Produkt oder die Dienstleistung ihren Freunden, Kollegen und Familienmitgliedern empfehlen. Auch wenn es aus Design-Sicht weniger verlockend ist als das oberflächliche Vergnügen, muss gerade das tiefe Vergnügen zuerst und vor allem richtig umgesetzt werden, nachdem die weiter unten angesiedelten Nutzerbedürfnisse erfüllt sind – genau wie bei der Maslow'schen Bedürfnispyramide.[8]

8 Therese Fessenden, »A Theory of User Delight«, *Nielsen Norman Group*, 5. März 2017, *https://oreil.ly/X7xwX*.

Übung: Freude am Design

Nennen Sie zwei Beispiele für Websites oder Apps, die sowohl oberflächliche als auch tiefe Vergnügen bieten.

- Was sind die oberflächlichen Vergnügen, und wo sind sie zu finden?
- Was sind die tiefen Vergnügen?

Denken Sie nun an Ihr eigenes Produkt oder Ihre Dienstleistung:

- Was wäre ein passendes Beispiel für ein oberflächliches Vergnügen; wo würden Sie es einsetzen und warum?
- Was wäre ein Beispiel für ein tiefes Vergnügen, und wie würde es sich bemerkbar machen?

Zuerst die Bedürfnisse der unteren Ebene erfüllen

Norman hebt hervor, dass ein positiver Affekt Menschen toleranter gegenüber Schwierigkeiten oder Problemen macht. Zwar fallen viele Emotionen, die wir bei unseren Nutzern auszulösen hoffen, in den Bereich des Vergnügens, aber auf den tiefer liegenden Ebenen können zahlreiche Emotionen hervorgerufen werden, und zwar auch viele negative, wenn es uns nicht gelingt, auf der grundlegenden Ebene zu überzeugen. John Maeda, ein amerikanischer Manager, Designer und Technologe, referiert über Komplexität und Einfachheit und erklärt, dass es bei Letzterer darum geht, »das Leben mit mehr Vergnügen und weniger Schmerz zu meistern.«[9] David Pogue, ein Kolumnist der New York Times, begann seinen TED-Vortrag damit, dass er seine Frustration über Technologie und Warteschleifen beim Kundenservice in Worte fasste, bevor er dann über die Software-Wut sprach.[10]

Wir alle haben das schon erlebt und wissen, dass Emotionen wie Wut durch unseren Körper strömen, wenn die Technik nicht funktioniert, wenn Websites es uns schwermachen, unser Ziel zu erreichen oder wenn Sprachassistenten das Chaos noch vergrößern, wie am Anfang des Kapitels beschrieben. Aber selbst wenn wir keine Wut empfinden, reichen die durch die Technologie verursachten alltäglichen Frustrationen völlig aus. Die Passwörter der Familienmitglieder sind eine lustige Hommage an die Frustrationen bei der Nutzung von Technologie. Oft sind es Schimpfwörter und andere fantasievolle Begriffe, die in die gleiche Richtung gehen. Die Passwörter sagen sehr viel darüber aus, was ihre Nutzer über Passwörter dachten.

9 John Maeda, »Designing for Simplicity«, TED2007 Video, März 2007, *https://oreil.ly/O074K*.

10 David Pogue, »Simplicity Sells«, TED2006 Video, Februar 2006, *https://oreil.ly/ExNFa*.

Natürlich freuen wir uns darauf, an Produktbereichen und -erfahrungen zu arbeiten, die zur Ebene des Vergnügens gehören. Jedoch müssen wir, wie Walter betont, sicherstellen, dass wir zuerst die grundlegenden Bedürfnisebenen angesprochen haben. Es spielt keine Rolle, wie schön eine Website oder App ist, wenn sie nicht funktioniert oder keinen Zweck erfüllt. Und wenn sie zwar funktioniert, aber nicht zuverlässig ist, wird sie den Nutzer frustriert zurücklassen. Und wenn ein Produkt nur mit großem Aufwand zu bedienen oder zu erlernen ist, wird es nicht besonders nutzerfreundlich wirken. Nur wenn ein Produkt funktional, zuverlässig und nutzerfreundlich ist, können die Nutzer die angenehmen und vergnüglichen Aspekte des Produkts schätzen. Wir müssen die Grundlagen korrekt umsetzen, und was unter die »Grundlagen« fällt, entwickelt sich ständig weiter.

Das Streben nach ständiger Verbesserung und das neue Normal

Ein weiterer Aspekt, den Maslow in seiner Theorie der menschlichen Motivation darlegte, ist unser ständiges Streben nach Verbesserung. Wir versuchen, über die Ebene der Grundbedürfnisse hinauszugelangen. Beim Design sollten die von ihm sogenannten Metamotivationen beachtet werden. Als das erste iPhone auf den Markt kam, dachten wir nicht viel darüber nach , wie die für den Desktop entwickelten Websites verkleinert auf unseren Smartphones aussahen. Als wir jedoch begannen, mobile Websites zu entwickeln, gewöhnten wir uns an mobil-optimierte Lösungen, und diese wurden allmählich zur Norm und zur Erwartung.

Dieses »neue Normal« verdeutlicht, dass sich bei der Entwicklung von Technologien und den darauf basierenden Produkten und Dienstleistungen der Maßstab für Funktionalität, Nutzerfreundlichkeit, Zuverlässigkeit und Vergnügen verschiebt, während unsere Geräte immer fortschrittlicher werden und sich das Nutzerverhalten ändert. Die Möglichkeit, auf unseren Telefonen dasselbe zu tun wie auch auf unseren Desktops, gehört nicht mehr zu den Dingen, die wir lediglich als angenehm empfinden, wie es in den frühen Tagen des mobilen Webs der Fall war. Stattdessen ist es die neue Normalität und Teil der funktionalen Ebene des Produkts. Diese ständige Notwendigkeit, sich dem technologischen Fortschritt anzupassen und nach Verbesserungen zu streben, ist der Grund, warum das Verständnis von Nutzererwartungen und Emotionen so eng miteinander verbunden und wichtig für das Produktdesign ist.

Emotionen verstehen

Genauso, wie eine gute Erzählung, ein Film, ein Buch oder ein Theaterstück sich mit uns nicht nur auf der visuellen Ebene verbindet, geht es bei der Attraktivität von Produkten nicht nur um ihr Aussehen. »Design ist nicht nur das Look-and-Feel, sondern auch die Funktion.«[11] Dieser berühmte Ausspruch stammt von Steve Jobs. Die Autorin Cindy Alvarez geht noch einen Schritt weiter und sagt: »Design ist, wie Sie arbeiten. Wie Sie sich fühlen, wenn Sie etwas benutzen oder eine Erfahrung machen.«[12] Während Produkte und Dienstleistungen wie die von Craigslist oder Amazon zweifellos funktionieren, werden ihr Design und ihre UX immer mehr zum Wettbewerbsfaktor, und emotionales Design spielt dabei eine Schlüsselrolle. Design Thinking und Experience Design sowie Customer Experience sind nicht umsonst in aller Munde.[13]

Als der erste iPod im Jahr 2001 auf den Markt kam, sorgte er für viel Aufsehen. Das lag nicht nur an der enormen Songanzahl, die er speichern konnte, sondern auch an seinem Design mit den ikonischen weißen Kopfhörern und dem Scrollrad. Bruce Claxton, der damalige Präsident der Industrial Designers Society of America, sagte: »Die Menschen sind auf der Suche nach Produkten, die nicht nur leicht bedienbar sind, sondern deren Benutzung auch Spaß macht.« Der iPod war sowohl begehrenswert als auch einfach zu bedienen, und er verband sich mit den Nutzern auf einer emotionalen Ebene.[14]

Drei emotionale Ebenen des Produktdesigns

Gemäß Norman bilden wir auf drei Ebenen Beziehungen zu Objekten.

Die viszerale Ebene
: Hier geht es um die Ästhetik und die wahrgenommene Qualität des Produkts, von seinem Aussehen und seiner Haptik bis zu der Art und Weise, wie es unsere Sinne anspricht. Diese Ebene ist eng mit unserer ersten Reaktion (genauer ausgedrückt, dem Bauchgefühl) verbunden, wenn wir uns erstmals einem Produkt gegenübersehen.

Die Verhaltensebene
: Diese bezieht sich auf die Nutzerfreundlichkeit des Produkts und unser Urteil, ob es die gewünschten Funktionen ausführt und wie leicht wir uns in seine Benutzung einarbeiten können. Auf dieser Ebene haben wir uns eine fundiertere Meinung über das Produkt gebildet.

---

11 Rob Walker, »The Guts of a New Machine«, *New York Times*, 30. November 2003, *https://oreil.ly/Z8Qyk*.

12 Mary Treseler, »Design Is How Users Feel when Experiencing Products«, *O'Reilly Design Podcast*, 20. August 2015, *https://oreil.ly/Z3SMH*.

13 Manita Dosanjh, »Building Magic Moments«, *The Drum*, 5. August 2016, *https://oreil.ly/Bdb37*.

14 Walker, »The Guts of a New Machine«.

Die Reflexionsebene
: Hier geht es um die wahrgenommenen Auswirkungen des Produkts auf unser Leben. Auf dieser Ebene geht es um die Zeit nach der Nutzung, z.B. wie wir uns fühlen, nachdem wir ein Produkt in die Hand genommen haben und welche Werte wir ihm im Nachhinein beimessen. Hier sollten wir bei der Produktgestaltung möglichst viel Begehrlichkeit erzeugen.

Jede dieser drei Ebenen spielt eine Rolle bei der Gestaltung unserer Erfahrung mit einem Produkt, aber jede Ebene erfordert auch eine andere Herangehensweise des Designers. Um eine positive Erfahrung zu schaffen, sollten wir die kognitiven Fähigkeiten des Nutzers auf jeder Ebene ansprechen und in den Kontext der Erfahrung stellen.

Arten von Emotionen

Normans drei Ebenen bieten einen sehr guten Ansatzpunkt, wenn wir uns mit Emotionen in Bezug auf das Produktdesign beschäftigen möchten. Manchmal müssen wir jedoch noch weiter in die Tiefe gehen und uns die Emotionen ansehen, die die Nutzer bei der Verwendung unserer Produkte erfahren. Nur so können wir die Produkterfahrung tatsächlich definieren.

Ein guter Ausgangspunkt ist Plutchiks Emotionsrad (Abbildung 4.4). Der Psychologe, Professor und Autor Robert Plutchik hat in seiner psychoevolutionären Theorie der Emotionen eine der einflussreichsten Klassifizierungen allgemeiner emotionaler Reaktionen entwickelt. Darin werden primäre und sekundäre Emotionen kategorisiert.[15]

Primäre Emotionen

Plutchik geht von acht primären Emotionen aus:

- verärgert
- traurig
- ängstlich
- froh
- ablehnend
- überrascht
- vertrauend
- aufmerksam

Er ging davon aus, dass diese »grundlegenden« Emotionen sich entwickelten, um die Überlebenschance zu erhöhen.

15 Mehr über Plutchiks Rad der Emotionen im Zusammenhang mit Emotionen in Ihre Designs erfahren Sie bei der Interaction Design Foundation (*https://oreil.ly/-gJtl*).

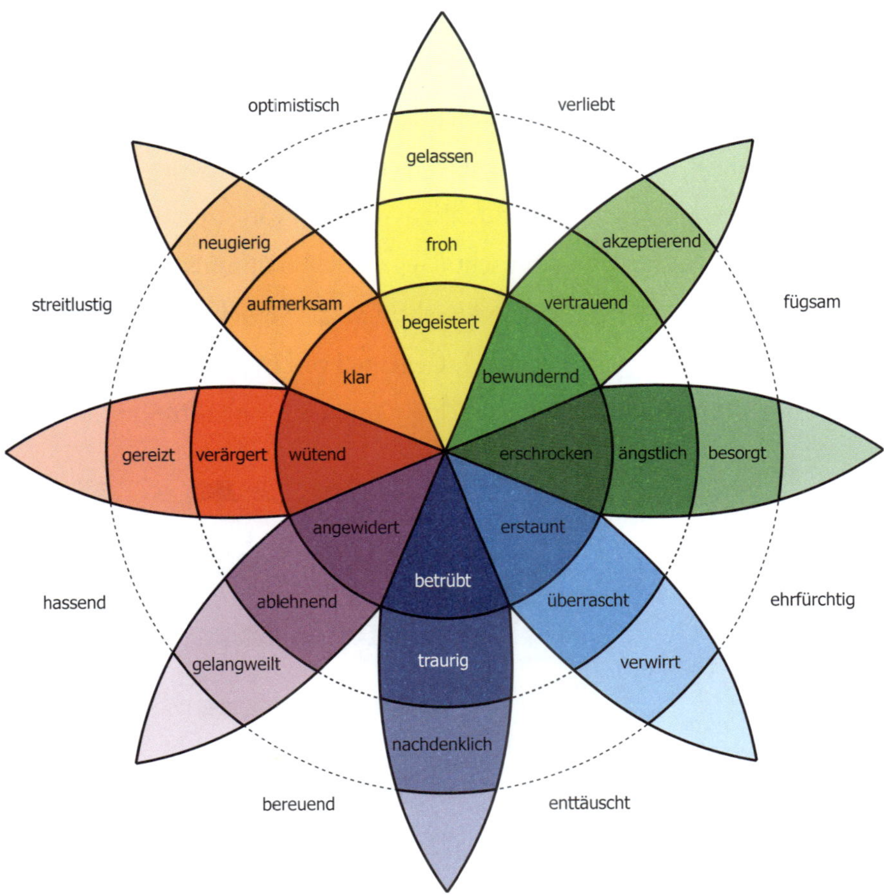

Abbildung 4.4: Plutchiks Emotionsrad

Sekundäre Emotionen

Als Teil seiner psychoevolutionären Theorie definierte Plutchik zudem 10 Postulate, von denen eines lautet: »Alle anderen Emotionen sind gemischte oder abgeleitete Zustände; das heißt, sie treten als Kombinationen, Mischungen oder Verbindungen der primären Emotionen auf« (Abbildung 4.5).

Die sekundären Emotionen sind folgende:

- aufmerksam + froh = optimistisch (Gegenteil von enttäuscht)
- froh + vertrauend = verliebt (Gegenteil von bereuend)
- vertrauend + ängstlich = fügsam (Gegenteil von hassend)
- ängstlich + überrascht = ehrfürchtig (Gegenteil von streitlustig)
- überrascht + traurig = enttäuscht (Gegenteil von optimistisch)
- traurig + ablehnend = bereuend (Gegenteil von verliebt)
- ablehnend + verärgert = hassend (Gegenteil von fügsam)
- verärgert + aufmerksam = streitlustig (Gegenteil von ehrfürchtig)

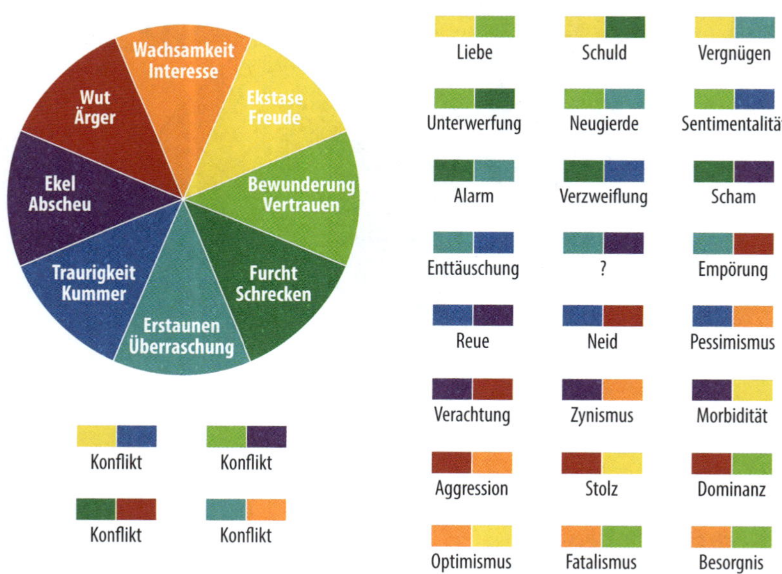

Abbildung 4.5: Plutchiks Mischung der primären Emotionen zu Kombinationen und Gegensätzen[16]

Wenn wir uns genauer mit den emotionalen Reaktionen beschäftigen möchten, die wir mit den von uns getalteten Produkten und Dienstleistungen hervorrufen bzw. hervorrufen möchten, ist es nützlich, die emotionalen Abstufungen und ihre Gegenstücke der einzelnen Emotionen zu kennen. Wie bei allen Geschichten gilt: Wenn wir uns über das gewünschte Ergebnis im Klaren sind, ist es einfacher, das geeignete Konzept, Werkzeug oder die passende Technik zu finden.

16 Interactive Design Foundation, *https://oreil.ly/yGGjL*.

Übung: Arten von Emotionen

Denken Sie an eine Website, eine App oder ein Produkt, das Sie regelmäßig nutzen. Welche Emotionen würden Sie den wichtigsten Bedienschritten, Seiten oder Ansichten zuordnen?

Denken Sie nun an das Produkt oder die Dienstleistung, an der Sie arbeiten bzw. gearbeitet haben:

- Welche Emotionen wollen Sie bei jedem Schritt auf der Reise hervorrufen?
- Warum versuchen Sie, diese Emotionen hervorzurufen?
- Wie tun Sie das?
- Reflektiert dies die tatsächlichen Emotionen der Nutzer und Kunden?

Warum wir teilen

Wie Plutchiks Emotionsrad zeigt, sind emotionale Reaktionen nicht immer positiv. Zwar versuchen wir bei den meisten von uns gestalteten Erfahrungen, positive Gefühle hervorzurufen, aber manchmal wird unser Verhalten auch vom Gegenteil bestimmt. Virale Inhalte zum Beispiel können von negativen Emotionen leben. Auf YouTube etwa gehen viele lustige Videos viral, aber auch zahllose aggressive politische Tiraden. Egal, ob es sich um lustige, herzergreifende oder wütende Beiträge handelt, diese Videos haben eins gemeinsam: Auslöser, die die Menschen zum Diskutieren bringen.

Andrea Lehr, Promotions Supervisor bei Frac.tl, schrieb über die Rolle von Emotionen bei teilbaren Inhalten und verwies auf eine Studie, die zu 100 viralen Reddit-Bildern durchgeführt wurde. »Das Kleid« von 2015, bei dem die Internetgemeinde sich darüber zerstritt, ob es golden oder blau war, ist eines ihrer Beispiele für etwas scheinbar Sinnloses, durch das Verhalten beeinflusst wurde. Der Anbieter des Kleids sah seinen organischen Traffic um 420 % steigen, die Verkäufe des Kleids um 560 %, alles nur, weil ein Bild davon viral ging. Was also veranlasst die Menschen, etwas zu teilen? [17]

Lehrs Untersuchungen ergaben, dass Viralität eine Kombination aus emotionaler Bindung, Erregung und Dominanz ist. Die wichtigsten emotionalen Reaktionen auf virale Bilder sind die folgenden:

1. Glück
2. Überraschung
3. Bewunderung

17 Andrea Lehr, »The Role of Emotions in Shareable Content«, HubSpot (Blog), 20. Juli 2016, *https://oreil.ly/t_Ehr*.

4. Genugtuung
5. Hoffnung
6. Liebe
7. Freude
8. Konzentration
9. Stolz
10. Dankbarkeit

Obwohl negative Emotionen wie Hass, Vorwürfe und Ressentiments in viralen Inhalten weitaus seltener vorkamen, können sie dennoch eine Rolle spielen, solange die richtige Kombination aus Erregung und Dominanz erzielt wird. Lehr verweist auf weitere Forschungen, die sich mit der Rolle von Valenz, Erregung und Dominanz bei der Generierung viraler Inhalte beschäftigen, und definiert wie folgt:

Valenz
die Positivität oder Negativität einer Emotion

Erregung
reicht von Aufregung bis Entspannung, wobei Wut eine hoch erregende Emotion ist und Traurigkeit eine niedrig erregende

Dominanz
reicht von Unterwerfung bis zum Gefühl der Kontrolle, wobei Angst niedrig dominant und Bewunderung hoch dominant ist

Als das Forscherteam die Erregungs- und Dominanzwerte mit den 100 analysierten viralen Reddit-Bildern verglich, stellte es fest, dass die drei in Abbildung 4.6 gezeigten Kombinationen bei der Generierung von teilbaren und viralen Inhalten erfolgreicher sind.[18]

Eine virale Marketingkampagne oder Inhalte in jeglicher Form zu erstellen, ist der Traum vieler Marken, Start-ups, Marketingleute und aufstrebender Influencer. Wenn Sie die zugrunde liegenden emotionalen Gefühle und Kombinationen, die am ehesten den gewünschten Effekt erzielen, verstehen, haben Sie ein wirkungsvolles Werkzeug an der Hand, das Sie sowohl bei Marketingkampagnen als auch beim Produktdesign im Allgemeinen einsetzen können. Wenn wir uns darüber im Klaren sind, was wir erreichen wollen und warum, haben wir eine bessere Chance, unser Ziel zu erreichen. Als Nächstes werfen wir einen Blick auf einige Situationen, in denen Emotionen eine besonders wichtige Rolle spielen.

18 Lehr, »The Role of Emotions«.

HÄUFIGE EMOTIONALE KOMBINATIONEN IN VIRALEN BILDERN

STUFEN DER ERREGUNG UND DOMINANZ		EMOTIONALE STIMMUNG
ERREGUNG	DOMINANZ	BEGLEITENDE EMOTIONEN
Hoch	Hoch	positiv ODER positiv + überrascht
Hoch	Niedrig	überrascht + negativ + positiv ODER positiv + überrascht
Niedrig	Niedrig	überrascht + negativ + überrascht ODER überrascht + negativ ODER überrascht + positiv

Abbildung 4.6: Lehr fand häufige emotionale Kombinationen in viralen Bildern.

Übung: Warum wir teilen

Überlegen Sie anhand eines Beispiels, das sich auf eine vergangene Kampagne, Initiative oder einen Inhalt Ihres Produkts oder Ihrer Dienstleistung bezieht, wie Sie Folgendes definieren würden:

- Wie war die emotionale Stimmung des Inhalts?
- Wie hoch war der Erregungsgrad?
- Wie hoch war der Dominanzgrad?

Überlegen Sie anhand desselben Beispiels, was Sie wie hätten ändern können, um eine der drei Ebenen von Erregung und Dominanz zu erreichen, die nach Lehr die meisten teilbaren und viralen Inhalte erzeugen.

Situationen, in denen Emotionen im Design eine Schlüsselrolle spielen können

Wie ich bereits weiter oben in diesem Kapitel beschrieben habe, sind gute Designpraktiken besonders in Bereichen wichtig, die als stressig oder kompliziert empfunden werden. In diesen Situationen reicht ein ästhetisch ansprechendes Design alleine nicht aus, um den Stress zu vergessen, den uns die anstehende Aufgabe bereitet, sei es das Ausfüllen eines Formulars, das Auffinden wichtiger Informationen oder das Aufgeben einer Bestellung. Sowohl Norman als auch Walter betonen, dass das Design auch benutzbar sein muss.

Als wichtigen Schritt, um die richtige Erfahrung um das Produkt herum zu definieren und zu gestalten, müssen Sie herausfinden, inwiefern Emotionen eine besondere Rolle bei der Erfahrung mit einem Produkt oder einer Dienstleistung spielen. In Kapitel 5 werden wir uns mit narrativen Strukturen und den Kernpunkten einer Erfahrung befassen. Zunächst werfen wir jedoch einen Blick auf besondere Situationen und Momente, in denen Emotionen im Produktdesign eine Rolle spielen.

Momente der Produkterfahrung als glücklich, unglücklich, neutral oder nachdenklich kategorisieren

Unglückliche Momente

Unglückliche Momente sind solche, auf die ein Nutzer lieber verzichten, die er lieber überspringen oder ganz vermeiden würde (Abbildung 4.7). Es sind oft die Hygienefunktionen und Schritte der User Journey, die absolviert werden müssen, damit der Nutzer eine Aufgabe ausführen kann, und die Momente, in denen die Dinge nicht so laufen wie erwartet.

Abbildung 4.7: Unglückliche Momente in der Produktgestaltung

Beispiele für unglückliche Momente sind:

Barrieren
: Konto erstellen, Einloggen, Bezahlen, lange Formulare ausfüllen, Auswahl treffen

Usability-Probleme
: Unklarer Call-to-Action, unklare Usability, verwirrende Informationsarchitektur (IA), falsche Verwendung der Sprache

Fehler
: 404-Seiten, Fehlermeldungen

In Anlehnung an Plutchiks Emotionsrad könnte der Nutzer hier beispielsweise Ärger, Ablehnung, Ängstlichkeit oder sogar Wut, Aggression, Traurigkeit, Enttäuschung und Angst erleben.

Glücksmomente

Glücksmomente sind hingegen Augenblicke, die entweder positiv sein sollten (z.B. nachdem ein Nutzer eine Aufgabe erledigt hat), oder Momente, in denen der Nutzer angenehm überrascht wird (Abbildung 4.8). Es können auch Augenblicke sein, in denen Sie erkannt haben, dass Sie sich von der Konkurrenz abheben und dem Nutzer durch zusätzliche Reize eine unvergessliche Erfahrung verschaffen wollen.

Glücksmomente können von einem kleinen bis hin zu einem großen Glücksgefühl reichen. Hier einige Beispiele:

Erster Eindruck
: Einstiegsseiten, Landingpages

Aufgabenerfüllung
: Bestätigungsseiten und -nachrichten

Erhalt des physischen Produkts
: Unboxing-Erfahrungen

Vergnügen
: Bewusster Einsatz von Personalisierung, Animationen, Bildmaterial

Diese glücklichen Momente rufen beim Nutzer oft Emotionen wie Aufmerksamkeit, Interesse, Vorfreude, Freude, Liebe, Optimismus und Überraschung hervor. Sie betreffen vor allem Normans viszerale und reflexive Ebene.

Abbildung 4.8: Glücksmomente im Produktdesign

Neutrale Momente

In Kapitel 9 werden Sie sehen, dass wir unglückliche Momente vermeiden sollten. Trotzem kann oder sollte nicht jeder Moment in einer Erfahrung ein Glücksmoment sein. Einige müssen neutral sein und dem Nutzer nichts abverlangen, sondern ihn stattdessen mit sehr geringer kognitiver Belastung durch die Erfahrung führen (Abbildung 4.9). Neutrale Momente sind nicht nur wichtig, um die kognitive Belastung für den Nutzer möglichst gering zu halten. Sie sollen auch einen Kontrast zu glücklichen und reflektierenden Momenten schaffen.

Auch wenn die nachfolgend aufgeführten Beispiele durch die Umstände und ihren Kontext von neutralen zu unglücklichen, glücklichen oder nachdenklichen Momenten werden können, hier einige Beispiel für neutrale Momente:

Alltägliche Aufgaben
: E-Mails beantworten, Slack prüfen

Recherchieren
: Unkomplizierte Suche, z. B. nach Öffnungszeiten oder Speisekarten

Aufgabe ausführen
: Formulare ausfüllen (sofern keine Hindernisse vorhanden sind)

Vertrauen, Akzeptanz sowie mittelstarke Ausprägungen von Optimismus, Interesse und Freude sind Beispiele für Emotionen, die ein Nutzer im Zusammenhang mit neutralen Momenten erleben kann.

Wie bei den Emotionsebenen von Norman geht es bei den neutralen Momenten in erster Linie um die Verhaltensebene hinsichtlich Nutzerfreundlichkeit und Usability.

Abbildung 4.9: Neutrale Momente im Produktdesign

Nachdenkliche Momente

Nachdenkliche Momente sind Momente, die bewusst gestaltet werden sollten, um Spannung im Design zu erzeugen (Abbildung 4.10), so der Coach, Designer und Autor Per Axbom. Im Gegensatz dazu sollten neutrale und glückliche Momente den Fluss und die Aktion bei der Aufgabenerfüllung oder der Erfahrung des Nutzers mit dem Produkt fördern. Diese Spannungen sollen den Nutzer nicht unbedingt aufhalten, sondern vielmehr dafür sorgen, dass seine Entscheidungen und Handlungen tatsächlich genau den Entscheidungen und Handlungen entsprechen, die er treffen möchte und über die er sich hinterher freut.

Abbildung 4.10: Nachdenkliche Momente im Produktdesign

Hier einige Beispiele für nachdenkliche Momente:

Umgang mit Daten
: Zugriffsrechte

Umgang mit Geldwerten
: einmalige Zahlungen, Abonnements, Auswahl von Zahlungsoptionen

Kündigung
: einen Dienst oder ein Abonnement kündigen

Mitwirken
: kommentieren, hochladen, absenden

Bestätigen
: Lieferadresse oder Datum/Uhrzeit wählen

In Hinblick auf Normans drei Emotionsebenen sind nachdenkliche Momente ein gewisser Ausreißer: Sie berühren zwar die Verhaltens- und die viszerale Ebene der Emotionen, aber auch die nachdenkliche Ebene nach der Nutzung, während sie sich trotzdem im Moment abspielen.

Wie bei Walters Pyramide der Nutzerbedürfnisse macht es wenig Sinn, sich auf die glücklichen Momente zu konzentrieren – z. B. auf Annehmlichkeiten und Vergnügen, um die Erfahrung zu verbessern –, bevor die anderen Momentkategorien identifiziert wurden.

Auch wenn die vorangegangene Kategorisierung eine Verallgemeinerung darstellt, sollte abhängig von den Besonderheiten eines Produkts oder einer Dienstleistung ein als neutral kategorisierter Moment manchmal eher als glücklicher Moment gewertet werden oder umgekehrt. Ein Beispiel dafür ist die Amazon-Bestätigungsseite nach dem Kauf, die sehr wenig Glücksgefühle hervorruft, sondern eher einen Nutzen bietet. Ein weiteres Beispiel ist Typeform, ein Tool zum Erstellen von Online-Formularen und -Umfragen. Typeform konzentriert sich darauf, die Nutzererfahrung beim Ausfüllen und Erstellen der Formulare und Umfragen angenehmer und einfacher zu gestalten (Abbildung 4.11).

In welche Kategorie Situationen und Momente fallen und welche Art von Emotionen bestimmte Teile der Erfahrung bei den Nutzern und Kunden hervorrufen sollen, hängt immer von den Besonderheiten des jeweiligen Produkts oder der jeweiligen Dienstleistung sowie von den Zielen ab, die Sie damit verfolgen.

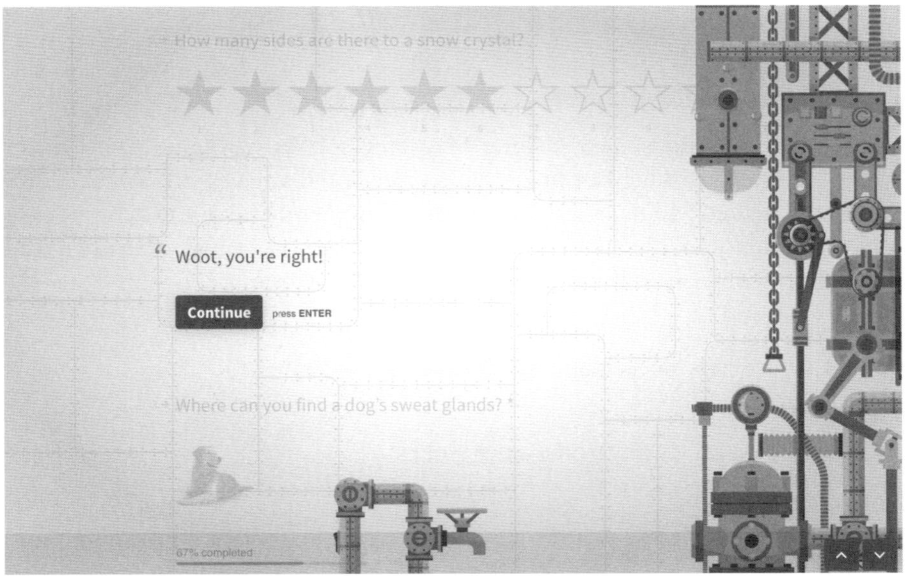

Abbildung 4.11: Das unmögliche Quiz, eines der Vorzeigebeispiele für die Formulare, die Sie mit Typeform erstellen können

Übung: Momente der Produkterfahrung als glücklich, unglücklich, neutral oder nachdenklich kategorisieren

Finden Sie hinsichtlich Ihres eigenen Produkts oder Ihrer Dienstleistung oder eines regelmäßig genutzten Produkts Folgendes heraus:

- Was würden Sie als tatsächlich oder möglicherweise unglückliche Momente in Ihrem Produkt oder Ihrer Dienstleistung definieren?
- Was würden Sie als glückliche Momente in Ihrem Produkt oder Ihrer Dienstleistung definieren bzw. welche sollten es sein?
- Was würden Sie als neutrale Momente in Ihrem Produkt oder Ihrer Dienstleistung definieren bzw. welche sollten es sein?
- Was würden Sie als nachdenkliche Momente in Ihrem Produkt oder Ihrer Dienstleistung definieren bzw. welche sollten es sein?
- Welche Emotionen rufen diese Momente beim Nutzer hervor?

Für positive Emotionen gestalten

Laut Simon Schmid vom Smashing Magazine sollten wir keine Angst davor haben, unsere Persönlichkeit im Design zu zeigen, solange es sich an die richtigen Leute richtet.[19] Er skizziert eine nicht erschöpfende Liste von acht psychologischen Faktoren, die auf seinen persönlichen Beobachtungen beruhen und helfen können, positive Emotionen im Design zu wecken:

Positivität
: Konzentrieren Sie sich auf das Positive.

Überraschung
: Tun Sie etwas Unerwartetes oder Neues.

Einzigartigkeit
: Unterscheiden Sie sich auf interessante Weise von anderen Produkten und Dienstleistungen.

Aufmerksamkeit
: Bieten Sie Anreize oder Hilfe an, auch wenn Sie dazu nicht verpflichtet sind.

Attraktivität
: Entwickeln Sie ein attraktives Produkt.

Vorfreude
: Leaken Sie vor der Markteinführung etwas.

19 Simon Schmid, »The Personality Layer«, *Smashing Magazine*, 18. Juli 2012, ***https://oreil.ly/dvEcV***.

Exklusivität
: Bieten Sie etwas Exklusives für eine ausgewählte Gruppe an.

Reaktionsfreudigkeit
: Zeigen Sie dem Publikum eine Reaktion, vor allem, wenn es diese nicht erwartet.

Bei der Umsetzung dieser Faktoren im Design kommt es oft zu Überschneidungen. Wie die Nutzer darauf reagieren werden, hängt laut Schmid davon ab, wer sie sind, von ihrem Hintergrund, kulturellen Faktoren und mehr.

Übung: Für positive Emotionen gestalten

Finden Sie auf Basis von Schmidts acht psychologischen Faktoren zur Förderung positiver Emotionen Folgendes für Ihr Produkt oder Ihre Dienstleistung heraus:

- Welche der acht Faktoren wären für Ihr Produkt oder Ihre Dienstleistung geeignet?
- An welchen Punkten der Produkterfahrung wären sie relevant?
- Wie würden Sie die von Ihnen ermittelten Faktoren jeweils nutzen?

Was wir vom Storytelling über Emotionen im Produktdesign lernen können

Genau wie in Filmen, Büchern, Theaterstücken und bei der Entwicklung von physischen Erfahrungen wie Ausstellungen mit speziellen Techniken bestimmte Emotionen hervorgerufen werden können, gibt es Methoden und Prinzipien, mit denen wir bestimmte Emotionen im Design wecken können. In diesem Abschnitt sehen wir uns fünf vom traditionellen Storytelling inspirierte Möglichkeiten an, die die emotionale Verbindung mit dem Endnutzer fördern können.

Die Fantasie anregen

In einem Artikel von Joe Berkowitz, einem Autor und Redakteur bei Fast Company, geht es darum, wie man gruselige Geschichten erzählt. Berkowitz erklärt: »Wenn man sich selbst in eine Situation hineinversetzen kann, ist sie unendlich viel gruseliger.«[20]

Die meisten von uns haben irgendwann schon einmal einen Film gesehen, dessen Handlung und Umsetzung etwas mit uns gemacht hat – unser Herz schlug schneller, vielleicht haben wir unsere Knie zur Brust gezogen oder Ohren oder Augen zugehalten. Von diesen Momenten spricht Berkowitz. Der Film hat unse-

20 Joe Berkowitz, »How to Tell Scary Storys«, *Fast Company, 31. Oktober* 2013, *https://oreil.ly/GupTC*.

re Vorstellungskraft so weit gefangen, dass die Handlung uns in ihrem Bann hält. Wenn sich die Musik ändert oder das Licht etwas schwächer und dunkler wird, können wir erkennen, dass etwas Schlimmes passieren wird. Normalerweise können wir es nicht genau sagen, aber irgendwie wissen wir es einfach. Unsere Spannung wächst und wir sind gespannt, denn jeden Moment kann der Mörder zuschlagen.

Unheimlich wird eine Sache oft durch das Nicht-Sehen. In dem Film *The Blair Witch Project* zum Beispiel sieht man nie die Macht, die an den Morden beteiligt ist. Im Film *Der weiße Hai* sieht man den Hai erst am Unabhängigkeitstag, also nach mehr als der Hälfte des Films. Steven Spielberg hatte den Hai ursprünglich in die erste Szene des Drehbuchs eingebaut, war aber aufgrund mechanischer Fehler gezwungen, den Hai sehr sparsam einzusetzen.[21] Wir beziehen uns nicht nur auf das, was wir sehen können. Wichtiger ist die emotionale Reaktion in ihrer Gesamtheit.

Abbildung 4.12: Die Vorstellungskraft anregen

Das sollten wir bei unserer Arbeit im Hinterkopf behalten. Zwar möchten wir unsere Nutzer oder unser Publikum nicht erschrecken, aber wir wollen ihre Vorstellungskraft und ihre Aufmerksamkeit wecken (Abbildung 4.12). Wir wollen durch die Arbeit und die präsentierten Erfahrungen emotionale Reaktionen auslösen, egal welche Plattform oder Technologie wir verwenden. Wir möchten die Nutzer und das Publikum in den Mittelpunkt stellen und, ganz ähnlich wie

21 Sehen Sie sich »The Making of Jaws–The Inside Story« an. Dort erzählt Spielberg mehr über das Hai-Modell (*https://oreil.ly/S-aPa*).

ein Schriftsteller, unsere Interpretation der dramatischen Frage so präsentieren, dass das Publikum wünscht, dass die Antwort »Ja« lauten möge. Unsere Produkte und Dienstleistungen sollen für die Nutzer sinnvoll sein, ihnen helfen, ihre Ziele zu erreichen und ihr Leben zu verbessern – egal in wie geringem Maße. Oder wir möchten, dass die Idee oder Lösung, die wir internen Stakeholdern oder Kunden präsentieren, genau ihren Anforderungen entspricht.

Egal, ob Kunden, Kollegen oder Nutzer unser Publikum sind – sie sollen sich in das von uns gemalte Bild hineinversetzen können. Aber auch wir als UX-Designer sollten in der Lage sein, uns in ihre Situation hineinzuversetzen.

Übung: Die Vorstellungskraft anregen

Denken Sie an eines Ihrer abgeschlossenen oder laufenden Projekte und finden Sie Beispiele für die folgenden Punkte:

- Inwiefern regt Ihr Produkt oder Ihre Dienstleistung die Vorstellungskraft der Zielgruppe an? Oder – falls nicht – wie könnten Sie die Fantasie anregen?
- Wie haben Sie oder ein anderes Mitglied Ihres Teams die Vorstellungskraft von Kunden oder internen Stakeholdern in einer aktuellen Präsentation oder Besprechung angeregt?
- Was haben Sie während des Projekts getan oder eingesetzt, um sich in die Situation des Nutzers hineinzuversetzen?

Produktdesign mit Persönlichkeit

Eine Möglichkeit, wie wir im Design Emotionen hervorrufen können, ist die Persönlichkeit der von uns gestalteten Produkte und Dienstleistungen (Abbildung 4.13). Walter führt aus, dass »Persönlichkeit die Plattform für Emotionen ist«. Über sie können wir uns in andere Menschen einfühlen und uns mit ihnen verbinden, sei es durch Lachen oder Weinen. Ähnlich wie Babys das Vertrauen erlernen, dass ihre Eltern kommen und sie beruhigen werden, wenn sie dies brauchen, gibt es beim Interface-Design eine Rückkopplungsschleife. Positive emotionale Stimuli können im Laufe der Zeit das Vertrauen und die Bindung der Nutzer aufbauen, und dieser positive Gefühlszustand kann, wie Norman betont, die Nutzer nachsichtiger gegenüber Unzulänglichkeiten oder Fehlern machen.[22] Die Persönlichkeit ist jedoch auch immer ein wichtiges Element, wenn es um die Erfahrung im Allgemeinen, die Marke und die erzählte Gesamtgeschichte geht.

22 Walter, »Emotional Interface Design«.

Abbildung 4.13: Persönlichkeit in das Produktdesign einbringen

Einige Möglichkeiten, wie Sie dem Produktdesign Persönlichkeit verleihen und Emotionen hervorrufen können, sind die verwendeten Bilder, Symbole und Animationen. Diese können direkt Emotionen vermitteln, wie z. B. lächelnde Gesichter auf den verwendeten Fotos oder – wie auf der Website von Threadless – ein Einkaufswagen-Symbol, das lächelt, nachdem Sie Artikel hinzugefügt haben. Andere Möglichkeiten sind Texte und Mikrotexte und die darin verwendete Markenstimme. Wie Sie in Kapitel 6 sehen werden, wird es immer wichtiger, den Charakter der von uns entwickelten Produkte oder Dienstleistungen zu entwickeln und uns dabei bewusst zu sein, wie sie sich unter verschiedenen Touchpoints, Geräten und Situationen verhalten.

Übung: Persönlichkeit in das Produktdesign einbringen

Denken Sie an Ihre oder von Ihnen regelmäßig genutzten Produkte/Dienstleistungen:

- Gibt es Beispiele, bei denen die Persönlichkeit des Produkts zum Ausdruck kommt?
- Welchen erwünschten oder unerwünschten Einfluss hat dies Ihrer Meinung nach auf die Nutzererfahrung?

Konzentrieren Sie sich auf Ergebnisse statt auf Funktionen

Ein großartiger Artikel von Hoa Loranger von der Nielsen Norman Group besagt, dass wir uns nicht auf Funktionen, sondern auf Ergebnisse konzentrieren sollten.[23] Manchmal besteht die Tendenz, sich zu sehr auf das von uns entwickelte Produkt oder auf bestimmte Funktionen zu konzentrieren, ohne gründ-

23 Hoa Loranger, »Minimize Design Risk by Focusing on Outcomes Not Features«, *Nielsen Norman Group*, 14. August 2016, *https://oreil.ly/aYRiU*.

lich über das Problem nachzudenken, das wir zu lösen versuchen. Das gelöste Problem ist das Ziel, und das Produkt ist Mittel zu diesem Zweck. Diese Unterscheidung, so führt der Artikel aus, hängt mit dem klassischen Unterschied zwischen einer Funktion und einem Nutzen zusammen. Eine Funktion ist ein Merkmal des Produkts oder der Dienstleistung. Der Nutzen ist der Wert, den das Produkt dem Nutzer bietet und den sich dieser eigentlich wünscht (Abbildung 4.14).

Wenn dieser Nutzen gut präsentiert wird, ist er eng mit einer Erzählung verbunden. Wie ich in Kapitel 1 erläutert habe, verarbeitet der menschliche Geist Fakten anders, wenn sie in eine Geschichte eingebettet sind. Einer der ältesten Tricks im Marketing besteht darin, dass man mehr verkauft, wenn man sich auf den Nutzen und nicht auf die Merkmale konzentriert. Ähnlich verhält es sich mit den von uns gestalteten Produkten und Dienstleistungen, führt Loranger aus: Wenn wir uns auf die angebotenen Vorteile konzentrieren und darauf, wie sie die Schmerzpunkte der Nutzer lösen, werden diese eher aufmerksam, als wenn wir einfach eine Liste von Funktionen präsentieren.

Abbildung 4.14: Konzentrieren Sie sich auf Ergebnisse statt auf Funktionen.

Übung: Konzentrieren Sie sich auf Ergebnisse statt auf Funktionen

Denken Sie an die von Ihnen entwickelten oder regelmäßig genutzten Produkte oder Dienstleistungen und fragen Sie sich:

- Was sind die Ziele Ihres Produkts?
- Was sind die Funktionen Ihres Produkts?

Richten Sie die Botschaft an die Nutzer

Wir sollten uns nicht nur auf Funktionen konzentrieren, sondern unsere Botschaften auf den Nutzer ausrichten. Doch »was Unternehmen am besten einschätzen können, sind immer ihre Produkte und Dienstleistungen.« So beginnt ein Artikel der Beraterin Melanie Deziel über die Frage, warum Marken sich von produktfokussierten Inhalten lösen müssen.[24] Verbraucher und Nutzer vertrauen im Allgemeinen darauf, dass Unternehmen sie über Themen informieren, die zu ihrem Fachgebiet gehören, aber sobald das Unternehmen eine produktzentrierte Botschaft einbaut, sinkt die Glaubwürdigkeit von 74 % auf 29 %.[25]

Seit ein paar Jahren verabschieden sich immer mehr Marken und Unternehmen von selbstdarstellenden Inhalten und setzen stattdessen auf Botschaften, die sich auf die Nutzung des Produkts oder der Dienstleistung konzentrieren sowie auf den emotionalen Aspekt, wie sich der Verbraucher bzw. Nutzer dabei fühlt. Die Dove-Kampagne »Real Beauty« ist ein solches Beispiel, Team Americas »Gold in the US« ein weiteres.

Wie ich in Kapitel 3 erläutert habe, geht es bei Technologieprodukten und -dienstleistungen immer stärker um die Bedürfnisse und Erfahrungen des einzelnen Nutzers und nicht um eine breite Zielgruppe als Ganzes. Deziel spricht von einem Ring aus persönlichen, internen und emotionalen Gründen, aus denen jemand ein Produkt verwendet, und führt aus, dass die Motivation für die Nutzung zunehmend von dem Gefühl gesteuert wird, das die Nutzer empfinden (oder nicht empfinden). Squarespace, eine All-in-One-Plattform zum Erstellen von Websites, ist laut Deziel ein gutes Beispiel. Auf der einfachsten Ebene hilft Squarespace Menschen, Informationen über ihr Unternehmen zu teilen. Auf einer emotionaleren Ebene befähigt es sie hingegen, selbst etwas zu erstellen, was wiederum helfen kann, Träume wahr werden zu lassen (Abbildung 4.15). Das ist die Geschichte, auf die sich produktbezogene Botschaften konzentrieren sollten.

---

24 Melanie Deziel, »Why Brands Need to Branch Out From Product-Focused Content«, Contently, 30. November 2015, *https://oreil.ly/6Yo_a*.

25 »Kentico Digital Experience Survey«, Kentico, 2. Juni 2014, *https://oreil.ly/tJlek*.

Übung: Richten Sie Ihre Botschaft an die Nutzer

Denken Sie an die von Ihnen entwickelten oder regelmäßig genutzten Produkte oder Ihre Dienstleistung:

- Nennen Sie zwei Beispiele dafür, dass Ihre aktuelle Botschaft auf das Produkt und nicht auf den Nutzer ausgerichtet ist.
- Wie könnten Sie diese Botschaften so ändern, dass sie sich stärker auf den Nutzer beziehen?

Abbildung 4.15: Richten Sie die Botschaft an die Nutzer.

Finden Sie die »Was wäre, wenn«-Frage für Ihre Produkte und Dienstleistungen

Die wirklich guten Geschichten knüpfen an die Träume und Wünsche des Publikums an, indem sie die Frage »Was wäre, wenn ...?« aufwerfen und das Gefühl vermitteln, dass diese Träume tatsächlich wahr werden könnten. Die Frage »Was wäre, wenn ...?« können und sollten wir auch im Produktdesign stellen. Aber dazu müssen wir an der aktuellen Situation ansetzen. Wenn es um Produktdesign geht, dürfen wir uns nicht nur auf die Emotionen konzentrieren, die wir bei den Nutzern hervorrufen wollen. Genauso müssen wir berücksichtigen, was sie gerade fühlen und was sie gefühlt haben, bevor sie bei uns gelandet sind.

Denken Sie an den TED-Vortrag von Duarte zurück: Sie sagte, dass die Zuhörer (oder in diesem Fall die Nutzer) vielleicht ziemlich zufrieden mit dem Status quo sind. Vielleicht bevorzugen sie eine Site Ihrer Konkurrenz, die zwar nicht perfekt ist, aber funktioniert. Vielleicht haben sie sich daran gewöhnt, dass Formulare oder Registrierungsprozesse eine Zumutung sind und erwarten nichts anderes. Wir müssen ihnen das angesprochene »Was wäre, wenn«-Szenario präsentieren. Dieses muss nicht immer als Frage oder Handlungsaufforderung formuliert sein, sondern wir können auch einfach nur zeigen, inwiefern das Leben auch anders sein könnte (Abbildung 4.16).

Abbildung 4.16: Finden Sie das »Was wäre, wenn« für Ihre Produkte und Dienstleistungen heraus.

Ich erinnere mich daran, wie ich Ende der 1990er-Jahre mein erstes Mobiltelefon auspackte und es erst aufladen musste, bevor ich es verwenden konnte. Damals war das normal. Aber dann kam Apple und lieferte halb aufgeladene Produkte, die direkt aus der Verpackung heraus benutzt werden konnten. Das Unternehmen zeigte, wie es auch sein konnte, und das führte dazu, dass die übrigen Akteure auf dem Markt bald nachzogen.

Die Neuerung war einfach, aber sie bedeutete eine erhebliche Veränderung der Erfahrung für die Menschen, die ihre Produkte zum ersten Mal auspackten.

Wie Sie bereits in diesem Kapitel gesehen haben, verändert sich die Auffassung, was wir beim das Produktdesign als *funktional*, *benutzbar* und *angenehm* empfinden, ständig. Wenn das Neue zur Norm wird, wie bei Apples teilweise aufgeladenem Telefon, und weitere Unternehmen diesem Beispiel folgen, verschieben sich die Erwartungen der Verbraucher. So gingen Smartphone-Käufer von nun an davon aus, dass der Akku teilweise aufgeladen sein würde.

Um innovativ zu sein und um sicherzustellen, dass wir die sich ständig verändernde Zielvorgabe erfüllen, was nicht einfach als »angenehm«, sondern als funktional, zuverlässig und benutzbar gilt, müssen wir herausfinden, was der teilweise geladene Akku für unsere Produkte und Dienstleistungen bedeutet. Wir müssen große Träume zulassen und dann herausfinden, wie wir sie wahr werden lassen können.

Übung: Finden Sie die »Was wäre, wenn«-Frage für Ihre Produkte und Dienstleistungen

Denken Sie an eine Situation, in der Ihr Produkt oder Ihre Dienstleistung genutzt wird. Wie würden eine »Was wäre, wenn ...?«-Frage und eine mögliche Lösung aussehen, ähnlich wie bei dem teilweise geladenen Akku?

Versuchen Sie zu überlegen, wie Sie die Produkterfahrung positiv verändern könnten. Zum Beispiel:

- Wo und wie könnten unerwünschte Reibungspunkte vermieden werden?
- Wie würden Sie diesen Satz in Bezug auf Ihr Produkt oder Ihre Dienstleistung vervollständigen: »Wäre es nicht toll, wenn ...«?
- Mit welcher völlig anderen Herangehensweise könnten Sie sich von der Konkurrenz abheben?
- Welche Annahmen über die Funktionsweise des Produkts wurden schon lange nicht mehr infrage gestellt?

Beschränken Sie Ihre Vorstellungskraft nicht auf das Machbare, sondern versuchen Sie stattdessen herauszufinden, was passieren könnte, wenn wie im Film alles möglich wäre. Wie Sie dorthin gelangen, ob es überhaupt möglich und tatsächlich die richtige Lösung für das Problem ist, gehört zum nächsten Schritt.

TIPP

Diese Übung ist für eine vollständige Bestandsaufnahme Ihres Erfahrungs-/Dienstleistungs-Designs mit einer Customer Experience Map oder einer Customer Journey Map nützlich. Fragen Sie sich bei jedem relevanten Schritt der Erfahrung: »Was wäre, wenn ...?«

Zusammenfassung

Wie bei allem, was wir planen, gestalten und herstellen, gibt es keine Garantie, dass die Nutzer die von uns erhoffte Erfahrung machen oder dass sie von uns gewünschte Emotionen verspüren. Tatsächlich können wir fast sicher sein, dass es nicht genau so ablaufen wird, wie wir es geplant haben. Dieses Kapitel hat Ihnen jedoch ein tieferes Verständnis für die emotionalen Reaktionen vermittelt, die Nutzer während der Erfahrung mit Ihrem Produkt oder Ihrer Dienstleistung erleben werden. Wenn Sie die Rolle und die verschiedenen Arten von Emotionen verstehen und sich darüber im Klaren sind, welche Emotionen Sie an welchen Punkten der Produkterfahrung hervorrufen wollen und warum, sind Sie Ihren Zielen und denen Ihrer Nutzer einen Schritt näher gekommen.

Wir sollten nicht nur sicherstellen, dass die grundlegenden Ebenen von Walters Nutzerbedürfnispyramide abgedeckt sind, sondern wir sollten auch herausfinden, wo wir eine Ebene des Vergnügens hinzufügen können, um dem Nutzer weitere Vorteile zu bieten. Meistens sollen Designer die Nutzeroberfläche mit visuellen Reizen wie Animationen, Mikrotexten oder anderen Elementen anreichern. Zwar kann dies zur Markenbildung beitragen und das Design persönlicher gestalten, aber wir sollten immer auch versuchen, ganzheitliche, tiefe Reize zu erzielen, die dem Nutzer helfen, in einen Flow zu geraten. Dies ist eng mit der Suche nach der Geschichte verbunden, die wir mit unserem Produkt oder unserer Dienstleistung erzählen sollten. Damit beschäftigen wir uns im nächsten Kapitel.

Nutzererfahrungen durch Dramaturgie definieren und strukturieren

Den Produktlebenszyklus verstehen und definieren

Als ich mich 2011 selbstständig machte, beschlossen mein Partner und ich, unser Haus komplett zu renovieren und den Dachboden auszubauen. Im Nachhinein betrachtet war es ein ganz unmögliches Timing, aber wir haben viel daraus gelernt. Keiner von uns beiden hatte vorher Erfahrung mit Renovierungen, und wir hatten keine Ahnung von all den Entscheidungen, die anstanden. Das sollte sich jedoch bald ändern.

Die Firma, die die Arbeit für uns erledigte, bat uns fast täglich darum, Entscheidungen über dieses und jenes und noch alles mögliche andere zu treffen, meist gefolgt von einem: »Wir brauchen das bis morgen früh.« Die meisten Fragen betrafen Dinge, über die wir uns noch nie Gedanken gemacht hatten, z.B. wo Steckdosen und Lichtschalter angebracht werden sollten. Einige Fragen bezogen sich auf Dinge, von denen wir erst gar nichts gewusst hatten, und oft hatten wir keine Ahnung, was zu bedenken war, bevor wir eine Entscheidung trafen. Das alles war sehr mühsam und wir mussten viel im Internet recherchieren, was noch mühsamer war, weil keine der besuchten Websites auf unsere Bedürfnisse oder die aktuelle Phase unserer User Journey abgestimmt war.

So lief eine typische Erfahrung ab – nach dem Motto: »Na gut, finden wir einfach heraus, was für ein Bad (oder fügen Sie ein anderes renovierungsbedürftiges Objekt ein) wir bekommen sollten«: Wir suchten bei Google nach »Badezimmer renovieren«, und 99 % dieser Suchanfragen lieferten uns Websites mit einer Landingpage, die uns keineswegs darüber aufklärte, was wir wissen mussten. Stattdessen stellten uns die Websites vor Entscheidungen, die wir treffen mussten, bevor wir weitere Informationen erhielten, z.B. die Auswahl des gewünschten Badezimmertyps. Woher sollten wir das wissen? An diesem Punkt unserer Reise wussten wir noch nicht einmal, dass es so viele Arten von Bädern gibt, geschweige denn, worin sie sich unterschieden, welche wirklich geeignet für uns waren und welche eher nicht. Es war das perfekte Beispiel für genau die Silo-Erfahrung, die wir als Designer vermeiden sollten. Wenn wir die Nutzer in einen Nischenbereich zwingen, ohne ihnen die Möglichkeit zu geben, alle Optionen zu sehen, verursacht das bloß ein mühsames Herumsuchen, weil es keine Seite gibt, die einen Überblick über alles Angebotene liefert. Außerdem können sie so nur schwer einen Vergleich zwischen den verschiedenen Produkten ziehen.

Nachdem wir nach und nach mehr über die verschiedenen Badezimmertypen und ihre jeweiligen Besonderheiten erfuhren und herausfanden, was für uns geeignet war, kamen wir mit dieser Silo-Erfahrung besser klar.

Zu Beginn unserer Reise funktionierte sie jedoch nicht. Wir waren frustriert und mussten weiter Google befragen, um eine Website zu finden, die unseren Bedürfnissen entsprach und uns Hintergrundinformationen liefern konnte. Die ursprünglich besuchten Websites hätten diese Informationen leicht bereitstellen können, und damit wäre auch die Wahrscheinlichkeit gestiegen, dass wir zu Kunden geworden wären, statt zur Konkurrenz zu wandern.

Wenn wir unsere Websites und Apps planen, müssen wir einen Schritt zurücktreten und überlegen, wo sich der Nutzer auf seiner Reise befindet. Wir sprechen oft von einem Erstbesucher und einem wiederkehrenden Besucher. Allerdings können sich zwei Erstbesucher ganz deutlich voneinander unterscheiden, und dasselbe gilt für zwei wiederkehrene Besucher. Es hängt ganz von ihrer Vorgeschichte ab: Wo und in welchem Stadium der Reise befinden sie sich und wie viel wissen sie bereits?

Eines der wichtigsten Anliegen dieses Buchs ist, zu verdeutlichen, dass die Reise und die Geschichte jedes Nutzers anders ist. Das bedeutet nicht, dass wir für jeden Nutzer eine maßgeschneiderte Erfahrung konzipieren und entwickeln müssen. Wir benötigen aber einen Rahmen, der uns hilft, eine solche maßgeschneiderte Erfahrung zu liefern. Wir müssen also darüber nachdenken, was wann und warum wichtig ist. In diesem Kapitel sehen wir uns an, inwiefern traditionelles Storytelling uns genau dabei helfen kann und wie es mit den Produktlebenszyklen zusammenspielt.

Die Bedeutung der dramaturgischen Arbeit für das Storytelling

Wie in Kapitel 2 erläutert, ist die Dramaturgie ein wertvolles Hilfsmittel. Merriam-Webster definiert sie als »die Kunst oder Technik der dramatischen Komposition und theatralischen Darstellung«. Sie hilft uns, eine Struktur und ein besseres Gefühl für den Kontext der Story zu erarbeiten. Egal, wie viele Handlungsstränge, wie viele Handlungen die Erzählung hat – drei nach Aristoteles oder fünf nach Freytag –, die Struktur der Erzählung ist in den Worten von Pixar-Story-Artist Kristen Lester »die Antwort auf die Frage: Was soll das Publikum erfahren und wann?«[1]

Wie schon Aristoteles sagte, hat die Methode, mit der wir eine Geschichte erzählen und strukturieren, Auswirkungen auf das Erleben und die Reaktion des Publikums. *Pixar in a Box*, ein Blick über die Schultern der Pixar-Künstler bei ihrer Arbeit auf der Online-Lernplattform *Khan Academy*, liefert ein hervorragendes Beispiel. Es verdeutlicht, inwiefern sich die ursprüngliche Erzählstruktur von *Findet Nemo* von der endgültigen Version unterscheidet.

In der ursprünglichen Erzählstruktur wollte der Regisseur den ganzen Film mit Rückblenden versehen. Das Publikum hätte erst am Ende des Films erfahren, dass Marlins Frau Coral und alle ihre Eier von einem Barrakuda umgebracht worden waren. Als Pixar den Film mit dieser Struktur zeigte, verstand das Publikum Marlins Verhalten gegenüber seinem Sohn Nemo nicht und fand ihn folglich nicht besonders sympathisch. Also überarbeitete Pixar den Film, schnitt fast alle Rückblenden heraus, mit Ausnahme der Szenen, in denen Corals und Marlins Zuhause von den Barrakudas angegriffen wird, und zeigte sie am Anfang. Dadurch hat sich nicht nur die Geschichte verändert. Sie beeinflusste die Sichtweise des Publikums auf Marlin: Jetzt liebten sie ihn für seinen tapferen Entschluss, Nemo zu suchen.

Wie in einem der Kommentare und den dazugehörigen Antworten zu dieser Folge von *Pixar in a Box* zu lesen war, hätte die Erzählung auch mit der ursprünglichen Struktur funktionieren können. Genauso wie Snapes Gefühle erst am Ende von *Harry Potter* enthüllt wurden und das Publikum ihn während des größten Teils der Bücher bzw. Filme hasste, dann aber umgestimmt wurde. Es hängt vom gewünschten Ergebnis ab, wie Sie Ihre Geschichte strukturieren sollten. In *Findet Nemo* wollten die Autoren erreichen, dass das Publikum mit Marlin mitfühlt. Deshalb musste es die Gründe für sein Verhalten von Anfang an kennen. Bei *Harry Potter* wollte J. K. Rowling erreichen, dass die Leser Snape zunächst ablehnen, und deshalb trug es zum gewünschten Effekt bei, seine Gefühle erst zum Ende hin zu enthüllen.[2]

Ganz gleich, ob Sie eine Struktur nutzen, um eine tatsächliche Erzählung zu schreiben, eine Produkterfahrung zu beschreiben oder eine Präsentation zu planen, immer gehört sie zum Rückgrat eines guten Storytellings.

1 »Introduction to Structure«, *Khan Academy*, *https://oreil.ly/1Bvih*.

2 »Introduction to Structure«, *Khan Academy*.

Übung: Die Rolle der Dramaturgie beim Storytelling

Denken Sie an einen Film, der eine eher nichtlineare Struktur hat, also vielleicht am Ende oder mit einer Rückblende beginnt:

- Welchen Einfluss hat die gewählte Struktur auf die Wirkung der Handlung?
- Wie würden sich der Film und die Erfahrung der Zuschauer verändern, wenn die Handlung linear erzählt würde?

Die Rolle der Dramaturgie im Produktdesign

Alle von uns entwickelten Produkte und Dienstleistungen, ob E-Commerce-Seiten, Unternehmenswebseiten, Kampagnenseiten, Social-Media-Seiten, Buchungsseiten, B2B-Seiten, Apps usw., durchlaufen bestimmte Produktlebenszyklusphasen. Dieser Lebenszyklus kann sich von dem Zeitpunkt an erstrecken, an dem der Nutzer zum ersten Mal von dem Angebot erfährt, bis zu dem Zeitpunkt, an dem er zum treuen oder langjährigen Kunden wird. Je nach Produkt und Dienstleistung sind die Lebenszyklusphasen unterschiedlich (das gilt auch für ihre Anzahl). Allen gemeinsam ist jedoch, dass jede Phase im Produktlebenszyklus sich durch einen eigenen Rhythmus und Charakter auszeichnet, genau wie die Akte in Aristoteles' Drei-Akt-Struktur (Abbildung 5.1).

Wie in Kapitel 2 erläutert, ist der erste Akt bei Aristoteles der Handlungsakt: Das auslösende Ereignis geschieht und sorgt dafür, dass das Leben für den Helden nie mehr dasselbe sein wird. Der zweite Akt ist der Verarbeitungs- und Überlegungsakt: Der Held eignet sich neue Fähigkeiten an und lernt dabei einiges über sich selbst, während er auf die Lösung der dramatischen Frage hinarbeitet. Der dritte Akt ist das Finale: Die Handlung ist abgeschlossen, der Held und die anderen Hauptcharaktere blicken auf die gelernten Lektionen zurück und bewerten die Gesamterfahrung.

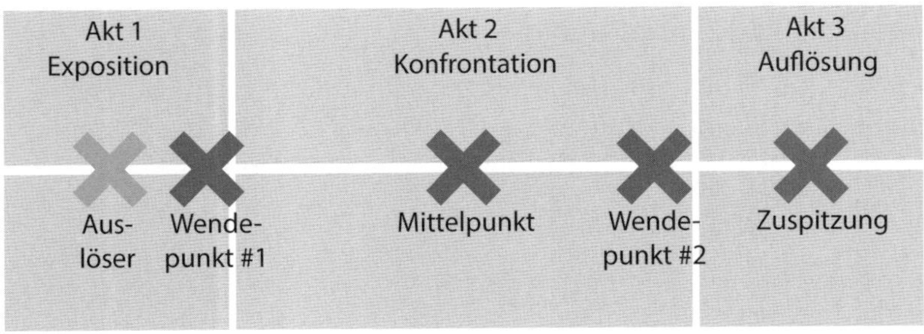

Abbildung 5.1: Die Drei-Akt-Struktur

Die Anwendung der Drei-Akt-Struktur auf einen Purchase Life Cycle

Die drei Akte von Aristoteles ähneln einem traditionellen Kauf-Lebenszyklus, bei dem die Phasen Bewusstsein, Überlegung, Kauf und Kaufnachbereitung in den drei Akten abgebildet sind, wie Abbildung 5.2 darstellt.

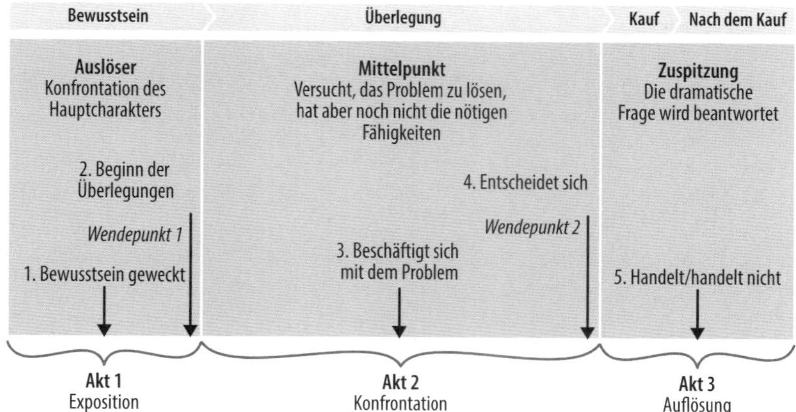

Abbildung 5.2: Drei-Akt-Struktur mit einem darauf abgebildeten Kauflebenszyklus

Abbildung 5.3 bindet eine Erzählung in dieses Modell ein. Im ersten Akt werden sich die Nutzer eines Bedürfnisses bewusst. Nehmen wir an, es ist der Wunsch, einen Hund zu adoptieren. Der Gedanke, wie wunderbar das Leben mit einem kleinen Welpen und einem neuen besten Freund wäre, der ihnen überallhin folgt, setzt sich in den Gedanken der Nutzer fest. Im zweiten Akt beginnen sie, sich mit der Adoption eines Hundes zu beschäftigen. Sie informieren sich über verschiedene Rassen und die Kosten, über Tierheime in der Nähe, besuchen vielleicht ein paar und spielen mit den Hunden. Sie lernen eine ganze Menge über Hunde und was es bedeutet, Hundebesitzer zu sein, und fragen sich vielleicht allmählich, ob ein Hund mit ihrem Lebensstil vereinbar ist. Aber dann erwähnt eine Freundin, dass eine Katze vielleicht die bessere Lösung wäre, da eine Katze sie nicht so sehr einschränken würde. Nachdem sie mehr über Hunde und Katzen erfahren haben, beginnen unsere Nutzer gegen Ende des zweiten Aktes, eine Entscheidung zu treffen. Im dritten Akt erfahren wir, ob die Nutzer tatsächlich einen Hund oder eine Katze adoptiert haben und wie das Leben mit dem neuen Familienmitglied aussieht.

Obwohl diese Geschichte vielleicht nicht besonders packend ist – es ist trotzdem eine Geschichte. Für die Helden ist es eine Geschichte über sie und die Zeit, als sie einen Hund adoptieren wollten. Für uns, die Designer, ist es eine Geschichte über potenzielle Nutzer, die eine Website für Katzen- und Hundevermittlung besuchen.

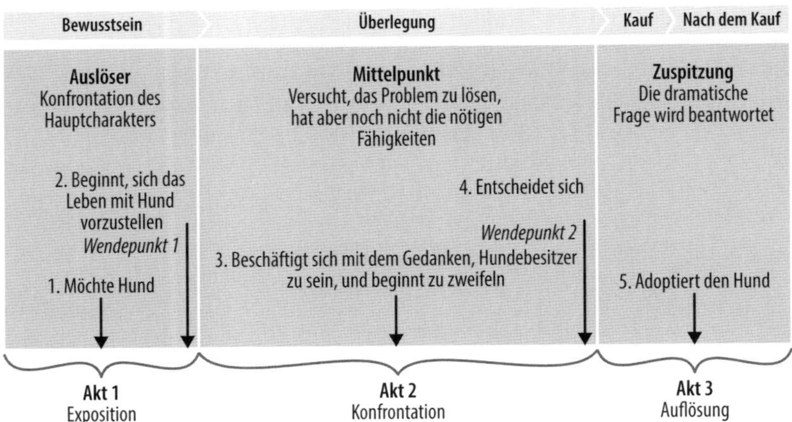

Abbildung 5.3: Drei-Akt-Struktur, auf die Geschichte über die Adoption eines Hundes angewandt

Jede einzelne Erfahrung, an der wir arbeiten, ist eine Geschichte. Die Erfahrung beinhaltet eine Handlung, Charaktere und eine zentrale Idee, die zum Leben erweckt wird. Und genau wie Aristoteles definierte, dass eine Geschichte drei Teile haben sollte (einen Anfang, eine Mitte und ein Ende), haben auch alle von uns entwickelten Erfahrungen drei Teile: einen Anfang (das Bedürfnis/Ziel des Nutzers wird ermittelt), eine Mitte (der Nutzer begibt sich auf die Suche, um das Bedürfnis/Ziel zu erfüllen) und ein Ende (eine Auflösung tritt ein, wenn das Bedürfnis/Ziel des Nutzers entweder erfüllt ist oder eben nicht).

Mithilfe der Dramaturgie können wir eine übergeordnete Struktur erkennen, die uns wiederum hilft, die Erzählung der Erfahrung so zu gestalten, dass sie leichter zu definieren und zu entwickeln ist. Damit Sie umfassend erkennen können, wie Sie die Dramaturgie im Produktdesign einsetzen können, gibt es noch ein paar Dinge aus dem traditionellen Storytelling zu beachten.

Übung: Die Rolle der Dramaturgie im Produktdesign

Betrachten Sie den gesamten Lebenszyklus Ihres Produkts oder Ihrer Dienstleistung. Wie verteilen sich die Lebenszyklusphasen auf die drei Akte?

Interpretationen der Drei-Akt-Struktur

Wie in Kapitel 2 erwähnt, lässt Aristoteles' Drei-Akt-Struktur viel Interpretationsspielraum. Ich zeige Ihnen drei Varianten, die uns helfen können, über die Handlungen innerhalb von Produkt- und Service-Erfahrungen nachzudenken und zu überlegen, wie die detaillierteren Lebenszyklusphasen hineinpassen.

Die veränderte Drei-Akt-Struktur von Yves Lavandier

In der Abhandlung *Writing Drama (Le Clown & L'enfant)* führt der französische Schriftsteller und Filmemacher Yves Lavandier aus, dass jede Handlung, ob real oder fiktiv, drei logische Teile hat: vor der Handlung, während der Handlung und nach der Handlung. Da die Zuspitzung Teil der Handlung ist, müsse er im zweiten Akt stattfinden. Damit ist der dritte Akt viel kürzer als in der traditionellen Drehbuchtheorie (Abbildung 5.4).

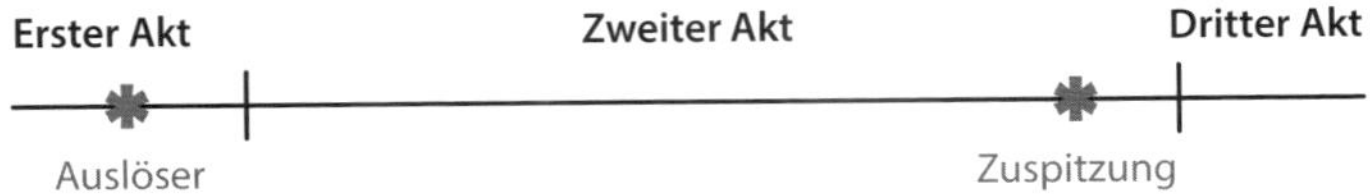

Abbildung 5.4: Lavandiers veränderte Drei-Akt-Struktur

In einem typischen zweistündigen Film dauern der erste und der dritte Akt in der Regel jeweils 30 Minuten, während der zweite Akt etwa eine Stunde lang ist. Heutzutage beginnen jedoch viele Filme mit der Konfrontation (dem zweiten Akt) oder sogar dem dritten Akt und kehren dann zum ersten Akt und dem Aufbau zurück.

Hier können wir Parallelen zum Produktdesign ziehen. Jede Erfahrung muss auch Akte vor, während und nach der Haupthandlung bieten. Auch wenn der auf die Handlung folgende Akt kürzer ist, enthält er kritische Punkte, die Teil der fortgesetzten Erfahrung sind; beim Kauflebenszyklus zum Beispiel die Nachkaufphase.

Syd Fields Paradigmenstruktur

Der amerikanische Drehbuchautor Syd Field stellte in *Screenplay: The Foundations of Screenwriting* eine andere Theorie rund um die Drei-Akt-Struktur auf. Er bezeichnete diese Struktur als Paradigma. Field bemerkte, dass in einem 120-seitigen Drehbuch der zweite Akt in der Regel langweilig und etwa doppelt so lang ist wie Akt 1 und Akt 3. Ihm fiel auch auf, dass normalerweise etwa in der Mitte des zweiten Akts ein wichtiges dramatisches Ereignis stattfand, was für ihn bedeutete, dass der zweite Akt eigentlich aus zwei Akten in einem bestand. Dadurch wird die Drei-Akt-Struktur von Aristoteles in vier Teile untergliedert: 1, 2a, 2b und 3 (Abbildung 5.5).

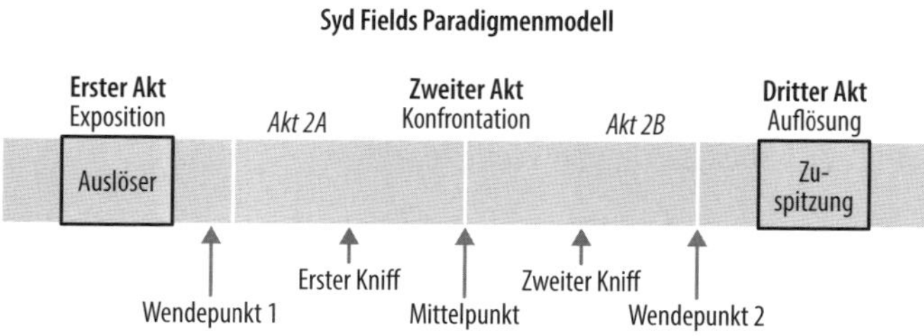

Abbildung 5.5: Fields Paradigma

Das Sequenz-Paradigma von Frank Daniel

Eine weitere Variante der Drei-Akte-Struktur und eine der häufigsten Methoden, einen Film zu gliedern, besteht in der Unterteilung seiner Wendepunkte in acht Teile. Diese Methode, die als Sequenz-Paradigma bezeichnet wird, wurde vom Filmregisseur, Produzenten und Drehbuchautor Frank Daniels während seiner Zeit als Leiter des Drehbuchseminars an der University of Southern California entwickelt.

Die acht Teile stammen aus den frühen Tagen des Films, als ein Film aus physischen Filmrollen bestand. Damals waren die Filme kürzer, jede Rolle fasste etwa 10 Minuten Film. War eine Rolle zu Ende, musste der Vorführer diese Rolle wechseln, da die meisten Kinos nur einen Projektor besaßen. Frühe Drehbuchautoren bauten diesen Rhythmus so in ihre Drehbücher ein, dass die einzelnen Sequenzen eines Films etwa so lange dauerten wie eine tatsächliche Filmrolle.

Als die Filme länger wurden, wurden auch die Sequenzen gleichmäßig länger, aber Daniel wies darauf hin, dass die Verwendung von acht Sequenzen von 10–15 Minuten nach wie eine sinnvolle Möglichkeit bietet, einen Film zu strukturieren. Nach seinem Tod im Jahr 1996 beschrieb sein Schüler Paul Joseph Gulino seinen Ansatz in *Screenwriting: The Sequence Approach (Continuum)*.

Definition der Sequenz

Daniel bezeichnete diese Sequenzen als Mini-Storys und ermutigte seine Studenten, jede Sequenz wie einen Kurzfilm zu betrachten. Dies ist auch auf das Produktdesign anwendbar und wir werden es uns in Kürze ansehen. Neben der Tatsache, dass eine Sequenz als Mini-Story betrachtet werden kann, kann sie als »eine Reihe von zusammenhängenden Szenen, die durch Ort und/oder

Zeit und/oder Handlung und/oder die allgemeine Absicht des Helden/der Heldin miteinander verbunden sind«, definiert werden.[3] Im Allgemeinen folgt der Held/die Heldin während dieser Sequenz nur einem Handlungsstrang, und jede Sequenz hat einen Anfang, eine Mitte und ein Ende, mit einem einleitenden Ereignis, einer ansteigenden Handlung bzw. einer Zuspitzung.[4]

Die Sequenzen folgen normalerweise einem Muster – zwei Sequenzen in Akt 1, vier in Akt 2 und zwei in Akt 3, wie in Abbildung 5.6 gezeigt. Da die Sequenzen die Struktur der Geschichte vorgeben, bilden die fünf Haupt-Wendepunkte die Bausteine hinter der Sequenzkonstruktion und treiben die Geschichte voran.[5]

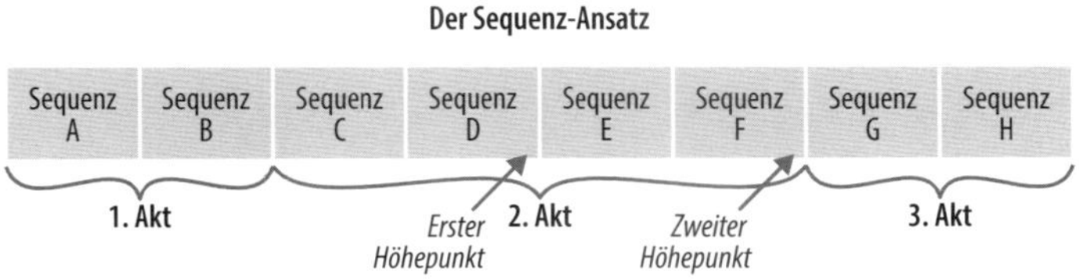

Der Sequenz-Ansatz

Sequenz A | Sequenz B | Sequenz C | Sequenz D | Sequenz E | Sequenz F | Sequenz G | Sequenz H

1. Akt
Erster Höhepunkt
2. Akt
Zweiter Höhepunkt
3. Akt

Abbildung 5.6: Daniels Sequenzansatz

Obgleich nicht alle Filme einer strikten Gliederung in acht Sequenzen entsprechen können, kann die Anwendung der Struktur eine nützliche Technik zur Fehlersuche in einem Drehbuch sein, weil Sie daran erkennen können, ob es zu wenige oder zu viele Sequenzen hat. Im Allgemeinen gilt: Je klarer die Sequenzstruktur, desto besser sind der Film und die Geschichte und umgekehrt. Wie Sie in Kürze sehen werden, gelten diese beiden Erkenntnisse auch für Produkte und Dienstleistungen, und unter anderem deshalb ist die Verwendung von dramaturgischen Techniken im Produktdesign so wertvoll.

Übung: Kombinationen der Drei-Akt-Struktur

Romanek räumt ein, dass Sie eventuell mit seiner Aufteilung nicht einverstanden sind. Nehmen Sie Ihre eigene Analyse von *Krieg der Sterne IV* vor, oder wählen Sie einen ganz anderen Film. Bemühen Sie sich nicht zu sehr, ihm eine Acht-Sequenzen-Struktur aufzuzwingen. Der Schlüssel ist die folgende Vorgehensweise:

- Finden Sie heraus, wo eine neue dramatische Spannungskurve beginnt.
- Achten Sie darauf, wie der Charakter versucht, diese Spannung zu lösen.
- Finden Sie heraus, wann diese Spannung durch eine neue Spannung ersetzt wird.

---

3 Alexandra Sokoloff, »*Story Structure 101*«, Screenwriting Tricks (blog), 2. Oktober 2008, *https://oreil.ly/HT1B9.*

4 Mehr darüber erfahren Sie in »*Screenwriting: The Sequence Approach*« von Paul Joseph Gulino (Continuum).

5 »Five Plot Point Breakdowns«, *The Script Lab*, *https://oreil.ly/j4mxT*.

Sequenzierung und Mini-Storys in der Produktentwicklung

Diese Sequenzen haben viele Gemeinsamkeiten mit UX und Produktdesign. Ohne bei der Arbeit mit User Journeys und Aufgaben viel darüber nachzudenken, ordnen wir die Nutzererfahrung in Mini-Storys an. Eine typische Kauferfahrung wird zum Beispiel oft in folgende Abschnitte unterteilt:

- Recherche
- Anmeldung/Login
- Bezahlung
- Support

Je nachdem, ob wir diese als User Journeys (z. B. die Payment User Journey) oder auf einer höheren Ebene als Phasen des Produktlebenszyklus, die ein Nutzer durchläuft, betrachten, benennen wir sie oft etwas unterschiedlich (z. B. Bewusstsein, Überlegung, Kauf und Nachkauf, wie das Beispiel weiter oben in diesem Kapitel zeigte). Manchmal ist es jedoch sinnvoll, den Lebenszyklus noch weiter zu unterteilen.

Detaillierte Sequenzierung im UX-Design

Als ich bei Dare für Sony Ericsson (jetzt Sony Mobile) arbeitete, war der Produktlebenszyklus eines unserer wichtigsten Tools, um frühzeitig eine Vorstellung von den Bedürfnissen und verschiedenen Phasen der Nutzererfahrung eines Telefonkaufs zu bekommen. Wir definierten jede Phase und ordneten sie den Anforderungen der Nutzer und des Unternehmens zu. Dieser Prozess war einfach, aber effektiv.

Noch wichtiger ist aber, dass wir nicht beim Kauf stehen geblieben sind, sondern den Zyklus nach dem Kauf in detaillierte Phasen unterteilt haben, die typisch für den Kauf eines neuen Telefons sind. Die Phasen beginnen mit der ersten Stunde, in der Sie Ihr Handy auspacken und einschalten; dann folgt der erste Tag, wenn Sie damit beginnen, es einzurichten; die erste Woche, wenn es langsam zu Ihrem eigenen Smartphone wird, der erste Monat, wenn es mehr oder weniger in Ihr Leben integriert ist; und so weiter, bis Sie ein Upgrade oder den Kauf eines neuen Geräts in Betracht ziehen.

Der Produktlebenszyklus lieferte uns eine grundlegende Struktur und einen Handlungsbogen für die Erfahrung. Dieser trug dazu bei, dass wir alle auf derselben Seite standen und berücksichtigen konnten, was für die Nutzer und das Unternehmen an jedem Punkt des End-to-End-Produktlebenszyklus wichtig ist. Für viele Erfahrungen (z. B. einen traditionellen Pullover-Kaufzyklus) müssen Sie nicht unbedingt so viele Lebenszyklusphasen berücksichtigen. Genau wie manche argumentieren, dass ein Theaterstück oder ein Film so viele Akte haben sollte, wie die Geschichte erfordert, gibt es bei der Verwendung des Produktlebenszyklus keine fest vorgegebene Phasenanzahl. Wie Sie später in diesem Kapitel erfahren werden, gibt es typische Produktlebenszyklen, aber Sie sollten sich für die Phasen entscheiden, die dem Projekt am meisten nützen.

Feinheiten in Handlungssequenzen und Mini-Storys im Produktdesign

Das vorangegangene Beispiel zeigt, wie Sie die Gesamterfahrung des Kaufs eines neuen Handys vom Anfang bis zum Ende in detaillierte Phasen unterteilen können, die den UX-Design-Prozess unterstützen. Diese Aufschlüsselung ist normalerweise als High-Level-Tool wertvoll. Aber genau wie Daniel seine Studenten ermutigt hat, Sequenzen als Mini-Filme zu denken, müssen wir jede Lebenszyklus-Phase weiter in eine Mini-Story aufschlüsseln, um wirklich die gesamte Erfahrung zu durchdenken. Dadurch können wir den erzählerischen Bogen jeder Lebenszyklusphase erkennen und somit ein besseres Verständnis dafür entwickeln, was wir bei den einzelnen Phasen der Produkterfahrung berücksichtigen müssen.

Wie von Daniel definiert, sollte jeder Mini-Film oder jede Sequenz einen Anfang, eine Mitte und ein Ende haben. Wenn wir die ersten drei Lebenszyklusphasen aus dem Sony-Ericsson-Beispiel nehmen, können wir diese wie in Tabelle 5.1 dargestellt aufschlüsseln.

Wie Sie sehen, kann jede Phase eine unterschiedliche Anzahl von Komponenten beinhalten. Hier erhalten Bewusstsein und Überlegung drei, der Kauf hingegen vier Komponenten. Die Komponentenanzahl sollte sich an Ihrem Projekt orientieren.

A	B	C	D
Phase/Akt	Akt 1: Beginn Wie lautet der Konflikt?	Akt 2: Mitte Was passiert dann?	Akt 3: Ende Wie lautet die Lösung?
Bewusstsein	erste Berührung mit dem Thema	beginnt zu überlegen	beschließt, sich damit zu beschäftigen
Überlegung	Recherche	Vergleich	Entscheidung
Kauf	in den Warenkorb legen, zur Kasse gehen	Anmeldung, Login	Bezahlung, Bestätigung

Tabelle 5.1: Aufteilung der Lebenszyklusphasen in drei Akte

Jede Phase – oder Sequenz im Sinne des Drehbuchschreibens – beinhaltet einen Konflikt und eine Lösung, die zum Beginn der nächsten Phase wird; z.B. führt »beschäftigt sich mit dem Problem« in Akt 3 der Bewusstseinsphase dazu, dass der Nutzer in der Überlegungsphase mit der Recherche beginnt.

Diese Aufteilung geht auf die übergeordneten Schritte jeder Phase ein und erinnert auch bereits an die Schritte einer User Journey. Abhängig von der Komplexität jeder Phase müssen diese Mini-Erfahrungen vielleicht noch weiter aufgeschlüsselt werden. Dazu betrachten Sie die Mini-Erfahrungen jeder Phase, wobei die linke Spalte nun jeden Schritt der Überlegungsphase (Spalten B, C und D) anstelle der Lebenszyklusphase enthält. Zum Beispiel könnte die Überlegungsphase wie in Tabelle 5.2 aufgeschlüsselt werden.

A	B	C	D
Phase: Überlegung	Akt 1: Beginn Wie lautet der Konflikt?	Akt 2: Mitte Was passiert dann?	Akt 3: Ende Wie lautet die Lösung?
Recherche	Online-Suche	Bewertungen lesen	auf die Website zurückkommen
Vergleich	Produkte durchblättern	Unterschiede erkennen, Produkte auswählen	Produkte vergleichen
Entscheidung	Auswahl treffen	Kriterien erneut prüfen	Entscheidung: »ja« oder »nein«

Tabelle 5.2: Aufteilung der Phasen in Mini-Storys

Manchmal müssen wir auch daran denken, dass die Interaktion des Nutzers mit dem Produkt seine Erfahrung beeinflussen kann. Zum Beispiel kann die Kontaktaufnahme mit dem Support vor oder nach dem Kauf verschiedene Formen annehmen, die je nach gewähltem Medium zu unterschiedlichen Mini-Storys führen würden:

- per Telefon: Kontaktdaten finden, Bestellvorgang anfragen, Hilfe erhalten
- über ein Formular: Bestelldaten eingeben, Supportanfrage stellen, Hilfe erhalten
- über einen Bot: Mit Bot interagieren, Anfrage und Bestelldetails senden, Hilfe erhalten

Genau wie Konflikte und Lösungen die Bausteine für die Konstruktion der Sequenz bilden, sind es bei den vorangehenden Mini-Erfahrungen die Hauptschritte und Ziele der Erfahrung, die die Aufteilung in Phasen und die damit verbundenen Schritte definieren. Wie weit wir die Mini-Erfahrungen in weitere Teilhandlungen aufschlüsseln, hängt vom benötigten Detaillierungsgrad ab, sodass wir den größten Mehrwert für unser Projekt und das jeweilige Produkt erzielen können. Ein weiterer Blick auf das traditionelle Storytelling liefert uns weitere nützliche Hinweise.

Der Unterschied zwischen Akten, Sequenzen, Szenen und Einstellungen

Neben Akten und Sequenzen ist beim Drehbuchschreiben oft von Szenen und Einstellungen die Rede. Einstellungen bilden eine Szene. Szenen wiederum sind Teile eines größeren Ganzen, nämlich der Sequenz.

Eine Szene spielt sich in der Regel an einem einzigen Ort über einen zusammenhängenden Zeitraum und ohne Veränderung der Charaktere ab. Eine Sequenz hingegen besteht aus mehreren Szenen und zeichnet sich durch einen dramatischen Zusammhang aus. Dieser beginnt, wenn der Charakter mit einer Ungewissheit oder einem Ungleichgewicht konfrontiert wird. Ist dieser Konflikt ganz oder teilweise aufgelöst, wird dadurch ein neuer Konflikt angestoßen, und dieser wird zum Thema der nachfolgenden Sequenz.[6]

Sequenzen sind auch die Bestandteile von Akten, und der zweite Akt enthält im Allgemeinen mehr Sequenzen als der erste und dritte. Akte wiederum sind die Bestandteile des Films.

Umsetzen von Akten, Sequenzen, Szenen und Einstellungen in Produktdesign

Wenn wir die von uns entwickelten Produkte und Dienstleistungen als Abfolge von Akten, Sequenzen, Szenen und Einstellungen betrachten, erhalten wir ein gutes Rahmenwerk, um die Details der erzählenden Struktur einer Produkt- oder Dienstleistungserfahrung zu überdenken und auszuarbeiten. Wenn wir Akte, Sequenzen, Szenen und Einstellungen auf das UX-Design übertragen, erhalten wir Folgendes:

Akte
: der Anfang, die Mitte und das Ende einer Erfahrung

Sequenzen
: Lebenszyklusphasen oder Key User Journeys, je nachdem, womit wir arbeiten

6 Mehr darüber erfahren Sie in »*Screenwriting: The Sequence Approach*« von Paul Joseph Gulino (Continuum).

Szenen
: Schritte oder Hauptschritte in einer Journey oder Seiten/Bildschirme (damit beschäftigen wir uns in den folgenden Kapiteln).

Einstellungen
: Elemente einer Seite/eines Bildschirms oder detaillierte Schritte einer Navigation

Übung: Der Unterschied zwischen Akten, Sequenzen, Szenen und Einstellungen

Überlegen Sie sich für Ihr eigenes Produkt Beispiele für Sequenzen, Szenen und Einstellungen.

Wendepunkte verstehen

Wenn Sie die Ereignisse ermitteln, die in jeder Lebenszyklusphase stattfinden, können Sie sich die Anzahl und Art der Lebenszyklusphasen der von Ihnen entwickelten Erfahrung vergegenwärtigen.

Auf ähnliche Weise gehen beim Storytelling Handlungen und Wendepunkte Hand in Hand. Field entwickelte die Idee der Wendepunkte (Plot Points) in *Screenplay: The Foundations of Screenwriting* (Delta, 1979) und definierte sie als »wichtige Strukturfunktionen, die in den meisten erfolgreichen Filmen ungefähr an der gleichen Stelle auftreten.«

Die wichtigsten Wendepunkte nach Field

In seinen folgenden Büchern und von einigen seiner Schüler wurden die ursprünglichen Wendepunkte weiter ausgebaut. Derzeit bestehen die folgenden wichtigen Wendepunkte:

Eröffnungsbild
: Fasst den gesamten Film zusammen, zumindest seine Tonalität. Der Autor arbeitet das Eröffnungsbild meist sehr spät im Prozess der Drehbucherstellung aus.

Exposition
: Bietet Hintergrundinformationen zur Erzählung, der Handlung, den Charakteren und ihrer Geschichte sowie zum Schauplatz und der Szene.

Anstoßendes Ereignis
: Der Held begegnet dem Umstand, der letztendlich sein Leben verändern wird. Zum Beispiel trifft der Junge das Mädchen oder der Comic-Held

wird aus einem Job gefeuert. Das auslösende Ereignis wird auch als Katalysator bezeichnet. Es dient als Türöffner und stürzt den Charakter in die Haupthandlung der Geschichte.

Wendepunkt 1
Gewöhnlich die letzte Szene im ersten Akt. Sie besteht aus einer überraschenden Wendung, die das Leben des Helden radikal verändert und ihn zwingt, sich einem Gegner zu stellen.

Kniff 1
Eine Szene, die sich in der Regel etwa nach drei Achteln des Drehbuchs ereignet und in der der zentrale Konflikt der Erzählung angesprochen wird, um uns an den Gesamtkonflikt zu erinnern.

Mittelpunkt
Ein wichtiger Teil der Erzählung, der laut Field verhindert, dass der zweite Akt durchhängt. Oft findet eine Schicksalswende statt, oder eine Offenbarung ändert die Richtung der Handlung.

Kniff 2
Eine weitere erinnernde Szene, die oft etwa nach fünf Achteln des Drehbuchs stattfindet und die, ähnlich wie Kniff 1, den zentralen Konflikt wieder aufgreift.

Wendepunkt 2
Eine dramatische Umkehrung, die das Ende von Akt 2 und den Beginn von Akt 3 signalisiert und sich auf Konfrontation und Auflösung konzentriert. An diesem Punkt hat der Held endlich genug und stellt sich seinem Gegner.

Showdown
Der Held wird mit dem Hauptproblem konfrontiert und überwindet es oder es kommt zum tragischen Ende. Der Showdown findet normalerweise in der Mitte des dritten Aktes statt.

Auflösung
Die Themen der Erzählung werden aufgelöst.

Lysis
Auch als Denouement bekannt, der Nachspann; alle losen Enden werden verknüpft; dem Publikum wird ein Abschluss präsentiert.

Genau wie es verschiedene Interpretationen der Drei-Akt-Struktur gibt, gibt es auch bei den Wendepunkten verschiedene Ansätze.

Die fünf Hauptpunkte der Handlung

Der an der New-Hollywood-Bewegung beteiligte Drehbuchautor, Produzent, Regisseur und Schauspieler Robert Towne sagte:

> Ein Film besteht eigentlich nur aus vier oder fünf Momenten zwischen zwei Menschen; der Rest des Films soll diesen Szenen ihre Wirkung und Resonanz verleihen. Nur dafür ist das Drehbuch da, und das gilt auch für alles andere.

Das *Script Lab* nennt diese Momente »auslösendes Ereignis«, »Wendepunkt«, »Mittelpunkt«, »Zuspitzung« und »Wendepunkt im dritten Akt« und teilt sie in acht Teile ein:[7]

Auslösendes Ereignis
: Der erste Moment, der den Status quo erschüttert und eine neue Tür für den Hauptdarsteller öffnet. Auch wenn der Held sie noch nicht durchschritten hat, verstehen wir, dass er nur dadurch sein Ziel erreichen kann.

Fixierung
: An diesem Punkt der Geschichte kann der Held nicht mehr zum Status quo zurückkehren. Die zuvor geöffnete Tür fällt zu, und das Ziel des Helden steht fest. Das treibt ihn in den zweiten Akt.

Mittelpunkt
: Der Hauptcharakter erlangt seinen ersten großen Erfolg oder Misserfolg. Wenn der Mittelpunkt ein Erfolg ist, wendet sich die Erzählung zugunsten des Helden. Ist er ein Misserfolg, entfernt sich der Hauptcharakter noch weiter von seinem Ziel. Der Mittelpunkt sollte im Allgemeinen den Ausgang der Geschichte widerspiegeln und ein Sieg sein, wenn der Hauptcharakter am Ende gewinnen wird, bei einem tragischen Ende ein Tiefpunkt.

Zuspitzung
: Dies ist der bisherige Höhe- oder Tiefstpunkt für den Protagonisten. Diese Zuspitzung stellt den Höhepunkt der Reise des Helden dar und führt zur Zielerreichung des zweiten Akts sowie zu einem neuen Ziel im dritten Akt.

Wendung im dritten Akt
: Dies verändert die Entwicklung des Hauptcharakters im letzten Akt. Die Wendung im dritten Akt unterscheidet sich von anderen, kleineren Wendungen dadurch, dass sie tatsächlich die Handlung verändert und oft die finale »Showdown«-Szene ist.

Wie auch immer die Herangehensweise aussieht, die Drehbuch-Wendepunkte lehren uns, dass es in allen Geschichten, auch in den von uns gestalteten Produkt- und Service-Erfahrungen, Schlüsselpunkte gibt, die die Hauptperson in

7 The Script Lab, »Five Plot Point Breakdown«.

der Erzählung voranbringen. Wenn wir uns mit den Wendepunkten der von uns gestalteten Erfahrungen beschäftigen, ist es sinnvoll, auf die Definition von Field zurückzugreifen.

Wendepunkte im Produktdesign

Field definiert Wendepunkte als »wichtige Strukturfunktionen, die in den meisten erfolgreichen Filmen an ungefähr der gleichen Stelle vorkommen.« Das Wichtige ist hier, dass Wendepunkte in den meisten »erfolgreichen« Filmen »an ungefähr der gleichen Stelle« vorkommen. Genauso wie es Muster in erfolgreichen Filmen, Romanen und Musik-Hits gibt, gibt es diese auch in erfolgreichen Produkt- und Dienstleistungserfahrungen. Zu diesen Mustern gehören die Aktionen, die der Nutzer ausführen muss/will, die dazu notwendigen Schritte, die Systemreaktionen und die Endergebnisse, die sowohl der Nutzer als auch das Unternehmen wünschen.

Wendepunkte im Produktdesign definieren

Viele Aspekte von Fields Definition der Wendepunkte gelten mit einer leichten Änderung auch für das Produktdesign: wichtige Strukturinformationen, die an einem ähnlichen Punkt in typischen Produkt- und Dienstleistungserfahrungen stattfinden. Während Akte, Sequenzen, Szenen und Einstellungen die Bausteine der gesamten erzählerischen Struktur der von uns entwickelten Produkte und Dienstleistungen bilden, sind Wendepunkte die Ereignisse und Auslöser, die die Erfahrung vorantreiben.

Im vorangegangenen Beispiel des High-Level-Kauflebenszyklus treten die wichtigsten Wendepunkte in dieser Erfahrung auf, wenn der Nutzer aufmerksam wird, anfängt nachzudenken, sich eingehender mit der Sache beschäftigt, eine Entscheidung trifft und eine/keine Handlung durchführt. Diese Wendepunkte sind sehr allgemein gehalten, und wenn Sie bei Ihrem Produkt oder Ihrer Dienstleistung tatsächlich damit arbeiten möchten, profitieren Sie davon, sie detaillierter zu definieren.

Weiter hinten in diesem Kapitel werden wir einige vom traditionellen Storytelling inspirierte Methoden betrachten, die uns helfen, die erzählerische Struktur von Produkterfahrungen zu definieren. Um jedoch die Wendepunkte im Produktdesign zu definieren, lohnt sich eine genauere Betrachtung, was Wendepunkte in Produkterfahrungen ausmacht.

Wie ich gezeigt habe, sind Wendepunkte die Ereignisse und Auslöser, die eine Erfahrung vorantreiben und normalerweise in einer typischen Produkt- und Service-Erfahrung an einem ähnlichen Punkt auftreten. Einige Beispiele für gängige Wendepunkte sind die folgenden:

Auslöser
: Anstöße, die der Nutzer erhält oder denen er begegnet (z. B. eine Benachrichtigung, ein CTA, eine E-Mail oder eine Nachricht)

Aktionen
: Maßnahmen, die der Nutzer ergreift oder Dinge, die er tut (z. B. Artikel in den Warenkorb legen, einloggen, App herunterladen, bezahlen, Website verlassen, App schließen)

Barrieren
: Mögliche Stolpersteine, auf die der Nutzer bei der Anwendung des Produkts oder der Dienstleistung stößt (z. B. Aufforderung zur Anmeldung, Aufforderung zur Eingabe von Zahlungsdaten)

Systemereignisse
: Ereignisse, die im oder durch das System geschehen (z. B. Bestätigungsmeldungen, Fehlermeldungen)

Vergnügen
: Unerwartete Momente der Freude (z. B. emotionale Reaktionen auf das dem Nutzer Angezeigte)

Wenn Sie die Wendepunkte Ihrer Produkterfahrung festlegen, ist es sinnvoll, für jeden Teil der Erfahrung über die emotionale Reaktion des Nutzers nachzudenken (Abbildung 5.7). Es wird beispielsweise bestimmte »Hygiene-Schritte« geben, die sein müssen, den Nutzer aber emotional nicht berühren. Es könnte auch einen Konflikt und dessen Auflösung oder ein Vergnügen geben, das einen größeren Einfluss auf seine emotionale Reaktion hat. Wenn Sie auf diese Weise vorgehen, können Sie Ihre Wendepunkte leichter ermitteln:

Wichtige Wendepunkte während der Nutzererfahrung
: Typischerweise signalisieren diese das Ende einer Sequenz, d. h. einer Phase im Lebenszyklus und den Beginn einer neuen Sequenz (z. B. »beginnt zu überlegen« während der Bewusstmachungsphase, »trifft eine Entscheidung« während der Überlegungsphase). Sie können wichtige Wendepunkte oft als »erledigt«, »abgeschlossen« oder »nicht erledigt«, »nicht abgeschlossen« kennzeichnen. Sie müssen auftreten, bevor Sie zur nächsten Sequenz übergehen können. Mit anderen Worten, sie müssen aufgelöst werden, bevor die Erfahrung fortgesetzt wird.

Kleinere Wendepunkte während der Erfahrung
: Diese finden typischerweise während einer Sequenz statt; z. B. »macht sich bewusst« (während der Bewusstmachungsphase, »beschäftigt sich eingehender damit« (während der Überlegungsphase). Kleinere Wendepunkte sind eher Zwischenereignisse oder Schritte, die sich auf der Journey er-

eignen, und weniger Ereignisse, die den Nutzer in großem Umfang in der Erfahrung voranbringen.

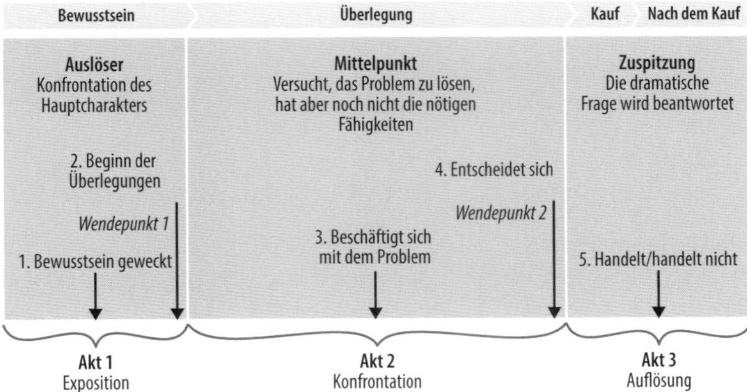

Abbildung 5.7: Die Drei-Akt-Struktur mit einem darauf abgebildeten Kauflebenszyklus

Übung: Wendepunkte im Produktdesign

Überdenken Sie hinsichtlich Ihres eigenen Produkts die folgenden Punkte:

- ein wichtiger Wendepunkt in der Produkterfahrung
- ein kleinerer Wendepunkt in der Produkterfahrung

Typische Erfahrungsstrukturen der häufigsten Produktlebenszyklen

Im Zusammenhang mit Präsentationen betont Dan Roam, Autor von fünf Büchern über Business-Visualisierungen, dass die Wahl der Erzählstruktur davon abhängt, was Sie erreichen wollen: die Wahrnehmung, Fähigkeiten, Verhaltensweisen oder Überzeugungen des Publikums zu verändern. Genauso hängt es von der jeweiligen Produktart ab, welche Erfahrungsstruktur und welchen Lebenszyklus wir wählen.

Natürlich gleicht kein Projekt dem anderen, aber es gibt einige typische Muster, wie die Reise des Nutzers verläuft, je nachdem, um welche Art von Erfahrung es sich handelt. Obwohl sich das erzählerische Muster von Projekt zu Projekt leicht unterscheiden kann, können diese grundlegenden Produktlebenszyklen und die dazugehörigen Haupt- und Nebenhandlungen abgebildet werden und bieten eine Grundlage und einen Bezugspunkt für ähnliche Erfahrungsstrukturen.

Im Folgenden finden Sie einige typische Beispiele für Produkterfahrungen:

E-Commerce-Lebenszyklus
: zum Beispiel der Kauf bei Amazon: vom Erkennen eines Bedarfs bis zur Nachkaufphase

Video-on-Demand(VOD)-Lebenszyklus
: zum Beispiel Netflix: von der Anmeldung bis zur regelmäßigen Nutzung

Reise-Lebenszyklus
: zum Beispiel Airbnb: von der Recherche bis zur Reiserückkehr

Social-Media-Lebenszyklus
: zum Beispiel Instagram: von der Anmeldung bis zur regelmäßigen Nutzung

Software-as-a-Service(SaaS)-Lebenszyklus
: zum Beispiel Slack: vom Ausprobieren bis zur Übernahme in den Unternehmensprozess

Hilfe-Lebenszyklus
: zum Beispiel die Kontaktierung des Supports: vom Hilfebedarf bis zum Erhalten oder Nichterhalten von Hilfe

Recherche-Lebenszyklus
: zum Beispiel Google: vom Erkennen der Notwendigkeit bis zum Finden oder Nichtfinden der Antwort

Smarthome-Lebenszyklus
: zum Beispiel Google Home: von der ersten Sensibilisierung bis zur Einbindung in den Alltag

Mit Dramaturgie und Wendepunkten die Erzählstruktur festlegen

Meist wird Drehbuchautoren empfohlen, sich das Schreiben zu erleichtern, indem die Wendepunkte frühzeitig skizziert werden. Genauso können Dramaturgie und Wendepunkte uns dabei helfen, die Erzählung der von uns entwickelten Erfahrungen zu skizzieren. Die weiter vorne in diesem Kapitel behandelten typischen Produktlebenszyklen bieten uns mögliche Grundstrukturen, von denen wir ausgehen können. Aber genauso wie die Strukturen der Geschichten nicht bis ins letzte Detail befolgt werden müssen, sind auch die Lebenszyklen nicht in Stein gemeißelt.

Sie bieten Einblicke, was tendenziell gut für die jeweilige Art von Erfahrung geeignet ist, sollten aber an das jeweilige Projekt angepasst werden. Und von jeder Regel gibt es Ausnahmen, sodass ein typischer E-Commerce-Lebenszyklus nicht unbedingt für alle Typen von E-Commerce-Erfahrungen gilt. Wie gehen wir also vor, um Erzählstrukturen und Wendepunkte für die von uns entwickelten Produkt- und Dienstleistungserfahrungen zu definieren und darauf anzuwenden?

Als Erstes müssen wir die Art der Erfahrung definieren, die wir erstellen möchten, und sie in ihre übergeordneten Phasen, d.h. Sequenzen, unterteilen. Dann müssen wir die Schlüsselmomente verstehen, die Wendepunkte, die Schmerzpunkte, Chancen oder Aktionen, die der Nutzer ausführt. Meistens führen wir diese beiden Schritte im Wechsel durch, und beide beeinflussen sich gegenseitig.

Synopsis auf zwei Seiten

Man sagt, dass es einer von Daniels Studenten war, der eine Möglichkeit für die praktische Anwendung von Daniels Sequenzparadigma fand: Jede Sequenz erhält einen Titel mit einem Hinweis auf ihren Inhalt, zum Beispiel »Rocky kennenlernen«, »Rocky und Adrienne«, »Eine einmalige Chance«, »Rocky trainiert« und »Der Kampf«. Diese Titel vermitteln Ihnen eine Vorstellung vom Sequenzinhalt. Wenn Sie dann jede Sequenz in einem kurzen Absatz beschreiben, haben Sie am Ende eine zweiseitige Synopsis.

Dieses Prinzip können wir auch bei der Definition der erzählerischen Struktur unserer Produktlebenszyklen anwenden. Ich beginne gerne damit, jeder einzelnen Stufe einen Namen zu geben und für jede eine erläuternde Zeile zu schreiben. So kann ich sicherstellen, dass der Zweck jeder Phase mir und allen anderen klar ist. Es braucht kein ausgefeiltes Dokument zu sein; eine Skizze oder eine Liste von Aufzählungspunkten in einer E-Mail oder Ähnliches reicht völlig aus. Es geht einfach darum, jeder Sequenz oder Phase des Produktlebenszyklus einen Titel zu geben, der eine Vorstellung davon vermittelt, was darin passieren wird.

Wenn Sie das erledigt haben, listen Sie die wichtigsten Momente oder Wendepunkte auf, die sich in jeder Phase abspielen werden. Eine einfache Möglichkeit ist genau wie bei der Zwei-Seiten-Methode, als kurze Erzählung festzuhalten, was in jeder Phase passieren wird. Wenn Sie sich auf die Aktionen des Nutzers konzentrieren und diese hervorheben (z.B. »meldet sich an«, »sucht nach«, »betrachtet«, »öffnet« usw.), können Sie anfangen, die Hauptpunkte in der Nutzererfahrung zu veranschaulichen. Als allgemeine Regel gilt, dass in jeder Sequenz nur ein oder zwei Wendepunkte vorkommen sollten. Sind es mehr, können Sie die Sequenz wahrscheinlich in zwei Sequenzen aufteilen.

Die Karteikarten-Methode

Die Karteikarten-Methode wird von vielen Drehbuchautoren verwendet. Sie können mit einem Stapel Karteikarten oder Haftnotizen arbeiten. Wenn Sie einen Schritt weiter gehen möchten, verwenden Sie mehrfarbige Haftnotizen. Außerdem brauchen Sie einen großen Tisch, einen freien Fußboden oder eine Wand, um die Karteikarten auszubreiten. Zuerst beschäftigen wir uns damit, wie diese Methode beim Drehbuchschreiben funktioniert, und dann, wie Sie sie auf das Produktdesign anwenden können.

Beim traditionellen Drehbuchschreiben legen Sie Ihre Geschichte auf vier Akte oder acht Sequenzen aus. Im ersten Fall erstellen Sie vier vertikale Spalten mit jeweils 10–15 Karten, im zuletzt genannten Fall acht vertikale Spalten mit 5–8 Karten. Um sie zu strukturieren, erzeugen Sie ein Raster, indem Sie Linien zwischen die Spalten ziehen oder ein paar Markierungskarten am oberen Rand jeder Spalte verwenden.

Wenn Sie mit vier Akten arbeiten

Schreiben Sie »Akt 1« oben in die erste Spalte, »1. Akt: Teil 1« oben in die zweite, »2. Akt: Teil 2« oben in die dritte und »3. Akt« oben in die vierte Spalte.

Nehmen Sie danach eine weitere Karte und beschriften Sie sie mit »1. Akt Zuspitzung«. Heften Sie sie an den unteren Rand von Spalte 1. Nehmen Sie eine weitere Karte für »Mittelpunkt Zuspitzung« und heften Sie sie an den unteren Rand von Spalte 2, »2. Akt Zuspitzung« an den unteren Rand von Spalte 3 und »Zuspitzung« ganz ans Ende. Beim traditionellen Drehbuchschreiben sind dies die auf jeden Fall benötigten Szenen, für die Sie festlegen müssen, an welcher Stelle sie stattfinden sollen. Wenn Sie bereits wissen, welche Szenen das sind, sollten Sie eine kurze Beschreibung hinzufügen.

Wenn Sie mit acht Sequenzen arbeiten

Schreiben Sie »Sequenz 1« an den Anfang der ersten Spalte, »Sequenz 2« an den Anfang der zweiten, »Sequenz 3« an den Anfang der dritten und so weiter, bis Sie Ihre acht Spalten erstellt haben.

Nehmen Sie danach eine weitere Karte und schreiben Sie »1. Akt Zuspitzung« und heften Sie sie an den unteren Rand von Spalte 1. Nehmen Sie eine weitere für »Mittelpunkt Zuspitzung« und heften Sie sie an den unteren Rand von Spalte 2, »2. Akt Zuspitzung« an den unteren Rand von Spalte 3 und »Zuspitzung« ganz ans Ende.

Gemeinsamkeiten beider Ansätze

Nach diesem Punkt fangen Sie mit dem Brainstorming einzelner Szenen an und halten jede Szene auf einem Klebezettel fest. Die genaue Reihenfolge ist jetzt noch nicht so wichtig. Wenn Sie aber ungefähr wissen, wo die Szenen hingehören, kann es hilfreich sein, sie von Anfang an ungefähr an der richtigen Stelle zu platzieren. Diese Übung hilft Ihnen, sich ein vollständiges Bild von den Sequenzen und der Gesamterzählung zu machen. Sie bietet auch eine Möglichkeit, die Struktur und die Erzählung einfach und kostengünstig zu überprüfen und mit ihr herumzuspielen.[8]

Beim Produktdesign hilft diese Technik den Entwicklern, ein vollständiges Bild von der Erfahrung zu bekommen, an der sie arbeiten. Wir können dieses analysieren, bevor wir ins Detail gehen und mehr Zeit und Geld investieren. Die Methode lässt sich auf das Produktdesign anpassen, indem wir die wichtigsten Lebenszyklusphasen der Erfahrung definieren. Wenn Sie verschiedenfarbige Haftnotizen nutzen, verwenden Sie eine bestimmte Farbe für die einzelnen Phasen und schreiben deren Namen (Sequenzen) auf separate Haftnotizen. Legen Sie sie wie bei der Karteikarten-Methode horizontal auf den Tisch oder heften sie sie als oberste Reihe an die Wand (Abbildung 5.8).

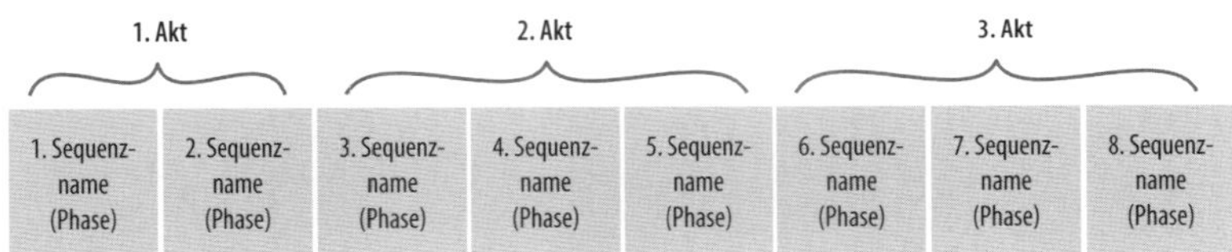

Abbildung 5.8: Schritt 1: Definieren Sie die Hauptsequenzen der Erfahrung

Nehmen Sie als Nächstes einen weiteren Stapel Haftnotizen in einer anderen Farbe, schreiben Sie den Haupt-Wendepunkt (Handlung, Ereignis oder Ergebnis) der einzelnen Phasen darauf und platzieren Sie sie in der unteren Reihe. Lassen Sie in der Mitte eine ziemlich große Lücke (mindestens vier Zettel hoch) zwischen dem Namen der Phase und den Wendepunkten. Wiederholen Sie dies für jede Etappe und lassen Sie sie leer, wenn Sie sich bei manchen noch nicht sicher sind. Die untere Reihe enthält die Wendepunkte der von Ihnen geplanten Erfahrung und signalisiert das Ende einer Phase und den Beginn der nächsten (Abbildung 5.9).

8 Sokoloff, »Story Structure 101«.

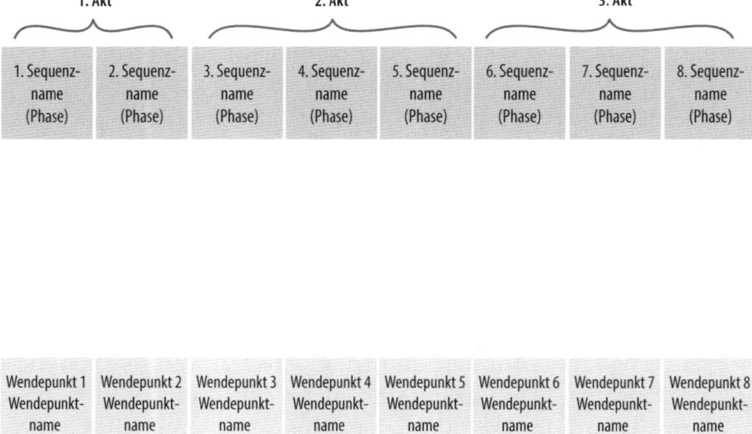

Abbildung 5.9: Schritt 2: Definieren Sie die wichtigsten Wendepunkte.

Wenn Sie das erledigt haben, beginnen Sie wie bei der Karteikarten-Methode ein Brainstorming über die verschiedenen Schritte (Szenen) für jede Spalte. Schreiben Sie jeden Schritt auf einen separaten Zettel, am besten in einer anderen Farbe. Am Ende sieht Ihr Ergebnis etwa wie Abbildung 5.10 aus.

1. Akt		2. Akt			3. Akt		
1. Sequenzname (Phase)	2. Sequenzname (Phase)	3. Sequenzname (Phase)	4. Sequenzname (Phase)	5. Sequenzname (Phase)	6. Sequenzname (Phase)	7. Sequenzname (Phase)	8. Sequenzname (Phase)
Szenenname (Schritt)	Szenenname (Schritt)	Szenenname (Schritt)	Szenenname (Schritt)	Szenenname (Schritt)	Szenenname (Schritt)	Szenenname (Schritt)	Szenenname (Schritt)
Szenenname (Schritt)	Szenenname (Schritt)	Szenenname (Schritt)	Szenenname (Schritt)	Szenenname (Schritt)	Szenenname (Schritt)	Szenenname (Schritt)	Szenenname (Schritt)
Szenenname (Schritt)	Szenenname (Schritt)	Szenenname (Schritt)	Szenenname (Schritt)	Szenenname (Schritt)	Szenenname (Schritt)	Szenenname (Schritt)	Szenenname (Schritt)
Wendepunkt 1 Wendepunktname	Wendepunkt 2 Wendepunktname	Wendepunkt 3 Wendepunktname	Wendepunkt 4 Wendepunktname	Wendepunkt 5 Wendepunktname	Wendepunkt 6 Wendepunktname	Wendepunkt 7 Wendepunktname	Wendepunkt 8 Wendepunktname

Abbildung 5.10: Schritt 3: Definieren Sie die Szenen.

Zusammenfassung

Durch die Kombination von Dramaturgie und Sequenzierung mit den Phasen des Produktlebenszyklus können Sie einen Rahmen schaffen, um die High-Level-, End-to-End-Phasen und Mini-Storys Ihrer Produkt- oder Service-Erfahrung zu durchdenken. Dies wiederum bildet eine fundierte Basis für weitere Definitionsschritte.

Wenn Sie eine solche Gliederung für verschiedene Arten von Produkten und Dienstleistungen erarbeiten, werden Sie merken, dass Sie nicht immer eine strikte Drei-Akt-Struktur oder eine Anzahl von Phasen im Lebenszyklus festlegen können bzw. dass dies nicht immer sinnvoll ist. Genauso wie ein Theaterstück oder ein Film so viele Akte haben sollte, wie es die Handlung erfordert, sollte auch Ihre Produkterfahrung so viele Akte haben, wie es für den Produktentwicklungsprozess vorteilhaft ist.

Welche Methode Sie wählen, bleibt Ihnen überlassen. Wie meistens im Produkt- und UX-Design sind manche Methoden besser geeignet als andere. Wie Sie Ihr Ziel erreichen, ist nicht wirklich wichtig, solange Sie es erreichen. Wenn Sie nicht mit einer vordefinierten typischen Produktlebenszyklus-Struktur als Grundlage arbeiten, ist es vielleicht einfacher für Sie, zunächst die Schlüsselmomente aufzulisten, bevor Sie die einzelnen Phasen festlegen. Wie Sie es auch immer angehen: Eine frühzeitige Definition der Produktlebenszyklus-Struktur trägt zu einer durchdachten Produkterzählung bei. Genauso wie diese Vorarbeit beim Schreiben von Drehbüchern und Theaterstücken hilft, den Ablauf der Handlung zu definieren, kann sie beim Produktdesign sicherstellen, dass Sie den Problembereich und die Frage, wie Ihr Produkt den Nutzer unterstützen kann und soll, erfassen.

Aber, wie The Guardian schreibt: »Der Plot ist nur ein Aspekt des Drehbuchs. Auch viele weitere Elemente können die Gesamtaussage verändern und sogar bestimmen.«[9] In Kapitel 7 werden wir uns noch eingehend damit beschäftigen, dass wir bei der Entwicklung der Nutzererfahrung neben ihrer Struktur und ihren Kernpunkten mehrere Elemente in Betracht ziehen müssen. Von Aristoteles wissen wir, dass für eine gute Geschichte die Charaktere genauso wichtig sind wie die Handlung, und das sehen wir uns als Nächstes an.

9 Adam Mars-Jones, »Terminator 2 Good, The Odyssey Bad«, *The Guardian*, 20. November 2004, *https://oreil.ly/z8QH9*.

Charakter-Entwicklung im Produktdesign

Zurückhaltender Einsatz von Personas

Bei meiner langjährigen Arbeit als UX-Designerin habe ich eine Abneigung gegen die Erstellung von Nutzer-Personas festgestellt, genauer ausgedrückt, von detaillierten Personas. Ich bin dieser Abneigung in den Teams und Unternehmen begegnet, in denen ich gearbeitet habe, bei Menschen, die ich betreut und gecoacht habe, und ich habe sie in Artikeln und in Social-Media-Beiträgen bemerkt. Viele meiner Leser sind wahrscheinlich ebenfalls skeptisch gegenüber Personas. Diese Skepsis rührt teilweise daher, wie Personas in Projekten verwendet, oder besser ausgedrückt nicht verwendet werden. Teilweise liegt es aber auch an dem weitverbreiteten Glauben, dass das Team seine Zielgruppe schon kennen wird und es daher nicht nötig ist, sie zu beschreiben. Es gibt bessere und wichtigere Dinge, mit denen man sich beschäftigen kann: eine konkreten Lösung oder eine kreative Idee.

Ich schreibe dies ohne Wertung, weil ich Verständnis dafür habe. Manchmal scheint die Zielgruppe so offensichtlich, dass es weniger wichtig erscheint, Zeit in Personas zu investieren, als »die eigentliche Arbeit zu erledigen«. Allerdings hängt die eigentliche Arbeit davon ab, dass man weiß, für wen diese bestimmt ist und warum. Die UX-Forscherin Meg Dickey-Kurdziolek schreibt dazu: »Nutzerzentriertes Design bedeutet, dass Sie bewusst die Geschichten, Daten und Gründe hinter den Motivationen Ihrer Nutzer finden.«[1] Viele Organisationen glauben, dass sie ihre Nutzer und Kunden gut kennen. Dabei gibt es meist große Überraschungen, wenn man genauer recherchiert, wer sie tatsächlich sind, und hinter die Stereotypen blickt. Annahmen führen uns oft in die falsche Richtung, und wenn wir uns nicht mit den Daten beschäftigen, übersehen wir vielleicht einen wichtigen Teil des Publikums. Ein großes Kaufhaus erkannte zum Beispiel erst nach der Analyse seiner Daten, dass Frauen zwar den größten

1 Meg Dickey-Kurdziolek, »Resurrecting Dead Personas«, *A List Apart*, 26. Juli 2016, *https://oreil.ly/kQRq2*.

Teil des Verkaufsvolumens ausmachten, es aber in Wirklichkeit die Männer waren, die für den größten Umsatz verantwortlich waren.[2]

Nun, die Aufteilung unserer Zielgruppe in größere Segmente wie »Männer« und »Frauen« genügt nicht, wenn wir die Bedürfnisse tatsächlicher und potenzieller Nutzer und Kunden beleuchten möchten. Im Marketing entfernen wir uns zunehmend von der demografisch basierten Segmentierung und stellen die traditionelle Klassifizierung auf den Kopf. Stattdessen fangen wir an, uns den Daten und Netzwerken von Verbrauchern zuzuwenden, die einander ähneln. Wir formen keine Stereotypen, wie wir es gewohnt sind, sondern Archetypen, die auf Daten und Erkenntnissen beruhen. Diese Art der Segmentierung ist viel wertvoller und liefert ein genaueres Bild von den Menschen, für die unsere Produkte und Dienstleistungen gedacht sind, als jede allgemeine Klassifizierung wie »Millennials«, »Mütter« oder »Unternehmer«.

Wie Ihnen die Geschichte über die Nutzer, die einen Hund adoptieren wollten, im vorigen Kapitel gezeigt hat, gleicht keine Kundengeschichte der anderen. Der Use Case oder die damit verbundenen Aufgaben (Jobs To Be Done, JTBD) mögen gleich sein – einen Hund finden und adoptieren –, aber alles andere, was dazu gehört, um diese Geschichte zum Leben zu erwecken, wird mit hundertprozentiger Sicherheit bei jedem einzelnen Nutzer unterschiedlich ausfallen. Egal, wie einfach und allgemein wir die Dinge betrachten wollen, die Menschen sind nicht einfach oder allgemein.

Die Aufgaben, die wir erledigen müssen, und die Gründe, warum wir Websites, Apps und andere Produkte und Dienstleistungen nutzen, sind ebenfalls nicht einfach. Immer häufiger geht es um End-to-End-Erfahrungen und um Customer Experience. Damit wir den Nutzern während ihrer End-to-End-Erfahrung einen Mehrwert bieten und ihnen helfen können, müssen wir alle Momente verstehen, die dazugehören – all die verschiedenen Touchpoints und Aspekte, die jeden Moment beeinflussen und den nächsten bestimmen.

Nutzer bringen nicht nur unterschiedliches Vorwissen mit, sondern auch unterschiedliche Vorerfahrungen. Von zwei Erstbesuchern hat einer vielleicht keine Vorkenntnisse oder Erfahrungen, der andere vielleicht eine Fülle von Vorkenntnissen und Informationen, z.B. von anderen, ähnlichen Websites. Die eine wird mehr Hilfestellung und Hintergrundinformationen benötigen, während der andere vielleicht eine geradlinige Erfahrung bevorzugt, die ihn direkt zum Gesuchten führt. Das Gegenteil, was das Hintergrundwissen betrifft, kann auch für wiederkehrende Besucher gelten, wobei der Kernpunkt ist, dass jeder Nutzer sich auf seiner eigenen Journey befindet. Anstatt pauschale Aussagen und Entscheidungen darüber zu treffen, was Nutzer in ihrer Gesamtheit wollen,

2 Kevin O'Sullivan, »The Netflix Approach to Retail Marketing«, *FutureScot*, 29. April 2016, *https://oreil.ly/fuhy3*.

sollten wir anerkennen, dass Faktoren wie Vorwissen, Hintergrundgeschichte und Denkweise neben den anderen hoffentlich von uns definierten Aspekten ebenfalls eine Rolle für die Erfahrung und die Erwartung der Nutzer spielen.

Chuck Sambuchino, freiberuflicher Lektor und ehemaliger Lektor bei Writer's Digest Books, liefert eine wirklich schöne Metapher für die Entwicklung von Charakteren. Er erinnert an die Zeit, als die Kameras noch einen Film enthielten. Um die Bilder von diesem Film zu bekommen, musste ein Laborant den Film in einem »mysteriösen, abgedunkelten Raum« mit verschiedenen Chemikalien behandeln, und wie von Zauberhand erschien das Bild auf einem Spezialpapier. Aber wenn der Vorgang nicht wie geplant ablief, konnte es passieren, dass man unscharfe, dunkle oder überbelichtete Bilder erhielt. Der Schlüssel zu einem guten Foto hing weitgehend davon ab, wie der Laborant den Film entwickelte. »Wenn wir wollen, dass die Leser ein lebendiges Bild unserer Charaktere vor ihrem inneren Auge sehen, müssen wir einige Zeit in der Dunkelkammer verbringen«, erklärt Sambuchino.[3] Das Gleiche gilt für die Analyse unserer Nutzer und worauf es ihnen bei den von uns entwickelten Multidevice-Erfahrungen ankommt: »Wenn Sie Ihre Nutzer nicht verstehen, werden Sie nie großartige Produkte entwickeln.«[4]

Die Rolle von Charakter und Charakter-Entwicklung im Storytelling

Bei Aristoteles' sieben goldenen Regeln des Geschichtenerzählens stehen die Handlung und die Charaktere hinsichtlich ihrer Bedeutung für die Geschichte gleichberechtigt nebeneinander. Ohne überzeugende Charaktere gibt es keine Geschichte, die man erzählen könnte. Es sind die Charaktere, denen wir im Lauf der Geschichte folgen, die Höhen und Tiefen, die sie durchleben. Wir verfolgen ihre persönliche Entwicklung, die Menschen, die sie auf ihrem Weg treffen und gegen die sie kämpfen, und die Lektionen, die sie lernen. Wir fiebern mit ihnen von dem Moment an, in dem die entscheidende Frage gestellt wird, bis zu dem Moment, in dem sie beantwortet wird. Sie sind es, in die wir emotional investieren und die uns so sehr interessieren, dass wir weiter zuschauen oder die Seiten umblättern, bis wir wissen, wie die Geschichte ausgeht.

3 Chuck Sambuchino, »The 9 Ingredients of Character Development«, *Writer's Digest*, 30. März 2013, *https://oreil.ly/N2Qsi*.

4 Brandon Chu, »MVPM: Minimum Viable Product Manager«, *Medium*, 3. April 2016, *https://oreil.ly/y7ma4*.

Es ist jedoch nicht selbstverständlich, dass wir uns für die Charaktere in den gesehenen oder gelesenen Geschichten interessieren. Einige Charaktere mögen wir wegen der Darsteller nicht, und in anderen Fällen finden wir einfach keinen Zugang zu ihnen.

Für den Autor oder Creator ist das natürlich nicht ideal. Auch wenn wir uns keine Gedanken darüber machen, wird in jeder Erzählung eine Beziehung zum Publikum aufgebaut, oder zumindest hoffen wir das.[5] Der sicherste Weg, das zu erreichen, sind die Emotionen der Charaktere, um die es in der Erzählung geht. Martha Alderson von The Writer Store, einer Online-Ressource fürs Schreiben und Filmemachen, sagt: »Gedanken können lügen. Dialoge können ebenfalls lügen. Emotionen sind je doch universell, nachvollziehbar und menschlich. Emotionen sagen immer die Wahrheit.«[6]

Obwohl es die Motivationen des Charakters sind, die die Geschichte vorantreiben, führt John Truby, Drehbuchautor, Regisseur und Dozent für das Drehbuchschreiben aus, dass es in manchen Fällen die Schwäche eines Charakters ist, die uns interessiert. Insbesondere bei Superheldengeschichten ist das so. Laut Truby wollen wir als Publikum nicht in erster Linie wissen, ob der Charakter sein Ziel erreicht, sondern ob er seine Schwäche überwindet.[7] Diese Schwäche kann eng mit dem Ziel und der Motivation des Protagonisten verbunden sein, aber auch mit seinen Emotionen und den Herausforderungen, denen er bei der Überwindung dieser Schwäche gegenübersteht.

Auf dieser Reise, mit der er seine Ziele erreichen möchte, muss der Charakter uns emotional berühren. Nur dann bauen wir eine Beziehung auf. Das gilt für alle Charaktere in der Erzählung, nicht nur für unsere Hauptperson. Die Veränderung, die der Protagonist durchläuft, wird oft als Charakter-Entwicklung bezeichnet. Die englischsprachige Wikipedia beschreibt sie als »die Transformation oder innere Reise eines Charakters im Verlauf einer Erzählung«. Im weiteren Verlauf dieses Kapitels werden wir uns die Charakter-Entwicklung genauer ansehen.

Einer der Gründe, warum wir uns so intensiv mit unseren Charakteren beschäftigen sollten, wird von Regisseur und Kameramann Samo Zakkir sehr gut zusammengefasst:

5 Diego Crespo, »Spoilers, Schmoilers: The Narrative Design of Plot Twists«, *Audiences Everywhere*, 1. Oktober 2014, *https://oreil.ly/9f4-G*.

6 Martha Alderson, »Connecting with Audiences Through Character Emotions«, The Writers Store, *https://oreil.ly/ynM1f*.

7 Film Courage, »The #1 Most Important Element in Developing Character«, YouTube-Video, 24. September 2012, *https://oreil.ly/cgevp*.

> Wenn Sie Ihre Hausaufgaben gemacht haben, sich wirklich in den Charakter-Eisberg hineinversetzt haben und Ihre Charaktere genau kennen, ist der Rest einfach. Der Charakter sagt es Ihnen. Sie müssen nur noch zuhören.[8]

Davon können wir beim Produktdesign lernen.

Die Rolle von Charakteren und Charakter-Entwicklung im Produktdesign

Wenn wir im Zusammenhang mit Produktdesign über Charaktere sprechen, denken wir oft an Personas, seien es User-Personas, die wichtige Nutzertypen repräsentieren, oder Marketing-Personas (auch als Buyer-Personas bezeichnet), die ideale Kunden darstellen. Heutzutage gibt es jedoch eine wachsende Anzahl von Akteurtypen und Charakteren zu berücksichtigen. Neue Eingabeformen bieten zum Beispiel Voice UIs und Conversational UIs, wobei die »Systeme« durch KI und maschinelles Lernen zunehmend menschliche Züge annehmen.

Viele Funktionen, die früher von Menschen ausgefüllt wurden, wie z.B. dem Support-Team am Telefon, werden heute dank KI und maschinellem Lernen von Chats und Bots übernommen. Auch wenn wir nicht automatisch darüber nachdenken, ob wir es wollen oder nicht, und diese Persönlichkeiten explizit oder implizit definieren, werden die Nutzer bei jedem Interaktionspunkt auf eine bestimmte Persönlichkeit schließen. Die Weise, wie der Bot schreibt und wie eine VUI klingt, beeinflusst die Wahrnehmung des Nutzers, und diese Wahrnehmung beeinflusst wiederum seine emotionale Reaktion. Wir sollten dies bewusst definieren, anstatt den Nutzern die Interpretation zu überlassen, denn dies wirkt sich sowohl auf den Erfolg der Erfahrung als auch auf die Marke aus. Wie die Markenstrategin Jess Thoms schreibt: »Wenn Sie sich nicht die Zeit nehmen, den Charakter und die Motivation sorgfältig auszuarbeiten, laufen Sie Gefahr, dass die Leute Motivationen, Persönlichkeitsmerkmale und andere Eigenschaften auf Ihre App und Ihre Marke projizieren, die Sie vielleicht gar nicht mit ihnen in Verbindung bringen wollen.«[9]

Unabhängig davon, ob unsere Produkte und Dienstleistungen eine konversationelle Schnittstelle beinhalten, geht es bei der Definition der Charaktere und Akteure nicht so sehr darum zu vermeiden, dass Nutzer unerwünschte Eigenschaften auf unsere Produkte und Dienstleistungen projizieren. Vielmehr sollten wir uns darüber im Klaren sein, dass die Persönlichkeit und eine wachsende Anzahl von Akteuren zunehmend eine Rolle für die Produkterfahrung

8 Samo Zakkir, »Screenwriting 102 (Character)«, 313 *Film School*, 25. Februar 2014, ***https://oreil.ly/KW6rH***.

9 Jess Thoms, »A Guide to Developing Bot Personalities«, *Medium*, 29. Mai 2017, ***https://oreil.ly/JQtdS***.

spielen. Darüber hinaus geht es auch darum, die Menschen, für die wir entwickeln, wirklich zu verstehen.

Walt Disney achtete nicht nur auf das Ganze, sondern auch auf die kleinsten Details, und das müssen wir auch tun. Um den Bedürfnissen der Nutzer und des Unternehmens wirklich gerecht zu werden und die in Kapitel 3 behandelten Herausforderungen zu bewältigen, müssen wir sowohl das große Ganze als auch die kleinen Details in den von uns entwickelten Produkten und Dienstleistungen berücksichtigen. Dabei ist es wichtig zu verstehen, was für wen wann und wo eine Rolle spielt, und dieses »Was« ist zunehmend mit einem konkreten »Wer« verbunden.

In diesem Kapitel betrachten wir die Bedeutung von Charakteren und Charakter-Entwicklung in Bezug auf das Produktdesign.

Die Rolle der Charaktere bei der Entwicklung eines gemeinsamen Nenners

Wir sollten den Charakteren unter anderem deshalb Aufmerksamkeit schenken, damit sich wirklich alle Beteiligten darüber einig sind, für wen wir unser Design entwickeln. Darüber hinaus sollten alle Beteiligten die Personas kennen, mit denen wir arbeiten. Es ist entscheidend, dass das Team und der Kunde, falls vorhanden, ein umfassendes Gefühl dafür entwickeln, für wen das Produkt entwickelt werden soll und was für diese Menschen wichtig ist. Damit stellen wir nicht nur sicher, dass wir das Richtige entwickeln und gestalten, sondern auch, dass die vom Team vorgeschlagenen Lösungen angenommen und tatsächlich umgesetzt werden.

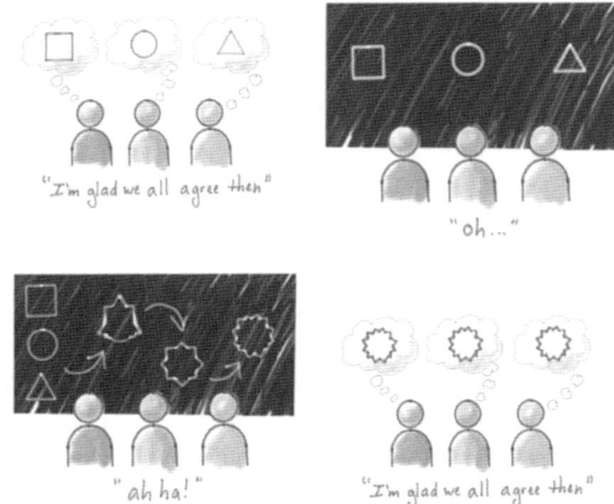

Abbildung 6.1: Cartoon von Barrett zur Veranschaulichung der Bedeutung eines gemeinsamen Verständnisses

Eine berühmte Grafik von Luke Barrett wird in zahlreichen Artikeln über Personas und Proto-Personas (oder Ad-hoc- oder improvisierte Personas, wie sie auch genannt werden) und die Bedeutung ihrer Ausgestaltung verwendet (Abbildung 6.1).

Gut definierte Personas stellen sicher, dass das interne und das Team des Kunden sich einig sind, für wen sie gestalten und was dazu nötig ist, anstatt dass jeder mit seinen eigenen Vorstellungen im Kopf herumläuft.

Die Rolle der Charaktere bei der Entwicklung von Empathie

Die Charakter-Entwicklung ist im Produktdesign unter anderem deshalb so wichtig, weil sie die Emotionen der Charaktere mit einbezieht. Eine der besten Möglichkeiten, das Publikum zu erreichen, besteht darin, dass diese Emotionen durch den Charakter zum Leben erweckt werden.

Im Produktdesign beschäftigen wir uns oft mit der Bedeutung von Empathie. Bei Empathie geht es darum, die Welt mit den Augen anderer zu sehen und sich so gut wie möglich vorzustellen, was diese sehen, denken und fühlen. Empathie-Maps, wie in Abbildung 6.2 dargestellt, sind ein Werkzeug, das bei der Entwicklung dieses Verständnisses unterstützend wirkt. Das Human-Centred Design Toolkit von IDEO definiert Empathie als ein »tiefes Bewusstsein für die Probleme und Realitäten der Menschen, für die Sie gestalten«, und ihre Bedeutung liegt in der Fähigkeit, unsere eigenen vorgefassten Meinungen zurückzustellen.

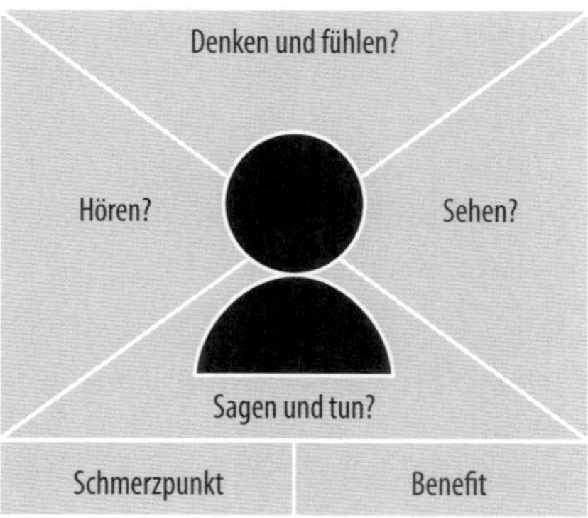

Abbildung 6.2: Eine Empathie-Map als einfaches Tool, mit dem wir Empathie und Verständnis für die Nutzer unseres Produkts oder unserer Dienstleistung erlangen können

Wie bereits erwähnt, haben Personas in letzter Zeit einen schlechten Ruf bekommen. Sie seien überflüssig und würden nichts zum Designprozess beitragen, sondern stattdessen einfach nach der Erstellung in einer Schublade verschwinden. Das hängt zum Teil mit dem Verfahren zusammen, nach dem Personas erstellt werden. Meiner Meinung nach spielt auch ein Mangel an echtem Einfühlungsvermögen in die Menschen, für die wir gestalten, und deren Personifizierung durch Personas eine Rolle. Wir neigen dazu, uns auf den funktionalen Bereich in Form von Features zu konzentrieren, selbst wenn wir mit User Storys oder Jobs to be done (JTBD) arbeiten, die eine Qualifizierung der Anforderung beinhalten. Wenn wir diese Tools nicht mit einer Personifizierung eines Nutzers verbinden, sind sie oft zu allgemein.

So wie wir eine emotionale Verbindung zu den Charakteren in einer Geschichte aufbauen müssen, damit sie eine Wirkung auf uns entfalten kann, müssen wir beim Produktdesign eine emotionale Verbindung zu den Menschen aufbauen, für die wir gestalten. Wir dürfen nicht nur sicherstellen, dass wir die Bedürfnisse der Menschen mit ihren Augen sehen und nicht mit unseren eigenen, sondern wir benötigen auch Empathie, um andere in den Prozess einzubeziehen und sie für die Menschen zu gewinnen, für die wir gestalten. Ohne Einfühlungsvermögen ist uns das egal, und wenn es uns egal ist, dann werden wir uns nicht die Mühe machen, den Personas Aufmerksamkeit zu schenken oder sie in den Produktdesignprozess einzubeziehen. Und dann kann das Endergebnis sehr wahrscheinlich die Bedürfnisse, Motivationen, Sorgen, Barrieren und weitere Anforderungen der Menschen, für die wir gestalten, nicht erfüllen.

Die Rolle der Charaktere bei der Ermittlung der Bedürfnisse

Je mehr Erfahrungen wir definieren, die für bestimmte Nutzer, ihre Geräte und Szenarien funktionieren und zu ihrer persönlichen Geschichte passen müssen, desto besser müssen wir die Besonderheiten der Nutzer verstehen. Unser Ziel sollte es nicht sein, eine Nutzergruppe als Ganzes zu definieren oder eine Einheitslösung zu finden, sondern wir sollten wirklich verstehen, wer unsere Kunden sind und was sie an bestimmten Punkten ihrer Reise brauchen. Nur dann können wir sie zu den wahren Helden der Erfahrung machen.

Wie ich in diesem Buch bereits erläutert habe, erwarten die Nutzer heutzutage Erfahrungen, die ganz speziell für sie funktionieren. Je weiter die Technologie voranschreitet und je mehr Geräte uns das Gefühl geben, dass sie uns persönlich kennen, desto stärker wird diese Erwartung des »Nur für mich«.

Alan Cooper, Gründer von Cooper Professional Education, »Vater von Visual Basic« und Erfinder der Design-Personas, sagt: Wir müssen Personas als individuelle Nutzer betrachten und genau herausfinden, was für sie wichtig ist, wie sich die Erfahrung wann und wo anfühlen sollte und welche übergreifenden Konzepte die Geschichte prägen sollten, die wir diesem speziellen Nutzer erzählen.

Die Rolle von Charakteren bei der Definition der Erzählung der Produkterfahrung

Von Drehbüchern wird oft gesagt, dass Sie Ihre Geschichte nur dann zum Leben erwecken können, wenn Sie die Charaktere in- und auswendig kennen und sie sich in jeder möglichen Situation vorstellen können, von der alltäglichen bis zur außergewöhnlichen. Das gleiche Prinzip gilt für die Entwicklung von Produkt- und Dienstleistungserfahrungen, die die Bedürfnisse der Nutzer wirklich erfüllen. Wenn Sie an den Punkt kommen, an dem Sie sich vorstellen können, welche Beziehungen die Nutzer zu anderen haben (und zum Produkt), wie sie sich verhalten und reagieren und was sie in bestimmten Situationen brauchen, beginnen Sie, die Welt Ihrer Produkterzählung wirklich zu erkunden. Auf diese Weise entstehen Szenen, mit deren Hilfe Sie herausfinden können, was die Erfahrungserzählung wann beinhalten muss.[10]

Alle Charaktere und Akteure in der Produkterfahrung erfassen

Denken Sie an die in Kapitel 5 behandelten Sequenzen, Szenen und Einstellungen zurück. Für jede Szene in einem Theaterstück, einem Film oder einer Fernsehserie müssen bestimmte Mitglieder der Besetzung anwesend sein. Sie haben eine bestimmte Rolle zu spielen, Texte vorzutragen, Handlungen auszuführen und oft einen bestimmten Ort zu einer bestimmten Zeit aufzusuchen, damit die Heldenreise voranschreitet. Alles ist choreografiert und durchdacht, und alle Beteiligten wissen, wer die Besetzung ist und wann die verschiedenen Darsteller am Set bzw. auf der Bühne sein sollen und welche Rollen sie haben.

Dieser Ansatz der Choreografie und Besetzung ist auch für das Produktdesign von immensem Nutzen. Für jede Szene einer Produkterfahrung müssen bestimmte »Darsteller« anwesend sein. Manchmal ist das nur der Nutzer, aber oft spielen mehr Charaktere und Darsteller eine Rolle, als wir auf den ersten Blick annehmen, wie Sie als Nächstes sehen werden.

Diese Akteure und Charaktere sollten Sie beim Produktdesign berücksichtigen

Normalerweise sind beim Produktdesign mehr Akteure im Spiel, als man auf den ersten Blick annehmen könnte. Das ist auch beim traditionellen Storytelling so – die meisten Erzählungen beinhalten mehr als einen Charakter, auch wenn einige davon keine wirklichen Personen sind.

In *Cast Away* dient Wilson, der Volleyball, als Chuck Nolans (gespielt von Tom Hanks) einziger Begleiter während dessen Zeit auf der einsamen Insel. Der

10 Michael Schilf, »Reveal the Tip, Know the Iceberg«, *The Script Lab*, 6. April 2010, ***https://oreil.ly/etLJm***.

Charakter des Volleyballs Wilson wurde vom Drehbuchautor William Broyles Jr. geschaffen, und aus Sicht des Drehbuchautors hilft Wilson, realistische Eins-zu-Eins-Dialoge in der ansonsten in weiten Teilen des Films dargestellten Ein-Personen-Situation zu gewährleisten. Auf ähnliche Weise spielt ein Charakter, der keine Person ist, in dem Film *Her* eine wichtige Rolle. »Her« ist das Betriebssystem, zu dem die Hauptfigur Theodore (gespielt von Joaquin Phoenix) eine ungewöhnliche Beziehung entwickelt. Obwohl Samantha, wie das Betriebssystem genannt wird, eine Sprechrolle hat und von Scarlett Johansson verkörpert wird, sieht man sie nie.

Genau wie der Held auf seiner Reise anderen Menschen begegnen wird, werden die Nutzer unserer Produkte und Dienstleistungen auf ihrer Journey immer wieder auf verschiedene »Charaktere« und Akteure treffen. Die Nutzer werden Charakteren begegnen, die in den von uns definierten Produkten und Dienstleistungen eine Rolle spielen – von dem Zeitpunkt, zu dem sie zum ersten Mal von unserem Produkt oder unserer Dienstleistung hören, bis hin zu dem Ende dieser Erfahrung – wo und wie es sich auch immer abspielen wird. Diese Charaktere werden sich je nach Art des Produkts oder der Dienstleistung voneinander unterscheiden. Über die folgenden Charaktere Ihres Produkts sollten Sie nachdenken:

Der Nutzer
: Der Nutzer ist der Hauptdarsteller und Held unseres Produkts oder unserer Dienstleistung.

Andere Nutzer
: Die Aktionen anderer Nutzer (z. B. Kommentieren, Liken, Posten usw.) haben Auswirkungen auf die Erfahrung des Nutzers.

Freunde, Familie, Partner, Kollegen
: Freunde, Familie, Partner und Kollegen sind die Verbündeten, an die sich der Nutzer um Rat wendet oder mit denen er Freude und Frustration teilen kann.

Das System
: Die Softwaresysteme bzw. das externe Softwaresystem, mit denen der Nutzer oder andere Systeme interagieren.

Die Marke
: Die Marke kann durch den Tone of Voice, das Look-and-Feel, ein VUI, Animationen oder Nachrichten personifiziert werden.

Bots und VUIs
: Bots und VUIs sind Teil des Systems wie auch der Marke, werden aber aufgrund ihrer Bedeutung und ihrer ausgeprägten persönlichkeitsbasierten Eigenschaften gesondert behandelt.

KI
: Ebenfalls ein Teil des Systems und der Marke, aber gesondert behandelt, weil eine KI zunächst von Menschen trainiert werden muss.

Touchpoints und Impulsgeber
: Zu den Touchpoints und Impulsgebern gehören die Menschen, Plattformen, interaktiven Systeme, Verkaufspunkte, physischen Geschäfte usw., mit denen sich die Nutzer auf ihrer Journey beschäftigen.

Geräte
: Geräte sind alle smarten Objekte, die mehr als eine bloße »Requisite« sind und bei denen es tatsächlich eine Rolle spielt, wann, wo und wie sie in der Customer Journey auftauchen, zum Beispiel Smartphones, Smartwatches, Smarthome-Geräte und IoT.

Der Gegenspieler
: Der Antagonist ist nicht immer physisch oder digital greifbar, aber präsent, indem er dem Nutzer auf seiner Reise Hindernisse in den Weg legt. Der Gegenspieler kann intern (z. B. Zweifel) oder extern sein.

Als Nächstes werden wir uns die einzelnen Charaktere etwas genauer ansehen und herausfinden, was wir beachten müssen und warum sie wichtig sind. Zuvor müssen wir jedoch definieren, was ein Charakter im Produktdesign ist, und zwischen Charakteren und Requisiten unterscheiden.

Definition von Charakteren und Akteuren im Produktdesign

Im traditionellen Storytelling ist die Unterscheidung zwischen Charakteren und Requisiten nicht besonders schwierig. Eine Requisite ist »ein Objekt, das von Darstellern während einer Aufführung oder einer Filmproduktion auf der Bühne oder auf dem Bildschirm verwendet wird. Praktisch gesehen ist eine Requisite alles, was auf einer Bühne oder an einem Set beweglich oder tragbar ist und sich von den Darstellern, dem Bühnenbild, den Kostümen und der elektrischen Ausrüstung unterscheidet.«[11] Wie die folgenden Beispiele zeigen, werden jedoch manche Requisiten im traditionellen Storytelling bisweilen als Charaktere im Produktdesign behandelt.

---

11 »Theatrical Property«, *Wikipedia*, *https://oreil.ly/wXch2*.

Ein Charakter oder Akteur im Produktdesign spielt eine direkte Rolle in einem oder mehreren Handlungssträngen und Szenen Ihres Produkts. Er sollte auch vorhanden sein, damit die Szene wie vorgesehen funktioniert.

HINWEIS

Ich sage »sollte vorhanden sein« und nicht »muss vorhanden sein«, weil die Einzelheiten eines bestimmten Projekts immer von dessen Anforderungen und Besonderheiten abhängen.

Im weiteren Verlauf dieses Buchs werde ich mit den folgenden Definitionen arbeiten, wenn es um Charaktere und Akteure im Produktdesign geht:

Charaktere
: personifizierte Bestandteile der Produkterfahrung, die mit anderen Charakteren interagieren oder diese beeinflussen. Einer davon kann unser Protagonist, der Nutzer, sein.

Akteure
: nicht personifizierte Systeme, mit denen das von uns entwickelte Produkt interagiert oder von denen es abhängt

Hilfsmittel
: stationäre oder bewegliche Elemente, die von Charakteren oder einfach im Produkt verwendet werden und die die Produkterfahrung verbessern

Übung: Eine Definition von Charakteren und Akteuren im Produktdesign

- Nehmen Sie sich anhand der vorangegangenen Übersicht 10 Minuten Zeit und schreiben Sie eine Liste der Charaktere und Akteure auf, die Ihnen zu Ihrem Produkt einfallen.
- Nehmen Sie die Karteikarten-Methode aus Kapitel 5 zu Hilfe, mit der Sie die Hauptszenen für Ihr Produkt definiert haben, und legen Sie fest, wer die Charaktere und Akteure in diesen Hauptszenen sind.

Die Nutzer

Genauso wie es in einer Geschichte einen Protagonisten geben muss (sonst gäbe es keine Geschichte), gäbe es bei einer Produkterfahrung ohne einen Nutzer keine Erfahrung oder kein Produkt (Abbildung 6.3). Für jedes Produkt gibt es primäre, sekundäre und manchmal auch tertiäre Nutzer. Egal, ob wir uns primär auf sie und ihre Bedürfnisse konzentrieren oder sie als sekundäres Publikum ansprechen – sie sind diejenigen, um die sich das Produkt oder die Dienstleistung wirklich dreht.

Im UX-Bereich gibt es eine anhaltende Debatte, wie man Nutzer nennen sollte. In diesem Buch wird der Begriff »Nutzer« in einem weiten und allgemeinen Sinn verwendet, ergänzt um die folgenden Unterscheidungen:

Nutzer
: Personen, die in der Vergangenheit, Gegenwart oder Zukunft unser Produkt oder unsere Dienstleistung nutzen, dabei aber nicht unbedingt eine monetäre Transaktion durchführen.

Kunden
: Personen, die für unser Produkt oder unsere Dienstleistung bezahlt haben, gerade bezahlen oder bezahlen werden. Kunden müssen das Produkt jedoch nicht unbedingt genutzt haben.

Publikum
: Passive »Zuschauer«, die entweder indirekt oder direkt mit unserem Produkt oder unserer Dienstleistung in Berührung gekommen sind, zum Beispiel durch Marketing.

Abbildung 6.3: Die Nutzer

Übung: Die Nutzer

Denken Sie an Ihr Produkt oder Ihre Dienstleistung:

- Haben Sie sowohl Kunden als auch Nutzer?
- Was macht sie zu Kunden oder Nutzern?
- Wer ist die Zielgruppe für Ihr Produkt oder Ihre Dienstleistung?

Die anderen Nutzer

Die meisten Erzählungen beinhalten Nebencharaktere, die den Protagonisten oder die Handlung unterstützen. Beim Produktdesign und bei Nutzererfahrungen im Allgemeinen gibt es immer weitere Nutzer, die Teil des Teams, des Unternehmens oder des Netzwerks des Hauptnutzers sind – entweder ersten, zweiten oder dritten Grades. Die einzige Verbindung des Hauptnutzers ist möglicherweise ein gemeinsames Interesse, ein Thema oder ein Ort, der sie indirekt verbindet. Die anderen Nutzer haben vielleicht z. B. eine Bewertung oder einen Kommentar abgegeben oder sind alle in derselben Slack- oder lokalen Facebook-Gruppe (Abbildung 6.4).

Die anderen Nutzer sind grundsätzlich wichtig, wenn das Produkt einen sozialen Aspekt aufweist (z. B. LinkedIn und Slack). Sie spielen auch eine wichtige Rolle, wenn das Vertrauen in das Produkt und sein Angebot durch die Bewertungen oder Kommentare anderer Nutzer beeinflusst wird (z. B. über eine positive oder negative Erfahrung auf einer E-Commerce- oder Restaurant-Seite).

Hier einige Beispiele für andere Nutzer, die Sie berücksichtigen sollten:

Gruppenmitglieder
: Nutzer, die den Hauptnutzern ähnlich sind. Sie können aktiv oder passiv sein, zum Beispiel Kontakte ersten, zweiten oder dritten Grades auf LinkedIn oder Mitglieder eines Slack-Kanals.

Mitwirkende
: Nutzer mit einer offiziellen Rolle, zu der das Erstellen von Inhalten gehört oder die auf andere Weise zum Produkt beitragen, zum Beispiel Autoren Ihres Produkt-Blogs.

Passive Nutzer
: Nutzer, die das Produkt- oder Dienstleistungsangebot nicht erstellen oder ergänzen, aber das System auf die vorgesehene Art und Weise nutzen (zum Beispiel auf Facebook liken, aber keine eigenen Inhalte posten).

Influencer
: Power-User und/oder Early Adopters mit einem großen Publikum, die aktiv Inhalte teilen oder selbst erstellen, manchmal als offizielle Mitarbeiter der Marke oder in hauptberuflicher Funktion, zum Beispiel ein YouTube- oder Instagram-Creator, der als Experte auf einem bestimmten Gebiet gilt.

Fürsprecher
: Nutzer oder Kunden, die für Ihr Produkt oder Ihre Dienstleistung werben und andere beeinflussen, z. B. durch Teilen einer positiven Nachricht zu Ihrem Produkt oder Ihrer Dienstleistung in ihren Social-Media-Kanälen.

Kritiker
: Nutzer oder Kunden, die Ihrem Produkt oder Ihrer Dienstleistung kritisch gegenüberstehen und andere beeinflussen können, z.B. durch das Teilen einer negativen Nachricht zu Ihrem Produkt oder Ihrer Dienstleistung auf ihren Social-Media-Kanälen.

Zwar spielen andere Nutzer fast immer eine Rolle – zumindest als Fürsprecher oder Kritiker –, doch es gibt verschiedene Produkttypen, bei denen sie keinen Einfluss auf die Nutzererfahrung oder Produktverwendung haben, abgesehen davon, dass sie die Entscheidung für das betreffende Produkt oder Unternehmen beeinflussen. Beispiele sind Buchhaltungssoftware für Freiberufler und Online-Banking-Anwendungen. Hier können die anderen Nutzer zwar eine bestimmte Software empfehlen, aber darüber hinaus sind sie kein Teil der Produkterfahrung.

Übung: Die anderen Nutzer

Beantworten Sie mit Blick auf Ihr eigenes Produkt oder Ihre Dienstleistung die folgenden Fragen:

- Wer sind bei Ihrem Produkt oder Ihrer Dienstleistung die anderen Nutzer?
- Gibt es relevante Gruppen, die in der vorangegangenen Liste nicht aufgeführt sind?
- Sind sie aktiv oder passiv? Tragen sie zum Beispiel direkt zum Wachstum/Wert des Produkts oder der Dienstleistung bei, indem sie Inhalte erstellen, aktiv teilen oder kommentieren? Oder sind sie passive Nutzer, die das Produkt bzw. die Dienstleistung aus eigenem Interesse nutzen, sich aber nur selten engagieren, z.B. indem sie die Beiträge anderer liken?
- Wie können Sie sie in ihrer Rolle unterstützen? Überlegen Sie zum Beispiel, wie Sie es aktiven Nutzern leicht machen, etwas zu teilen oder selbst Content zu erstellen. Können Sie etwas tun, um die passiven Nutzer zu aktivieren?

Abbildung 6.4: Die anderen Nutzer

Freunde, Familie, Partner, Kollegen

In traditionellen Erzählungen gehören Freunde, Familie, Partner und Kollegen oft zu den Hauptcharakteren (Abbildung 6.5). Da sie die Menschen sind, die dem Protagonisten am nächsten stehen, spielen sie normalerweise eine große Rolle in seinem Leben.

Im Produktdesign sind Freunde, Familie, Partner und Kollegen in der Regel die vertrautesten Partner des Hauptnutzers. An sie wendet er sich für Ratschläge und Empfehlungen und holt ihre Meinung ein (oder bekommt sie manchmal auch ungefragt zu hören). Zwar spielen diese Charaktere im Leben des Protagonisten eine große Rolle, doch nehmen sie im Produktdesign eher eine Nebenrolle ein und treten nur in einem Teil der Produkterfahrung auf, zum Beispiel bei der Recherche.

Abbildung 6.5: Freunde, Familie, Partner, Kollegen

Freunde, Familie, Partner und Kollegen können jedoch auch mehr als Nebencharaktere sein, wenn ein bestimmter Teil der Produkterfahrungsgeschichte sowohl sie als auch unseren Protagonisten, den Hauptnutzer, betrifft. Der Hauptnutzer berät sich vielleicht mit anderen, wenn er eine Entscheidung trifft, ob er ein bestimmtes Produkt statt eines anderen kaufen soll, oder er sucht Hilfe bei der Inbetriebnahme. In vielen Fällen beinhaltet dies keine direkte Auseinandersetzung mit dem Produkt selbst. Stattdessen betrifft sie in der Regel eine Offline-Erfahrung, etwa Ratschläge, ob man das Produkt kaufen soll oder nicht.

Es ist vor allem deshalb wichtig, Freunde, Familie, Partner und Kollegen bei der Produktgestaltung zu berücksichtigen, weil sie durch ihre subjektive (oder auch objektive) Meinung die wichtigsten Entscheidungen des Nutzers beeinflussen können.

Übung: Freunde, Familie, Partner, Kollegen

Denken Sie über die gesamte Produkterfahrung nach, auch über die Punkte, an denen etwas schiefgehen kann, und finden Sie gegebenenfalls Folgendes heraus:

- An welchen Punkten der Erfahrung werden Freunde, Familie, Partner und/oder Kollegen zu Nebencharakteren?
- An welchen Punkten der Produkterfahrung werden sie zu einsträngigen Charakteren?

Das System

Wie bereits weiter oben in diesem Kapitel erläutert, war das System, genauer das Betriebssystem Samantha, einer der Hauptcharaktere im Film *Her*. Als ich Informatik und Betriebswirtschaft an der Copenhagen Business School studierte, gab es das Studienfach Systemanalyse und -design. Wir erstellten Unified-Modeling-Language(UML)- und Use-Case-Diagramme, und das System und seine Komponenten (Datenbanksystem, Client-Anwendung, Anwendungsserver usw.) wurden als Akteure definiert und als kleine Strichmännchen dargestellt.

Use-Case-Diagramme sollen die Möglichkeiten aufzeigen, wie ein Nutzer mit einem System interagieren könnte (Abbildung 6.6). Es handelt sich dabei nicht um eine detaillierte Schritt-für-Schritt-Darstellung, sondern um eine Übersicht über die Beziehungen zwischen Use Cases (z.B. einen Kauf tätigen oder sich anmelden), Akteuren und Systemen.

In Bezug auf das System unterscheiden wir primäre und sekundäre Akteure (Abbildung 6.7):

Primäre Akteure
: Akteure, die das System nutzen, um ein Ziel zu erreichen; z.B. der in Abbildung 6.6 erwähnte Nutzer oder Kunde.

Sekundäre Akteure
: Akteure, von denen das System Unterstützung benötigt, damit der Hauptakteur seine Ziele erreichen kann; z.B. PayPal oder der in Abbildung 6.6 gezeigte Zahlungsservice.

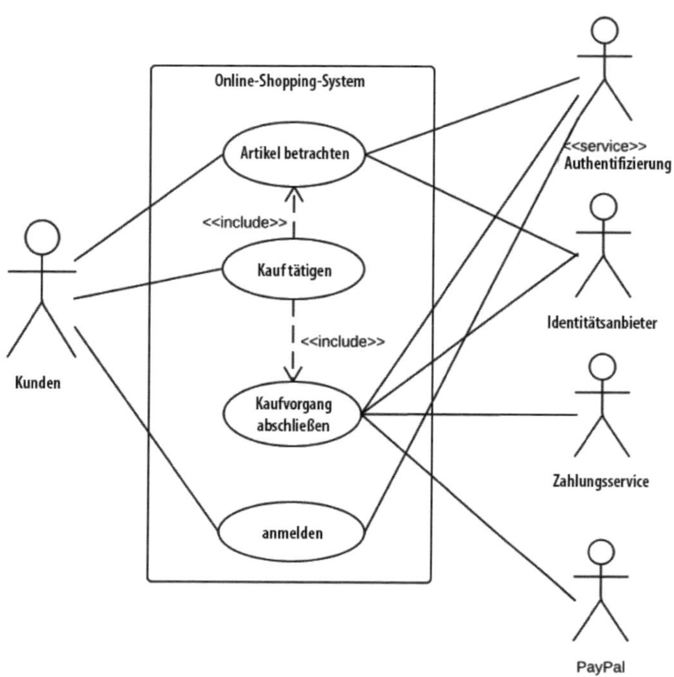

Abbildung 6.6: Beispiel für ein UML-Use-Case-Diagramm

Da ich in diesem Buch den Hauptnutzer als »Nutzer« oder »Protagonist« bezeichne und anders als in der vorangegangenen Definition nicht als »Hauptakteur«, verwenden wir die folgenden Definitionen von »Systeme« und »Akteure« im Produktdesign:

Systeme
: Unsere Produkte oder Dienstleistungen, wenn sie intelligent agieren und mit dem Nutzer kommunizieren; zum Beispiel Gmail und seine dezenten Hinweise auf nach einer gewissen Zeit noch nicht beantwortete E-Mails.

Akteure
: Andere Systeme oder technische Akteure, von denen das System Unterstützung benötigt, damit der Nutzer seine Ziele erreichen kann. Entsprechen den »sekundären Akteuren« in der vorangegangenen Definition; z. B. Zahlungs-Gateways, die bestehende Login-Systeme wie Facebook und Gmail nutzen.

Übung: Das System

Nehmen Sie einen der wichtigsten Use Cases Ihres Produkts, an denen das System beteiligt ist, und finden Sie Folgendes heraus:

- Welche primären Akteure nutzen das System, um ein Ziel zu erreichen?
- Von welchen sekundären Akteuren benötigt das System Unterstützung?

Abbildung 6.7: Das System

Die Marke

Wie in Kapitel 1 erläutert, war das Storytelling eine der frühesten Branding-Formen. Wer sich mit Branding beschäftigt, ist es gewohnt, die Marke zu definieren und ihr durch den Tone of Voice (TOV) und das Look-and-Feel eine Persönlichkeit zu verleihen. Wir definieren im Hinblick auf die verwendete Sprache, was die Marke ausdrücken soll und was nicht und wie Farben und Bildstile eingesetzt werden sollen.

Mit dem Aufkommen von Bots und VUIs wird die Markenpersönlichkeit (Abbildung 6.8) immer wichtiger. Von der Welt des Films *Her* sind wir weit entfernt – aber dann vielleicht doch gar nicht so weit. Da die Technologie immer menschlichere Züge annimmt und intelligenter wird, wird die Definition der Markenpersönlichkeit – die Dos und Don'ts hinsichtlich ihres Verhaltens – immer wichtiger, damit wir unseren Nutzern und Kunden zur richtigen Zeit die passende Erfahrung bieten.

Abbildung 6.8: Die Marke

Für wen und was unsere Marke steht, sollte den Nutzern des Produkts kommuniziert und von ihnen gefühlt werden. Dies geht über den Tone of Voice und das Look-and-Feel hinaus. Beides sollte in Mikrointeraktionen, in Fehlermeldungen und Mikrotexten erkennbar sein. Dazu gehört auch, wie sich die Marke über verschiedene Eingabemethoden und Touchpoints hinweg verhält.

In manchen Fällen, auch bei VUIs und Produkten, deren Erfahrung Chatbots beinhalten, wird die Marke zunehmend zu einem der Hauptcharaktere oder zumindest zu einem wichtigen Nebencharakter. Doch selbst wenn die Marke mit ihrer Präsenz eine prominentere Rolle einnimmt, sollte sie niemals der Held sein. Der Held ist immer der Nutzer. Die Erzählung dreht sich um den Nutzer, und deshalb existiert das Produkt.

Wenn wir im Zusammenhang mit dem Charakter von »Marke« sprechen, meinen wir die Gesamtpersönlichkeit der Marke, die sich insbesondere auf folgende Weise sehen und fühlen lässt:

Der Tone of Voice der Marke
: vom Mikro- zum Langformtext

Das Erscheinungsbild der Marke
: von der Farbpalette bis zu Animationen

Die konversationellen UIs der Marke
: von text- und avatarbasierten zu sprachbasierten Personifikationen

Jede andere Personifizierung der Marke
: Kundendienstmitarbeiter, Vertriebsmitarbeiter etc.

Übung: Die Marke

Denken Sie an Ihr Produkt und die Erfahrung, die die Nutzer damit machen werden:

- In welchen Bereichen der Produkterfahrung ist die Marke besonders wichtig?
- Wie manifestiert sich die Marke?

Bots und VUIs

In dem Film *2001: Odyssee im Weltraum* spricht der Computer HAL 9000 in einer sanften, ruhigen und sehr eloquenten Weise. Doch in Kombination mit seiner Frontplatte und seinen Handlungen wird ganz deutlich, dass HAL 9000 ein Antagonist ist. Sobald man einem Objekt eine Stimme gibt, sei es eine tatsächliche oder in Textform, braucht es auch eine Persönlichkeit. Ob es uns gefällt oder nicht, wir Menschen projizieren menschliche Züge auf alles, was eine Stimme oder andere menschliche Eigenschaften aufweist, z.B. eine Bot-Schnittstelle.

Oren Jacob, Gründer und CEO von PullString, sagt: »Wir können eine Unterhaltung nicht davon trennen, mit wem wir sie führen.«[12] Jeder, mit dem wir gesprochen haben – oder, wie Jacob betont, jeder, der mit uns gesprochen hat – habe eine Persönlichkeit, eine Tonalität, eine Stimmung und einen Stil, der seine Sprache beeinflusst. Wenn wir kommunizieren, sagt er, kommunizieren wir sowohl auf als auch unter der Oberfläche. Was unter der Oberfläche, im Unterschwelligen, gesagt wird, macht oft den größten Teil unserer langfristigen Wahrnehmung der Erfahrung aus. Gewohnheitsmäßig nutzen wir das Unterschwellige, um unsere Gesprächspartner zu beurteilen. Wir können gar nicht anders, als dieselbe Strategie auch bei Bots und VUIs zu verwenden (Abbildung 6.9).

Abbildung 6.9: Bots und VUIs

Bei der Personifizierung von Bots und VUIs geht es sowohl um den sichtbaren als auch um den unsichtbaren Teil. Manche Bots verfügen über einen Avatar, manche Konversationsschnittstellen bestehen nur aus einer Stimme oder einem Text, aus dem wir die Persönlichkeit ableiten. Ganz gleich, ob wir das mit uns sprechende Objekt sehen oder hören, es ist nur natürlich, dass wir menschliche Züge darauf projizieren. Diese Personifizierung veranlasst uns, eine Beziehung zu dem betreffenden Objekt aufzubauen.

12 Google Developers, »PullString: Storytelling in the Age of Conversational Interfaces«, YouTube-Video, 19. Mai 2017, *https://oreil.ly/bEy9x*.

Wie bereits erwähnt, vollzieht sich diese Personifizierung unabhängig von Sympathie oder Antipathie. Daher ist es für Produkt und Nutzer von Vorteil, wenn wir uns tatsächlich mit diesem Aspekt beschäftigen. Wir können Chatbots und VUIs besonders wirkungsvoll gestalten, indem wir sie so entwickeln, dass sie zu den Situationen, Kontexten und Ergebnissen passen, für die wir sie benötigen – und es wird immer wichtiger, dass wir ihre Persönlichkeit definieren.

Wichtige Aspekte bei der Entwicklung von Persönlichkeit für Bots und VUIs sind beispielsweise:

Der TOV des Bots oder des VUI
: die allgemeine Sprechweise

Die tatsächliche Stimme des VUI
: darauf achten, dass sie mit dem definierten TOV und dem Produkt übereinstimmt

Situative Reaktionen
: wie der Bot oder das VUI in verschiedenen Situationen – sowohl erfreulichen als auch unerfreulichen – reagiert

Verhalten
: ob und inwiefern sich der Bot oder das VUI unter bestimmten Umständen anders verhalten soll; z.B. wenn nach bestimmten Themen gefragt wird

Erscheinungsbild
: wie die Personifikation aussehen sollte (unter Berücksichtigung der Produktart)

Übung: Bots und VUIs

Überlegen Sie sich verschiedene Kontexte, in denen Ihr Bot oder VUI verwendet werden soll, und wie es sich verhalten oder reagieren würde, wenn es ein Mensch wäre. Denken Sie insbesondere an diese Situationen:

- Die Frage wurde nicht vollständig verstanden – wie und worauf soll der Bot oder das VUI reagieren, und beeinflusst die Reaktion die Wahrnehmung des Nutzers?
- Die Frage wurde zwar verstanden, aber die Fragestellung sprengt den Rahmen. Wie antworten Sie im Hinblick auf die Aktion, die der Nutzer als Nächstes ausführen soll?

KI

Bei der Unterscheidung zwischen Bots/VUIs und KI im traditionellen Storytelling wird die Sache etwas unübersichtlich. Ohne eine konkrete Stimme für die KI gäbe es eigentlich keine KI, die man personifizieren könnte (Abbildung 6.10). Ava, der Roboter HAL 9000 und Samantha in dem Film *Her* sind zwei weitere Beispiele. Ich betrachte die KI jedoch gesondert, weil KI trainiert werden muss und wir die Verantwortung haben, sie gut zu trainieren.

Was KI wirklich gut kann, ist die dynamische Personalisierung: Sie kann spezifische Empfehlungen auf der Grundlage der Handlungen eines Nutzers – oder deren Ausbleiben – aussprechen. Richtig schlecht ist KI darin, Nuancen zu verstehen und herauszufiltern sowie menschlich zu reagieren, weil dazu Einfühlungsvermögen nötig ist.

Designer werden immer öfter eher zu Kuratoren der KI statt zu ihren Schöpfern. Wir müssen einen empathischen Kontext für die KI schaffen und festlegen, welche Beziehung sie zum Produkt und zum Nutzer haben soll.[13]

Abbildung 6.10: Eine von »2001: A Space Odyssey« inspirierte Darstellung künstlicher Intelligenz

Bei der Entwicklung von KI müssen wir besonders auf Folgendes achten:

Wie KI lernt
: Eine KI lernt aus dem, was in das System eingespeist wird. Wenn man ihr nur von Äpfeln erzählt, wird sie auch nur Äpfel kennen. Als Designer müssen wir auf Verzerrungen der Daten achten, mit denen wir die KI füttern.

13 Miklos Philips, »The Present and Future of AI in Design«, Toptal, *https://oreil.ly/s9wds*.

Nutzerstatus verstehen

Derzeit sind KIs nicht besonders gut darin, verschiedene Nutzerstatus wie traurig, glücklich oder wütend zu erkennen, zu verstehen oder angemessen darauf zu reagieren. Bis wir einen Punkt erreichen, an dem sie das können und auf einfühlsame Weise reagieren, sollten wir bestimmte Szenarien lieber Menschen überlassen.

Übung: KI

Denken Sie an Ihr Produkt und beantworten Sie sich die folgenden Fragen:

- Welche spezielle Voreingenommenheit sollten Sie nicht in die KI übertragen?
- Welche Szenarien würden besser von einem Menschen als von einem KI-gesteuerten System übernommen?

Geräte

Geräte und Technologie spielen eine primäre Rolle in der Science-Fiction-Literatur und in Filmen wie *Her* und *Iron Man*. In solchen Erzählungen haben die Geräte oft die Rolle, den Hauptprotagonisten bei seinen Unternehmungen zu unterstützen. Sie sind mehr als bloße Technologie, die der Protagonist benutzt, und die Begriffe Assistent, Begleiter oder Ergänzung (des Nutzers) beschreiben sie besser.

Je fortschrittlicher KI und maschinelles Lernen werden und je stärker sie zur Schaffung eines echten Mehrwerts in das Produktdesign integriert werden, desto eher werden die Geräte von einer Requisite zu einem Akteur oder Charakter in den von uns entwickelten Produkterfahrungen (Abbildung 6.11). Wir haben uns bereits mit Bots und VUIs beschäftigt, und Smartspeaker sind ein offensichtliches Beispiel für ein Gerät als Charakter. Es gibt jedoch noch viele andere. Es ist die Rolle als personifizierter, mit dem Haupt- oder anderen Nutzern interagierender Akteur in der Produkterfahrung, die ein Gerät zu einem Charakter statt einem Requisit macht.

Hier einige Beispiele für Geräte als Charaktere:

Smartphones

Was das Smartphone zu einem Charakter und nicht zu einem Requisit macht, ist der Aspekt des Geräts als Vermittler und die Tatsache, dass sich seine Rolle mit dem Nutzungskontext ändern kann. Je intelligenter das Betriebssystem agiert, desto hilfreicher wird das Gerät und desto stärker wird seine Rolle (z. B. das Pixel-Smartphone und Android 10).

Abbildung 6.11: Geräte als Charaktere

Smartwatches
Diese Geräte spielen oft eine ganz ähnliche Rolle wie Smartphones – auch wenn sie im Allgemeinen eher einem Assistenten ähneln, der Sie über wichtige Dinge benachrichtigt, da die auf dem Gerät ausführbaren Aufgaben begrenzt sind. Genau wie Smartphones sind diese Geräte hochgradig personalisiert (z.B. Apple Watch).

Smartspeaker
Diese werden oft mit einem Namen angesprochen. Obwohl sie sehr eng mit der KI verbunden sind, die sie steuert, werden sie zu einem eigenständigen Charakter, der an einem bestimmten Ort in der Wohnung untergebracht ist (z.B. Amazon Alexa oder Google Home).

Roboter
Obwohl bisher nur sehr wenige von uns Roboter bei sich zu Hause haben, übernehmen diese Geräte ähnlich wie Smart-Speaker oft eine bestimmte Rolle oder Aufgabe (z.B. der Roomba-Staubsauger und mobile Webcams, über die Sie mit Ihrem Haustier sprechen können).

IoT
Eine gute Möglichkeit, IoT als Charaktere zu betrachten, besteht darin, sich diese als miteinander sprechende Objekte vorzustellen, mit denen wir durch Sprache, eine App oder andere Mittel kommunizieren können (z.B. Nest und Hive).

Wie diese Beispiele zeigen, besteht eine sehr enge Verbindung zwischen dem Gerät und dem Produkt, das der Nutzer darauf verwendet, sowie eine Verbindung mit der KI, die es steuert. Dennoch ist es wichtig, bei der Entwicklung zwischen beidem zu trennen, da die Besonderheiten des Geräts selbst einen Einfluss darauf haben, wie und wo sich die Nutzererfahrung abspielt. Zum Beispiel hat die Verwendung des Google-Sprachassistenten auf einem Smartphone einen anderen Kontext als auf einem Smart-Speaker (Abbildung 6.12). In diesem Sinne sollten Geräte als Vermittler für das Produkt oder die Dienstleistung betrachtet werden.

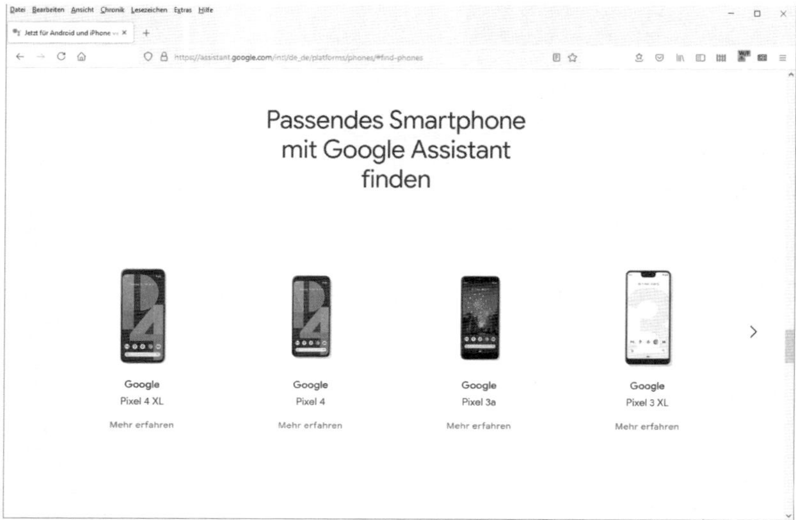

Abbildung 6.12: Der Abschnitt »Passendes Smartphone mit Google Assistant finden« auf der Google-Assistant-Website zeigt alle Gerätetypen, auf denen Google Assistant verfügbar ist.

Übung: Geräte

Überlegen Sie hinsichtlich Ihres Produkts oder Ihrer Dienstleistung Folgendes:

- Gibt es Geräte, die als Charakter betrachtet werden können?
- Wenn nicht, fällt Ihnen ein anderes Produkt ein, bei dem die Geräte eher Charaktere als Requisiten sind?
- Kommuniziert Ihr Produkt mit dem digitalen Assistenten eines beliebigen Geräts?

Touchpoints und Impulsgeber

In allen Geschichten begegnet der Protagonist auf seiner Reise anderen Menschen. Diese Personen spielen eine Rolle, wenn auch eine untergeordnete: Auf die eine oder andere Weise unterstützen sie die Suche des Protagonisten (oder versuchen, sie zu sabotieren). In ähnlicher Weise enthalten alle Erfahrungen mehrere Begegnungspunkte und Impulsgeber (Abbildung 6.13).

Einige Touchpoints sollen Bewusstsein schaffen und eine Aktion (oder keine Aktion) rund um das betreffende Produkt auslösen, während andere am ehesten als Requisiten betrachtet werden können, die zwar vorhanden sind, aber keine wirklich aktive Rolle in der Szene spielen, außer dass sie die Handlung unterstützen. Ein Beispiel ist eine Anzeige in einer Zeitschrift oder online, die Sie vielleicht daran erinnert oder anregt, eine Google-Suche durchzuführen. Auch wenn diese Touchpoints wichtig sind, spielen diejenigen Berührungspunkte und Impulsgeber, die im Zusammenhang mit Charakteren und Akteuren von Interesse sind, eine aktivere Rolle. Sie sind eher mit Nebencharakteren im traditionellen Storytelling vergleichbar.

Abbildung 6.13: Touchpoints und Impulsgeber

Wir haben Touchpoints und Impulsgeber als die Menschen, Plattformen, interaktiven Installationen, Verkaufsstellen, physischen Geschäfte usw. definiert, mit denen der Nutzer auf seiner User Journey zu und mit unseren Produkten und Dienstleistungen interagiert oder sich beschäftigen wird. Diese Touchpoints und Impulsgeber haben eines gemeinsam: Auf die eine oder andere Weise vermitteln sie eine Botschaft oder Meinung, die direkt oder indirekt mit dem

Produkt oder der Dienstleistung verbunden ist und die Meinungen und Handlungen anderer Menschen beeinflussen kann. Diese Meinung kann gut oder schlecht sein.

Hier sind einige Beispiele für Touchpoints und Impulsgeber:

Direkte Touchpoints und Impulsgeber
: Jeder Touchpoint mit einer Stimme – auch wenn es keine physische ist –, mit dem der Nutzer durch eine aktive Auswahl interagiert und der dazu beiträgt, seine User Journey zu beeinflussen (z.B. Blogs, Nachrichtenseiten, Zeitschriften, Anzeigen, die der Nutzer anklickt)

Indirekte Touchpoints und Impulsgeber
: Alle Touchpoints, auf die der Nutzer stößt und mit denen er nicht aktiv interagiert, die ihn aber dennoch durch ihre Botschaften beeinflussen können (z.B. Werbetafeln, Anzeigen, die der Nutzer nicht anklickt)

Übung: Touchpoints und Impulsgeber

Denken Sie hinsichtlich Ihrer Produkterfahrung über die Phasen nach, die der Nutzer durchläuft, und finden Sie Folgendes heraus:

- Welche direkten Touchpoints und Impulsgeber gibt es?
- Welche indirekten Touchpoints und Impulsgeber gibt es?

Der Antagonist

Im traditionellen Storytelling ist der Antagonist die Person, die sich wünscht, dass die Dinge für den Protagonisten schlecht laufen. Oft ergreift sie direkte Maßnahmen, um den Protagonisten zu behindern (Abbildung 6.14).

Beim Produktdesign denken wir oft nicht über Gegenspieler nach und entwerfen für den besten Fall. Es gibt jedoch mehrere Antagonisten, die berücksichtigt werden müssen:

Interne Antagonisten
: Der »Teufel auf der Schulter«, der den Nutzer im Zusammenhang mit dem Erreichen seines Ziels negativ beeinflusst (z.B. der Zweifel des Nutzers oder sein mangelndes Vertrauen in seine eigenen Fähigkeiten).

Externe direkte Antagonisten
: versuchen aktiv, den Hauptnutzer zu sabotieren (z.B. in den sozialen Medien Trolle und Hater, die negative Äußerungen als Antwort auf den Kommentar des Hauptnutzers oder über das Produkt posten, um Schaden anzurichten).

Externe indirekte Antagonisten
: agieren indirekt, indem sie den Nutzer nicht beim Erreichen seiner Ziele unterstützen (z. B. schlecht geschriebene Fehlermeldungen oder Anweisungen, die den Nutzer eher verwirren als anleiten).

Abbildung 6.14: Der Gegenspieler

Übung: Der Antagonist

Denken Sie an Ihr Produkt und die Erfahrung des Nutzers damit, und finden Sie Folgendes heraus:

- die internen Gegenspieler Ihrer Hauptnutzer
- die externen direkten Gegenspieler
- alle externen indirekten Gegenspieler

Diese Übersicht ist eine nützliche Orientierungshilfe, mit der Sie die Charaktere und Akteure in einer Produkterfahrung identifizieren können. Der nächste Schritt besteht darin, diese Charaktere und Akteure weiter zu definieren und zu entwickeln.

Die Wichtigkeit der Charakter-Entwicklung

Eines der wichtigsten Ziele beim traditionellen Storytelling ist die Schaffung von Charakteren, die dem Publikum oder dem Leser am Herzen liegen. Ohne solche Charaktere gibt es normalerweise keine gute Geschichte, und wenn es keine emotionale Verbindung gibt, dann fällt die Geschichte flach. Gemäß dem Drehbuchautor und Regisseur John Truby ist einer der größten Fehler, den Autoren bei der Entwicklung ihrer Charaktere machen, sie so detailliert wie möglich und mit zu vielen Eigenschaften zu gestalten. Für Truby sind dies nur oberflächliche Elemente einer Person. Zwar helfen sie uns zu erkennen, wer der Charakter ist, aber sind nicht das, was uns an einem Charakter interessiert.

Vielmehr bringen uns zwei Dinge dazu, uns für einen Charakter zu interessieren: seine Schwäche (d.h. seine Not und sein tiefes inneres persönliches Problem) und das Ziel des Charakters in der Geschichte (die sich schließlich auch mit seiner Schwäche und seinem Problem befasst).[14]

Das Ziel oder die Zielsetzung des Charakters ist ein wichtiger Aspekt seiner Persönlichkeit und seiner Entwicklung. Jeder Charakter hat eine Zielsetzung, genau wie jeder Nutzer ein Ziel hat. Dieses Ziel ist auch mit dem großen »Warum« verbunden. Uns wird immer geraten, dieses beim Produktdesign zu ergründen. Beim traditionellen Storytelling ist das »Warum« ein wichtiger Grund, warum der Charakter überhaupt in der Erzählung vorkommt und warum wir herausfinden wollen, wer er ist.

Wenn wir versuchen, die Fragen rund um die Charaktere oder Nutzer zu beantworten, beginnen wir, ihren Kontext, ihre Kultur und ihre Tätigkeit zu beleuchten. Wir versehen ihre Werte, Einstellungen und Emotionen mit Details und entwickeln die Hintergrundgeschichte, die Physiologie, Soziologie und Psychologie umfasst. Wenn diese Details (teilweise) festgelegt sind, treten ihre Persönlichkeit und ihr Verhalten hervor, und Sie können sie sich in verschiedenen Situationen vorstellen, vom Außergewöhnlichen bis hin zum Alltäglichen. Und dann müssen Sie nur noch zuhören, wie ich am Anfang dieses Kapitels erklärte. Die Charaktere werden Ihnen helfen, ihre Geschichte zu erzählen.[15]

Als Nächstes sehen wir uns ein paar Begriffe an, die oft in Diskursen zur Charakter-Entwicklung im traditionellen Storytelling auftauchen.

Dynamische versus statische Charaktere

Im traditionellen Storytelling wird zwischen dynamischen und statischen Charakteren unterschieden. Dynamische Charaktere durchlaufen eine sichtbare Veränderung. Die meisten Protagonisten sind dynamische Charaktere.

Statische Charaktere hingegen verändern sich im Laufe der Geschichte nicht. Stattdessen bleiben sie immer gleich und sollen einen Kontrast zu den dynamischen Charakteren bieten. Antagonisten sind oft statische Charaktere.

14 Film Courage, »How To Make The Audience Care About Your Characters«, YouTube-Video, 5. September 2012, *https://oreil.ly/csDLE*.

15 Samo Zaakir, »Screenwriting 102 (Character)«, 313 *Film School*, 25. Februar 2014, *https://oreil.ly/Uy2cl*.

Runde versus flache Charaktere

Im Zusammenhang mit dynamischen und statischen Charakteren stehen runde und flache Charaktere. Runde Charaktere sind voll entwickelt und zeigen eine echte Persönlichkeitstiefe. Sie sind oft komplex und realistisch und durchleben Veränderungen, die das Publikum oder den Leser manchmal überraschen können.

Flache Charaktere haben weniger Tiefe. Sie sind zweidimensional und relativ unkompliziert. Sie durchleben normalerweise keine Veränderungen, sondern bleiben während des gesamten Werks gleich.

Charakter-Entwicklung

Die Veränderungen eines Charakters werden oft als Charakter-Entwicklung bezeichnet. Die englischsprachige Wikipedia definiert sie als »die Transformation oder innere Reise eines Charakters im Verlauf einer Geschichte«. Zwar können auch weniger wichtige Charaktere einen Charakter-Entwicklung durchlaufen, am häufigsten findet man sie jedoch beim Protagonisten und den Hauptcharakteren.

Es gibt auch verschiedene Arten von Charakter-Entwicklungen:[16]

Ein Änderungsbogen
: Die klassische »Heldenreise«, bei der sich der Charakter von einem eher unbedeutenden Niemand zu einem Helden wandelt. Die Veränderung, die hier geschieht, ist transformativ und die meisten Aspekte des Charakters ändern sich im Laufe der Geschichte.

Ein Wachstumsbogen
: Der Charakter überwindet einen inneren Kampf (z.B. eine Schwäche oder Angst), während er sich äußeren Widerständen stellt. Am Ende dieser »Veränderung« ist der Charakter ein erfüllterer Mensch, aber ansonsten derselbe.

Mit diesem Verständnis der Begrifflichkeiten werfen wir einen Blick darauf, was uns das traditionelle Storytelling darüber lehrt, wie wir die Charaktere zum Leben erwecken können.

---

16 Veronica Sicoe, »The 3 Types of Character Arc – Change, Growth and Fall«, Veronica Sicoe (Blog), 29. April 2013, *https://oreil.ly/gPqNE*.

Was uns traditionelles Storytelling über Charaktere und Charakter-Entwicklung lehrt

Am Anfang mancher Geschichten entwickelt sich die Handlung um die Charaktere, ihre Bedürfnisse, Motivationen, Schwächen und Geheimnisse herum. Hier besteht der Trick darin, dass die sich entfaltende Geschichte nicht zu »einem Anfang, einem Durcheinander und einem Ende« wird , wie der Autor und Dichter Philip Larkin sagt. Meistens beginnen Romane jedoch mit einer Idee für eine Erzählung. Manche Autoren – die »Pantser«, wie sie auch genannt werden – ziehen es vor, sich einfach hinzusetzen und die Geschichte so niederzuschreiben, wie sie ihnen einfällt. Für sie entwickeln sich die Charaktere, während sich die Erzählung entfaltet. Andere, die »Plotter«, ziehen es vor, ihren Roman oder ihr Buch zuerst zu skizzieren, und wissen schon viel mehr über die Charaktere, bevor sie mit dem Schreiben beginnen. Ich habe in diesem Zusammenhang bereits von charaktergesteuerten und handlungsgesteuerten Erzählungen geschrieben. Egal, welchen Ansatz Sie wählen, die Charaktere müssen definiert und entwickelt werden.

Ob Sie nun an einem Film, einer Fernsehserie, einem Buch oder einem Animationsfilm arbeiten – oft lautet der Ratschlag, bei der Entwicklung der Charaktere auf eigene persönliche Erfahrungen zurückzugreifen. Beim Produktdesign ist es genau andersherum. Hier werden wir oft daran erinnert, dass wir nicht die Nutzer sind. Während es ein großartiger Ausgangspunkt ist, aus der eigenen Erfahrung zu schöpfen, wird sowohl im Produktdesign als auch im traditionellen Storytelling die Bedeutung der Recherche betont. Um runde und glaubwürdige Charaktere zu entwickeln, müssen Sie diese nicht nur beschreiben können, sondern auch die Motivationen und Gründe für ihre Handlungen, Gedanken und Gefühle kennen und wissen, wie sich diese wiederum auf die Freunde und die Familie des Protagonisten auswirken. Diese Details werden Sie nicht so einfach durch Online-Recherchen herausfinden, sondern müssen möglicherweise Gespräche von Angesicht zu Angesicht führen.

Bei der Entwicklung und Einführung von Charakteren können Sie sich davon inspirieren lassen, wie Charaktere in Büchern, Spielen, Fernseh- und Filmdrehbüchern entwickelt und von Darstellern zum Leben erweckt werden.

Entwicklung und Einführung von Charakteren in Büchern und Romanen

Romanautoren wird empfohlen, ihre Charaktere langsam einzuführen. Die Hauptfigur ist diejenige, die der Leser zuerst kennenlernen sollte, und viele Autoren machen den Fehler, sie zu spät ins Spiel zu bringen. Allerdings sollte auch nicht jedes Detail des Charakters mit Worten beschrieben werden.

Der Romanautor Jerry Jenkins erklärt, dass zur Freude am Lesen die Vorstellungskraft gehört und dass Sie darauf vertrauen sollten, dass Ihre Leser die Eigenschaften des Charakters von dem in Ihren Szenen Gesehenen und in Ihren Dialogen Gehörte ableiten. Die bekannte Redensart »Show, don't tell«, so Jenkins, gilt auch hier. »Zeigen Sie durch seine Worte, seine Körpersprache, seine Gedanken und Handlungen, wer Ihr Charakter ist.«[17] Außerdem sollten Sie Ihre Leser nicht dazu zwingen, den Charakter genau so zu sehen wie Sie selbst. Es spielt keine Rolle, ob sich Ihr Publikum Ihre Hauptfigur mit dunklen oder blonden Haaren vorstellt, sagt Jenkins:

> Tausende Leser haben vielleicht Tausende leicht unterschiedlicher Bilder von dem Charakter. Das ist in Ordnung, vorausgesetzt, sie haben genug Informationen darüber, ob Ihr Held groß oder klein, attraktiv oder unattraktiv, sportlich oder unsportlich ist.

Es wird Ihren Lesern jedoch helfen, Ihren Charakter mit einem Attribut auszustatten, einem sich wiederholenden sprachlichen Element, da viele Leser Schwierigkeiten haben, die einzelnen Charaktere voneinander zu unterscheiden.

Anwendung auf das Produktdesign

Die Verwendung von Attributen ist uns von den Personas vertraut, mit denen wir im Design arbeiten. Wir geben ihnen oft einen Namen, der uns hilft, sie in eine Beziehung zu unserem Produkt oder unserer Dienstleistung sowie in eine Beziehung zu den anderen Personas zu setzen. Zum Beispiel haben wir »Sarah, die kontaktfreudige Käuferin«, die sich von »Karen, der besonnenen Käuferin« unterscheidet. Wenn wir unseren Hauptnutzern solche Attribute verleihen, erinnern wir uns daran, wer sie sind und was sie von anderen Nutzern unterscheidet.

Was die Einführung Ihres Charakters angeht, so gelten die Ratschläge für Romane nicht für das Produktdesign. Beim Produktdesign ist es wichtig, dass das Kernteam, die Kunden und die wichtigsten Stakeholder von Beginn des Projekts an ein gemeinsames Verständnis entwickeln, wer die Nutzer des Produkts sind, wie das Bild von Luke Barrett weiter oben in diesem Kapitel illustriert. Jeder, insbesondere das Kernteam, sollte wissen, wer die Hauptnutzer sind, ohne sich das Projektdokument anzusehen, in dem dies spezifiziert ist. Dass einige den Nutzer mit braunem Haar sehen, andere mit blondem, ist weniger ein Problem. Entscheidend ist dasselbe tiefgreifende Bewusstsein, für wen Sie gestalten. Diese Lektion können wir vom traditionellen Storytelling übernehmen:

---

17 Jerry Jenkins, »The Ultimate Guide to Character Development«, Jerry Jenkins (Blog), *https://oreil.ly/8ZEbJ*.

> Das Ziel ist es, Ihre Leser dazu zu bringen, etwas für Ihren Charakter zu empfinden. Je mehr sie sich für ihn interessieren, desto mehr Emotionen werden sie in Ihre Geschichte investieren. Und das ist vielleicht das Geheimnis.[18]

Gut entwickelte Charaktere für TV und Film

Viele von uns haben schon einmal ein Buch gelesen und sich später die Verfilmung angesehen. Manchmal ist das eine enttäuschende Erfahrung. Was beim Lesen seine Magie entfaltete, wirkte auf der großen Leinwand nicht auf uns. Das kann an der Art der Inszenierung des Films liegen. Ein anderes Mal liegt das Problem in der Besetzung und den Charakteren. Vielleicht unterscheiden sie sich zu sehr von dem Bild, das beim Lesen des Buchs in unserem Kopf entstanden ist. Oder vielleicht schaffen wir es einfach nicht, uns mit ihnen zu identifizieren.

Beim Storytelling spielt es keine Rolle, wie gut die Handlung im Prinzip ist, wenn sie nicht durch die Charaktere dieser Erzählung zum Leben erweckt wird. Das ist besonders wichtig, wenn es um Film, Fernsehen und Theater geht und die Bilder, die die in einem Buch gelesenen Worte in unserem Kopf entstehen lassen, durch das auf der Leinwand oder Bühne Gesehene ersetzt werden. Fallen die Charaktere flach aus oder werden sie schlecht gespielt, dann wird die Handlung unglaubwürdig und wir können keine emotionale Verbindung aufbauen.

Im Gegensatz dazu können wirklich gut entwickelte und gespielte Charaktere den ganzen Film oder die TV-Episode/Serie zu einem Erfolg machen. Der Film *Gone Girl – das perfekte Opfer*, basierend auf dem gleichnamigen Bestseller, ist ein großartiges Beispiel. Die Figur der Amy Dunne, wie sie im Roman beschrieben und auf dem Bildschirm von Rosamund Pike dargestellt wird, ist eine furchterregende und unsympathische Schurkin.[19] Ein weiteres Beispiel für gut ausgearbeitete Charaktere ist die US-amerikanische Fernsehserie *True Detective*. Hier haben alle Charaktere Ziele und Probleme, die sie wie lebendige und atmende Menschen wirken lassen.

Nic Pizzolato, der Schöpfer von True Detective, sagt, dass schlecht geschriebene Charaktere herumlaufen und Informationen liefern und austauschen, ohne dass die Handlung lebendig wirkt. Laut Daniel Netzel, der Videos über Filme macht und sie auf Film Radar auf YouTube veröffentlicht, ist Rogue One ein Beispiel dafür. Ein Grund für die flachen Charaktere sei die Art und Weise, wie Regisseur Gareth Edwards an den Film herangegangen ist, sagt Netzel: »Die meisten Sequen-

18 Sambuchino, »The 9 Ingredients of Character Development«.

19 David Shreve, »B2BO: Gone Girl«, *Audiences Everywhere*, 17. September 2014, ***https://oreil.ly/FtIE7***.

zen wirkten, als sollten sie dem Autor dienen und nicht den Charakteren.«[20] Diese Einschätzung passt ziemlich gut zur Beschreibung, die Edwards von seinem Ansatz liefert:

> Ich arbeite gerne so, dass ich visuelle Meilensteine suche, wie etwa: »Nun, ich würde gerne dies und jenes sehen, und ich würde gerne das sehen. Ich bin mir nicht sicher, wie sich das alles miteinander verbinden lässt. Und dann entwickelt man Visualisierungen von den Dingen, die toll wären. Und dann versucht man, einen Weg zu finden, das alles miteinander zu verbinden.

Laut Netzel ist das ein Fehler: Obwohl dieser Prozess sicherlich etwas visuell Atemberaubendes wie Rogue One hervorbringen kann, hinterlässt eine Handlung, die von den ästhetischen Bedürfnissen des Autors oder Regisseurs getragen wird und nicht von den Motivationen der Charaktere, unweigerlich das Gefühl, dass etwas fehlt.

Regisseur und Produzent Ridley Scott, der ursprünglich Werbespots drehte, ist ein weiteres Beispiel für einen Regisseur, der sich bekanntlich mehr für Szeneneinstellungen und deren Gestaltung interessiert als für die Entwicklung der Charaktere. Das soll nicht heißen, dass man auf diese Weise keinen Kassenschlager produzieren kann. Sowohl Rogue One als auch die Alien-Filme zeigen, dass dies offensichtlich möglich ist, aber die Konzentration auf die Einstellungen schafft nicht die stärkste emotionale Bindung – und in dieser liegt schließlich die Kraft von Geschichten.

Anwendung auf das Produktdesign

Filmemacher und Drehbuchautoren vergessen manchmal die Kraft der emotionalen Charakter-Entwicklung und verrennen sich stattdessen in bestimmte Szenen oder in Hightech-Spezialeffekte.[21] Genauso begeistern wir uns beim Produktdesign manchmal zu sehr für die neuesten Animationen oder Designtrends und vergessen zu hinterfragen, ob diese für unsere Nutzer geeignet sind. Oder wir lassen uns von Funktionen, »der großen Idee« oder geschäftlichen Anforderungen leiten statt von den Bedürfnissen und Zielen der Nutzer und dem größeren »Warum«.

Um für den Nutzer wirklich fesselnde Produkterfahrungen zu liefern und um den Produktdesignprozess tatsächlich nutzerzentriert zu gestalten, benötigen wir eine charaktergesteuerte (d.h. nutzergesteuerte) Erfahrung und kein handlungsgesteuertes (d.h. ideengesteuertes) Produkt.

20 Film Radar, »True Detective: How to Develop Character«, YouTube-Video, 12. Juni 2017, *https://oreil.ly/g0VS*.

21 Alderson, »Connecting with Audiences Through Character Emotions«.

Im Hinblick auf die Arbeit mit charaktergesteuerten Plots und die Entwicklung von Charakteren rät Romanautor Stephen King, »interessante Charaktere in schwierige Situationen zu bringen und zu sehen, was passiert.«[22] Dies entspricht dem bereits erwähnten Ratschlag für das Schreiben von Drehbüchern:

Ihre Geschichte wird nur dann zum Leben erweckt, wenn Sie Ihren Charakter in- und auswendig kennen und ihn sich in jeder möglichen Situation vorstellen können.

Darsteller und Aufbau eines Charakters

Schauspielschulen lehren eine Reihe von Techniken, die den Darstellern helfen, sich in den Charakter einzufühlen; diese Empathie hilft, glaubwürdige Emotionen und Handlungen für die von ihnen dargestellten Charaktere zu erzeugen. Eine der Methoden ist die Stanislavski-Methode, mit der glaubwürdige Charaktere in sieben Schritten aufgebaut werden, indem die folgenden Fragen gestellt werden:

- Wer bin ich?
- Wo bin ich?
- Wann ist es so weit?
- Was will ich?
- Warum will ich es?
- Wie bekomme ich es?
- Was muss ich überwinden?

Für diese Methode muss zunächst das Drehbuch sorgfältig gelesen werden, um eine Vorstellung von den Motivationen, Bedürfnissen und Wünschen des Charakters zu erhalten. Das wiederum hilft dem Darsteller, seine Rolle zu erfassen. Danach arbeitet er heraus, wie sich der Charakter in einer bestimmten Situationen verhalten und wie er reagieren würde. Der Darsteller muss das Ziel des Charakters und die Hindernisse, die dem Erreichen des Ziels im Weg stehen, berücksichtigen. Dem Darsteller wird geraten, das Drehbuch in Takte zu unterteilen, die einzelne Ziele des Charakters darstellen. Es können ganz einfache Ziele sein, zum Beispiel in einen Zug zu steigen. Der nächste Schritt besteht darin, die Motivation des Charakters für diese Handlung zu bestimmen. Dies wiederum hilft, die Emotion darzustellen, die der Charakter bei der Zielerreichung durchlebt.

22 Jenkins, »The Ultimate Guide to Character Development«.

Zusätzlich dazu hat Konstantin Stanislavski das magische Wenn geschaffen: »Was würde ich tun, wenn ich mich in dieser Situation (der Situation des Charakters) befände?« Der Darsteller tritt in einer bestimmten Situation in die Schuhe des Charakters und stellt diese einfache Frage. Die Antwort hilft dem Darsteller, die Gedanken und Gefühle zu verstehen, die er in jeder Szene darstellen muss. Stanislavski hat diese Methode entwickelt, weil eine der Aufgaben eines Darstellers darin besteht, in unglaublichen Situationen glaubwürdig zu wirken.[23]

Anwendung auf das Produktdesign

Die Fähigkeit, sich in einen unserer Nutzer hineinzuversetzen, ist unglaublich wichtig, um Empathie und ein tiefes Bewusstsein dafür zu entwickeln, was für den betreffenden Nutzer oder die betreffende Nutzergruppe wichtig ist. Insbesondere Stanislavskis »magisches Wenn« ist eine nützliche Frage, die sich Produktteams während des gesamten Designprozesses stellen sollten, um besser zu verstehen, woher ein Nutzer kommt und was er vielleicht möchte oder nicht.

Ein Ratschlag für die Arbeit mit Personas während des gesamten Produktlebenszyklus lautet, eine Persona einem Mitglied des Teams zuzuweisen. Es ist dann die Aufgabe dieser Person, die Persona zu spielen und sicherzustellen, dass ihre Bedürfnisse, Anliegen, Motivationen und Ziele bei der Konzeption und Entwicklung berücksichtigt werden. Dies ersetzt zwar nicht die Notwendigkeit, das Produkt oder die Dienstleistung mit echten Nutzern zu testen, kann aber eine effektive Methode sein, um sicherzustellen, dass die Nutzer, für die Sie entwickeln, durchgehend berücksichtigt werden.

Übung: Darsteller und Aufbau eines Charakters

Weisen Sie bei der nächsten Projekt-/Designbesprechung jede Persona einem Teammitglied zu. Bei Diskussionen und Meetings ist es seine Rolle, den Diskussionsgegenstand mit den Augen dieser Persona zu betrachten (und natürlich auch mit Blick auf seine Rolle im Projekt). Bitten Sie jedes Teammitglied, die magische Frage zu beantworten: »Was würde ich tun, wenn ich mich in der Situation des Nutzers befände?« So können Sie sicherstellen, dass die Bedürfnisse, Bedenken, Motivationen und Ziele jeder Persona berücksichtigt und erfüllt werden.

Charaktere in Animationen

Animationsfilme sind ein großartiges Beispiel für die Personifizierung nichtmenschlicher »Dinge«, seien es Tiere, Spielzeuge oder andere Objekte. Viele von

23 »The Stanislavski System, Stanislavski Method Acting and Exercises«, Drama Classes, *https://oreil.ly/YV4cT*.

uns haben magische oder zumindest liebevolle Erinnerungen an bestimmte Animationsfilme, die diese nicht-menschlichen »Dinge« zum Leben erweckt haben.

Das Khan-Academy-Feature *Pixar in a Box* bietet einen Blick hinter die Kulissen, wie Pixar seine Animationen zu voll ausgeprägten Charakteren entwickelt, die man sich in fast jeder Situation vorstellen kann.

Die Lektionen behandeln die folgenden Themen:

Äußere versus innere Merkmale
: Äußere Merkmale sind das »Design« des Charakters (seine Kleidung, sein Aussehen), die inneren Merkmale seine Überzeugungen und Vorlieben.

Wünsche versus Bedürfnisse
: Wünsche und Bedürfnisse können in Konflikt geraten. Die Wünsche sind oft die Dinge, die wir bewusst wollen, während die Bedürfnisse manchmal Dinge sind, die wir benötigen, ohne dies zu erkennen oder zugeben zu wollen. In Toy Story wünscht sich Woody zum Beispiel, Andys Lieblingsspielzeug sein, aber sein eigentliches Bedürfnis ist es, teilen zu lernen und nicht immer der Beste sein zu wollen. In einer Erzählung sorgen die Wünsche oft für die Unterhaltung, während das Herz der Geschichte in den Bedürfnissen zu finden ist.

Hindernisse
: Diese stehen den Wünschen und Bedürfnissen im Weg und können so ziemlich alles sein, auch innere Beweggründe wie etwa Angst.

Charakter-Entwicklung
: Die Veränderung des Charakters durch die Entscheidungen, die er auf seiner Suche trifft und die von den Hindernissen auf dieser Reise abhängen

Beteiligungen
: Das sind die Elemente, die für Dramatik sorgen und zusammen mit Hindernissen oft Nebenhandlungen auslösen. Die Beteiligungen können in drei Kategorien unterteilt werden:

  - *Innere Beteiligung – Was geht emotional oder mental vor sich?*
  - *Externe Beteiligung – Was geht in der Welt vor sich?*
  - *Philosophische Beteiligung – Was verändert die Welt, was führt dazu, dass sich die Werte und das Überzeugungssystem dieser Welt ändern (oder nicht ändern), und was passiert dann?*[24]

24 »Introduction to Character«, *Khan Academy, https://oreil.ly/5ezW6*.

Anwendung auf das Produktdesign

Wünsche und Bedürfnisse haben im Design eine große Bedeutung. Oft denken Nutzer, dass sie etwas Bestimmtes wollen, während sie in Wirklichkeit etwas ganz anderes benötigen. Wenn wir zwischen Wünschen und Bedürfnissen unterscheiden, können wir eine tiefere Ebene ansprechen, den angenommenen Wunsch des Nutzers von seinem eigentlichen Bedürfnis trennen und somit den wirklichen Mehrwert finden, den unser Produkt oder unsere Dienstleistungen bietet oder bieten kann.

Bei der Persona-Entwicklung müssen wir normalerweise keine externen Merkmale berücksichtigen, da es keine Rolle spielt, ob wir ein exaktes gemeinsames mentales Bild im Kopf haben, wie unsere Zielgruppe tatsächlich aussieht. Aber wenn wir weitere Charaktere und Akteure entwickeln, die eine Rolle in der Erfahrung spielen, müssen wir auch externe Merkmale berücksichtigen. Ein Beispiel ist die Entwicklung von Avataren für Bots. Wenn wir das richtige Gleichgewicht finden und dem Nutzer die Möglichkeit geben, aus einer Reihe von Avataren zu wählen, kann das Produkt oder die Dienstleistung bei bestimmten Nutzern mehr Anklang finden. Denken Sie nur an die wachsende Anzahl von Emojis, die mittlerweile verfügbar sind.

Genau wie bei Spielen, auf die ich gleich noch eingehen werde, wollen sich die Nutzer mit der Personifizierung des Bot-Avatars identifizieren können. Dieser Wunsch nach Identifikation hat mit Vertrauen und der Gesamtwahrnehmung der Erfahrung – und infolgedessen mit der Marke – zu tun.

Übung: Charaktere in Animationen

Für ein aktuelles oder kürzlich erstelltes Produkt oder eine Dienstleistung, an der Sie gearbeitet haben, identifizieren Sie den Hauptnutzer, den Hauptdarsteller:

- **Was ist seine Vorgeschichte?** Dies hilft, die Ziele, Barrieren und Motivationen des Nutzers zu erklären.
- **Was sind seine äußeren Merkmale?** So sieht er aus.
- **Was sind seine inneren Merkmale?** Seine Überzeugung und das, was ihm gefällt.
- **Was sind seine Wünsche?** Die Dinge, die den Charakter zum Handeln antreiben.
- **Was sind seine Bedürfnisse?** Die Dinge, die er tun oder erfahren muss, um erfolgreich zu sein.
- **Welche Hindernisse gibt es?** Die Dinge, die seinen Wünschen und Bedürfnissen im Wege stehen.
- **Was sind seine Beteiligungen?** Die Konsequenzen jeder getroffenen Entscheidung (z. B. Risiken, Auswirkungen und Belohnungen).

Charaktere in Spielen

In einigen Spielen sind die Avatare der Charaktere vordefiniert. In anderen gehört das Auswählen oder Gestalten eines eigenen Avatars auf der Basis vordefinierter Elemente zum Spiel. Gabriel Valdivia, Designer bei Canopy, schreibt, dass bei den Flows der Prozess der eigentlichen Avatar-Erstellung in die Handlung eingebunden wird. Dies ist eine Gelegenheit, die Tonalität des Spiels zu präsentieren und die Entscheidungen, die der Spieler bei der Erstellung seines Avatars trifft, zu begleiten. In *Grand Theft Auto Online* zum Beispiel posieren die Avatare für ihre Fahndungsfotos, was, wie Valdivia schreibt, »eine freche Weise ist, die Spieler in die Atmosphäre des Spiels einzuführen.«[25]

Anwendung auf das Produktdesign

Ein wesentlicher Unterschied zwischen »normalem« Produktdesign und Spieldesign besteht darin, dass sich bei Spielen fast immer der Spieler für das Spiel entschieden hat. Das unterscheidet ihn von den Nutzern der Produkte und Dienstleistungen, an denen wir arbeiten. Diese aktive Wahl bedeutet, dass der Spieledesigner den Spieler wirklich verstehen und wissen muss, was ihn zum Mitmachen bewegt. Im letzten Teil dieses Buchs erfahren Sie mehr darüber, was wir von Spieler-Personas lernen können.

Wenn wir uns ein detailliertes Bild von unseren Personas machen, ähnelt das durchaus der Ausarbeitung der Charaktere in Abenteuerspielen. Wir wissen genau, welche Werkzeuge oder Waffen sie zur Verfügung haben und wie hoch ihr Energielevel zu jedem Zeitpunkt ist. Während ihrer Suche werden die Spiel-Personas in Kämpfe und Aktivitäten verwickelt, die ihre Energielevel aufbrauchen. Wenn sie verletzt werden, sinkt das Level noch weiter, aber wenn sie auf die guten Dinge stoßen, wird die Energie wieder aufgeladen.

Dies ähnelt den Erfahrungen unserer Nutzer bei ihren Abenteuern mit den von uns entworfenen Produkten und Dienstleistungen. Wie ich in Kapitel 5 erläutert habe, gibt es während des gesamten Lebenszyklus und der Phasen der von uns erschaffenen Erfahrungen zwangsläufig Barrieren, seien es mentale, die mit eventuellen Abneigungen des Nutzers zusammenhängen, oder physische, wie Formulare, die ausgefüllt werden müssen, oder eine Auswahl, die getroffen werden muss. Um es uns zu erleichtern, eine Erfahrung zu erzählen und eine Geschichte zu planen, die in unseren Nutzern eine Resonanz erzeugt, müssen wir ihre Vorlieben und Abneigungen kennen und die Situationen, die ihnen Energie geben oder nehmen können.

Es gäbe noch viel mehr darüber zu berichten, was uns das traditionelle Storytelling über Charaktere lehren kann, aber das würde den Rahmen dieses Buchs sprengen. Als Nächstes werfen wir einen Blick auf Methoden und Werkzeu-

25 Gabriel Valdivia, »The UX of Virtual Identity Systems«, *Medium*, 1. Juli 2017, *https://oreil.ly/hylrR*.

ge, die im traditionellen Storytelling für die Arbeit an Charakteren verwendet werden und die für den Produktdesignprozess von Nutzen sein können. Zuvor wollen wir jedoch den Unterschied zwischen Charakterdefinition, Charakter-Entwicklung und Charakterwachstum klären.

Übung: Charaktere in Spielen

Verwenden Sie für Ihr Produkt oder Ihre Dienstleistung entweder eine bereits vorhandene Persona, oder, falls diese noch nicht definiert wurde, beginnen Sie mit der Identifikation der Persona. Anschließend gehen Sie wie folgt vor:

- Nehmen Sie einen Stift und Papier und zeichnen Sie ein sehr einfaches Bild Ihrer Persona, das ihren Namen, ihr Bild und ein Zitat enthält, das zusammenfasst, wer sie ist.
- Ermitteln Sie die verschiedenen Faktoren, die sie entweder motivieren oder ein Hindernis für sie darstellen. Zeichnen Sie Balken ein, die ihre Ausgangsebene darstellen.
- Ausgehend von der Gesamterfahrung oder einer bestimmten Sequenz (z. B. einer definierten User Journey) ergänzen oder entfernen Sie die Balken an Schlüsselpunkten der Erfahrung.

Charakterdefinition, Charakter-Entwicklung und Charakterwachstum

In jedem dieser Begriffe steckt ein wenig Zweideutigkeit. Sowohl bei der »Definition« als auch bei der »Entwicklung« könnte es darum gehen, den Charakter zu definieren und ihn dann auszuarbeiten, während sich die »Entwicklung« und das »Wachstum« beide darauf beziehen könnten, wie sich der Charakter im Laufe der Geschichte entwickelt und entfaltet. Zur besseren Verständlichkeit verwenden wir in diesem Buch die folgenden Definitionen:

Charakterdefinition
: Der Prozess, die Charaktere und Akteure zu identifizieren und auf übergeordneter Ebene zu definieren

Charakter-Entwicklung
: Der Prozess, durch Tiefe und Persönlichkeit glaubwürdige Charaktere zu schaffen

Charakterwachstum
: Der Prozess, die Entwicklung und das Wachstum des Charakters in Verlauf der Erzählung zu definieren

Werkzeuge zur Charakterdefinition und -entwicklung im Produktdesign

Den meisten von uns fällt es ziemlich leicht, die eigentlichen Hauptnutzer unseres Produkts zu identifizieren und auf einer übergeordneten Ebene zu definieren. Nur selten schauen wir aber über diese Nutzer hinaus auf die anderen Charaktere und Akteure, die eine kleinere Rolle spielen. Ganz ähnlich sind wir es gewohnt, Personas oder Proto-Personas für unsere Nutzer zu entwerfen, aber mit dem Aufkommen von Conversational UIs müssen wir auch Personas für Bots und Sprachassistenten entwickeln. Weniger häufig blicken wir über den Tellerrand und definieren und entwickeln mehr als nur die Hauptnutzer-Personas, um andere Charaktere und Akteure einzubeziehen. Und wir schauen uns nur sehr selten an, wie sich unsere Personas und andere Charaktere und Akteure im Laufe der Erzählung der Produkterfahrung entwickeln und wachsen oder welche Beziehungen sie zueinander haben und wie diese die Produkterfahrung beeinflussen.

Die weiter oben in diesem Kapitel behandelte Gruppierung der verschiedenen Charaktere und Akteure im Produktdesign ist ein guter Ausgangspunkt, wenn wir uns damit beschäftigen, wer eine Rolle spielt und welche dies sein kann. In vielen Fällen ist es nicht nötig, diese Charaktere und Akteure weiter auszuarbeiten. Es genügt, sie sich bzw. den Zeitpunkt ihres Auftretens in der Erfahrung einfach bewusst zu machen, zum Beispiel mithilfe einer Customer Experience Map, die die gesamte End-to-End-Erfahrung über alle Touchpoints und Kanäle hinweg zeigt. Das trifft oft auf »andere Nutzer«, »Freunde, Familie, Partner, Kollegen« sowie »Touchpoints und Impulsgeber« zu. Das System, die Marke, Bots und VUIs, KI und der Antagonist müssen je nach Art des Produkts oder der Dienstleistung möglicherweise genauer definiert werden. So sollte es leichter fallen, die Produkterfahrung zu definieren und herauszufinden, was wann und wo benötigt wird.

Als Nächstes werfen wir einen Blick auf drei Methoden und Tools aus dem traditionellen Storytelling und beschäftigen uns damit, wie sie uns bei der Charakterdefinition, der Charakter-Entwicklung und dem Charakterwachstum helfen können.

Charakterhierarchie zur Verdeutlichung von Rolle und Bedeutung

Beim Drehbuchschreiben verdeutlicht eine Charakterhierarchie, in welchem Verhältnis die Charaktere hinsichtlich ihrer Bedeutung für das Drehbuch zu anderen Charakteren stehen (Abbildung 6.15). Der wichtigste Charakter ist Ihr Protagonist, denn es ist seine Erzählung, und ohne ihn existiert eigentlich keine Erzählung. Dann gibt es jedoch noch die Schurken, Freunde, Rivalen und Mentoren, die wie folgt unterteilt werden können:

- Hauptcharaktere
- ergänzende Charaktere
- Nebencharaktere
- einsträngige Charaktere

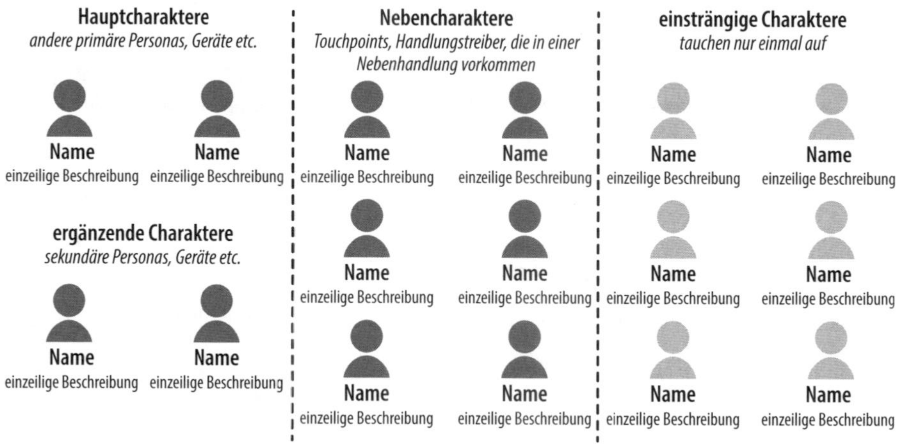

Abbildung 6.15: Beispiel für eine Character Map

Wer in der Hierarchie auf wen folgt, hängt von den Besonderheiten der jeweiligen Geschichte ab. Aber genauso wie bestimmte Arten von Geschichten oft eine bestimmte Form haben (wie der Autor Kurt Vonnegut und andere festgestellt haben), gibt es typische Muster der Charakterhierarchie, die auf der Art der Geschichte basieren. In Katastrophenfilmen zum Beispiel rangieren Freunde, Mentoren und Rivalen gleich nach dem Protagonisten; in Horrorfilmen gilt die Regel: Je länger ein Charakter überlebt, desto wichtiger ist er. The Script Lab weist darauf hin, dass in manchen Filmen der Bösewicht fast so wichtig ist wie der Protagonist; Hannibal Lecter in *Das Schweigen der Lämmer* ist ein Beispiel für einen klar unterstützenden Charakter. In anderen Fällen ist der Bösewicht eigentlich der Protagonist und wird zum Anti-Helden. Ein Paradebeispiel dafür ist Alex in *A Clockwork Orange*. In Buddy-Filmen wie Lethal Weapon sind

Riggs und Murtaugh Partner, beide mit klaren Charakter-Entwicklungen, aber im Film verfolgen wir eindeutig Riggs Geschichte.[26]

Die Ausarbeitung einer Charakterhierarchie ist eine nützliche und anspruchsvolle Aufgabe, die Sie in Verbindung mit dem definierten Plot der Produkterfahrung durchführen können. Sie hilft Ihnen, herauszufinden, was wann und warum wirklich wichtig ist, und führt oft zu der Erkenntnis, dass ein bestimmter Teil der Erfahrung stärker in den Fokus gerückt werden sollte, um seiner Bedeutung gerecht zu werden. Beispiele sind die Rolle der anderen Nutzer zu Beginn des Produktlebenszyklus, um die Bekanntheit zu steigern und Vertrauen aufzubauen, oder dass der Antagonist nicht außer Acht gelassen werden sollte. Mit einer einfachen Character Map wie in Abbildung 6.15 erhalten Sie einen Überblick darüber, wie viele Charaktere und Akteure Teil der Produkterfahrung sind. Wie so oft wird Ihnen das Durchspielen der Benutzererfahrung helfen, weitere Charaktere zu berücksichtigen.

Übung: Rolle und Bedeutung mit einer Charakterhierarchie verdeutlichen

Definieren Sie die Charakterhierarchie für das Produkt und die Dienstleistung, an der Sie arbeiten.

Charakterbogen für die Charakter-Entwicklung

Eine der besten Möglichkeiten, Ihre Charaktere kennenzulernen, besteht darin, viele Fragen über sie zu stellen. Autoren verwenden zur Entwicklung ihrer Charaktere einen Charakterbogen (Abbildung 6.16). Diese Liste von Fragen soll sicherstellen, dass Sie keine flachen, sondern einprägsame Charaktere erstellen und dass die Veränderungen, die sie durchleben, mit dem übergeordneten Handlungsbogen verbunden sind. Viele Autoren erstellen solche Charakterbögen, bevor sie beginnen, ihre Erzählung zu schreiben. Je mehr Sie über Ihre Charaktere wissen, desto reichhaltiger werden diese sein, und oft kommt die Geschichte dadurch auch einfach zu Ihnen.[27]

26 »Character«, *The Script Lab*; Schilf, »Reveal the Tip, Know the Iceberg«.

27 »Character Development Questions«, Now Novel, *https://oreil.ly/l8t8K*.

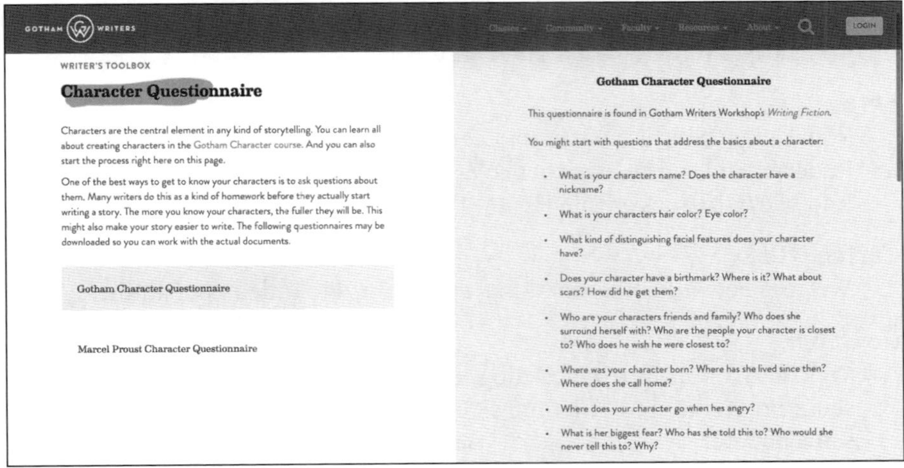

Abbildung 6.16: Muster-Charakterbogen von Gotham Writers (https://oreil.ly/uC7_U)

Online stehen verschiedene Charakterbögen zum Download bereit. Einige gehen mehr in die Tiefe, andere sind eher abstrakt. Viele unterteilen die Fragen auch in Abschnitte wie z.B.:

- grundlegende Informationen über den Charakter (Name, Haarfarbe, seine Freunde und Familie)
- Persönlichkeit (gute und schlechte Angewohnheiten, stärkste und schwächste Charaktereigenschaft, Redewendungen)
- Vergangenheit und Zukunft (Ambitionen, größte Erfolge, stärkste Kindheitserinnerung)
- tägliches Leben (Essgewohnheiten, wie das Zuhause des Charakters aussieht, was er wochentags bzw. am Wochenende morgens als Erstes tut, Lieblingsgetränk usw.)

Der Lektor Chuck Sambuchino nennt neun Zutaten der Charakter-Entwicklung für Romane:[28]

Kommunikationsstil
: Wie drückt sich der Charakter aus?

Vorgeschichte
: Woher kommt er?

Erscheinungsbild
: Wie sieht er aus?

28 Sambuchino, »The 9 Ingredients of Character Development«.

Beziehungen
Welche Art von Freunden und Familie hat er?

Ehrgeiz
Welche Leidenschaft hat er im Leben? Welches Ziel versucht der Charakter in der Erzählung zu erreichen? Was ist sein unerkanntes inneres Bedürfnis und wie wird er es erfüllen?

Charakterfehler
Welches Persönlichkeitsmerkmal stört seine Freunde oder Familie?

Gedanken
Welche Art von innerem Dialog führt Ihr Charakter? Wie denkt er über seine Probleme und Dilemmas? Ist seine innere Stimme die gleiche wie seine äußere?

Allgemeingültigkeit
Wie glaubwürdig ist Ihr Charakter?

Beschränkungen
Welche körperliche oder geistige Schwachstelle, die mehr als eine persönliche Schwäche ist, muss Ihr Charakter während des Handlungsbogens überwinden?

Es gibt ziemlich viele Überschneidungen zwischen diesen Schritten und der Definition unserer Personas. Allerdings können Sambuchinos Zutaten der Charakter-Entwicklung von Personas für Multidevice-Projekte ein paar weitere Nuancen hinzufügen. Die Vorgeschichte ist ein wichtiger Punkt, den wir in unseren Personas oft nicht ausreichend berücksichtigen – die Beschreibung der Hintergrundgeschichte, der früheren Schlüsselerfahrungen und was den Charakter heute hierher gebracht hat.

Einschränkungen sind auch relevant, weil sie uns bei der Überlegung helfen, wie wir die einzelnen Nutzer der von uns entwickelten Erfahrungen zum Helden der Geschichte machen können. Wie die »Heldenreise« skizziert, wird der Protagonist auf seinem Weg auf einen hilfreichen Mentor oder Co-Helden stoßen. Auch wenn wir nicht darauf abzielen sollten, uns in den von uns entworfenen Erfahrungen selbst zum Co-Helden oder zu einem tatsächlichen Mentor zu machen, können wir durch den Inhalt und die Funktionen sowie durch die Art unseres Designs Hilfe anbieten. Aber dazu müssen wir wissen, welche Hilfe die Nutzer benötigen.

So gehen Sie vor

Beim Produktdesign geht es genau wie bei der Charakter-Entwicklung im Storytelling darum, welche Fragen der Entwicklung der Persona förderlich sind. Wir sind es gewohnt, mit Persona-Gruppen, Demografien, Aufgaben und Zielen, Einschränkungen und mehr zu arbeiten, aber darüber hinaus geht es bei der Verwendung von Charakterbögen im Produktdesign darum, unsere Persona hinsichtlich der vollständigen End-to-End-Erfahrung zu beleuchten.

Im traditionellen Storytelling werden gerne unterschiedliche Fragen zusammengefasst. Im Produktdesign ist dies ebenfalls ein guter Ausgangspunkt.

Übung: Charakterbögen für die Charakter-Entwicklung

Finden Sie für die Persona Ihres Produkts oder Ihrer Dienstleistung Folgendes heraus:

- Welche fünf grundlegenden Fragen sollten Sie ihr stellen?
- Welche fünf Fragen helfen, die Vorgeschichte der Persona zu klären?
- Mit welchen fünf Fragen können Sie mehr über verschiedene Szenarien im Zusammenhang mit der Nutzung des Produkts oder der Dienstleistung herausfinden?
- Mit welchen fünf Fragen kann die Persona Ihnen mehr über ihre Nutzung des Produkts oder der Dienstleistung verraten?

Hilfreiche Fragen für die Entwicklung des Charakterbogens

Wie ich bereits weiter oben in diesem Kapitel erläutert habe, bildet die Charakter-Entwicklung die Entwicklung der Persönlichkeit des Charakters im Laufe der Erzählung ab. Abhängig von der Art der Geschichte kann Charakter-Entwicklung entweder positiv oder negativ ablaufen.

Bei einer positiven Charakter-Entwicklung wie bei einer Heldenreise überwindet der Protagonist äußere Hindernisse und innere Schwachpunkte und wird dadurch zu einem besseren Menschen. Im Kern besteht diese Entwicklung aus drei Punkten:[29]

Das Ziel

Das Hauptziel des Charakters in der Geschichte, beispielsweise sich zu verlieben oder reich zu werden. In jedem Fall wird seine Reise dadurch behindert. Nehmen wir Bilbo Beutlin in *Der Hobbit*: Sein Ziel ist es, den Zwergen zu helfen, den gestohlenen und von Smaug bewachten Schatz zurückzuholen.

29 »How to Write a Compelling Character Arc«, Reedsy (Blog), 21. September 2018, *https://oreil.ly/m3TAg*.

Die Lüge

Die Lüge ist ein tief verwurzelter Irrglaube, den der Charakter über sich selbst oder über seine Welt hegt, und dieser Irrglaube hält ihn davon ab, sein wahres Potenzial zu entfalten. Um sein Ziel zu erreichen, muss er diese Lüge überwinden oder anerkennen und sich der Wahrheit stellen. Bilbos Lüge ist der Glaube, dass Hobbits ins Auenland gehören, wo sie von Annehmlichkeiten umgeben sind, und dass die Außenwelt gefährlich und für mutigere Männer geeignet ist, die mit einem Schwert kämpfen und es mit Goblins aufnehmen können.

Die Wahrheit

Die Wahrheit bezieht sich auf das eigentliche Ziel der positiven Charakter-Entwicklung, nämlich die Selbstverbesserung. Diese wird erreicht, wenn der Charakter lernt, die Lüge zurückzuweisen und die Wahrheit anzunehmen. Bilbos Wahrheit ist, dass er schon die ganze Zeit Heldenqualitäten besaß und dass Heldentum ebenso viel mit der inneren Stärke zu tun hat, dem eigenen moralischen Kompass zu folgen, wenn man mit Widrigkeiten konfrontiert wird.

Wir erkennen eine gewisse Ähnlichkeit mit Pixars Theorie der Wünsche und Bedürfnisse, obwohl im Produktdesign normalerweise kein absichtlicher Antagonist in die Produkterfahrung eingebaut wird, um die Situation für den Protagonisten zu verschlimmern. Wie bereits erwähnt, kann der Antagonist jedoch auch im Charakter selbst liegen, und wie Pixar verdeutlicht, unterscheiden sich die Wünsche des Nutzers oft von dem tatsächlich Benötigten.

So gehen Sie vor

Das Durcharbeiten des Ziels, der Lüge und der Wahrheit für jede Haupt-Persona ist eine schnelle und einfache Übung, um herauszufinden, welche äußeren oder inneren Barrieren und Hindernisse sie überwinden muss.

Sie können sich dazu einfach gemeinsam hinsetzen und darüber diskutieren, was dies jeweils sein könnte. Eine andere Möglichkeit ist, Bezug auf Ihre Erzählung der Produkterfahrung zu nehmen.

Übung: Fragen, die bei der Entwicklung des Charakterbogens helfen

Finden Sie für die Hauptpersona Ihres Produkts/Ihrer Dienstleistung Folgendes heraus:

- Was ist das Ziel Ihres Charakters?
- Was ist die Lüge Ihres Charakters?
- Was ist die Wahrheit Ihres Charakters?

Zusammenfassung

Es gibt verschiedene Möglichkeiten, eine Geschichte zu entwickeln, aber alle Geschichten werden besser, wenn wir uns auf die Charaktere konzentrieren. Ganz ähnlich werden alle Produkte besser, wenn wir uns auf die Nutzer konzentrieren, für die wir sie entwickeln, und wenn wir uns über alle anderen Akteure im Klaren sind, die in dieser Produkterfahrung eine Rolle spielen. Wenn Sie damit beginnen, die Personas Ihrer Charaktere und Akteure zu definieren, haben Sie den ersten Schritt getan, um zu verstehen, worauf es bei der Erfahrung ankommt. Für ein vollständiges Bild, anhand dessen wir sowohl das große Ganze als auch die Details an den verschiedenen Punkten in der User Journey identifizieren können, müssen wir eine Stufe tiefer gehen – und da fängt der Spaß erst richtig an.

Sowohl in der Welt des Designs als auch in der Welt des Storytellings müssen wir die Charaktere unserer Erzählungen und die Nutzer unserer Produkte und Dienstleistungen analysieren. Wir müssen unsere Charaktere/Nutzer in- und auswendig kennen, um einerseits eine gute Geschichte erzählen zu können und andererseits sicherzustellen, dass wir alle Beweggründe kennen. Warum sollte der Charakter in der Geschichte vorkommen? Warum möchte der Nutzer Ihr Produkt oder Ihre Dienstleistung nutzen?

Wie in diesem Kapitel beschrieben, gibt es mehr als das auf den ersten Blick Offensichtliche, wenn es um die Charaktere und Akteure in unseren Produkten und Dienstleistungen geht. Je komplexer diese werden, desto dringender müssen wir definieren, wer, wann und wo eine Rolle spielt, damit wir den Flow der Erfahrung sicherstellen können. Wenn wir alle zu definierenden Aspekte in Betracht ziehen und berücksichtigen, erzielen wir ein optimales Ergebnis für die Nutzer und das Unternehmen.

Im Produktdesign beschäftigen wir uns nur sehr selten mit der Entwicklung von Charakteren. Es könnte jedoch von erheblichem Vorteil sein, während des gesamten Produktdesignprozesses kontinuierlich Zeit für die Charakter-Entwicklung unserer Personas einzuplanen.

Es sind die Charaktere einer Geschichte, in die wir emotional investieren. Wir wollen wissen, was mit ihnen geschieht. Egal, ob wir den Guten oder den Bösen bewundern, wir entwickeln Empathie durch die Herausforderungen, denen sich die Protagonisten stellen, die Schwächen, die sie überwinden, und natürlich durch ihr Bestreben, ihr Ziel zu erreichen oder zu verwirklichen. Wir wollen wissen, was passiert und wie die Geschichte ausgeht, und in den meisten Fällen wollen wir, dass sie gut für sie ausgeht.

Das Umfeld und den Kontext Ihres Produkts bestimmen

Einmal heißt nicht immer

Im Jahr 2014 flog ich zur schwedischen Botschaft in London, um an den Wahlen in meiner Heimat teilzunehmen. Es war einer dieser Momente, in denen ich meinen Check-in mit der Welt teilen wollte, in diesem Fall mit der Twitter-Community. Ich öffnete Foursquare, wie es damals noch hieß, fügte einen Kommentar hinzu, tippte auf das Twitter-Symbol auf dem Anmeldebildschirm und checkte ein.

Ein paar Tage später war ich auf dem Weg nach Berlin, um einen Vortrag auf einer Konferenz zu halten, und wie üblich checkte ich in Heathrow T5 über Foursquare ein. Wir stiegen in das Flugzeug und als ich durch meinen Twitter-Feed scrollte, sah ich, dass Foursquare meinen Check-in auf Twitter geteilt hatte. Ich löschte den Tweet schnell und öffnete Foursquare, um zu sehen, was passiert war. Es stellte sich heraus, dass nach meinem Besuch der schwedischen Botschaft das Teilen von Check-ins standardmäßig aktiviert worden war.

Es mag wie eine kleine und unwichtige Sache erscheinen, aber diese kleinen Dinge machen wirklich einen Unterschied. Da die Welt, in der wir leben und für die wir gestalten, immer stressiger wird, ist es unsere Verantwortung als Designer, dafür zu sorgen, dass wir dies nicht unnötig verstärken. Stattdessen sollten wir den Nutzern helfen, das Gewünschte zu erledigen, und keine Vorausannahmen treffen oder für sie entscheiden. In diesem Fall wäre es eine korrekte und freundliche Reaktion der Foursquare-App gewesen, mein vergangenes Verhalten zu betrachten und einen einfachen Algorithmus anzuwenden, um über das Check-in-Szenario zu entscheiden. Als Faustregel gilt, dass Apps das Standardverhalten und die Standardeinstellung nur ändern sollten, wenn der Nutzer darum bittet, und definitiv nicht, ohne es ihm mitzuteilen.

Hätte Foursquare mein Verhalten in seiner App analysiert, wäre aufgefallen, dass ich meine Check-ins nur sehr selten teile. Folglich hätte die App standardmäßig davon ausgehen müssen, dass es sich bei einem geteilten Check-in wahrscheinlich um eine einmalige Sache oder einen besonderen Anlass handelt. Hätte ich mich jedoch entschieden, auch meinen nächsten und den darauf folgenden Check-in zu teilen, wäre ein Muster entstanden, und Foursquare hätte bei mir anfragen können, ob ich die Standardeinstellung ändern und alle Check-ins auf Twitter teilen möchte.

Da Technologie zunehmend die Form eines nützlichen Assistenten annimmt, ist dies ein einfaches Beispiel für eine Gelegenheit, Nutzer mit einer freundlichen Kommunikation im Stil von »Hey, wir haben bemerkt, dass Sie ... Würden Sie gerne ...?« sanft in die gewünschte Richtung zu lenken. Solche einfachen Wenn-dann-Szenarien, auch bekannt als bedingte Anweisungen, können schnell durch einen Entscheidungsbaum oder einen User Flow abgebildet werden. Dies wäre sowohl im Interesse des Nutzers als auch im Interesse von Foursquare gewesen. Bei der Gestaltung von Erfahrungen sollten wir immer bestrebt sein, dem Nutzer eine positive Erfahrung zu bieten.

Wenn Sie versehentlich jeden einzelnen Foursquare-Check-in teilen, fühlen Sie sich schnell wie ein Idiot und erzeugen eine Menge Spam. Unbeabsichtigte Freigaben bieten sehr wenig Mehrwert und wahrscheinlich ist das Teilen jedes einzelnen Check-ins auf Twitter auch nicht wirklich im Interesse von Foursquare. Ein Check-in ohne einen begleitenden Kommentar ist ziemlich nutzloses Hintergrundrauschen, und der geringe Wert, den er für die Markenbekanntheit haben kann, wird bei Weitem von der negative Reaktion vieler Nutzer auf diese Art Spam übertroffen. Nicht alle Check-ins sind gleich.

Um zu verstehen, was sowohl für die Nutzer als auch für das Unternehmen Mehrwert schafft und was nicht, müssen wir den Kontext und die Gründe für Aktion(en) oder deren Fehlen betrachten. Im Fall von Foursquare müssen wir erkunden, warum Menschen einchecken und warum sie Check-ins teilen. Dann kann das Unternehmen versuchen, die Aspekte zu nutzen, die den Wert für den Nutzer, andere Nutzer, noch nicht vorhandene Nutzer und für Foursquare erhöhen. Foursquare könnte eine Reihe von Hypothesen aufstellen und schnell validieren, von der Identifikation sozialer Momente bis hin zur Frage, wie man ermitteln kann, wie aktiv ein Nutzer ganz allgemein Inhalte teilt.

Ich persönlich nutze Foursquare, um mich an bestimmte, von mir besuchte Orte zu erinnern oder um zu protokollieren, was ich getan habe. Während des Schreibens dieses Buchs war es hilfreich, nachschauen zu können, wann ich in der Botschaft war und wie viele Tage später ich nach Berlin geflogen bin. Allerdings möchte ich diese Updates in der Regel nicht teilen, auch nicht innerhalb von Foursquare. Mit einem einfachen Entscheidungsbaum sollte Foursquare erkennen und dafür sorgen können, dass ich nicht versehentlich etwas teile, was ich nicht teilen möchte. Abbildung 7.1 zeigt ein weiteres Beispiel für einen

Check-in, den ich versehentlich auf Twitter geteilt habe, nachdem ich meinen vorherigen Check-in über die Landung auf dem Kopenhagener Flughafen und die Rückkehr nach Hause absichtlich geteilt und mit einem Kommentar versehen hatte.

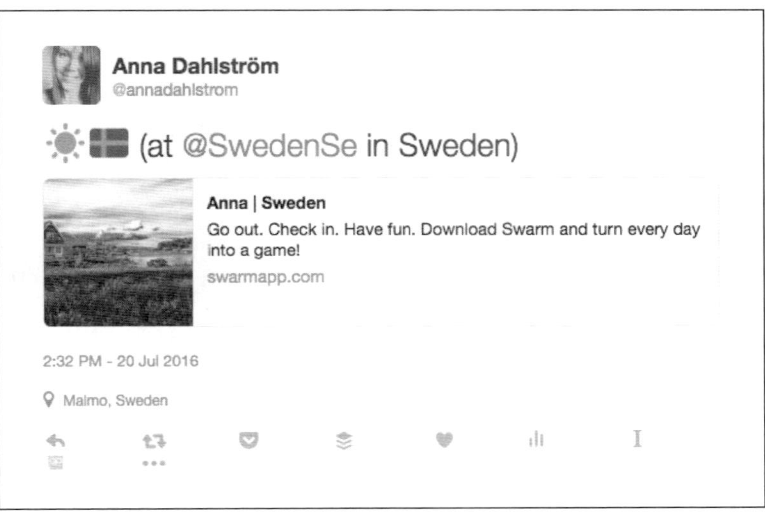

Abbildung 7.1: Ein weiteres Beispiel für einen Check-in, den ich versehentlich auf Twitter geteilt habe

Alle diese Parameter laufen auf den Kontext hinaus, und dieser ist einer der wirkungsvollsten und wichtigsten Aspekte, die uns UX-Designern und Produktverantwortlichen zur Verfügung stehen. Durch den Kontext können wir den Mehrwert zur richtigen Zeit, auf die richtige Weise und auf dem richtigen Gerät liefern. Dies gilt auch für den Versuch, die Bedürfnisse der Nutzer zu erfassen, bevor sie selbst wissen, dass sie ein Bedürfnis haben. Durch Kontext können wir Produkte schaffen, die den Nutzer zu kennen scheinen, nicht auf eine unheimliche, sondern auf eine hilfreiche und freundliche Art und Weise – immer einen Schritt voraus und präsent, sobald ein Bedarf entsteht.

Seit Langem plädiere ich dafür, dass wir beim Design das Individuum im Auge behalten sollten. Meistens stößt dieser Vorschlag auf eine gewisse Skepsis, so, als wenn man eine ziemlich komplexe Sache diskutiert: »Das ist zu komplex. Halten wir es einfach. Entwickeln wir nicht für alle, sondern konzentrieren wir uns auf unsere wichtigsten Zielgruppen.« Aber meine Motivation geht in die komplett entgegengesetzte Richtung. Ich möchte gerade das Komplexe ergründen, um die kleinen und großen Aspekte zu finden, die wirklich einen Unterschied machen. Es geht darum, tatsächlich zu verstehen, wie eine bestimmte Person ein Produkt oder eine Dienstleistung nutzen möchte und was speziell für sie wirklich einen Unterschied macht – nicht etwa für jedermann. Hier spielt der Kontext eine entscheidende Rolle und wir müssen ins Detail gehen und die Komplexität des großen Ganzen betrachten.

Die Rolle von Einstellung und Kontext beim Storytelling

Im traditionellen Storytelling ist der Schauplatz oder das Umfeld zusammen mit der Handlung und den Charakteren ein Hauptelement,[1] während bei der Interpretation von literarischen Werken oder Filmen oft von Kontext die Rede ist. Hier geht es jedoch nicht um diese Art von Kontext, sondern um Kontext in Bezug auf das Entwickeln und Erzählen einer Geschichte.

Merriam-Webster definiert Kontext als »die Teile eines Diskurses, die ein Wort oder eine Aussage umgeben und deren Bedeutung unterstreichen können«, oder »die zusammenhängenden Bedingungen, unter denen etwas existiert oder auftritt, [nämlich] die Rahmenbedingungen, das Umfeld.« Julien Samson erklärt für *The Writing Cooperative*, dass Kontext ein Werkzeug ist, mit dem Autoren leichter Vertrauen und Interesse bei ihren Lesern aufbauen können. Nach der Definition von Merriam-Webster kann Kontext alles sein, was einer Geschichte eine Bedeutung verleiht oder mit den Rahmenbedingungen oder dem Umfeld zusammenhängt, in dem sich die Erzählung abspielt. Hier einige Beispiele für Kontext im traditionellen Storytelling:[2]

- die Vorgeschichte
- Details zu Ihrem Charakter
- ein Ereignis oder eine Situation
- eine Erinnerung
- eine Anekdote
- eine Rahmenbedingung oder ein Umfeld

Mit anderen Worten, der Kontext dient dazu, dass die Erzählung funktioniert, dass der Leser oder das Publikum das »Warum« der Handlung oder der stattfindenden Ereignisse versteht und dass eine Beziehung zum Leser oder Publikum erzeugt wird, indem eine Bedeutung und Empathie für die Charaktere und die Handlung aufgebaut wird. Der Kontext hilft auch, die Geschichte voranzutreiben und ist ein integraler Bestandteil der Geschichte selbst und der Erzählung dieser Geschichte.

1 Courtney Carpenter, »Discover the Basic Elements of Setting in a Story«, *Writer's Digest*, 2. Mai 2012, *https://oreil.ly/QGxrg*.

2 Julien Samson, »Why Context Matters In Writing«, *Medium*, 28. Juni 2017, *https://oreil.ly/8Ekoi*.

Die Rolle der Umgebung und des Kontexts beim Produktdesign

Vor Social Media mussten wir uns nicht so viele Gedanken über die Umgebung machen, in der unsere Website genutzt wurde. Wir wussten, dass die Nutzer vor einem Computer saßen, höchstwahrscheinlich einem Desktop-Gerät, und dass sie höchstwahrscheinlich mithilfe einer Maus mit der Bildschirmanzeige interagierten. Heute wissen wir nur noch, dass es ganz unterschiedlich ist, wie, wo und wann unsere Nutzer unser Produkt oder unsere Dienstleistung nutzen. Es gibt keine Einheitslösung, und keine Erfahrung gleicht mehr der anderen.

Mit diesem Gedanken im Hinterkopf, verbunden mit oft knappen Zeitplänen und Budgets, übersehen wir oft die Notwendigkeit, uns wirklich mit dem großen Ganzen und den Details zu beschäftigen. Wozu all die Mühe, wenn sich die Erfahrung von Nutzer zu Nutzer völlig unterscheidet? Es ist jedoch wichtiger denn je, sicherzustellen, dass wir die gesamte End-to-End-Erfahrung sowie die kleinen kontextbezogenen Details verstehen, die auf dieser Reise einen Unterschied machen. Hier spielen das Umfeld und der Kontext der Erfahrung eine große Rolle.

In Kapitel 5 habe ich über Akte, Sequenzen, Szenen und Einstellungen als Metapher für die Planung des größeren Ganzen und der kleineren Details im Produktdesign geschrieben und sie wie folgt definiert:

Akte
: Der Anfang, die Mitte und das Ende einer Erfahrung

Sequenzen
: Die Lebenszyklusphasen oder Key User Journeys, je nachdem, womit Sie arbeiten

Szenen
: Schritte oder Hauptschritte in einer User Journey oder auf einer Seite/einem Bildschirm

Einstellungen
: Elemente einer Seite/eines Bildschirms oder einzelne Schritte einer Navigation

Bei den Einstellungen beziehe ich mich auf die Liste aus dem vorigen Abschnitt und definiere sie als das Umfeld und den Kontext, in dem die Produkterfahrung stattfindet.

Das ist etwas weiter gefasst als die Definition der Einstellung im traditionellen Storytelling, da diese sich in erster Linie auf die Zeit und Örtlichkeit konzentriert. Eine schöne Analogie ist jedoch, dass die Umgebung manchmal auch als »erzählte Welt« bezeichnet wird, und genau diesen Aspekt müssen wir zunehmend bei den von uns gestalteten Produkterfahrungen berücksichtigen.

Ein Blick auf den Kontext im Produktdesign

Wie Samson es so wortgewandt formulierte, geht es beim Kontext um die Beziehung zwischen dem Leser und dem Autor. In Kapitel 1 haben wir uns mit zweckorientierten Erzählungen beschäftigt, d.h. mit Geschichten, die mit einem bestimmten Ziel vor Augen erstellt werden. Beim Produktdesign sollten alle Teile der Erfahrung zweckmäßig sein, vom übergeordneten Ziel bis hin zu den kleineren Aspekten, die sich auf die einzelnen User Journeys beziehen.

Zwischen September 2017 und Februar 2018 untersuchte Google die Clickstream-Daten Tausender Nutzer im Rahmen eines Opt-in-Panels in Bezug auf den Marketing-Funnel. Google fand heraus, dass keine zwei User Journeys einander glichen. Tatsächlich nahmen die User Journeys unterschiedliche Formen an, selbst wenn sie innerhalb derselben Kategorie stattfanden. Bisher dachten wir, dass der Nutzer zunächst eine breite Suche durchführt und diese dann verengt, und in einigen Fällen trifft das auch zu. In anderen Fällen wird sie jedoch immer wieder breiter und schmaler, wie Abbildung 7.2 zeigt. Es kommt ganz darauf an.

Diese Verhaltensmuster sind nicht nur typisch für kaufbezogene Journeys. Sie veranschaulichen, wie sich die Nutzer sowohl online als auch offline normalerweise verhalten. Ein- und Ausstiegspunkte variieren ebenso wie die Touchpoints und deren Anzahl, mit denen der Nutzer auf seinem Weg in Berührung kommt.

Was wir mit dem Aufkommen der mobilen Technologien erlebt haben und immer noch erleben, ähnelt den Geschehnissen nach der Einführung des Buchdrucks im Jahr 1440. Vor dem Aufkommen des Buchdrucks hatte ein Erzähler ein gewisses Maß an Kontrolle darüber, wie seine Geschichte wiedergegeben wurde, da er in der Regel selbst derjenige war, der sie erzählte. Seit der Erfindung der Schrift, vor allem aber mit dem Aufkommen des Buchdrucks konnten Geschichten auch durch das Medium weitergegeben werden, in dem sie erzählt wurden. Die Massenkommunikation und der Buchdruck bedeuteten, dass Geschichten von viel mehr Menschen genossen und erlebt werden konnten, und zwar an verschiedenen Orten und in verschiedenen Umgebungen und nicht nur dort, wo der Geschichtenerzähler sich gerade aufhielt.

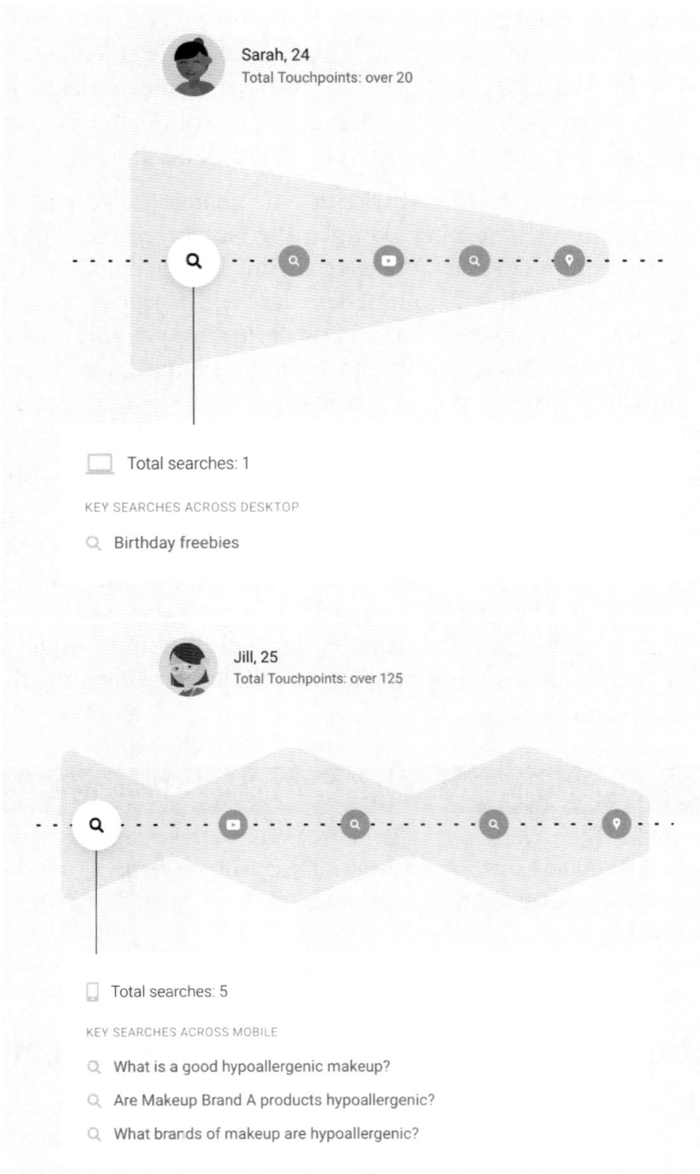

Abbildung 7.2: Die Google User Search Journeys für einen Schokoriegel, bei der auch kleinere Details im Zusammenhang mit der Suche überprüft werden (oben), und eine Make-up-User-Journey, bei der die Nutzerin nach der besten Marke sucht (unten) (https://oreil.ly/G50oO)

Heute spielen die sozialen Medien eine Hauptrolle bei der Verbreitung von Erzählungen, in welchem Format auch immer. Aber wir erkennen auch, dass Menschen traditionelle Nachrichten in Umgebungen konsumieren, die früher als neu galten. In vielen Städten ist es nicht ungewöhnlich, dass Pendler auf dem Weg zur und von der Arbeit die neueste Netflix-Serie sehen.

Und genau wie wir bei Netflix direkt in eine spätere Folge einsteigen und den Anfang überspringen können, können die Nutzer unserer Produkte und Dienstleistungen mitten in einer Nutzererfahrung landen statt auf Seite 1, auch bekannt als Homepage. Hinzu kommt, dass der Weg, der die Nutzer überhaupt auf unser Produkt oder unsere Dienstleistung führt, oft über die Suche oder soziale Medien verläuft. Anstatt auf die Startseite zu gelangen, wo ihnen der sorgfältig ausgearbeitete Kontext präsentiert wird, klicken sie auf einen Link. Und das Ziel dieses Links liefert dem Nutzer oft den kontextuellen Hintergrund.

Es ist schon ein paar Jahre her, dass die Nutzer nur zu Hause, bei der Arbeit oder in der Schule das Web nutzen konnten. Während ich dieses Buch schreibe, sehen wir eine zunehmende Veränderung im Suchverhalten der Menschen. Wie in Kapitel 3 beschrieben, erwarten die Nutzer immer öfter Ergebnisse, die für sie am aktuellen Ort und zum aktuellen Zeitpunkt passen. Sie erwarten kontextbezogene Suchergebnisse, kontextbezogene Produkte und Dienstleistungen. Um ihre Bedürfnisse bestmöglich zu erfüllen, ist ein kontextbezogenes Design entscheidend.

Übung: Ein Blick auf den Kontext im Produktdesign

Denken Sie an die »Think With Google«-Beispiele und ermitteln Sie anhand Ihnen vorliegender Daten oder durch Schätzungen zwei unterschiedliche Wege, die die Nutzer Ihres Produkts bei einer ähnlichen Aufgabe (z. B. der Suche nach einem bestimmten Produkt) zurücklegen könnten.

Kontextbasierte Produkte und Context-Aware Computing

Ami Ben David, Mitbegründer und CEO von Owner, definiert Kontext im Produktdesign wie folgt: »Ein kontextuelles Produkt erfasst die ganze Erzählung rund um eine menschliche Erfahrung und bietet dem Nutzer mit minimaler Interaktion genau das Gewünschte.«[3]

Im Film *Grand Budapest Hotel* wird der neue Hotelpage aufgefordert, »die Bedürfnisse des Gasts zu erahnen, bevor diese Bedürfnisse entstehen«. Genau das, so Ben David, ist gemeint, wenn wir im Zusammenhang mit unseren Nut-

3 Ami Ben David, »Context Design: How to Anticipate Users' Needs Before They're Needed«, *The Next Web*, 28. April 2014, *https://oreil.ly/_jZOi*.

zern von Kontext sprechen. Wir müssen nicht darauf warten, dass sie eine Frage stellen. Stattdessen sollten wir einfach das Gewünschte liefern, noch bevor sie wissen, dass sie es sich überhaupt wünschen. Ben David führt weiter aus, dass wir bei der Gestaltung von Nutzeroberflächen in der Regel an vom Nutzer initiierte Interaktionen denken: Ein Nutzer stellt eine Anfrage, und das System oder der Dienst antwortet. Bei kontextbezogenen Produkten, führt er aus, muss der Nutzer dem System nichts mitteilen. Das System weiß es einfach. Diese Art Erfahrung können wir schaffen, wenn wir uns beim Multidevice-Design auf den Kontext konzentrieren.

Die Geschichte des Context-Aware Computing

In den Anfängen des Mobil-Computers in den 1980er- und 1990er-Jahren lag der Fokus darauf, Mobilität für den Nutzer transparent zu machen und automatisch überall den gleichen Dienst zur Verfügung zu stellen. Transparent bedeutete in diesem Fall, dass sich die Nutzer nicht um die Veränderungen in ihrer Umgebung kümmern mussten, sondern sich darauf verlassen konnten, dass sie unabhängig von ihrem Standort auf dieselben Funktionen zugreifen konnten.

Die Forschungen zum Ubiquitous Computing, die Anfang der 1990er-Jahre bei Xerox PARC stattfanden, führten zu einem Umdenken, und die Forscher begannen, das Potenzial des Nutzungskontexts für die Anpassung von Systemen zu entdecken. 1994 schrieb Bill Schilit, auf den der Begriff des Context-Aware Computing zurückgeht:

> Die Grundidee ist, dass mobile Geräte in verschiedenen Kontexten unterschiedliche Dienste anbieten können, wobei der Kontext stark von dem Standort eines Gerätes abhängt.[4]

Kontextbezogener Computereinsatz in der heutigen Zeit

Auch heute noch denken wir im Zusammenhang mit Kontext oft an den Standort, aber es geht mittlerweile um viel mehr. Je mehr Technologie in unsere Umgebung und unseren Alltag eingebettet wird, sich über den Bildschirm hinaus auf Objekte in unserer Wohnung erstreckt und Dienste umfasst, die miteinander kommunizieren, desto komplexer wird der Kontext. Die Objekte, mit denen wir interagieren, und die Möglichkeiten, mit denen wir es dabei zu tun haben, dehnen sich auf neue Bereiche aus. Darüber hinaus können die Produkte und Dienstleistungen sowie die genutzten Geräte immer öfter auf umfangreiche kontextbezogene Informationen über uns zugreifen. Dies reicht von unserem

4 Albrecht Schmidt, »Context-Aware Computing«, The Encyclopedia of Human-Computer Interaction, 2nd Edition, *https://oreil.ly/Y2raZ*.

Aufenthaltsort, ja tatsächlich über unseren physischen Standort bis hin zu sozialen, gesundheitlichen und anderen Daten über Sensoren.

Die Einbindung solcher Daten in die von uns entwickelten Produkte und Dienstleistungen birgt eine enorme Chance und kann viel Positives bewirken. Durch die intelligente und ethische Datennutzung können wir Personalisierung in großem Stil in Form von Eins-zu-eins-Erfahrungen anbieten, die auf den Einzelnen zugeschnitten sind. Kein unnötiges Rauschen mehr, kein Erläuterung des Offensichtlichen. Nur noch der richtige Inhalt zur richtigen Zeit und für bestimmte Nutzer.

In vielen Filmen, die in der Zukunft spielen, lebt der Held in einer Welt voller Daten. In *Minority Report* wissen die Maschinen alles über Tom Cruise, und wenn er die Straßen entlangläuft, ist er von Werbetafeln umgeben, die ihn personalisiert ansprechen. Digital Designer und Leadership Coach Tutti Taygerly führt aus, dass in vielen Filmen, auch z. B. *Minority Report*, die Benutzeroberflächen einiges zu wünschen übrig lassen, da die Last der Aufmerksamkeit und der Aufwand für die Steuerung dieser Benutzeroberflächen weiterhin beim Nutzer verbleibt. Taygerly vergleicht *Minority Report* mit dem Film *Her*, in dem die Schnittstelle zwischen dem Helden und dem Betriebssystem so nahtlos und natürlich ist, dass er sich tatsächlich darin verliebt. Anstatt zu überfordern, ergänzt die Maschine den Menschen, indem sie über alles Bescheid weiß und auf der Grundlage dieses Kontextwissens relevante Vorschläge macht.[5]

Larry Page von Google zeigt ein Video des Kenianers Zack Matere, der sagt: »Informationen sind mächtig, aber was uns ausmacht, ist die Art, wie wir sie nutzen.«[6] Abgesehen davon, dass wir eine ethisch verantwortungsvolle und ethisch korrekte Datennutzung sicherstellen müssen, liegt das Potenzial der Datennutzung und unseres Wissens über die Nutzer nicht nur in maßgeschneiderten Empfehlungen für Inhalte und Produkte, die die Nutzer wahrscheinlich bevorzugen oder kaufen werden. Das Potenzial liegt auch darin, wie wir Schnittstellen im Laufe der Zeit durch progressive Inhalte und schrittweise Reduzierung anpassen können. Durch den geschickten Einsatz von Technologien können wir ein bisschen Alltagszauber bieten. Aber dafür muss das System hinter der Erfahrung wissen, worauf es wann ankommt. Nur dann können wir eine Erfahrung liefern, die die Bedürfnisse der Nutzer vorhersieht, bevor sie entstehen, genau wie beim Hotelpagen in *The Grand Budapest Hotel*.

---

5 Tutti Taygerly, »Designing Big Data for Humans«, *UX Magazine*, 24. Juni 2014, *https://oreil.ly/m2MtW*.

6 Larry Page, »Where's Google Going Next?« TED2014-Video, März 2014, *https://oreil.ly/aRfqG*.

Den Kontext erfassen

In jeder Lebenszyklusphase eines Produkts oder einer Dienstleistung wird alles vom Kontext bestimmt. Und die Wirkung des Kontexts ist nicht auf digitale Produkte beschränkt. In *Emotion und Design: Attractive Things Work Better* erzählt Don Norman von seinen drei Teekannen und erklärt, wann er welche benutzt. Morgens ist Effizienz das oberste Gebot, weshalb er seine japanische Kanne und ein kleines Tee-Ei aus Metall benutzt. Zu anderen, geruhsameren Zeiten oder wenn er mit Gästen oder der Familie Tee trinkt, benutzt er eine der anderen Kannen: »Design ist wichtig, aber es hängt vom Anlass, Kontext und vor allem von meiner Stimmung ab, welches Design ich vorziehe.«[7]

Beim Kontext geht es vor allem darum, die Menschen zu betrachten, die unser Produkt oder unsere Dienstleistung nutzen werden oder bereits nutzen. Wir müssen darauf achten, was für sie wichtig ist, wie wir Hindernisse, Barrieren und Vorbehalte beseitigen können, damit sie ihre Bedürfnisse und Ziele bestmöglich erfüllen können. So komplex der Mensch ist, so komplex ist auch die Bedeutung von Kontext, und das ist gut so. Page Laubheimer, UX-Spezialist bei der Nielsen Norman Group, schreibt:

> Bei unserer täglichen Designarbeit berücksichtigen wir selten den tatsächlichen Kontext unserer Nutzer. Wir gehen oft davon aus, dass die Menschen, die unser Produkt benutzen, sich ohne Ablenkungen darauf konzentrieren. Aber so interagieren Menschen einfach nicht mit digitalen Produkten.[8]

Der Kontext spielt oft eine entscheidende Rolle, kann den Nutzer aber auch auf Ungewöhnliches aufmerksam machen oder ihm helfen, bestimmte Situationen zu vermeiden. Wie das Foursquare-Beispiel zu Beginn dieses Kapitels gezeigt hat, müssen wir unabhängig vom Szenario verschiedene Überlegungen anstellen, wenn wir die Bedürfnisse eines Nutzers vorhersehen und das vom Nutzer wahrscheinlich Gewünschte bereitstellen oder ausführen möchten. Ein guter Use Case, um über kontextbezogene Erfahrungen und Produkte nachzudenken, ist das Design von geräteübergreifenden TV-Erfahrungen. Nachdem Netflix so bekannt geworden ist, können die meisten die Überlegungen nachvollziehen, die wir in Bezug auf Content-Empfehlungen anstellen müssen. Zum Beispiel ist es oft ein großer Unterschied, was wir uns alleine, mit einer bestimmten Person oder mit unseren Kindern ansehen.

Vor ein paar Jahren hatte ich das Glück, als Freelancerin an einem solchen Projekt zu arbeiten. Es gehörte zu unseren Aufgaben, zu untersuchen, wie man

---

7 From: Norman, D. A. (2002). »Emotion and design: Attractive things work better«. *Interactions Magazine, ix* (4), 36–42.

8 Page Laubheimer, »Distracted Driving: UX's Responsibility to Do No Harm«, *Nielsen Norman Group*, 24. Juni 2018, *https://oreil.ly/rJ_TW*.

die Seherfahrung bei Live- und bei On-Demand-Inhalten für unterschiedliche Zuschauer am besten personalisieren kann. Im Rahmen dieser Arbeit untersuchten wir mehrere Aspekte, die das Gezeigte beeinflussen könnten. Die naheliegendsten waren die folgenden:

- Wer schaut zu?
- Was sehen sich die Nutzer am liebsten an?

Um passende Vorschläge machen zu können, mussten wir aber noch ein bisschen mehr wissen:

- Schauen die Nutzer alleine oder gemeinsam mit anderen zu?
- Wenn sie gemeinsam mit anderen schauen: mit wem (beispielsweise Partner, Freunde, Kinder)?

Sobald Sie sich mit diesen Fragen beschäftigen, treten andere Fragen hinzu:

- An welchem Wochentag (z. B. unter der Woche versus Wochenende)?
- Um welche Tageszeit (z. B. morgens oder abends)?
- Wo sehen die Nutzer zu?
- Was sehen sie sich an?

Von allen diesen Faktoren hängt es ab, was ein Nutzer sich möglicherweise ansehen möchte. Doch damit ist der Prozess noch nicht zu Ende. Um wirklich gute Empfehlungen zu liefern und den gesamten Kontext zu berücksichtigen, müssen wir noch mehr wissen:

- Was haben sie sich vorher angeschaut (z. B. eine Folge einer Serie oder einen Film)?
- Was wissen wir über ihr Verhalten (z. B. was haben die Nutzer angefangen, aber nicht zu Ende gesehen, und warum)?

All das wirkt sich auf die durchgängige Erfahrung aus und hat Einfluss darauf, wie wir es dem Nutzer leicht machen, dort fortzufahren, wo er aufgehört hat. Allerdings sagt uns das noch nicht alles. Wir müssen auch Folgendes wissen:

- Wie hat den Nutzern das zuvor Gesehene gefallen?
- Was wollen sie eventuell als Nächstes sehen?
- Wie wird dies durch den Wochentag und die Tageszeit beeinflusst sowie dadurch, mit wem sie gemeinsam schauen?
- Was war der Grund für ihre Handlung oder das Ausbleiben einer Handlung (z. B. warum haben sie entschieden, eine Sendung oder einen Film nicht mehr zu sehen)?

Das waren nur einige Fragen, die während der Erkundungsphase dieses Projekts aufkamen. Die Liste ließe sich fortsetzen, und das zu Recht. Um solche Erfahrungen richtig zu gestalten, müssen wir ins Detail gehen und die kontextbezogene Komplexität der von uns gestalteten Produkte und Dienstleistungen erfassen.

Übung: Den Kontext erfassen

Finden Sie mit Blick auf Ihr eigenes Produkt oder Ihre Dienstleistung 10 Fragen, mit denen Sie leichter herausfinden können, wodurch der Nutzungskontext für Ihr Produkt oder Ihre Dienstleistung beeinflusst wird.

Die Komplexität des Kontexts berücksichtigen

Wie die vorangegangenen Abschnitte zeigen, gibt es zahlreiche Kombinationen. Um eine Erfahrung zu gestalten, die einfach und intuitiv ist und sich anfühlt, als wüsste sie, was der Nutzer will – und genau das erwartet der Nutzer von Video- und On-Demand-Inhalten –, müssen Sie die Komplexität akzeptieren und direkt in die Materie einsteigen. Sie müssen Schritt für Schritt erarbeiten, was wichtig ist und was nicht und wie alles miteinander zusammenhängt. Dies ist ein komplexer Prozess, aber nachdem Sie sich mit den verschiedenen Bestandteilen der Produkterfahrungen beschäftigt haben, kann es ganz einfach sein, all diese Details miteinander zu verbinden. Um den Kontext zu erkennen und zu verstehen, was in verschiedenen Szenarien eine großartige Erfahrung ergibt, müssen Sie jedoch recherchieren und mit Menschen sprechen.

Ein Beispiel, an das ich erst dachte, als ich selbst Mutter wurde, sind die unterschiedlichen Empfehlungen für Kinder und Erwachsene. Unsere Tochter, die jetzt noch keine zwei Jahre alt ist, sieht gerne zwei Serien auf Netflix: *Peppa Pig* und *Little Baby Bum*. Aber im Netflix-Profil für Kinder funktioniert das Prinzip genauso wie für Erwachsene, das heißt, wenn Sie eine Sendung wie *Peppa Pig* zu Ende gesehen haben, verschwindet sie aus der Zeile »Weiterschauen« (Abbildung 7.3).

Für einen Erwachsenen ist das passend. Man möchte sich nur selten dieselbe Serie oder denselben Film direkt noch einmal ansehen. Bei einer Zweijährigen ist es genau umgekehrt. Dass die Sendung automatisch verschwindet, bedeutet, dass wir mit einem ungeduldigen Kleinkind, das immer wieder »Piggu« ruft (so nennt sie Peppa Pig), die wesentlich langwierigere Suchfunktion nutzen müssen, weil Piggu nicht mehr einfach nur ein paar Klicks entfernt ist. Netflix wird zweifelsohne Gründe für diese Funktionsweise haben (Metriken, einfachere Entwicklung etc.), aber aus unserer Sicht, der Sicht der Nutzer, ist es nicht ideal.

Abbildung 7.3: Die Desktop-Nutzeroberfläche unseres Netflix-Profils für Kinder zeigt als zweite Zeile »Continue Watching for Children«.

Ob Video On Demand (VOD), Empfehlungen durch Bots oder einfach nur allgemeine Inhaltsempfehlungen – für die passenden Empfehlungen braucht es viel mehr als nur Daten. Wir müssen den Kontext, die Beziehung und jeden vorhandenen oder nicht vorhandenen Mehrwert einer Interaktion wirklich verstehen. Es greift viel zu kurz, zu verallgemeinern und auf Annahmen basierende Entscheidungen darüber zu treffen, was ein Nutzer tut oder nicht. Aber Aktionen sagen nicht unbedingt etwas darüber aus, was dem Nutzer tatsächlich wichtig ist.

Im Jahr 2016 änderte Facebook zum Beispiel seinen Newsfeed, um mehr Beiträge zu zeigen, in die die Nutzer tatsächlich Zeit investieren wollen. Doch es war nicht so einfach, herauszufinden, was die Leute sehen wollen, wie es zunächst schien. Facebook stellte fest:

> Die Handlungen, die Menschen auf Facebook ausführen, etwa das Liken, Anklicken, Kommentieren oder Teilen eines Postings, verraten uns nicht immer in vollem Umfang, was ihnen am meisten bedeutet. Wir haben zum Beispiel festgestellt, dass es Beiträge gibt, die den Leuten nicht gefallen oder die sie nicht kommentieren, die sie aber trotzdem sehen wollen, zum Beispiel Artikel über ein ernstes aktuelles Thema oder traurige Nachrichten von einem Freund.[9]

Wenn es um die Analyse des Nutzerverhaltens und die Bereitstellung personalisierter und maßgeschneiderter Erfahrungen geht, müssen wir unter die Haube blicken. Nur dann können wir verstehen, was die Handlungen des Nutzers beeinflusst, und sie in einen Kontext stellen.

Faktoren und Elemente des Kontexts im Produktdesign

Im traditionellen Storytelling hängt der Kontext der Geschichte davon ab, welche Geschichte erzählt wird, von wem und wie. Beim Produktdesign ist der Kontext ähnlich gelagert. Es geht darum, wem Sie welchen Teil der Produkterzählung mitteilen, auf welche Weise, wann und wo. Die Bedeutung des Kontexts hängt von der Art des Produkts oder der Dienstleistung ab.

Eine Online-Suche liefert im Moment – zumindest während ich dieses Buch schreibe – keine allgemeingültige Definition von Kontext im Design. Ben David definierte die Kontextbausteine wie folgt:

Nutzerkontext
: wie sich die Menschen unterscheiden

Umweltbedingter Kontext
: alle physikalischen Aspekte, die die Nutzung beeinflussen

Globaler Kontext
: was anderswo passiert und einen Bezug zum Nutzer haben könnte

Über das Thema Kontext kann man ein ganzes Buch schreiben (und mit *Understanding Context* hat Andrew Hinton genau das auch getan (O'Reilly, 2014)), sodass hier die obige Kategorisierung und ein Verweis auf *Understanding Context* genügen sollen. Entscheidend ist, dass es beim Produktdesign um Relevanz, Timing, Angemessenheit und Mehrwert für den Endnutzer des Produkts geht. Dies erfordert ein umfassendes Wissen über die Nutzer, ihre User Journey und ihre persönliche Geschichte, und wir müssen herausfinden, wie unser Produkt oder unsere Dienstleistung sie am besten unterstützen kann.

9 Moshe Blank and Jie Xu, »More Articles You Want to Spend Time Viewing«, Facebook, 21. April 2016, *https://oreil.ly/mDwSW*.

Was wir vom Storytelling über Umgebung und Kontext lernen können

Wie in Kapitel 2 erwähnt, wies Aristoteles als Erster darauf hin, dass die Erzählweise unserer Geschichte einen tiefgreifenden Einfluss auf die menschliche Erfahrung mit derselben hat. Die Beschränkungen eines Mediums können eine einheitliche Herangehensweise an die Erzählweise der Geschichte erzwingen. In einem Buch zum Beispiel bleiben unabhängig vom Leser jedes Wort, jedes Bild und jeder Absatz unverändert. Auch in Film und Fernsehen werden allen Zuschauern dieselben Bilder, Klänge usw. präsentiert. Wie die Leser des Buchs oder Betrachter des Films oder des Fernsehprogramms dies jedoch erleben, ist unterschiedlich.

Von den Dingen, denen wir Aufmerksamkeit schenken und an die wir uns erinnern, bis hin zu den Dingen, die bei uns Anklang finden, werden keine zwei Menschen eine Erzählung auf dieselbe Weise erleben. Alles hängt vom Kontext ab, d.h. von der Persönlichkeit des Nutzers, seinen Vorlieben und Abneigungen, seiner Hintergrundgeschichte, wo und mit wem er die Geschichte erzählt bekommt usw. Die Stärke eines guten Storytellers liegt in der Fähigkeit, diese Faktoren zu erkennen und zum Vorschein zu bringen, sodass sie bei der Erzählweise der Geschichte berücksichtigt werden können. Genau das beherrschten die großen Geschichtenerzähler des Mittelalters so meisterhaft, und deshalb war dieser Beruf so angesehen.

Hinsichtlich der Erzählweise und des Inhalts von Geschichten (Hintergrundgeschichten, Details usw.) hat der Kontext jedoch sowohl mit dem Medium als auch mit den verwendeten Techniken zu tun, und natürlich auch mit den praktischen Gegebenheiten wie Budget, Team, Ausrüstung usw.

Wenn wir uns damit beschäftigen, wie wir im Alltag Geschichten erzählen – wie unser Tag verlief, wovon wir nachts geträumt haben oder woran wir gerade denken –, dann unterscheidet sich die Herangehensweise immer, je nachdem, wem wir die Geschichte erzählen. Wenn wir mit engen Freunden sprechen, erzählen wir vielleicht einige zusätzliche Details, die wir weglassen würden, wenn wir die gleiche Geschichte unseren Eltern erzählen würden. Wenn wir einem Kind eine Geschichte vorlesen, klingt unsere Stimme meist wärmer und weicher. Und wir überspringen oder beschleunigen bestimmte Passagen, wenn ein Teil der Gruppe unsere Geschichte schon einmal gehört hat. Ohne darüber nachzudenken, bewerten wir die Situation und den Kontext, in dem unsere Geschichte erzählt werden soll, und mithilfe unserer oft unbewussten Bewertung passen wir die Erzählweise so an, dass sie für das Publikum und die Situation angemessen ist.

Die Erzählweise einer Geschichte steht in engem Zusammenhang damit, was wir mit der Geschichte vermitteln wollen und, wie Samson es ausdrückt, mit der Beziehung, die wir zu unserem Publikum aufbauen wollen. Wie im vorigen Kapitel beschrieben, wird eine Geschichte manchmal von der Handlung gesteuert, und der Wunsch, bestimmte Spezialeffekte einzubauen, beeinflusst sie, die Umgebung oder das Szenario, in dem die Geschichte spielt. Ein Beispiel ist *Rogue One*. In anderen Fällen trägt eine bestimmte Figur die Handlung, und dann hilft der Kontext des Charakters, die Geschichte selbst und die Erzählweise zu beeinflussen. Das ist bei *Findet Nemo* der Fall, wie Sie in Kapitel 5 gesehen haben.

Als Nächstes sehen wir uns drei Bereiche an, in denen das Produktdesign aus dem traditionellen Storytelling schöpfen kann.

Umfeld und Kontext definieren

Genauso wie wir ein einheitliches mentales Bild von den Menschen, für die wir gestalten, in den Köpfen aller Beteiligten schaffen müssen, müssen wir auch sicherstellen, dass sich alle über den Rahmen und den Kontext der Produkterfahrung im Klaren sind. Oftmals sind Silos zwischen Teams und verschiedenen Teilen der Organisation darauf zurückzuführen, dass die Einzelnen kein einheitliches Grundkonzept bzw. keine gemeinsame Sprache haben, die die Gräben überbrückt und den einzelnen Parteien den Wert oder die Wichtigkeit der jeweils anderen Ansichten vor Augen führt. Hier können Werkzeuge aus dem traditionellen Storytelling, wie z.B. Leitfragen und die Entwicklung eines Charts für Umfeld und Kontext äußerst nützlich sein, insbesondere wenn es in Form einer Customer Experience Map visualisiert wird.

Eine Welt erschaffen

Die Macht des Wortes und unserer Vorstellungskraft liegt in den Bildern und Welten, die diese in unseren Köpfen erzeugen. Mein Vater erwähnt oft, dass die Bücher, die er uns als Kinder vorlas, nicht viele Bilder enthielten, deshalb unsere Vorstellungskraft anregten und uns halfen, uns unsere eigenen Bilder von den Welten und Charakteren in den Büchern zu erschaffen.

In Kapitel 2 erwähnte ich, dass ein wirklich charakteristischer Aspekt von Videogames darin besteht, dass der Nutzer sofort in die Spielwelt eintaucht. Wenn die Storyteller von Pixar von einer Welt sprechen, meinen sie eigentlich die Umgebung oder das Regelwerk, in dem sich die Geschichte abspielt.[10]

10 »Your Unique Perspective«, *Khan Academy*, *https://oreil.ly/gimne*.

So gehen Sie vor

Beim Produktdesign können die Welten in unterschiedlichem Licht betrachtet werden. Es gibt die große Welt, etwa den Kontext und das Umfeld der Produkterfahrung, aber es gibt auch die Welt des Brandings und anderer Leitlinien, etwa Plattformvorgaben. Diese entsprechen eher dem Regelwerk, das Spiele- und Pixar-Designern die Welt vorgibt, in der sich die Erzählung abspielt.

Einer der Story Artists der *Pixar-in-a-Box*-Serie sagt, dass der Charakter immer an erster Stelle stehen sollte. Wenn eine blinde Person vergisst, ihre Hose anzuziehen, bevor sie zur Arbeit geht, ist das eine völlig andere Erzählung als die von einer sehenden Person, die vergessen hat, ihre Hose anzuziehen. Die Objekte und das Umfeld bleiben gleich, aber die Geschichte der beiden Charaktere ist völlig unterschiedlich. Ihr Kollege, ein Regisseur, zieht es vor, zuerst von der Welt auszugehen und dann den Charakter zu bestimmen, der in diese Welt hineinpasst. Ganz Ähnliches erleben wir beim Produktdesign. Wir alle haben unterschiedliche Arbeitsvorlieben, und wichtig ist nicht so sehr die Reihenfolge, sondern das Ergebnis. Ein Stück weit sollte es immer etwas hin und her gehen, denn das eine wird das andere inspirieren. In der *Pixar-in-a-Box*-Serie wird die Geschichte geboren, sobald die Welt und der Charakter aufeinandertreffen.

Gestaltung des Sets

Set und Umfeld unterscheiden sich voneinander, haben aber eine enge Verbindung, besonders beim Produktdesign. Beim Umfeld geht es, wie bereits erwähnt, um die Zeit und den Ort, an dem eine Geschichte spielt. Das Set hingegen ist die Kulisse, die die Geschichte unterstützen und erzählen soll. In manchen Filmen, wie *Krieg der Sterne* und dem ersten *Blade-Runner*-Film, ist das Set selbst zur Ikone geworden.

Sowohl beim Theater als auch in Film und Fernsehen wird die Gestaltung des Sets als Szenografie, Bühnenbild, Set-Design oder Szenenbild bezeichnet.

So gehen Sie vor

Beim Produktdesign ist es wichtig, das Umfeld zu berücksichtigen und dann noch einen Schritt weiter zu gehen und an das eigentliche Set zu denken, das für jeden Teil der Produkterfahrung entwickelt werden muss. Ermitteln Sie anhand der Handlung, der Charaktere und des Kontexts, was in den verschiedenen Teilen der Produkterfahrung verfügbar sein sollte. Sie müssen einerseits erkennen, was verfügbar sein sollte (und was nicht), andererseits, wie es zu gestalten ist, selbst wenn es sich um keine digitale, sondern um eine Offline-Erfahrung handelt. Das gilt nicht nur für das große Ganze, sondern auch für die kleinen Details. Laut Evening Standard ist »ein Set mehr als eine Kulisse. Es kann selbst zum Storyteller werden, mit Einblicken, die die Handlung verändern, oder raffinierter Detailversessenheit.«[11] In diesem Sinne ist es wichtig, mit der Planung des Sets schon früh in der Phase der Erkundung und Konzeption der Produkterfahrung zu beginnen, denn genau wie in einer guten Geschichte hängt alles miteinander zusammen.

Zusammenfassung

In allen guten Geschichten gibt es Schlüsselmomente, in denen sich alles wie von selbst fügt. Mit das Beste, was wir den Nutzern der von uns entwickelten Produkterfahrungen bieten können, ist eine genaue Analyse des Kontexts. Diese beeinflusst alles, womit wir uns bis jetzt beschäftigt haben.

Um sowohl das große Ganze als auch die kleinen Details der von uns konzipierten Erfahrungen vollständig zu erfassen, müssen wir alle Elemente des Sets ermitteln, die die Produkt- oder Dienstleistungserfahrung beeinflussen. Dann müssen wir diese Erfahrung im Lichte unseres Wissens über die Nutzer, andere Charaktere und Akteure sowie die verschiedenen Kontexte der Erfahrung inszenieren, damit schließlich alles zusammenpasst und wir es entsprechend umsetzen können.

Egal, wie einfach die Erfahrung sein mag (selbst wenn wir nur eine Landingpage entwerfen), eindeutige Vorgaben und die Nutzung von Set-Design und Szenografie in unserer Arbeit bieten uns eine gute Grundlage, wenn wir unsere Content-Strategie und Informationsarchitektur und die darauf folgenden Schritte erarbeiten.

Da Offline- und Online-Welt immer stärker miteinander verschmelzen und sich gegenseitig beeinflussen, müssen wir die Welt verstehen, in der die Menschen leben, die unsere Produkte oder Dienstleistungen kennenlernen und nutzen.

Umfeld und Kontext bilden einen großen Teil der Erzählung der Benutzererfahrung. Von ihnen hängt es nicht nur ab, wie die Nutzer unser Produkt oder unsere Dienstleistung erfahren, sondern auch, welche Geschichte wir in welcher Form erzählen sollen, sodass schließlich alles zusammenpasst. Wenn wir den Kontext durchdenken, in dem die Menschen unsere Produkte und Dienstleistungen nutzen werden, entstehen Szenarien. Dadurch können wir die Erzählung, die sich um die Nutzung unseres Produkts oder unserer Dienstleistung rankt, visualisieren und mit Details ausschmücken; unsere Vorstellungskraft wird angeregt. Und wenn wir wirklich zuhören, beginnt die Geschichte, sich von selbst zu erzählen. Als Nächstes beschäftigen wir uns mit Storyboarding, das diesen Prozess visualisieren und unterstützen kann.

---

11 Zoe Paskett, »London Theater«, *Evening Standard*, 15. Februar 2019, *https://oreil.ly/ho5U-*.

Der Einsatz von Storyboards im Produktdesign

Alles in einem Dokument erfassen

Beim Coaching und Mentoring von Teams in Sachen User Experience habe ich in den letzten Jahren vor allem auch Experience Maps als geeignetes Tool propagiert. Experience Maps, auch Customer Experience Maps genannt, visualisieren und erfassen die komplette Benutzererfahrung vom Anfang bis zum Erreichen des Nutzerziels.

Der Vorteil der Experience Map besteht darin, dass Sie durch den Bearbeitungsprozess und das fertige Ergebnis die gesamte Erfahrung von Anfang bis Ende überblicken und gezwungen sind, auch über die gerade gestaltete Seite oder Ansicht hinauszudenken. Experience Maps gehen über die Abläufe auf dem Bildschirm hinaus. Sie decken auch Offline-Aspekte ab, und wenn sie gut gemacht sind, zeigen sie zudem die ganzen Querverbindungen und wie sich Veränderungen an bestimmten Punkten auf die anderen Aspekte auswirken. Immer öfter müssen die von uns entwickelten Produkte und Dienstleistungen überall und zu jeder Zeit auf einem beliebigen Gerät funktionieren. Umso wichtiger wird es, an einem bestimmten Punkt in die Reise eines Nutzers einzutauchen und zu begreifen, worauf es dann ankommt. Dies ist eine weitere wichtige Anwendungsmöglichkeit für Experience Maps.

Eine der bekanntesten Experience Maps, wenn nicht sogar die bekannteste, ist jene von Rail Europe. Sie wurde als Teil einer umfassenden diagnostischen Evaluierung für Rail Europe, Inc. ausgearbeitet. (Abbildung 8.1). Das Unternehmen wollte die Erfahrungen seiner Kunden über alle Berührungspunkte hinweg besser nachvollziehen, um festzulegen, worauf es seine Design- und Entwicklungsressourcen sowie sein Budget konzentrieren sollte. Die Experience Map von Rail Europe half laut ihrem Autor und Designer Chris Risdon dabei, »ein gemeinsames empathisches Verständnis für die Interaktionen der Kunden mit den Berührungspunkten mit Rail Europe über Zeit und Raum hinweg zu schaffen.«

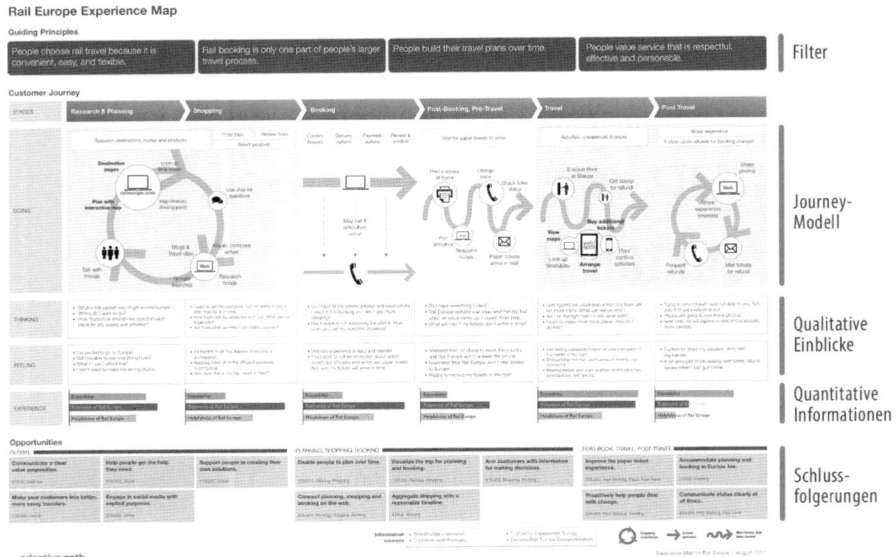

Abbildung 8.1: Die von Chris Risdon und Adaptive Path erarbeitete Rail-Europe-Experience-Map

Die Rail-Europe-Experience-Map enthält zahlreiche Projektdetails. Für einen ungeübten Betrachter wirkt das Dokument sicherlich komplex. Und richtig, Experience Maps sind komplex – genau wie wir Menschen selbst. Bei unseren Produkten gibt es nicht »die eine« Erfahrung, die für jeden Menschen gleich ist. Es wird einen idealen Weg geben sowie häufigere und wahrscheinlichere Routen, aber die Erzählung über die Verwendung unserer Produkte und Dienstleistungen, wie sie in das Leben der Menschen gelangen und welche Rolle sie spielen, wird für jeden einzelnen Nutzer anders lauten.

Wenn ich Experience Maps zum ersten Mal vorstelle, erhalte ich häufig die Reaktion, dass diese zu komplex und der Detaillierungsgrad für das betreffende Projekt nicht erforderlich seien. Zugegeben, Experience Maps können manchmal recht komplex und abschreckend wirken, aber die Komplexität, die in die Erstellung einer Experience Map einfließt, ist gerade das Schöne daran. Sobald man sie durcharbeitet und durchspricht, halten die meisten Menschen und Teams sie für unglaublich wertvoll. Häufig gehören sie zu den ersten Schritten, um organisatorische Silos erfolgreich aufzubrechen.

Und genau wie die von uns entwickelten Produkterfahrungen werden auch Experience Maps niemals wirklich fertig. Statt ein fixes Ziel und eine Schlussfolgerung anzustreben, sollten Experience Maps laut Risdon als Katalysator angesehen werden, als etwas, das zum Handeln anregt und die Leute zum Sprechen bringt.

Richtig eingesetzt gehören Experience Maps zu jenen Dokumenten, die nur einmal erstellt und dann immer wieder eingesetzt werden können. Das gehört zu ihren großen Vorteilen. Es sind lebendige und atmende Dokumente, von deren ständiger Evaluierung und Verbesserung Team und Projekt sehr profitieren können, ganz zu schweigen vom Einsatz als Referenzpunkt während der gesamten Projektlaufzeit, wobei immer wieder unterschiedliche Aspekte durchgearbeitet werden. Um diesen Prozess zu erleichtern, drucken Sie die Map im Großformat aus und hängen Sie sie nach Möglichkeit an eine Wand, wo sie für das gesamte Team leicht zugänglich und einsehbar ist.

Korrekt umgesetzt bieten Experience Maps eine Momentaufnahme ihres aktuellen Fortschritts. Es gibt wohl niemanden, der nicht lieber eine einziges Objekt anschaut und »Ah!« sagt, als über 10 Seiten durchzugehen, die er am Ende erst gedanklich zusammensetzen muss. Und was die Frage nach einer weniger komplexen Darstellung betrifft, so liegt dies vor allem an der visuellen Präsentation und der Art und Weise, wie Sie damit arbeiten. Die meisten Experience Maps zeigen ein visuelles Element, das entweder Berührungspunkte darstellt, wie in Abbildung 8.1 gezeigt, oder die emotionale Sequenz, die der Nutzer durchlebt. Eine weitere Möglichkeit ist, ein Storyboard als visuelles Element einzubinden.

Die Rolle von Storyboards in Film und Fernsehen

Storyboards sind lineare Abfolgen von Illustrationen, die zur Visualisierung einer Handlung dienen. In ihre heute bekannten Form wurden sie in den 1930er-Jahren von den Walt-Disney-Studios eingeführt. Seit den 1920er-Jahren setzten die Disney-Studios Skizzen von Einzelbildern ein, um ihre Filmwelten schon vor dem eigentlichen Aufbau zu kreieren. Disney verfügte auch als Erstes über eine spezialisierte Story-Abteilung, die von den Animatoren getrennt war. Man hatte erkannt, dass sich die Zuschauer nicht für den Film interessieren würden, wenn die eigentliche Handlung bei ihnen kein Interesse an den Charakteren weckte.

Storyboards werden häufig in Filmen, im Theater und für Animationen eingesetzt. Im Theater dienen Storyboards als Hilfsmittel, um den Szenenaufbau zu verdeutlichen. In Filmen werden sie auch als Shooting Boards bezeichnet und enthalten oft Pfeile zur Darstellung von Bewegungen sowie Anweisungen. Storyboards helfen dem Regisseur, dem Kameramann und den Werbekunden ganz entscheidend dabei, sich eine Vorstellung von den Szenen zu machen. Für den Live-Action-Filmemacher verdeutlichen sie zudem, welche Teile der Kulisse erstellt werden müssen und welche Teile niemals in der Aufnahme erscheinen. Storyboards helfen auch, mögliche Probleme bereits vor den Dreharbeiten zu erkennen und Kosten abzuschätzen. In diesem Sinne sind Storyboards eine Art Low-Fidelity-Prototyp des Films.

Bei Animationen und Spezialeffekten werden Storyboards oft durch Animatics ergänzt (Abbildung 8.2). Animatics sind vereinfachte Mock-ups, die eine bessere Vorstellung davon geben sollen, wie eine Szene im Hinblick auf ihre Bewegungssequenzen und ihr Timing wirkt. In der einfachsten Form besteht ein Animatic aus einer Abfolge von Standbildern, die in der Regel dem Storyboard entnommen werden. Dabei können immer wieder neue Animatics dazukommen, bis das Storyboard vollständig ist. Genau wie bei Filmen gewährleisten die Storyboards und Animatics einen effizienten Einsatz von Zeit und anderen Ressourcen, ohne dass diese an Szenen verschwendet werden müssen, die vielleicht später aus dem Film herausgeschnitten werden. Bei Computeranimationen geben Storyboards auch Aufschluss darüber, welche Szenenkomponenten und Modelle tatsächlich erstellt werden müssen.

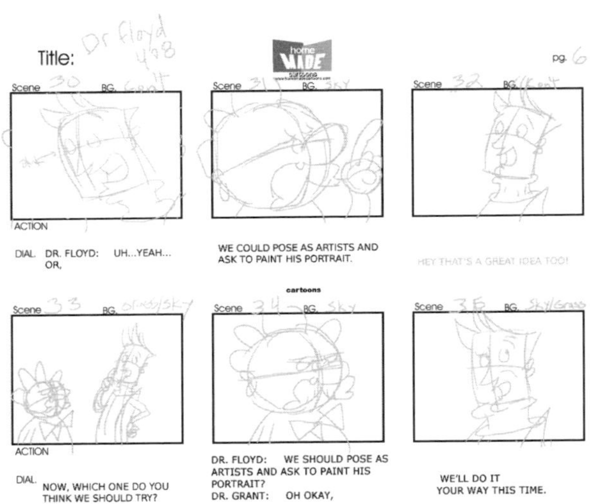

Abbildung 8.2: Storyboard für »The Radio Adventures of Dr. Floyd« (https://oreil.ly/HrYMH)

Wie streng Storyboards während der Produktion befolgt werden, ist unterschiedlich. Einige Regisseure nutzen ein Storyboard zusammen mit dem Drehbuch als Bezugspunkt, aus dem dann eine detaillierte Shotlist erstellt wird. Ein Beispiel für eine Shotlist sehen Sie in Abbildung 8.3. In diesem Dokument sind sämtliche Einstellungen verzeichnet, zusammen mit der Angabe, wer und was zu sehen sein wird.[1] So eine Liste ist besonders nützlich, wenn es mehrere Drehorte gibt, da der Regisseur damit vor den Dreharbeiten seine Gedanken besser ordnen kann. Deshalb wird die Shotlist meist zusammen mit dem Drehbuch und anderem während der Vorproduktion erstellt.

1 Justin Simon, »How to Write a Shot List«, *TechSmith*. *https://oreil.ly/Y44kH*.

Script /SB Ref.	Shot #	Interior Exterior	Shot	Camera Angle	Camera Move	Audio	Subject	Description of Shot
1	1	Exterior	WS	Eye Level	Static	VO	Paul and son	Paul and his young son are at the la fishing
6	2	Exterior	WS	Eye Level	Static	VO	Paul	Paul at the lake, fishing alone. He pu out a photo of him and his son; he smiles.
9	3	Exterior	WS	Eye Level	Static	VO	Paul, son, grandson	Paul, his son, and grandson at the la fishing
2	4	Exterior	VWS	High Angle	Static	VO	Paul and son	Paul and son playing baseball in a backyard
3	5	Interior	MCU	Eye Level	Static	VO	Paul and son	Paul teaching his son how to drive
4	6	Interior	WS	Eye Level	Pan	VO	Paul, wife, and son	Paul and his wife at their son's high school graduation
5	7	Exterior	WS	Eye Level, Birds-Eye view	Static	VO	Paul, his wife, and son	Paul's son packs up a car, clearly leaving for college. He hugs Paul an his wife, and they both watch him a he drives away.
7	8	Interior	MS	Eye Level	Pan	VO	Paul at his son's wedding	Paul hugs his son before he walks o to the alter; they smile
8	9	Interior	MS	OTS	Static	VO	Paul's son and his	Paul's son is at the hospital with his

Abbildung 8.3: Screenshot einer Shotlist-Vorlage aus dem TechSmith-Blog

Wie genau Storyboards in der Vorbereitungs- und Produktionsphase eingesetzt werden, ist unterschiedlich. Pixar fängt einen neuen Film beispielsweise nicht mit einem Drehbuch an, sondern mit einem Storyboard.[2] Andere wählen die Route Drehbuch → Storyboard → Shotlist, wobei sich der Inhalt der Storyboards im Nachhinein noch ändern kann. Auf der anderen Seite stehen Produktionen, die ihre Storyboards als eine Art Bibel betrachten. Ein Beispiel dafür ist der Film *Die Matrix*. Um die Anzugträger bei Warner Bros Entertainment vom Kauf des Drehbuchs zu überzeugen, heuerten die Wachowski-Schwestern die beiden Underground-Comiczeichner Geof Darrow und Steve Skroce an, die Bild für Bild ein Storyboard des Drehbuchs entwarfen. Dieses umfasste am Ende sechshundert Seiten. Während der Dreharbeiten gestatteten sie dem Regisseur nicht, von den Storyboards abzuweichen, außer beim Schnitt.[3]

Gleichgültig ob die Storyboards als Hilfe zum Ausarbeiten der Erzählung verwendet oder ob sie als Endprodukt angesehen werden, ergeben sich auch für das Produktdesign eine Menge Vorteile und Überschneidungen mit dem Storyboard-Konzept.

2 Ben Crothers, »Storyboarding & UX: Part I«, Johnny Holland (Blog), 14. Oktober 2011, *https://oreil.ly/UvmuA*.

3 Mark Miller, »Matrix Revelation«, *Wired*, 1. November 2003, *https://oreil.ly/7If-y*.

Die Rolle von Storyboards im Produktdesign

Während meiner Laufbahn als UX-Designerin habe ich mit vielen digitalen und Full-Service-Werbeagenturen zusammengearbeitet. Die Kreativen in diesen Unternehmen setzten Storyboarding oft als Teil des Konzeptionsprozesses ein, um Ideen zu entwickeln und sie dem Rest des Teams und den Kunden schmackhaft zu machen. Sehr selten habe ich dort beobachtet, dass die Technik von einem UX- oder Produktteam eingesetzt wurde. Ich bin allerdings auf viele andere Unternehmen gestoßen, die Storyboards als Teil des UX- und Produktdesignprozesses verwenden, darunter Airbnb und The Atlantic. Das ist großartig, da Storyboards im Produktdesign ihre Stärken ebenso ausspielen können wie im Theater, im Film und bei Animatics.

Genau wie in diesen Bereichen erkunden Sie durch das Storyboarding auch im Design die Welt, in der die Erfahrung stattfinden wird, und beginnen, die Struktur zu erfassen. Durch das teilweise oder komplette Storyboarding der Erzählung der Benutzererfahrung erkunden und definieren Sie sowohl die Nutzererfahrung mit dem Produkt als auch die umliegenden Aspekte, die für das Produkt wichtig sind. Indem Sie Emotionen einfließen lassen und durch Zeichnungen zum Leben erwecken, erzeugen Sie einerseits eine Visualisierung und erleichtern zudem die Ausbildung von Einfühlungsvermögen, Verständnis und Akzeptanz bei Teammitgliedern, Stakeholdern und Kunden. Und genau wie bei Filmen und Animatics sind Storyboards als Teil des Produktdesignprozesses ein großartiges Werkzeug, um Lücken oder neue Möglichkeiten zu erkennen, Kosten zu bestimmen und eine Bedarfsanalyse durchzuführen.

Hier einige weitere Gründe, warum Storyboards so großartig sind:[4]

- Sie helfen Ihnen, den Problembereich zu verstehen, mit dem Sie arbeiten.
- Sie erwecken eine Lösung zum Leben.
- Sie sind ein effektives Kommunikationsmittel, das fast jeder versteht.
- Sie vereinen mehrere Elemente wie Personas, Verhaltensweisen, Anforderungen und Lösungen.
- Sie machen konzeptionelle Ideen greifbar und helfen somit uns, unseren Kunden und Stakeholdern, das Wesentliche zu erkennen.

So wie Storyboards im Theater, im Film und in der Animation auf verschiedene Weise eingesetzt werden, lassen sie sich auch im Produktdesign auf unterschiedliche Weise verwenden. Einige dieser Möglichkeiten behandele ich etwas später in diesem Kapitel. Und genau wie sich Experience Maps wunderbar als Teamaktivität eignen oder um verschiedene Unternehmensbereiche und/oder

4 Crothers: »Storyboarding & UX«.

die Kunden mit einzubeziehen, so eignen sich auch Storyboards hervorragend für den Einsatz im Team. Durch die gemeinsame Bearbeitung von Storyboards können Sie Buy-ins, Verständnis und Empathie erzielen. Jedes neue Storyboard kann sich auf eine bestimmte Persona beziehen, und das hilft uns, kontinuierlich auch wirklich die Menschen zu berücksichtigen, für die das Produkt gedacht ist.

Übung: Die Rolle von Storyboards im Produktdesign

Denken Sie an Ihr eigenes Produkt oder Ihre Dienstleistung und überlegen Sie Folgendes:

- Welche Rolle könnten Storyboards für Ihr Produkt oder Ihre Dienstleistung spielen bzw. welche Rolle haben sie gespielt?
- Wie groß wäre die anfängliche Skepsis der anderen Projektbeteiligten, wenn Sie dies vorschlagen würden?

Anhand von Storyboards das unsichtbare Problem und/oder die unsichtbare Lösung identifizieren

Wenn Sie ein Storyboard für eine Produkterfahrung entwerfen, müssen Sie schon beim Zeichnen zahlreiche Dinge mit einbeziehen, um die Erzählung zum Leben zu erwecken. Der Zwang, über die Erfahrung auf dieser erzählerischen Ebene nachdenken zu müssen, hat Airbnb zu seiner großen Erkenntnis verholfen: dass sein Service keine Website ist, da der größte Teil des Airbnb-Erfahrungen in Wirklichkeit offline stattfindet.[5]

Viel zu häufig stürzen wir uns direkt ins Geschehen und denken, wir hätten ein umfassendes Verständnis für unsere Zielgruppe entwickelt, ebenso wie für den Inhalt, die Funktionen und die Gesamtlösung, die ihre Bedürfnisse am besten erfüllen. Und das haben wir hoffentlich auch. Durch die steigende Relevanz an Offline-Erfahrungen für zahlreiche Produkte und Dienstleistungen jedoch und den beständigen »Tanz« zwischen Offline- und Online-Erfahrungen, wie das Airbnb-Team ihn bezeichnet, ist es umso wichtiger, einen Schritt zurückzutreten und ein wirkliches Bild der Gesamterfahrungen zu erstellen. Damit können sich dann verschiedene Teamsegmente, das Unternehmen und auch der Kunde auseinandersetzen. Es genügt nicht mehr, wenn nur das UX- oder Produktteam an Experience Maps oder Storyboards arbeitet. Um wirklich herausragende Produkte zu entwickeln, die sowohl die Erkenntnisse der Nutzer und Kunden als auch die betriebswirtschaftlichen Anforderungen bestmöglich

5 Sarah Kessler: «How Snow White Helped Airbnb's Mobile Mission«, *Fast Company*, 8. November 2012, *https://oreil.ly/DmuSp*.

berücksichtigen, müssen die einzelnen Geschäftsbereiche zusammenkommen, und alle müssen ihr Wissen und ihre Erfahrung einbringen.

Tony Fadell, einer der Ideengeber des iPods, sagt, dass »wir uns als Menschen sehr schnell an Dinge gewöhnen« und dass es seine Aufgabe als Produktdesigner ist, diese alltäglichen Dinge zu erkennen und sie zu verbessern.[6] Der Grund für diese Gewöhnung an Alltäglichkeiten ist unsere begrenzte Gehirnleistung. Um damit umzugehen, speichert unser Gehirn alltägliche Handlungen als Gewohnheiten ab. So können wir Platz schaffen, um neue Dinge zu lernen, und was anfangs beschwerlich war, wird immer leichter, bis es uns schließlich zur zweiten Natur wird und wir entspannter agieren können, weil wir weniger über unsere aktuelle Tätigkeit nachdenken.

Ein gutes Beispiel für den Gewöhnungseffekt ist laut Fadell das Autofahren. Wenn Sie zum ersten Mal am Steuer eines Autos sitzen, halten Sie Ihre Hände genau in der Zehn-vor-zwei-Uhr-Position, schalten das Radio aus und schränken die Unterhaltung und alles andere, was Sie von Ihrer Tätigkeit ablenken könnte, ein. Mit der Zeit gewöhnen wir uns immer mehr ans Autofahren. Unsere Handposition wird lockerer, wir fangen an, nebenher Musik oder Radio zu hören und sogar mit den Mitfahrern im Auto zu sprechen. In diesen Fällen ist die Gewöhnung gut. Ohne sie würden wir auf jedes einzelne Detail achten, die ganze Zeit.

Die Habitualisierung ist allerdings keine so gute Sache, wenn wir dadurch Probleme um uns herum nicht mehr bemerken. Unsere Aufgabe besteht laut Fadell nun darin, noch einen Schritt weiter zu gehen und die Probleme nicht nur zu erkennen, sondern sie auch zu beheben. Hierzu versucht Fadell, die Welt so zu sehen, wie sie wirklich ist, und nicht so, wie wir glauben, dass sie ist. Es ist einfach, Probleme zu lösen, die fast jeder sieht, aber »es ist schwer, ein Problem zu lösen, das kaum jemand sieht.«

Ein Beispiel für die Lösung eines Problems, das kaum jemand sieht, ist der Aufkleber mit dem Hinweis »Vor dem ersten Gebrauch aufladen«, den früher viele frisch gekaufte Elektronikartikel trugen. Apple und Steve Jobs bemerkten dies und wollten davon wegkommen. Stattdessen wurden Apple-Produkte mit bereits teilweise vorgeladenem Akku ausgeliefert. Heute ist das bei den meisten Geräten die Norm. Entscheidend an dieser Geschichte ist laut Fadell, dass hier nicht nur das offensichtliche Problem erkannt wurde, sondern auch das unsichtbare.

Fadells Rat zum Erkennen all der unsichtbaren Probleme ist, zuerst umfassender hinzuschauen und jene Aspekte zu untersuchen, die zu dem Problem führen, sowie alle weiteren Schritte, die sich anschließen. Zweitens: Sehen Sie sich die winzigen Details genauer an und stellen Sie die Frage, ob sie wichtig oder

6 Tony Fadell, »The First Secret of Design Is…Noticing«, TED2015 Video, März 2015, *https://oreil.ly/CK4eg*.

einfach nur da sind, weil wir es schon immer so gemacht haben. Und schließlich: Nutzen Sie eine »jüngere« Denkweise – denken Sie kindlicher und stellen Sie auch die optimistischen, problemlösenden Fragen, so wie jene von Fadells Tochter: »Warum sagt uns der Briefkasten nicht einfach, wenn Post gekommen ist, statt dass wir jeden Tag rausgehen müssen, um nachzusehen?«

Storyboarding ist ein großartiges Werkzeug, um diese unsichtbaren Probleme bzw. Lösungen zu erkennen. Durch die Erstellung von auf bestimmte Personas zugeschnittenen Erzählungen und deren Belebung fangen wir an, die Erfahrung aus Sicht der Nutzer zu sehen. Der Akt des Zeichnens an sich ist außerdem auch meist eine lustige Aktivität, die bei den Beteiligten Zurückhaltung abbaut und ein wenig Fantasie zulässt. In der Welt der Geschichten ist alles möglich, und wenn wir unseren Produktdesignprozess um diese Dimension erweitern, können wir die Dinge in einem anderen Licht sehen, als wir es gewohnt sind.

Übung: Storyboards zur Identifizierung des unsichtbaren Problems und/oder der unsichtbaren Lösung einsetzen

Denken Sie im Hinblick auf Ihr Produkt oder Ihre Dienstleistung über Folgendes nach:

- Welche Details in der Produkterfahrung sind einfach der Tatsache geschuldet, dass es schon immer so gemacht wurde?

Kehren Sie nach der Lektüre des nächsten Abschnitts zu dieser Übung zurück und erstellen Sie ein Storyboard für einen Teil der Produkterfahrung:

- Haben Sie durch Ihr Storyboard ein unsichtbares Problem oder eine unsichtbare Gelegenheit erkannt?
- Konnten Sie eine bestimmte Lösung dafür finden?
- Könnte diese Lösung als zukünftige Iteration Ihres Produkts von Bedeutung sein?

Storyboards anlegen

Einige Menschen werden vom Storyboarding abgeschreckt, weil sie einfach glauben, dass sie nicht zeichnen können. Es gibt aber sehr viele Zeichenmethoden, und wenn Sie sich dabei überhaupt nicht wohlfühlen, dann vielleicht jemand anderes, den Sie in den Storyboarding-Prozess einbinden können. Es gibt neben dem Zeichnen auch noch weitere Möglichkeiten, zum Storyboarding beizutragen, von der Definition eines Ziels (z.B. ob das Storyboard eingesetzt wird, um eine Erfahrung oder ein Kommunikationswerkzeug zu durchdenken) bis hin zur Identifizierung aller Bestandteile und Details, die darin aufgenommen werden sollen.

Im Jahr 2011 hat der UX-Autor Ben Crothers eine dreiteilige Artikelserie über Storyboarding und UX für den Blog von Johnny Holland verfasst. Der zweite Teil konzentrierte sich auf die Erstellung eines eigenen Storyboards und enthielt dabei einige nützliche Ratschläge: Storyboarding kann zwar zur Ideenfindung genutzt werden, wie bei der Konzepterstellung und manchmal auch bei Pixar, aber Sie werden immer das Optimum aus Ihren Storyboards und dem Storyboarding-Prozess herausholen, wenn Sie bereits vorab einen klaren Standpunkt haben. Wenn Sie Storyboards zur Ideenfindung oder als Denkübung einsetzen, dann profitieren Sie am stärksten, wenn Sie sich darüber im Klaren sind, um wen es in dem Storyboard geht und welches Ziel dieser Charakter bzw. dieser Nutzer hat.

Crothers empfiehlt weiterhin, dass Sie sich beim Einsatz von Storyboards als Kommunikationsmittel stets bewusst sein sollten, was Sie kommunizieren wollen. Genauer ausgedrückt sollten Sie beim Ausarbeiten Ihres Storyboards Folgendes anstreben:[7]

- ein bestehendes Problem in der Nutzererfahrung lösen
- die Auswirkungen einer bestehenden Situation oder eines vorhandenen Problems auf die Nutzererfahrung identifizieren
- eine wünschenswerte Nutzererfahrung für eine bestimmte Lösung definieren

Diese drei Szenarien gelten meiner Meinung nach auch dann, wenn Sie Ihre Storyboards zur Ideenfindung oder als Denkwerkzeug verwenden.

Sobald Sie eine klare Sichtweise haben, sollten Sie im nächsten Schritt die Erzählstruktur festlegen. Sie können sich dafür entscheiden, ein übergeordnetes Storyboard für die gesamte Erfahrung (von Anfang bis Ende) zu erstellen, ähnlich wie die Einkaufserfahrung in Kapitel 5, oder Sie beschränken sich auf eine bestimmte Reise oder Sequenz, so wie ich es bereits erwähnt habe. Wenn Sie einige Übungen zu Erzählstruktur und Charakteren in den Kapiteln 5 oder 6 durchgeführt haben, haben Sie bereits einen Großteil Ihrer Erzählung definiert und müssen sie nur noch zum Leben erwecken.

Hinsichtlich der Inhalte empfiehlt Crothers folgende Punkte, die sich an Aristoteles' sieben goldenen Regeln des Geschichtenerzählens orientieren:

Charaktere
: Die Nutzer- oder Kunden-Personas, um die sich die Handlung dreht

7 Ben Crothers, »Storyboarding & UX: Part II«, Johnny Holland (Blog), 17. Oktober 2011, *https://oreil.ly/oqF4G*.

Drehbuch
: Aristoteles bezeichnet dies als Diktion, also den inneren Dialog, den der Charakter führt, was er sagt und was andere um ihn herum sagen

Szene
: das Szenario, in dem sich der Charakter befindet

Handlung
: die Erzählung, die sich in Verbindung mit dem Ziel Ihres Charakters entfaltet

Zusätzlich können Sie die Umgebung oder die Rahmenbedingungen des Szenarios und die Lösung mit aufnehmen.

Übung: Storyboards anlegen

Denken Sie im Hinblick auf Ihr Produkt oder Ihre Dienstleistung darüber nach, welche Rolle Ihr Storyboard spielen würde:

- Wären Storyboards als Denk- oder Kommunikationswerkzeug oder beides die beste Lösung für Ihr Produkt?
- Warum eher das eine als das andere oder warum beides?
- Wofür würden Sie die Storyboards verwenden? Zum Beispiel, um ein bestehendes Problem in der Nutzererfahrung zu lösen, um die Auswirkungen einer bestehenden Situation oder eines bestehenden Problems auf die Nutzererfahrung zu identifizieren oder um eine gewünschte Nutzererfahrung für eine bestimmte Lösung zu definieren?

Möglichkeiten zum Einbinden von Storyboards in den Produktdesignprozess

Wie bereits erwähnt, variiert im traditionellen Storytelling die Rolle von Storyboards und die Detailtiefe, mit der wir uns nach ihnen richten, je nachdem, was kreiert wird und wer daran mitarbeitet. So wie bei allen Werkzeugen geht es auch beim UX- und Produktdesignprozess darum, das am besten für die Aufgabe und das Team Geeignete auszuwählen. Storyboarding ist sicherlich eine tolle Möglichkeit, etwa auch Entwickler mit einzubeziehen – das heißt aber nicht, dass Storyboards andere Planungsdokumente wie Flussdiagramme ersetzen sollten, mit denen Entwickler zu arbeiten gewohnt sind.

Jedes Planungsdokument und jedes Werkzeug spielt zu einem bestimmten Zeitpunkt während des Produktdesignprozesses seine eigene wichtige Rolle. Als Nächstes sehen wir uns drei Möglichkeiten an, wie Sie Storyboards in den Produktdesignprozess einbinden können.

Storyboards als eigene Arbeitsergebnisse

Bei Comics werden Storyboards eher als Endprodukt denn als Mittel zum Zweck angesehen. Aber auch wenn Storyboards im Produktdesign niemals das eigentliche Endprodukt sein können, so stellen sie doch ein Endprodukt in dem Sinne dar, dass sie ein eigenes Arbeitsergebnis darstellen (Abbildung 8.4). Es hängt ganz davon ab, was Sie alles mit einbeziehen und warum.

Wie Sie bereits zuvor in diesem Kapitel festgestellt haben, holen Sie dann das Beste aus dem Storyboarding-Prozess heraus, wenn Sie sich über den Zweck des Storyboards und dessen Blickwinkel im Klaren sind. Der Einsatz von Storyboards als eigenständiges Arbeitsergebnis funktioniert gut, wenn Sie sie sowohl als Denkwerkzeug als auch als Kommunikationsmittel nutzen. Entscheidend ist herauszufinden, was das Storyboard alles erfassen soll, und zwar hinsichtlich der Gesamterzählung und aller zusätzlichen Details und Notizen, die Sie vielleicht einfügen wollen. So bringt das Storyboard den maximalen Nutzen für das Projekt und alle, die sich darauf beziehen.

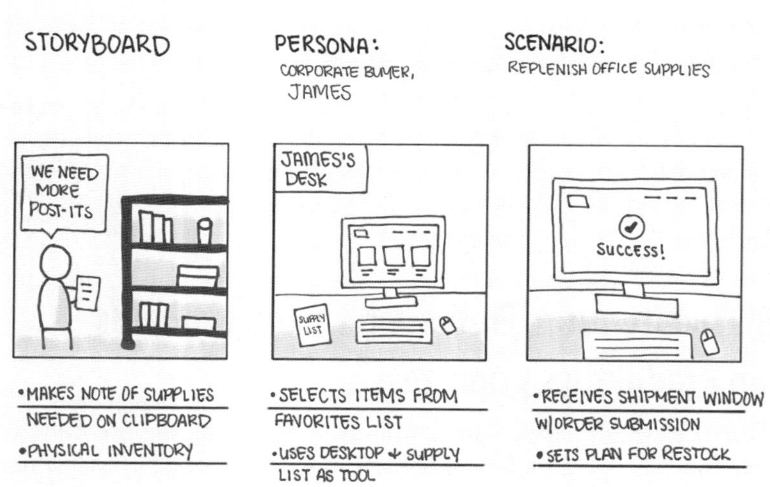

Abbildung 8.4: Ein als eigenständiges Arbeitsergebnis erstelltes Low-Fidelity-Storyboard von Rachel Krause, »Storyboards Help Visualize UX Ideas«, NN/g, https://oreil.ly/7ttZg

Storyboards als Bestandteil von Customer Journey Maps

Weiter vorne in diesem Buch habe ich Customer Journey Maps als ein gängiges Werkzeug zur Erfassung der emotionalen Nutzerreaktion auf einen Teilaspekt einer Erfahrung behandelt. Wie bei den meisten (UX-) Arbeitsergebnissen bekommen Sie das beste Ergebnis und den besten Mehrwert, wenn Sie es an Ihre Bedürfnisse anpassen. Das Internet ist voller verschiedener Ansichten darüber, was Customer Journey Maps beinhalten und wie sie visualisiert werden können. Eine Möglichkeit zur Arbeit mit einer Customer Journey Map besteht darin, sie mit einem Storyboard zu ergänzen. Dadurch erwacht das Erfahrungsnarrativ quasi zum Leben (Abbildung 8.5).

Dies kann auf verschiedene Arten erfolgen, je nachdem, welche Informationen Sie einbinden müssen, um das Projekt am besten voranzutreiben. Wie das Beispiel in Abbildung 8.5 zeigt, genügen auch einige wenige visuelle Elemente, wenn diese den Knackpunkt bereits ausreichend deutlich vermitteln.

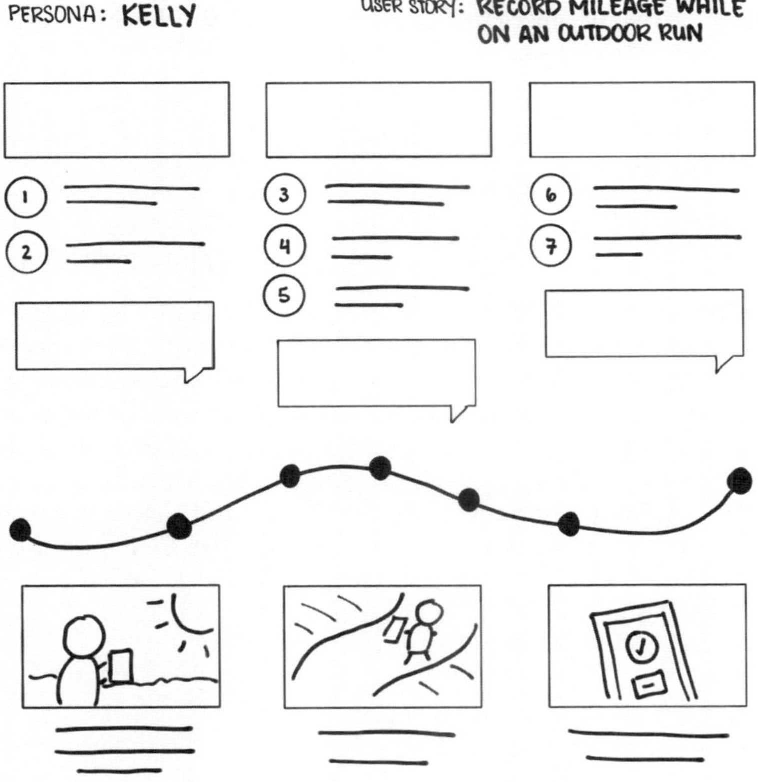

Abbildung 8.5: Ein Storyboard (unten) wurde der Customer Journey Map (oben) als zusätzliches visuelles Element hinzugefügt. Von Rachel Krause, »Storyboards Help Visualize UX Ideas«, NN/g, https://oreil.ly/7ttZg

Storyboards als Bestandteil von Experience Maps

Genauso wie sich Storyboards als Zusatzelement in Customer Journey Maps einfügen lassen, können sie auch eine Ergänzung für Experience Maps bilden. Das Storyboard kann dabei das visuelle Hauptelement (also die Darstellung der Benutzerreise) oder ein zusätzliches Element sein.

Laut Adaptive Path gelten für die bildliche Darstellung von Erfahrungen vier übergeordnete Schritte:[8]

Decken Sie die Tatsachen auf
: Untersuchen Sie das Kundenverhalten und die Interaktionen über alle Kanäle und Berührungspunkte hinweg.

Bestimmen Sie den Kurs
: Fassen Sie die wichtigsten Erkenntnisse gemeinsam in einem Customer-Journey-Modell zusammen.

Erzählen Sie die Geschichte
: Veranschaulichen Sie eine fesselnde Geschichte, die Verständnis und Empathie schafft.

Nutzen Sie die Map
: Folgen Sie der Map zu neuen Ideen und besseren Kundenerfahrungen.

Hinsichtlich des vierten Punktes – der Nutzung der Map – ist es eine Stärke von Customer Journey Maps, dass sie an die Bedürfnisse Ihres spezifischen Projekts angepasst werden können. In *Mapping Experiences* (O'Reilly) liefert James Kalbach eine ausführliche Darstellung des Prozesses, der mit dem Mapping von Erfahrungen verbunden ist. Dazu kommen Beispiele dafür, was diese Maps beinhalten und wie sie aussehen können. Eine einfache Internetsuche offenbart viele Ansichten darüber, welche Details und welche Art von Visualisierung einbezogen werden sollten. Je fesselnder das Bildmaterial und die Experience Map als Ganzes sind, desto eher sind andere Personen geneigt, sich daran zu beteiligen.

---

8 Patrick Quattlebaum, »Download Our Guide to Experience Mapping«, *Medium*, 7. Februar 2012, *https://oreil.ly/FLjPm*.

Zusammenfassung

Gemäß Fadell besteht unsere Herausforderung darin, »jeden Tag aufzuwachen und die Welt besser zu erleben.« Indem wir einen Schritt zurücktreten und Erfahrungen von vorne bis hinten durchdenken und durcharbeiten, schaffen wir die besten Voraussetzungen, um die Probleme und Chancen, die sonst niemand sieht, zu bemerken und zu erfassen und sie in etwas Großartiges zu verwandeln. Wichtig ist, nicht an einem bestimmten Punkt aufzuhören (z.B. nach dem Kauf), sondern die Bedürfnisse der Nutzer sowie des Unternehmens während des gesamten Produktlebenszyklus zu berücksichtigen – und sogar schon, bevor dieser offiziell beginnt, indem wir uns die Hintergrundgeschichte des Nutzers ansehen.

Möglicherweise setzen wir sogar einen neuen Standard, wie es die vorgeladenen Produkte von Apple taten. Ein bleibendes Vermächtnis zu hinterlassen, das die Arbeitsweise anderer Unternehmen beeinflusst, wäre zwar schön, sollte aber nicht unser Ziel sein. Oft sind es die kleinen Dinge, die einen großen Unterschied machen. So wie Walt Disney erkannte, dass die kleinen Details eine Geschichte ausmachen, können wir durch Berücksichtigung der kleinen Aspekte von Produkterfahrungen Probleme und Möglichkeiten identifizieren und mit Produkten, die für unsere Nutzer auch wirklich funktionieren, einen Mehrwert liefern, der sich am Ende auch positiv auf unsere Geschäftsergebnisse auswirkt.

Dazu müssen wir die Erfahrung für alle am Produkt Mitarbeitenden zum Leben erwecken – durch den Einsatz eines Storyboards als eigenständiges Arbeitsergebnis, als Teil einer Customer Journey Map oder einer Experience Map oder einfach nur mittels einer Experience Map. Egal in welchem Format, solche Tools und Dokumente gestatten es uns, konkreter zu werden und einen ganzheitlichen Ansatz zu verfolgen, der die unterschiedlichen Aspekte der Produkterfahrung von Anfang bis Ende zum Leben erweckt und dabei mehr Empathie und Verständnis für die Situation der Endnutzer schafft.

Die Produkterfahrung visualisieren

»Die Website kennt mich und weiß, was ich will«

Im Jahr 2009 stieß ich während meiner Arbeit an der Neugestaltung von *Sonyericsson.com* zum ersten Mal auf UX-Ziele. Das interne UX-Team bei Sony Ericsson nutzte sie als Möglichkeit, ihre Vision für die Nutzererfahrung und deren Aufteilung auf die Lebenszyklusphasen des Produkts zu erarbeiten.

Wir definierten Ziele dafür, wie sich die Erfahrung anfühlen sollte, und dadurch erhielten wir einen anderen Ausgangspunkt für die Annäherung an die Anforderungen. Anstatt direkt loszulegen und festzulegen, welche Inhalte oder Funktionen einem Bedürfnis entsprechen würden, definierten wir drei übergreifende UX-Ziele, die für die Website und die Erfahrung eines Nutzers gelten sollten. Eines davon lautete: »Die Website kennt mich und weiß, was ich will.« Als Nächstes brachen wir jedes übergreifende UX-Ziel auf genauere Aussagen für bestimmte Punkte im Produktlebenszyklus herunter. Zum Beispiel wurde das UX-Ziel »Die Website kennt mich und weiß, was ich will« in der Überlegungsphase des Produktlebenszyklus zu »Diese Website gibt mir Empfehlungen«.

Viele Organisationen und Projekte werden vom Bedarf des Unternehmens und einer Liste von Anforderungen oder User Storys geleitet. Letztere sollten nicht mit Nutzerbedürfnissen verwechselt werden: Nur weil sie mit dem Wort »User« beginnen, heißt das nicht, dass sie auf tatsächlichen Nutzerbedürfnissen beruhen. Wir können uns das Schreiben von User Storys, in welchem Format auch immer, leicht machen, indem wir schreiben: »Als <Nutzertyp> möchte ich <Ziel/Wunsch/Fähigkeit>, damit <Nutzen/Warum>.« Es kann jedoch schnell passieren, dass wir User Storys geradezu aus dem Ärmel schütteln, und weil wir ständig »Als <Nutzertyp> ...« schreiben und damit auch denken, machen wir uns schnell vor, dass wir automatisch die Bedürfnisse der Nutzer berücksichtigen. Die wirklichen Nutzerbedürfnisse beginnen aber auf einer tieferen Ebene.

Um richtig zu verstehen, was die Nutzer brauchen, müssen wir uns in die dahinter stehenden Menschen versetzen. Wir müssen ihre Hintergrundgeschichte kennen und in der Lage sein, ihre Ziele und die Dinge, die sie vermeiden möchten, an jedem Punkt zu erfassen. Einblicke in diese Hintergrundgeschichten und die Wünsche und Schmerzpunkte bestimmter Nutzer liefern uns wertvollere Informationen als eine einfache Aussage darüber, was der Benutzer mit unserem Produkt tun kann.

Das soll nicht heißen, dass User Storys wertlos sind. Durch den Abschnitt der User Story, der den Satzteil »damit <Nutzen/Warum>« enthält, können wir natürlich dafür sorgen, dass es einen Grund für die Verwendung unseres Produkts gibt. Aber wenn Sie eine Ebene weiter oben anfangen, indem Sie z.B. durch die Verwendung von UX-Zielen eine Gesamtvision für die Erfahrung definieren, erhält das Produktteam eine differenziertere Perspektive auf die Anforderungen. So kann es auch sicherstellen, dass sich ein durchgehender roter Faden durch die Erfahrung zieht. UX-Ziele sind auch ein hervorragendes Werkzeug, um zu beschreiben, wie sich die Erfahrung auf Ihrer Website oder in Ihrer App anfühlen soll: Sie können damit die gewünschte emotionale Form der Erfahrung für den Nutzer visualisieren, wodurch sie für das gesamte Produktteam greifbarer wird.

Erzählstrukturen

Bei allen Arten von Erzählungen gibt es Ebbe und Flut. Manchmal entwickeln sich die Dinge schwierig, und wir können nicht sicher sein, wie die Geschichte ausgehen wird. Dann passiert etwas, das die Stimmung hebt, und die Wahrscheinlichkeit, dass der Held sein Ziel erreichen wird, steigt. Laut Nancy Duarte haben alle großartigen Erzählungen eine bestimmte Struktur. Das Gleiche gilt für Geschichten.

Der Versuch, Filme, Theaterstücke und Erzählungen optimal zu strukturieren, geht bis zu Aristoteles zurück. Manche Geschichten beginnen mit dem Status quo, andere in einer eher schlimmen Situation und wieder andere in Zeiten des Glücks oder der Freude. Wenn es um das Produktdesign und die Probleme und Möglichkeiten unserer Nutzer geht, erhalten die von uns gestalteten Erfahrungen oft auch eine bestimmte Form, selbst wenn wir diese nicht bewusst planen.

Sehen wir uns nun typische Strukturen aus dem traditionellen Storytelling an. Diese können uns inspirieren und wir können eine Menge darüber lernen, wie wir die von uns gestalteten Erfahrungen definieren und visualisieren sollten. Sie kennen die Redensart »Ein Bild sagt mehr als tausend Worte«. Wenn Sie Teams, Kunden und interne Stakeholder aufeinander abstimmen möchten, kann eine Visualisierung hilfreich sein. Mit ihr stellen Sie sicher, dass alle auf derselben Linie liegen. Wie Sie noch sehen werden, hilft uns die Visualisierung der Nutzererfahrung auch, diese von Anfang an zu planen, typische Muster im Vergleich zu anderen, ähnlichen Erfahrungen zu erkennen und festzulegen, wo wir einen Schwerpunkt setzen wollen oder müssen. In ähnlicher Weise helfen typische Strukturen im traditionellen Storytelling Autoren und Drehbuchautoren bei ihrer Arbeit. Im Folgenden finden Sie einige der bekanntesten Erzählstrukturen.

Campbells Heldenreise

Eine der bekanntesten Erzählstrukturen ist Joseph Campbells Heldenreise (Abbildung 9.1). In seinem 1949 erschienenen Buch *The Hero With a Thousand Faces* beschreibt Campbell das grundlegende Erzählmuster wie folgt:

> Ein Held wagt sich aus der Welt des Alltags in den Bereich des Übernatürlichen: Er trifft dort auf furchterregende Mächte und erringt einen entscheidenden Sieg: Der Held kehrt aus diesem geheimnisvollen Abenteuer mit der Macht zurück, seine Mitmenschen mit Wohltaten zu beschenken.[1]

Die Heldenreise wird typischerweise als Kreis mit einer Trennlinie dargestellt, die die Kluft zwischen der bekannten und der unbekannten Welt beziehungsweise der alltäglichen und der außergewöhnlichen Welt symbolisiert. Die Reise des Helden beginnt in der Alltagswelt, in der er einen Ruf zum Abenteuer empfängt, der ihn über die erste Schwelle in die unbekannte Welt führt. Insgesamt durchläuft der Held 17 Etappen und kehrt nach bestandener Prüfung mit seiner Belohnung in die bekannte Welt zurück, wo er sein größtes Hemmnis oder seinen Feind überwindet. Neben der äußeren Reise gibt es für den Helden auch eine innere Reise, die mit einem begrenzten Problembewusstsein beginnt und mit der Meisterschaft endet (Abbildung 9.2).

Die innere und die äußere Reise ähnelt der Erfahrung, die unsere Nutzer bei der Verwendung der von uns entwickelten Produkte und Dienstleistungen machen könnten. Die äußere Reise umfasst die Schritte und Handlungen, die ein Nutzer durchläuft, um eine Aufgabe zu erledigen oder ein Ziel zu erreichen. Die innere Reise hingegen besteht aus den Gedanken und Emotionen des Nutzers, während er die einzelnen Schritte vollzieht. Es ist die innere Reise, die am Ende die äußere Reise bestimmt – sie bestimmt zum Beispiel, ob der Nutzer sich für eine bestimmte Handlung entscheidet oder nicht oder ob er Ihre Website zugunsten eines Wettbewerbers verlässt.

Es ist die einzigartige Kombination aus innerer und äußerer Reise, die dazu führt, dass keine zwei Reisen gleich sind. Äußere Reisen weisen grundsätzlich für alle Nutzer mehr Ähnlichkeiten auf als innere, weshalb wir uns eher auf sie konzentrieren. Je mehr Touchpoints hinzukommen, desto weniger folgen aber

1 »Hero's Journey«, *Wikipedia*, *https://oreil.ly/gN2d1*.

auch die äußeren Reisen einem geradlinigen Pfad, wodurch auch innere Reise und das Erkennen der einzelnen Nutzerszenarien immer wichtiger wird.

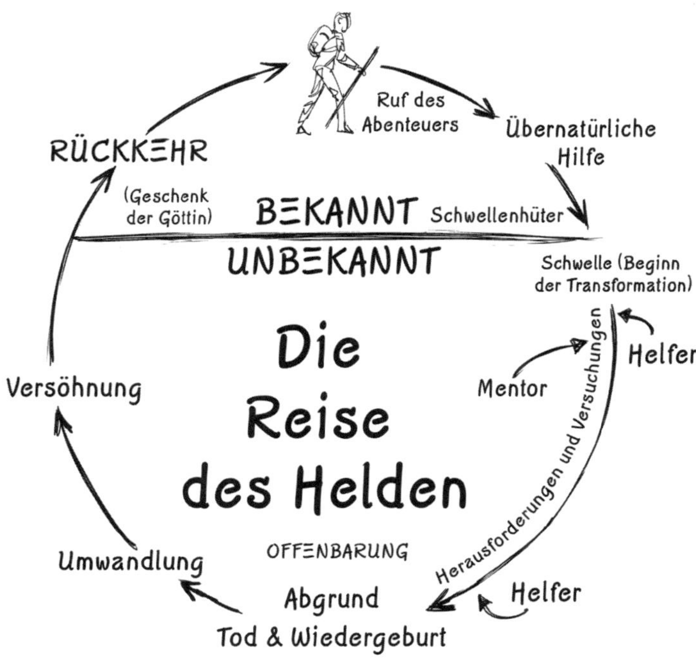

Abbildung 9.1: Die Reise des Helden

Übung: Erzählstrukturen

Definieren Sie für von Ihnen entwickelte oder häufig genutzte Produkte oder Dienstleistungen die übergeordnete äußere und innere Heldenreise für einen Hauptnutzertyp.

Kurt Vonneguts Erzählstrukturen

Der amerikanische Romancier Kurt Vonnegut ging noch einen Schritt weiter und untersuchte Szenarien im traditionellen Storytelling. Während seiner Zeit an der Universität von Chicago reichte er eine Masterarbeit über Erzählformen ein. Sie wurde abgelehnt, angeblich weil sie zu unterhaltsam wirkte. Vonnegut wollte alle Geschichten der Menschheit in ein einfaches Diagramm eintragen.

Die vertikale Achse reichte dabei vom Unglück bis zum Glück, die horizontale Achse bewegte sich vom Anfang bis zum Ende der Geschichte.

Obwohl aus der Thesis nichts wurde, verbrachte Vonnegut den Rest seines Lebens mit dieser Theorie und trug sie in seinen Vorträgen und Schriften vor.[2]

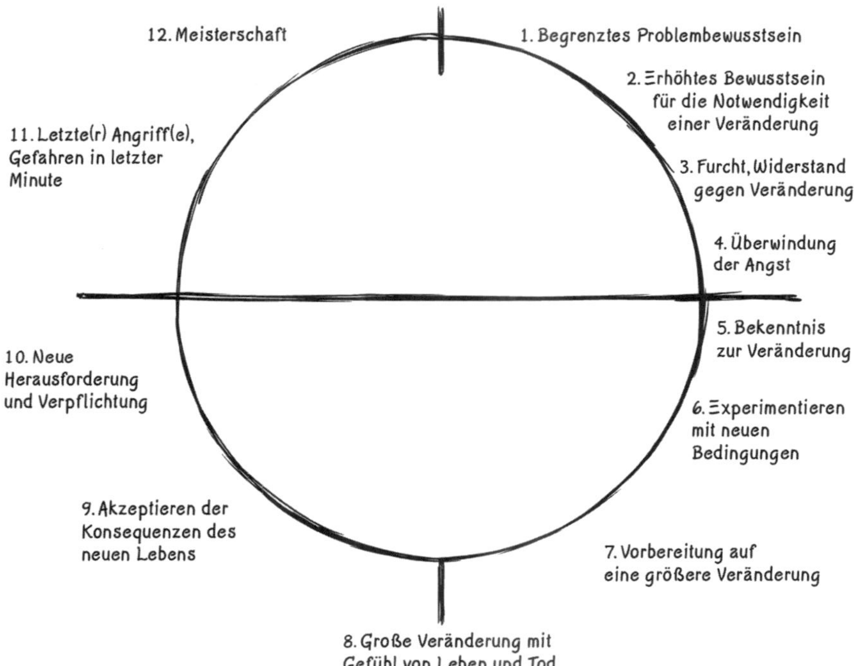

Abbildung 9.2: Eine Interpretation des Drehbuchautors Chris Vogler der inneren Heldenreise, in der er ausführt, dass sich der Held von Anfang an verändert[3]

Mann im Erdloch

Hier gerät die Hauptfigur in Schwierigkeiten, aus denen sie sich befreien muss, um am Ende besser dazustehen als am Anfang (Abbildung 9.3). *Harold & Kumar* sowie *Arsen und Spitzenhäubchen* sind Beispiele für diese Erzählform.

2 Kurt Vonnegut, »At the Blackboard«, *Lapham's Quarterly*, 2005, *https://oreil.ly/FFHZ2*; Robbie Gonzalez, »The Universal Shapes of Storys, According to Kurt Vonnegut«, *Gizmodo*, 20. Februar 2014, *https://oreil.ly/Q5DEz*.

3 Allen Palmer, »A New Character-Driven Hero's Journey«, Cracking Yarns (Blog), 4. April 2011, *https://oreil.ly/Ldk-_*.

Abbildung 9.3: Mann im Erdloch (Illustration von Eugene Yoon mit freundlicher Genehmigung von fassforward)[4]

Junge trifft Mädchen

Hierbei stößt die Hauptfigur auf etwas Wunderbares, bekommt es, verliert es und bekommt es dann für immer zurück (Abbildung 9.4). Beispiele sind *Jane Eyre* und *Vergiss mein nicht!*.

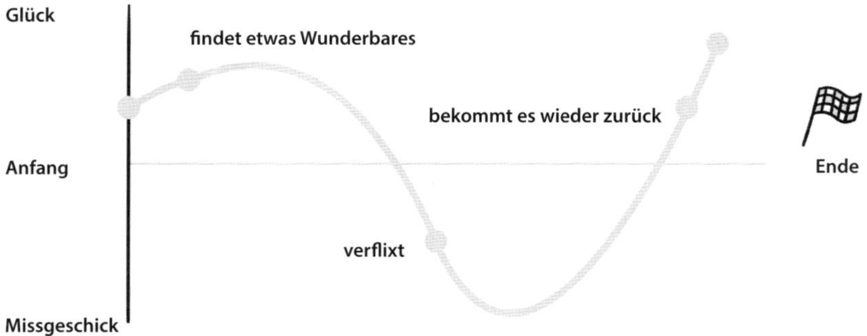

Abbildung 9.4: Junge trifft Mädchen (Illustration von Eugene Yoon mit freundlicher Genehmigung von fassforward)

Vom Schlimmen zum Schlimmeren

Es läuft von Anfang an schlecht für den Protagonisten und wird immer schlimmer, es gibt keine Hoffnung auf Besserung (Abbildung 9.5). *Twilight Zone* und *Die Verwandlung* sind Beispiele für solche Geschichten.

4 Erstmals veröffentlicht in »Use these story structures to make messages people talk about«, *https://oreil.ly/xiHml*. Illustrationen von Eugene Yoon.

Abbildung 9.5: Vom Schlimmen zum Schlimmeren (Illustration von Eugene Yoon mit freundlicher Genehmigung von fassforward)

Wo ist oben?

Diese Geschichten sind mehrdeutig und lassen uns im Unklaren darüber, ob eine neue Entwicklung gut oder schlecht ist (Abbildung 9.6). Beispiele dafür sind *Hamlet* und *Die Sopranos*.

Abbildung 9.6: Wo ist oben?

Die Schöpfungsgeschichte

In der Schöpfungsgeschichte (Abbildung 9.7) erhält die Menschheit nach und nach Geschenke von einer Gottheit. Zuerst große, wie die Erde und den Himmel, und dann kleinere Dinge. Dies ist keine typische Struktur westlicher Geschichten, wohl aber in den Schöpfungsgeschichten vieler Kulturen.

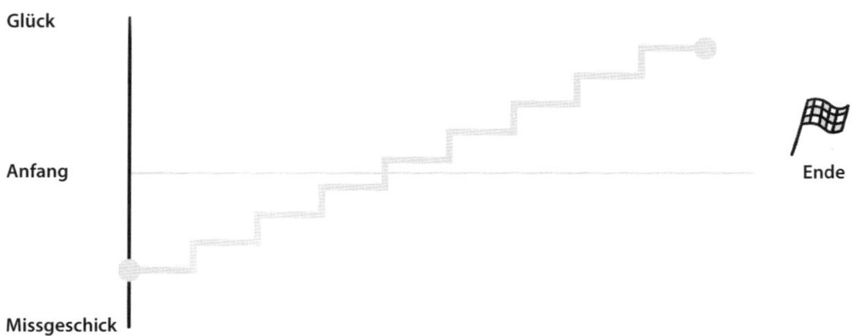

Abbildung 9.7: Schöpfungsgeschichte (Illustration von Eugene Yoon mit freundlicher Genehmigung von fassforward)

Altes Testament

Das *Alte Testament* (Abbildung 9.8) ist der Schöpfungsgeschichte ähnlich. Auch hier erhält die Menschheit nach und nach Geschenke von einer Gottheit, wird dann aber ganz plötzlich in einem Sturz gewaltigen Ausmaßes aus ihrem Wohlstand herausgerissen. *Große Erwartungen* ist ein Beispiel für diese Erzählstruktur.

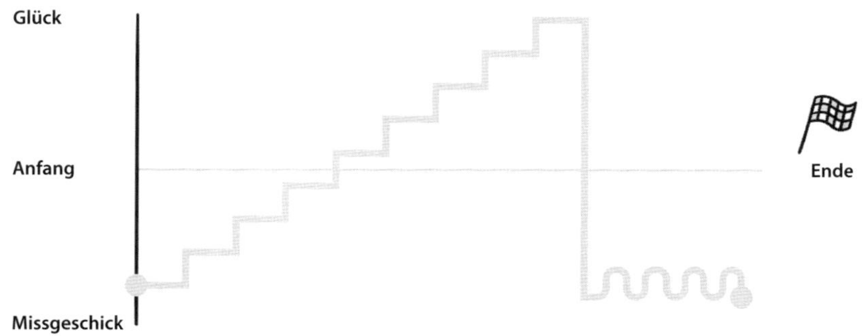

Abbildung 9.8: Altes Testament (Illustration von Eugene Yoon mit freundlicher Genehmigung von fassforward)

Neues Testament

Im *Neuen Testament* (Abbildung 9.9) erhält die Menschheit ebenfalls nach und nach Gaben von einer Gottheit und wird plötzlich aus ihrem Wohlstand herausgerissen, empfängt aber im Anschluss daran eine außerordentliche Wohltat. *Große Erwartungen* mit Dickens' alternativem Ende ist ein Beispiel für diese Art von Geschichte.

Abbildung 9.9: Neues Testament

Aschenputtel

Aschenputtel (Abbildung 9.10) ähnelt dem Neuen Testament und ist zudem die Geschichte, die Vonnegut 1947 als erste faszinierte und die ihn über die Jahre hinweg nicht mehr losließ.

Abbildung 9.10: Aschenputtel (Illustration von Eugene Yoon mit freundlicher Genehmigung von fassforward)

Übung: Kurt Vonneguts Erzählstrukturen

Denken Sie sich für jede von Vonneguts Erzählstrukturen das Beispiel einer Produkterfahrung aus, die einer ähnlichen Handlungssequenz folgt.

Bookers sieben grundlegende Plots

Auch der britische Journalist und Autor Christopher Booker hat sich einen Teil seines Lebens den Erzählstrukturen gewidmet. Im Jahr 2004 veröffentlichte er das Buch *The Seven Basic Plots*, in dem er ausführt, dass jeder Mythos, jeder Film, jeder Roman und jede Fernsehsendung einer von sieben Erzählstrukturen folgt. Booker brauchte 34 Jahre, um sein Buch fertigzustellen. Es enthält eine Analyse von Erzählungen, ihrer psychologischen Bedeutung und beschäftigt sich mit der Frage, warum wir diese Geschichten erzählen.

Die Überwindung des Ungeheuers

Bei der *Überwindung des Ungeheuers* (Abbildung 9.11) macht sich der Held auf den Weg, um ein oft böses Ungeheuer zu besiegen, das den Helden und/oder die Heimat des Helden bedroht. Beispiele für solche Geschichten sind die *James Bond*-Reihe, die *Harry Potter*-Reihe, *Krieg der Sterne: Episode IV* – Eine neue Hoffnung, *Der weiße Hai* und *Die glorreichen Sieben*.

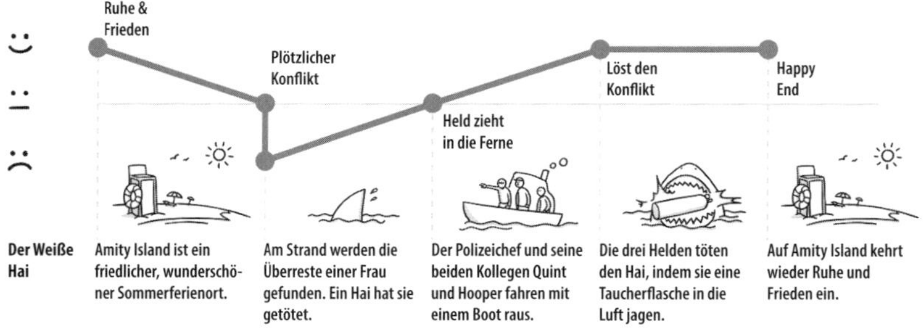

Abbildung 9.11: Überwindung des Ungeheuers (Illustration von Eugene Yoon mit freundlicher Genehmigung von fassforward)

Reise und Rückkehr

Hier reist der Held in ein fremdes Land (Abbildung 9.12). Auf seiner Reise überwindet er die Bedrohungen, die das fremde Land mit sich bringt, und kehrt mit nichts als einer neuen Erfahrung zurück, ist aber besser dran als vorher. Typische Beispiele für diese Erzählstruktur sind die *Odyssee*, *Der Zauberer von Oz*, *Alice im Wunderland*, *Der Hobbit*, *Vom Winde verweht*, *Die Chroniken von Narnia*, *Apollo 13* und *Gullivers Reisen*.

Abbildung 9.12: Reise und Rückkehr (Illustration von Eugene Yoon mit freundlicher Genehmigung von fassforward)

Vom Tellerwäscher zum Millionär

Der mittellose Held erwirbt Reichtum, Macht oder einen Freund, verliert alles und gewinnt es dann zurück, wobei er als Person an dieser Erfahrung wächst (Abbildung 9.13). *Aschenputtel*, *Aladdin*, *Zum Teufel mit den Kohlen*, *David Copperfield* und *Große Erwartungen* sind Beispiele für diese Erzählstruktur.

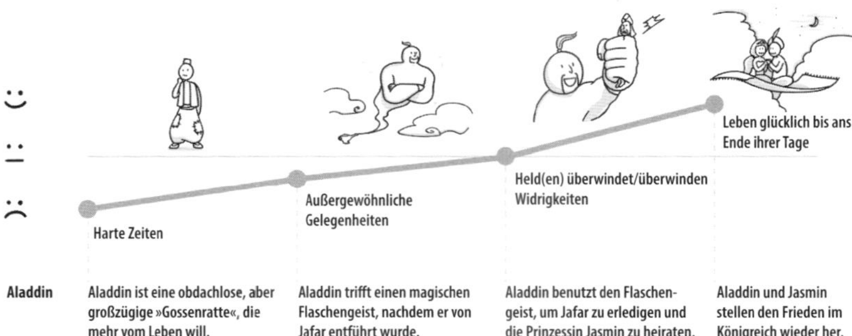

Abbildung 9.13: Vom Tellerwäscher zum Millionär (Illustration von Eugene Yoon mit freundlicher Genehmigung von fassforward)

Die Suche

Der Held macht sich mit Begleitern auf den Weg, um einen wichtigen Gegenstand zu erwerben oder an einen bestimmten Ort zu gelangen, wobei er auf dem Weg viele Hindernisse, Gefahren und Versuchungen überwinden muss (Abbildung 9.14). Beispiele sind *Der Herr der Ringe*, *Indiana Jones*, *Ilias* und *In einem Land vor unserer Zeit*.

Abbildung 9.14: Die Suche (Illustration von Eugene Yoon mit freundlicher Genehmigung von fassforward)

Tragödie

In der *Tragödie* (Abbildung 9.15) hat der Held einen großen Fehler, der ihm letztendlich zum Verhängnis wird, ihn auf eine Abwärtsspirale führt und dabei Mitgefühl weckt. *Macbeth*, *Anna Karenina*, *Romeo und Julia*, *Hamlet* und die Fernsehserie *Breaking Bad* sind Beispiele.

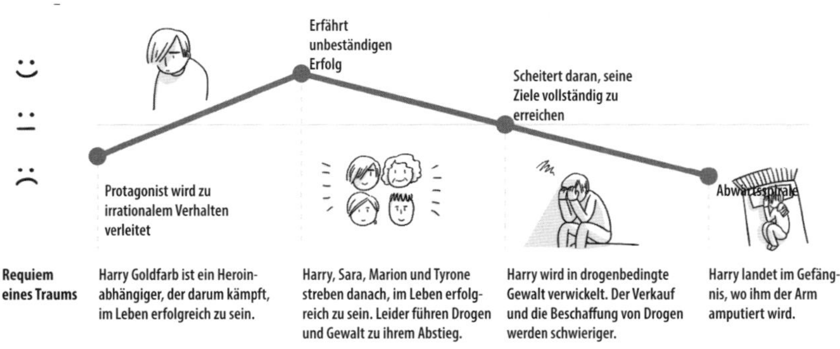

Abbildung 9.15: Tragödie (Illustration von Eugene Yoon mit freundlicher Genehmigung von fassforward)

Komödie

Die *Komödie* (Abbildung 9.16) hat einen leichten und humorvollen Charakter. Der Held triumphiert über widrige Umstände, die oft immer verwirrender werden, aber stets zu einem Happy End führen. Die meisten Liebesgeschichten fallen in diese Kategorie. Einige Beispiele für diese Erzählstruktur sind *Vier Hochzeiten und ein Todesfall*, Bridget Jones – *Schokolade zum Frühstück*, *Mr. Bean*, *Ein Sommernachtstraum* und *Viel Lärm um nichts*.

Abbildung 9.16: Komödie (Illustration von Eugene Yoon mit freundlicher Genehmigung von fassforward)

Wiedergeburt

Ein wichtiges Ereignis zwingt den Hauptcharakter dazu, seinen Weg zu ändern, was oft dazu führt, dass er ein besserer Mensch wird (Abbildung 9.17). Typische Beispiele sind *Die Schöne und das Biest*, *Die Schneekönigin*, *A Christmas Carol*, *Peer Gynt*, *Der geheime Garten*, *Ich – Einfach unverbesserlich* und *Wie der Grinch Weihnachten gestohlen hat*.

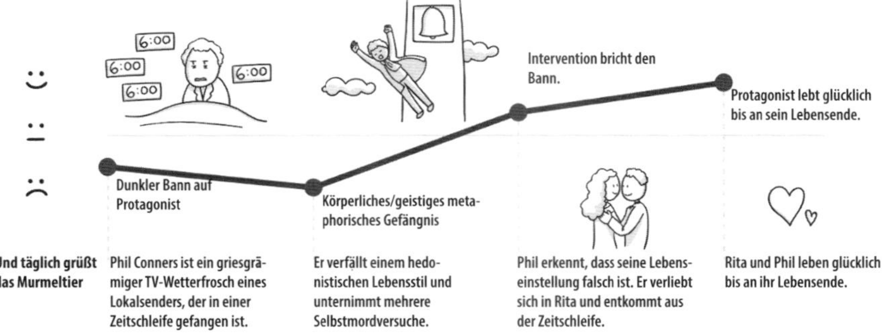

Abbildung 9.17: Wiedergeburt (Illustration von Eugene Yoon mit freundlicher Genehmigung von fassforward)

Übung: Bookers sieben grundlegende Plots

- Denken Sie an eines Ihrer Lieblingsbücher oder Ihren Lieblingsfilm. Welche der genannten Erzählformen passt am besten zur Handlung?
- Denken Sie an Ihr Produkt oder Ihre Dienstleistung. Welche Erzählform beschreibt die Gesamterfahrung am besten?

Die Formen der Erfahrung

Im Jahr 2016 wollte eine Gruppe von Studenten am Computational Story Lab der University of Vermont überprüfen, ob Vonneguts Hypothese zutrifft. Vonnegut ging davon aus, dass die Emotionsbögen der von ihm definierten Erzählstrukturen in einen Computer eingespeist werden können. Die Studentengruppe nutzte die Computer jedoch, um die Erzählformen zu ergründen. Statt die Struktur der Geschichte zu betrachten, analysierte sie den Emotionsbogen, der durch die verwendeten Wörter hervorgerufen wird, wobei sie eine gefilterte Teilmenge von 1.327 Geschichten aus der Belletristiksammlung des Project Gutenberg verwendete. Ihre Untersuchungen ergaben, dass es eine klare Grundlage für sechs emotionale Kernbögen gibt. Eine ihrer Schlussfolgerungen war, dass die Kenntnis der Emotionsbögen bei der Entwicklung von Argumentationsketten, aber auch beim Training künstlicher Intelligenz von Vorteil sein könnte.[5]

Obwohl einige Erzählstrukturen für die von uns entwickelten Produkt- oder Dienstleistungserfahrungen möglicherweise weniger relevant sind, können manche von ihnen sehr inspirierend wirken, auch wenn wir nicht mit künstlicher Intelligenz arbeiten. *Die Suche* lässt sich zum Beispiel gut auf eine Situation anwenden, in der der Nutzer Informationen finden, etwas buchen oder kaufen muss, wie das Badezimmer, das mein Partner und ich erst recherchieren und dann kaufen mussten.

Zwei Möglichkeiten, die Form einer Erfahrung zu bestimmen

Wenn Sie die von Ihnen entwickelte Erzählung und Erfahrung visualisieren und ihre Form kennen, können Sie sie greifbarer machen. Solche Darstellungen können uns helfen, die emotionale Entwicklung des Nutzers bei der Verwendung unseres Produkts oder unserer Dienstleistung zu bestimmen und uns

5 Andrew Reagan et al., »The emotional arcs of storys are dominated by six basic shapes«, EPJ Data Science 5, no. 31 (2016), *https://doi.org/10.1140/epjds/s13688-016-0093-1*.

mit ihm zu identifizieren. Sie sind auch bestens geeignet, um herauszufinden, wann sich der Nutzer in einem Zustand befindet, in dem unser Produkt oder unsere Dienstleistung für ihn relevant und hilfreich sein kann. Außerdem können wir durch Visualisierungen den emotionalen Zustand bzw. das Bedürfnis des Nutzers berücksichtigen, bevor er zu uns kommt. Dies ist ein Aspekt, an den wir oft nicht denken, der aber einen großen Einfluss auf die Gesamterfahrung und die Erwartungen des Nutzers haben kann.

Die Darstellung eines Teils der Erfahrung kennen wir von Customer Journey Maps und in gewissem Maße auch von Customer Experience Maps, je nachdem, was im visualisierten Teil der Map enthalten ist. In Ersterer wird eine Erfahrung, meist eine bestimmte User Journey, bewertet und über ein emotionales Spektrum abgebildet, das üblicherweise von glücklich bis unglücklich reicht. In der zweiten betrachten Sie die gesamte End-to-End-Erfahrung.

Beides sind großartige Werkzeuge, um die aktuelle und die zukünftig gewünschte Erfahrung abzubilden. Da beides an anderer Stelle ausführlich behandelt wird (siehe z. B. Mapping Experiences von Jim Kalbach und Kapitel 8), gehen wir hier nicht ins Detail, sondern betrachten stattdessen zwei weitere Möglichkeiten, die mit dem Storytelling zusammenhängen: Sie können Ihnen helfen, zu planen und zu veranschaulichen, wie sich die Erfahrung anfühlen soll:

Mit UX-Zielen die emotionale Journey abbilden
: Durch die Verwendung von UX-Zielen und die Abbildung auf emotionale Spektren für jede Phase des Produktlebenszyklus schaffen wir eine einheitliche Sichtweise, wie sich die Erfahrung des von uns entwickelten Produkts anfühlen sollte. Es handelt sich um ein großartiges Werkzeug, um Anforderungen zu priorisieren und Teams, Stakeholder und Kunden auf eine gemeinsame und klar artikulierte Produktvision auszurichten.

Darstellung der Happy Journey und der Unhappy Journey
: Wir neigen dazu, uns auf das ideale Szenario zu konzentrieren und einen reibungslosen Ablauf vorauszusetzen. Die Realität sieht oft etwas anders aus. Die Abbildung des Happy Path und des Unhappy Path hilft uns, uns eine wirklich ideale Erfahrung genauso vorzustellen wie eine, bei der alles schiefgeht. Das realistischste Szenario liegt irgendwo dazwischen. Diese Übung eignet sich nicht nur für geräteübergreifende Projekte, sondern auch für Kampagnen und Produkteinführungen. Der Prozess bildet auch eine solide Grundlage für das Planen und Konzipieren eines Aktionsplans für den Kundenservice und für die Kommunikation im Allgemeinen.

UX-Ziele zur Abbildung der emotionalen Reise nutzen

Filme, Bücher oder Fernsehserien sind oft von mehreren Handlungssträngen durchzogen. Genauso können Sie mehrere UX-Ziele für Ihre Website- oder App-Erfahrung definieren. Bei dem Sony-Ericsson-Projekt hatten wir vier übergreifende UX-Ziele. Eines davon war: ».com kennt mich und weiß, was ich will.« Indem Sie anschließend jede Phase des Produktlebenszyklus in Experience-Statements herunterbrechen, können Sie leichter die Ambitionen und Herausforderungen für Ihr Produkt oder Ihre Dienstleistung erkennen und definieren, wie sich die Erfahrung für den Nutzer anfühlen sollte.

Wir ordneten die Experience-Statements den entsprechenden emotionalen Ebenen zu und teilten die Aussagen in drei Ebenen ein:

Hygiene
: Die notwendigen Qualifikatoren, die sicherstellen, dass die Erfahrung nützlich und einfach ist (z.B. Erhalt einer Auftragsbestätigung, leicht auffindbare Kontaktdaten)

Gutes Gefühl
: Die Faktoren, die beim Nutzer eine positive emotionale Reaktion hinsichtlich der Innovation und Einzigartigkeit der Erfahrung hervorrufen (z.B. der Erhalt relevanter Produktempfehlungen, ein Produktvergleichstool, das Unterschiede hervorhebt)

Vergnügen
: Die Aspekte, die ein wenig Freude in die Erfahrung einbringen und dadurch den Nutzer anregen (z.B. unerwartete Bedienelemente, nahtlose Einrichtung eines neuen Geräts)

Sobald Sie die Experience-Statements auf der Skala von Hygiene bis Vergnügen angeordnet haben, können Sie einen Flow erkennen. Dieser entspricht der emotionalen Ebene, die der Nutzer möglicherweise durchläuft, genau wie bei Nancy Duartes Analyse großer Vorträge, Vonneguts Erzählformen und Bookers sieben Grundplots.

Nicht alles kann auf der Vergnügungsebene stattfinden, und das wäre auch nicht erstrebenswert. Der Regen braucht den Sonnenschein, und »Vergnügen« und »Gutes Gefühl« könnten nicht existieren, wenn sie nicht einen Gegensatz zueinander und zu den Hygienefunktionen bilden würden. Außerdem gibt es bestimmte Dinge, die den Nutzern einfach keinen Spaß machen und auf die sie, wenn sie die Wahl hätten, lieber verzichten würden – etwa das Ausfüllen von Formularen oder das Auswendiglernen und Eingeben ihres Passworts.

Wir haben jedoch Mittel, diese Erfahrungen angenehmer zu gestalten. Durch UX-Ziele in Kombination mit den von uns ermittelten Schmerz- und Vergnügungspunkten können wir festlegen, welche das sein sollen. Vielleicht können wir ein langes Formular in mundgerechte Abschnitte unterteilen, um ein Gefühl von Leichtigkeit und Erfolg zu fördern. Oder wir können während des gesamten Prozesses kontextbezogene Hilfe und Bestätigung anbieten, um den Nutzer beim Ausfüllen zu unterstützen und ihm das Gefühl zu geben, dass jemand für ihn da ist und ihn durch den Prozess führt.

Indem Sie die Experience-Statements definieren und über die drei Ebenen hinweg abbilden, können Sie mehr darüber herausfinden, ob die angestrebte Erzählstruktur für Ihr Produkt und die User Journey geeignet ist. Außerdem sollten Sie mit klar definierten übergreifenden UX-Zielen sowie -Statements in der Lage sein, an jedem beliebigen Punkt in der Erfahrung einer Website oder App zu ermitteln, welche Emotionen damit verbunden sind.

So gehen Sie vor

Für die Umsetzung Ihrer UX-Ziele empfehle ich die folgenden fünf Schritte:

1. *Brainstorming der UX-Ziele*
   Starten Sie anhand der identifizierten Zielsetzung und/oder des wichtigsten Erfolgsfaktors für die Erfahrung ein Brainstorming zu den UX-Zielen des Produkts. Diese sollten aus der Sicht des Nutzers geschrieben sein. Stellen Sie sich zum Beispiel vor, dass Sie den Nutzer fragen: »Wie würden Sie die Erfahrung bei der Nutzung von Sonyericsson.com beschreiben?« Eine mögliche Antwort ist: »Ich kann einfach finden, was ich brauche.«

2. *Muster erkennen und Schlüsselwörter notieren*
   Gehen Sie das Ergebnis des Brainstormings durch und gruppieren Sie die Haftnotizen zu Aussagen mit einem gemeinsamen Thema. Schreiben Sie Schlüsselwörter für jede Gruppe auf, z.B. »intelligent, maßgeschneidert, personalisiert«.

3. *Formulieren Sie drei bis fünf allgemeine UX-Ziele*
   Formulieren Sie auf der Grundlage der Schlüsselwörter und der zugehörigen Brainstorming-Aussagen drei bis fünf allgemeine UX-Ziele. Schreiben Sie sie wie in Schritt 1 so auf, wie ein Nutzer sie ausdrücken würde, und kürzen Sie sie dann ab. Beispielsweise wird aus »Es fühlt sich an, als ob die Website mich kennt und weiß, was ich will« ».com kennt mich und weiß, was ich will«. Verwenden Sie verschiedenfarbige Haftnotizen für jedes übergeordnete Ziel.

4. *Bestimmen Sie ausführliche UX-Ziele und bilden Sie sie ab*
   Definieren Sie zentrale UX-Statements für alle UX-Ziele und ordnen Sie diese den drei Ebenen (Hygiene, gutes Gefühl und Vergnügen) für jede Phase des Lebenszyklus zu. Sie werden zu Ihren detaillierten UX-Zielen.

Genau wie in den Schritten 1 und 3 schreiben Sie sie so auf, wie ein Nutzer sich ausdrücken würde, zum Beispiel ».com gibt mir passende Empfehlungen« für die Betrachtungsphase.

5. *Überprüfen Sie das Ergebnis*
   Nachdem Sie drei bis fünf allgemeine UX-Ziele in UX-Statements unterteilt haben, die über die drei Ebenen abgebildet werden, überprüfen Sie den Erfolg.
   - Ist die emotionale Entwicklung realistisch? Ist die Vergnügungsebene zu dominant?
   - Spiegelt das Ergebnis korrekt wider, wo die wichtigsten Barrieren und die wichtigsten Unterscheidungsmerkmale im Vergleich zu den Wettbewerbern liegen oder liegen sollten?
   - Entspricht es einer wahrscheinlichen emotionalen Erfahrung für den Nutzer?

Ich empfehle, zu Beginn mit Haftnotizen und einer großen Wandfläche zu arbeiten. So entsteht eine gemeinschaftliche Übung, an der wichtige Stakeholder und Teammitglieder teilnehmen können. Außerdem können auf diese Weise die Dinge leicht neu angeordnet werden.

Wenn Sie mit dem Ergebnis zufrieden sind, beauftragen Sie jemanden mit der Erstellung einer digitalen Version, die mit dem weiteren Team und den Kunden geteilt werden kann. Diese Version kann in alle Präsentationen eingebunden sowie ausgedruckt und an die Wand gehängt werden, damit die Leute sie während des restlichen Produktdesign-Prozesses im Kopf behalten.

Die Happy Journey und die Unhappy Journey abbilden

Wenn wir uns mit den Erfahrungen mit unseren Produkten und Dienstleistungen beschäftigen, ist es durchaus sinnvoll, mit dem Erfolg zu beginnen. Unser Fokus sollte schließlich darauf liegen, eine möglichst gute Erfahrung zu bieten. Aber die makellosen Szenarien, die wir oft in User Journeys definieren, spiegeln selten die Realität oder die wahrscheinliche Realität wider. Und das ist auch gut so. Wir verwenden solche Erfolgsszenarien, um herauszufinden, wonach wir streben und wie die Erfahrung idealerweise beschaffen sein sollte. Aber wir sollten auch über Worst-Case-Szenarien nachdenken und uns überlegen, wie die Erfahrung aussehen würde, wenn alles drunter und drüber ginge.

Ideen entstehen oft dadurch, dass wir verbesserungswürdige Punkte sehen, und wenn wir herausfinden, was eine schlechte Erfahrung wäre, haben wir es leichter, das »Gute« aus der richtigen Perspektive zu sehen. Wenn wir zusätzlich zur glücklichen auch eine unglückliche Entwicklung aufzeichnen, sind wir gezwungen, für jeden Schritt oder jede Phase zu überlegen, was eine schlechte Erfahrung an diesem Punkt wäre. Dies hilft uns, zu erkennen, was wir sowohl dort als auch in der Folge vermeiden sollten (z. B. das automatische Teilen von Check-ins auf Twitter wie in Kapitel 7). Die Betrachtung der Unhappy Journey hilft uns auch herauszufinden, wo wir einem Nutzer Unterstützung und Hilfestellung bieten müssen oder wo wir uns verbessern könnten, zum Beispiel, indem wir ihm mithilfe einer »Produkt versandt«-E-Mail die Möglichkeit geben, eine erwartete Sendung zu verfolgen.

Kurz – aus den folgenden Gründen sollten wir sowohl die Happy als auch die Unhappy Journey abbilden:

- Wir können uns im Klaren darüber werden, was aus Sicht des Nutzers »gute« und »schlechte« Ergebnisse oder Aspekte bei jedem Schritt oder jeder Phase unserer Produkterfahrung darstellen würde.
- Wir können Verbesserungsmöglichkeiten erkennen.
- Wir können Bereiche einkreisen, in denen etwas schiefgehen könnte und wo wir Hilfe, Unterstützung und/oder Anleitung anbieten müssen.

So gehen Sie vor

Was die Darstellung der glücklichen und unglücklichen Entwicklung betrifft, empfehle ich die folgenden vier Schritte:

1. Ermitteln Sie die Erfahrung, mit der Sie arbeiten möchten. Dies kann eine bestimmte Zeitspanne oder ein gesamter UX-Lebenszyklus sein.
2. Bestimmen und skizzieren Sie die Happy Journey.
3. Bestimmen und skizzieren Sie die entsprechende Unhappy Journey.
4. Ordnen Sie jeden Punkt der glücklichen und unglücklichen Entwicklung entlang eines emotionalen Spektrums an.

Es gibt noch weitere Möglichkeiten, diese Schritte zu verwenden:

- für die Planung von Kampagnen und Produkteinführungen über alle Touchpoints hinweg
- als Kundenservice-Konzept mit Verweisen auf (andere) Richtlinien und Dokumente in den einzelnen Phasen

Wann und wie Sie eine Erfahrung visualisieren

Wie meist im UX- und Produktdesign hängt Ihre Vorgehensweise von dem Mehrwert für ein Projekt ab. Drehbuchautoren verwenden jedoch die in Kapitel 5 erläuterten Methoden zu Beginn ihres Schreibprozesses aus einem bestimmten Grund: Sie helfen ihnen, die Erzählstruktur der Geschichte zu verbessern. Ganz ähnlich bringen Ihnen die beiden Methoden, die wir für die Visualisierung der Form einer Erfahrung erläutert haben, den größten Mehrwert, wenn Sie sie zu Beginn eines Projekts anwenden, noch bevor Sie sich mit Wireframing, Prototyping oder visuellem Design beschäftigt haben.

Bei der Visualisierung der erzählerischen Form der von Ihnen entwickelten Produkterfahrungen können Sie die folgenden Fragen als Leitfaden verwenden:

Für wen müssen die narrativen Formen bereitgestellt werden?
: Wenn Sie sie hauptsächlich intern verwenden, brauchen Sie vielleicht nicht mehr als Stift und Papier, ein Whiteboard oder Haftnotizen. Die Übertragung in ein digitales Dokument bringt nicht unbedingt einen Mehrwert für das Projekt, sondern nimmt Zeit in Anspruch, die an anderer Stelle besser investiert werden könnte. Wenn Sie jedoch keine Wandfläche haben, an der Sie die erzählerische Form der Erfahrung für alle sichtbar machen können, oder wenn auch interne Stakeholder oder Kunden davon profitieren, Ihr Arbeitsergebnis zu sehen, dann könnte sich die Übertragung in ein digitales Format lohnen.

Wie werden sie im Projekt eingesetzt?
: Der Vorteil von Design-Tools für narrative Formen ist, dass Sie sie im Laufe des Projekts weiterentwickeln und ergänzen können. Stellen Sie in diesem Fall sicher, dass die Erzählformen zugänglich sind, damit sie leicht aktualisiert werden können. Manchmal funktioniert dies perfekt mit Stift und Papier, Haftnotizen oder einem Whiteboard. Manchmal kann es aber auch zu viel Nacharbeit führen, die in einem digitalen Format schneller und einfacher erledigt wäre. Wenn Letzteres der Fall ist, erstellen Sie die erste Version der Erzählformen physisch und arbeiten Sie anschließend daran. Wenn möglich, drucken Sie das Ergebnis im Großformat aus.

Wie wichtig ist die visuelle Darstellung?
: Ich war in Teams, die Skizzen in Präsentationen für Kunden eingebunden haben, und das mit großem Erfolg. Bei manchen Unternehmen und Kunden funktioniert das, bei anderen nicht, und es ist ein besser gestaltetes und visuell ansprechendes Dokument erforderlich. Die meisten Menschen können ihren visuellen Präsentationsstil mit einigen einfachen Tipps und

Tricks erheblich verbessern. Ich empfehle zwar generell, dies zu üben, aber manchmal können Sie Ihre Zeit besser nutzen, wenn Sie die Hilfe eines Designers in Anspruch nehmen.

Zusammenfassung

Es steckt viel Kraft darin, Dinge zum Leben zu erwecken und greifbarer zu machen. Die Visualisierung der Form einer Produkterfahrung ist eine Möglichkeit, um herauszufinden und anderen zu zeigen, wie sich die verschiedenen Teile der Erfahrung zu einem Ganzen zusammenfügen. Außerdem verschafft es allen Beteiligten eine einheitliche Vorstellung davon, wie sich die Erfahrung in Bezug auf ihre emotionalen Höhen und Tiefen für den Nutzer anfühlen könnte. Die Visualisierung der Form einer Produkterfahrung kann uns helfen, Ideen zu entwickeln oder zu erkennen, wo wir kleine Anpassungen vornehmen sollten, damit die Erfahrung emotional besser bei unseren Nutzern ankommt. Und sie kann uns helfen, für alle Eventualitäten gerüstet zu sein – die glücklichen und die weniger glücklichen.

Die Übungen in diesem Kapitel können auch dazu beitragen, dass Menschen aus verschiedenen Teilen des Unternehmens gemeinsam darüber nachdenken, wie sich die Erfahrung momentan darstellt und wie sie eigentlich sein sollte. Wie bei allen Methoden in diesem Buch sollten Sie sie an Ihre Bedürfnisse anpassen, damit sie sich für Ihr spezielles Projekt noch besser eignen.

Auch wenn alle Produkte und alle Projekte unterschiedlich sind, gibt es Gemeinsamkeiten, und die Visualisierung ihrer Formen bildet eine gute Grundlage für den nächsten Teil: die Arbeit mit Haupt- und Nebenhandlungen in User Journeys und Flows.

Haupt- und Nebenhandlungen auf User Journeys und Flows anwenden

Die ideale User Journey

Die meisten von uns haben schon einmal an einem Projekt gearbeitet, bei dem wichtige User Journeys oder Flows definiert werden mussten. Die User Journeys können sich dabei entweder funktional darauf konzentrieren, was der Nutzer tut, oder funktional-emotional neben den Aktionen auch die Gedanken und Gefühle des Nutzers mit einbeziehen. In jedem Fall konzentrieren wir uns aber häufig auf einige wenige wichtige User Journeys mit Bezug zu den wichtigsten Nutzer- oder Geschäftszielen. Zwar werden bisweilen auch alternative Journeys definiert, die meisten konzentrieren sich aber auf das ideale Szenario. Wir abstrahieren Schritte oder verallgemeinern, was der Nutzer denkt und fühlt. Und auch wenn diese Journeys manchmal offenlegen, dass eine Nutzerin dem betreffenden Produkt oder Dienst den Rücken kehrt, um eine andere Website zu besuchen oder offline weiterzumachen, konzentrieren sie sich in der Regel primär auf das, was während der Nutzung des betreffenden Produkts oder Dienstes geschieht.

Das ist nicht grundsätzlich falsch, aber auch nicht besonders richtig. Wie in Abbildung 7.2 dargestellt, folgt die User Journey selten einem linearen Pfad. Stattdessen treffen wir auf auf eine Mischung aus online und offline mit einem Wechsel von einer breit angelegten zu einer konkreten und tiefgreifenden Suche. Damit User Journeys den größten Mehrwert bieten, müssen sie genauer widerspiegeln, was tatsächlich passiert oder wahrscheinlich passieren wird, egal wie komplex dies ist. Wir abstrahieren zwar gerne auf den einfachen Idealfall, aber die Realität, in der unsere Produkte und Dienstleistungen genutzt werden, wann und wo und von wem, ist komplex, und am besten sind wir bedient, wenn wir uns dieser Komplexität stellen. Sie gehört zur Schönheit unserer Designs, ist aber auch der Garant dafür, dass die von uns entwickelten Produkte und Dienstleistungen tatsächlich für die Nutzer funktionieren.

Wie bei jedem Arbeitsergebnis, Werkzeug oder Verfahren, das wir in unseren Projekten einsetzen, sollten wir mit den User Journeys auf einen maximalen Mehrwert abzielen. Manchmal treiben zusätzlich miteinbezogene Details die Arbeit nicht auf optimale Weise voran. Sie könnten wichtigen internen Teammitgliedern oder Kunden das Verständnis und die Akzeptanz des Präsentierten erschweren. Oder vielleicht verdoppelt sich durch User Journeys einfach nur der Aufwand, wenn auch noch andere detailliertere Verfahren, wie etwa genaue Flussdiagramme, zum Einsatz kommen.

Wir sollten jedoch nicht aus Angst heraus, die Dinge übermäßig zu verkomplizieren, davor zurückschrecken, die Komplexität zu erhöhen. Unsere Produkte werden nun einmal in einem komplexen Kontext genutzt, und diese Komplexität lässt sich auf unterschiedliche Weise leicht verständlich darstellen. Die Hinzunahme einiger dieser Faktoren, die zwischen verschiedenen Nutzern unterscheiden (wie etwa Beweggründe, Übergabepunkte, Touchpoints, Schlüsselsuchbegriffe usw.), kann uns ein klareres und genaueres Bild von der Erfahrung eines potenziellen Nutzers mit unserem Produkt oder unserer Dienstleistung zeichnen. Und bisweilen müssen wir auch mehr als nur den idealen Weg und einige wichtige Happy Journeys definieren, um wirklich alle Eventualitäten zu erfassen und zu berücksichtigen. Indem wir aktiv auch für diese Szenarien mitgestalten, können wir gewährleisten, dass unser Produkt oder unsere Dienstleistung die richtige Produkterfahrungsgeschichte ausdrückt und erzählt, ganz gleich, wie sie ausgeht. Hier kann uns die Einteilung in Haupt- und Nebenhandlungen, ein Konzept aus der traditionellen Erzählkunst, enorm weiterhelfen.

Die Rolle von Haupt- und Nebenhandlungen in der traditionellen Erzählkunst

In der traditionellen Erzählkunst ziehen sich oft mehrere Handlungsstränge durch die Erzählung. Denken Sie zum Beispiel an den Herrn der Ringe: Die Haupthandlung kreist um Frodo, der mit dem Ring zurückkehrt, aber nebenher spielen sich kleinere Geschichten um die Abenteuer von Legolas und Aragorn ab, die versuchen, die Siedlungen zu schützen und gleichzeitig die Ork-Heere zu vernichten. Ein weiterer Handlungsstrang widmet sich Merry und Pippin und ihrer Flucht vor den Orks. Diese Nebengeschichten fließen am Ende alle in die Haupthandlung mit ein und werden auch als Subplots bezeichnet.

Nebenhandlungen sind Verzweigungen einer Geschichte, die die Haupthandlung entweder stützen oder vorantreiben. Das Cambridge Dictionary definiert Subplot (Nebenhandlung) als »einen Teil der Handlung eines Buchs oder Theaterstücks, der sich separat von der Haupthandlung entwickelt.« Mithilfe von

Nebenhandlungen verleihen Sie Ihrer Geschichte mehr Realismus. Genau wie im richtigen Leben erwartet das Publikum nicht, dass sich eine Geschichte ausschließlich linear entfaltet, sondern dass sie auch gewisse Wendungen aufweist. Und genau das geschieht, wenn Sie eine Geschichte mit Nebenhandlungen haben.

Für den Geschichtenerzähler sind Nebenhandlungen ein wichtiges Erzählwerkzeug. Zusammen mit den Nebencharakteren lässt sich durch Nebenhandlungen Folgendes erreichen:[1]

- die Geschichte schrittweise voranbringen
- transformative Kräfte auf den Hauptcharakter einwirken lassen, z. B. Gewinn oder Verlust, Wachstum oder Verderben
- die Hauptfigur oder den Leser mit neuen Informationen versorgen
- die Geschichte drehen oder mit Wendungen versehen
- die Erzählung beschleunigen oder verlangsamen
- Lücken schließen oder andere Probleme mit der Haupthandlung lösen
- Stimmungen wie Humor, Leidenschaft, Triumph oder ein Bedrohungsgefühl einbringen
- eine moralische Lektion vermitteln oder infrage stellen

In vielen Fällen ist die Nebenhandlung mit der Haupthandlung und der Hauptfigur verwoben, indem sie sich unmittelbar auf Situationen oder Charaktere auswirkt. Nebenhandlungen lassen sich auch parallel zur Haupthandlung einsetzen. Dann sorgen sie für Kontraste und können beispielsweise Entscheidungen der Hauptfigur erklären. Sie können weiterhin auch eine Retrospektive oder Hintergrundgeschichte liefern, ohne dabei die Haupthandlung zu beeinträchtigen. Nebenhandlungen machen die Geschichte glaubwürdig und stützen die Haupthandlung.

Die Rolle von Haupt- und Nebenhandlungen im Produktdesign

Problemlösungen in der Haupthandlung könnten Sie dazu bringen, an Haupt- und alternative Routen zu denken, die Nutzer einschlagen können, wenn die Dinge nicht wie erwartet verlaufen, z. B. über einen Link für ein vergessenes Passwort oder die Notwendigkeit, den Kundensupport um Rat zu fragen. Bei

1 Gastkolumne »7 Ways to Add Great Subplots to Your Novel«, *The Writer's Digest*, 17. Dezember 2012, *https://oreil.ly/pUCZX*.

den von uns ausgearbeiteten Produkterfahrungen erzeugen diese Subflows und -journeys mehr Realismus, genau wie im traditionellen Storytelling. Sie berücksichtigen die Realität der Menschen, die unsere Produkte benutzen. Es kommt vor, dass jemand sein Passwort vergisst oder andere Anfragen an unsere Website hat. Dieser Nutzer muss dann beim Kennenlernen unseres Angebots zwischen verschiedenen Abschnitten hin- und herspringen, um etwa Hintergrund- oder Kontaktinformationen zu finden.

Sowohl in Geschichten als auch in Produkterfahrungen werden einem Nutzer oder einem Charakter häufig mehrere Dinge abverlangt, die seine Zeit und Aufmerksamkeit beanspruchen. Das ist einer der Gründe, warum Nutzer selten eine Aufgabe in einem Rutsch erledigen. Vielleicht werden sie unterbrochen oder abgelenkt, oder sie verlassen absichtlich unsere Website oder App, um zu recherchieren und dann später wieder zurückzukehren. Dieses Multitasking reflektiert die echte Lebenswirklichkeit. Deshalb ist es notwendig, diese Details, Subflows und alternativen Journeys mit zu berücksichtigen. Nur so stellen wir sicher, dass unsere Produkterfahrungen funktionieren und die Bedürfnisse der Menschen sowie verschiedene Eventualitäten beim Einsatz der Nutzung unseres Produkts oder unserer Dienstleistung berücksichtigen.[2]

Wenn ein Nutzer oder eine Kundin wegen eines Problems den Support kontaktieren muss, ist dies offensichtlich ein Nebenschauplatz. Aber zunehmend widmen sich Subflows und alternative Journeys auch dem Verständnis verschiedener Kombinationen aus Inhalten, Berührungs- sowie Einstiegs- und Ausstiegspunkten und der Erkenntnis, wie wir die Produkterfahrung unabhängig von der Konstellation bestmöglich gestalten. Wie in Kapitel 5 beschrieben, besteht jede übergeordnete Produkterfahrung aus vielen kleinen Mini-Storys, und jeder Subflow oder jede alternative Route bildet eine eigene Geschichte für sich. Eine Geschichte, deren wichtiger Teil die Frage »Wie kam es dazu?« ist.

In diesem Buch verwenden wir im Zusammenhang mit dem Produktdesign folgende Definitionen für Handlung und Nebenhandlungen:

Haupthandlung

Die primäre Journey, entweder auf oberster Ebene oder detailliert, in Verbindung mit der gewünschten User Journey für das Produkt oder die Dienstleistung. Diese Handlung muss stattfinden, damit es überhaupt eine Produkterfahrung gibt. Dies kann entweder die vollständige Erfahrung von Anfang bis Ende oder es können Teile daraus sein, die sich auf eine Sequenz beziehen; z.B. die Anschaffung eines neuen Telefons (vollständige End-to-End-Journey) oder die Recherche zum Kauf eines neuen Telefons (ein Teil der vollständigen End-to-End-Journey).

2 Kathy Edens, »How to Use Subplots to Bring Your Whole Story Together«, ProWritingAid, 17. Mai 2016, *https://oreil.ly/jQBE1*.

Nebenhandlungen
: Alle kleineren Journeys, die von der primären Journey abweichen, entweder auf oberster Ebene oder detailliert. Diese können daraus resultieren, dass der Nutzer auf ein Problem mit dem Produkt stößt, abgelenkt wird oder eine bewusste Entscheidung trifft. Diese Subplots werden häufig als Edge Cases, alternative Pfade, nicht-glückliche Pfade oder nicht-ideale Pfade bezeichnet; zum Beispiel ein vergessenes Passwort oder ein abgebrochener Warenkorb.

In der traditionellen Erzählkunst sollte jede Nebenhandlung Auswirkungen auf die Haupthandlung haben, andernfalls hat diese Nebenhandlung keinen Platz in der Geschichte. Im Produktdesign gilt das Gleiche: Alle alternativen Routen, ob sie nun erfolgreich oder unbefriedigend sind, sollten eine Verbindung zur Haupterfahrung haben.

Arten von Nebenhandlungen

In der traditionellen Erzählkunst gibt es verschiedene Arten von Nebenhandlungen (z.B. romantische, konfliktreiche oder erklärende). Eine andere Klassifizierung von Nebenhandlungen ist nach der Art ihrer Beziehung zur Haupthandlung möglich. Hier sind einige Beispiele:[3]

Widerspiegelnde Nebenhandlungen
: Diese spiegeln die Haupthandlung wider, ohne sie jedoch zu kopieren (z.B. eine Romanze zwischen zwei Nebenfiguren).

Kontrastierende Nebenhandlungen
: Diese entwickeln sich entgegengesetzt zur Haupthandlung (z.B. wenn eine Nebenfigur die gleiche Schwäche wie die Hauptfigur hat, sich aber weigert, sich auf eine Reise zu begeben oder eine persönliche Entwicklung zu durchlaufen, was wiederum dem Wachstum der Hauptfigur förderlich ist).

Verkomplizierende Nebenhandlungen
: Diese stehen für Veränderungen und sorgen für Probleme in der Haupthandlung. Im Gegensatz zu widerspiegelnden und kontrastierenden Nebenhandlungen haben verkomplizierende Nebenhandlungen möglicherweise keinen direkten Bezug zum Hauptthema der Geschichte, aber sie überschneiden sich mit der Haupthandlung so bedeutsam, dass sie untrennbar damit verbunden sind (z.B. hat die Hauptfigur eine Aufgabe zu erfüllen, die nicht direkt etwas mit der Haupthandlung zu tun hat).

3 Jordan McCollum, »Types of Subplots«, Jordan McCollumn (Blog), 11. September 2013, *https://oreil.ly/PAoA9*.

Welche Art von Nebenhandlung Sie wählen, sollte für die Haupthandlung sowohl relevant sein als auch von ihr abhängen.

Nebenhandlungen können auch aus verschiedenen Unterarten bestehen. Zum Beispiel kann es eine romantische Nebenhandlung zur Haupthandlung geben, eine geheimnisvolle Nebenhandlung, eine Rache-Nebenhandlung oder Ähnliches. Manche Genres eignen sich jedoch weniger gut für Subplots. Abenteuergeschichten sind ein Beispiel dafür, da diese schon an sich häufig recht ausladend und daher besser als Haupthandlung geeignet sind.

Im Produktdesign ist es wichtig, die Nebenhandlungstypen zu kennen, um die Gestaltung der Produkterfahrung zu unterstützen. Zwar kann es durchaus verschiedene Arten von Nebenhandlungen geben, aber die Formen aus der traditionellen Erzählkunst sind für das Produktdesign weniger relevant. Stattdessen sehen wir uns im Produktdesign alternative, unbefriedigende und verzweigte Journey-Subplots an.

Alternative Journeys

Alternative Journeys im Produktdesign ähneln widerspiegelnden Nebenhandlungen. Diese spiegeln die Haupthandlung wider, ohne sie zu duplizieren. Der Schlüssel liegt hier im Wort »alternativ«, das im Cambridge Dictionary als »etwas, das den Platz eines anderen einnehmen kann« definiert wird. Alternative Journeys sind alternative Wege, die ein Nutzer einschlagen kann, um das gleiche finale Ziel zu erreichen (Abbildung 10.1).

Alternative Journeys veranschaulichen Variationen in der Art und Weise, wie der Nutzer zu einer Kaufentscheidung gelangt. Die Haupthandlung und -route könnte den Schlüsselschritten entsprechen, die laut Datenlage die Mehrheit der Nutzer derzeit unternimmt, z. B. von dem Augenblick, in dem er zum ersten Mal etwas über das Produkt erfährt, bis zum tatsächlichen Kauf. Eine Nebenhandlung entspricht dann einer sekundären oder tertiären möglichen Route für den Nutzer, z. B. über eine größtenteils offline durchgeführte Recherche oder von einem sekundären oder tertiären Einstiegspunkt ausgehend.

Ein guter Einstieg in die Überlegungen zu alternativen Journeys ist die Definition des Ökosystems des Produkts oder der Dienstleistung. Mit einem klares Verständnis aller möglicherweise involvierten Berührungspunkte erkennen Sie die verschiedenen Routen, die die Nutzerreise nehmen könnte, deutlich. Hier sind einige Beispiele für typische alternative Journeys:

- Alternative Einstiegspunkte für dieselbe Seite. Zum Beispiel könnte eine Nutzerin mit einer Websuche beginnen und jemand anderes über ein soziales Netzwerk.

- Alternative Pfade innerhalb des Produkts oder der Dienstleistung. Zum Beispiel könnte eine Nutzerin von der Startseite direkt zu einer Produktseite gehen, während ein anderer Nutzer vielleicht über die Herren-Seite und dann weiter über eine Kategorieseite wie »Jacken« zur Produktseite einer bestimmten Jacke gelangt.

Abbildung 10.1: Alternative Journeys

Übung: Alternative Journeys

Denken Sie an Ihre Produkte oder Dienstleistungen und setzen Sie das Konzept der widerspiegelnden Nebenhandlungen ein:

- Denken Sie über alternative Routen zur Haupthandlung nach.
- Wo und wie unterscheiden sich die alternativen Wege von der Hauptroute?
- Wo und wie gleicht der alternative Weg der Hauptroute?

Unhappy Journeys

Im Produktdesign wollen wir immer ein zufriedenstellendes Ergebnis erzielen. Wir möchten das Bedürfnis oder Ziel des Nutzers erfüllen, selbst wenn das Ergebnis aus Sicht des Produktanbieters unglücklich ist, wie beispielsweise die Kündigung eines SaaS-Abonnements. Wenn dies der Wunsch des Nutzers ist, dann ist die Kündigung seines Abonnements ein gutes Ergebnis und hoffentlich auch eine Happy Journey.

Wenn wir über Unhappy Journeys als Nebenhandlungstyp im Produktdesign sprechen, beziehen wir uns auf Erfahrungen, die nicht so verlaufen, wie die Nutzer es sich wünschen (Abbildung 10.2). Eine solche unbefriedigende Erfahrung kann kleinere Hindernisse und Frustauslöser beinhalten, etwa nicht hundertprozentig eindeutige Call-to-Actions, Schwierigkeiten beim Auffinden des Gesuchten oder eine etwas zu lange Ladezeit einer Webseite. Oder die Journey enthält ein schwerwiegenderes Ereignis, z.B. dass die angestrebte Aufgabe nicht erledigt werden kann, dass die Website oder App einen Fehler auswirft oder dass versehentlich das Falsche bestellt wird.

Abbildung 10.2: Unhappy Journeys

Egal, ob geringfügig oder schwerwiegend, Unhappy Journeys im Produktdesign ähneln kontrastierenden Nebenhandlungen. Das Wesentliche an kontrastierenden Nebenhandlungen ist, dass sie eine entgegengesetzte Entwicklung, entgegengesetztes Wachstum oder eine Veränderung im Vergleich zur Haupthandlung zeigen. In gegenteiligen Begriffen zu einer Happy Journey (mit gutem Ausgang) zu denken, ist eine empfehlenswerte Möglichkeit, unbefriedigende Journeys und die eventuell darin enthaltenen kleineren und größeren Aspekte zu erkennen.

Die Identifizierung der idealen »Happy Journey« ist im Produktdesign zwar wichtig, um die gewünschten Pfade und Ergebnisse zu verstehen, aber ebenso wichtig ist es, auch die alternativen Pfade und »Unhappy Journeys« zu erkennen. So sehr wir uns das auch wünschen, es läuft nicht immer alles wie geplant, und zu jeder glücklichen Geschichte gibt es in der Regel auch mindestens ein unglückliches Ende (selbst wenn dieses nur ein wenig unglücklich ist). Damit wir die unerfreulichen Resultate so weit wie möglich vermeiden, müssen wir erkennen, was dazu führen könnte. Außerdem lassen sich unbefriedigende Ergebnisse auch nicht völlig vermeiden. Gute Produkt- und Dienstleistungserfahrungen müssen unter allen Umständen funktionieren und wir müssen stets gewährleisten, dass wir unsere Benutzer und Kunden optimal unterstützen.

Übung: Unhappy Journeys

Führen Sie für Ihr Produkt oder Ihre Dienstleistung folgende Schritte aus und nutzen Sie dabei das Konzept widerspiegelnder Nebenhandlungen:

- Überlegen Sie, wie eine Happy Journey und die entsprechende Haupthandlung aussehen würden.
- Überlegen Sie, wie eine Unhappy Journey und die entsprechende Nebenhandlung aussehen würden.

Verzweigte Journeys

In der traditionellen Erzählkunst gibt es häufig verzweigte Handlungsstränge, wenn eine Art interaktives Element vorhanden ist (Abbildung 10.3). Die »Choose-your-own-Adventure«-Bücher sind ein gutes Beispiel, auch wenn es etwas zu stark vereinfacht wäre, diese als verzweigte Erzählungen zu definieren, da sie weit darüber hinausgehen. In Computerspielen wird der Nutzer vor eine Entscheidung gestellt, und diese beeinflusst den nächsten Teil der Spielerfahrung.

Abbildung 10.3: Verzweigte Journeys

Viele eher funktionalen oder interaktiven Produkt- oder Dienstleistungserfahrungen enthalten Elemente verzweigter Nutzerreisen. Um diese definieren zu können, müssen wir oft entscheidungsbaumbasierte Strukturen einsetzen, um den Fluss der einzelnen Verzweigungen abzubilden. Bei der Arbeit an VUIs und Produkten und Dienstleistungen mit Chatbots stellen entscheidungsbaumbasierte Strukturen ein entscheidendes Werkzeug dar, um sämtliche Szenarien zu erfassen. Gerade Bots und sprachbasierte Erfahrungen enttäuschen häufig, wenn auf die Nutzeranfrage keine passende oder wertvolle Antwort erfolgt.

Je funktionaler eine Website oder App, desto dringender sollten wir vollständige Flows abbilden, einschließlich aller Entscheidungspunkte für Nutzer und System sowie deren Ergebnisse (z. B. ein bestimmter Bildschirm, eine Fehlermeldung usw.). Einige davon werden zu unbefriedigenden Journeys/Flows führen, andere zu alternativen.

Beispiele für typische verzweigte Nutzerreisen sind etwa VUIs, Bot-Interfaces sowie Websites und Apps zur Hotel- und Reisebuchung.

Was uns das Storytelling über die Arbeit mit Haupt- und Nebenhandlungen lehrt

Die traditionelle Erzählkunst lehrt uns einige wichtige Dinge über Handlungen und Nebenhandlungen, die wir auf das Produktdesign anwenden können. Dazu gehören etwa die Definition und der Aufbau von Nebenhandlungen sowie die Visualisierung von Haupt- und Nebenhandlungen.

Nebenhandlungen definieren und ausarbeiten

Genauso wie die Haupthandlung aus Akten und einem klar definierten Plot bestehen sollte, sollten alle Nebenhandlungen einer Erzählung folgen und die gleichen Elemente wie die Haupthandlung aufweisen (z. B. ein auslösendes Ereignis und einen Höhepunkt). Nebenhandlungen spielen sich jedoch nicht »auf der Bühne« ab, sondern abseits der Bühne, und die Leserin oder der Zuschauer muss die Puzzleteile oft selbst zusammensetzen.[4]

Normalerweise sind Nebenhandlungen einfacher und enthalten nicht so viele Schritte. Sie können auch hinsichtlich ihres Einführungs- und ihres Auflösungszeitpunkts variieren (z. B. wird eine Nebenhandlung in einem Kapitel eingeführt und im nächsten aufgelöst), während eine andere durch die gesamte Haupthandlung hindurchlaufen kann. Wichtig ist, dass die Nebenhandlung aufgelöst wird und dass sie sich auf die Haupthandlung auswirkt. Wenn das nicht der Fall ist, sollte sie nicht in die Erzählung aufgenommen werden, weil sie dann eine ganz eigene Geschichte für sich ist.[5]

4 Shawn Coyne, »The Units of Story: The Subplot«, *Story Grid*, *https://oreil.ly/mMMs1*.

5 Edens, »How to Use Subplots to Bring Your Whole Story Together«.

Wenn Sie Nebenhandlungen erkennen und an ihnen zu arbeiten beginnen, sollten Sie einen wichtigen Punkt im Auge behalten: Wenn Sie zu viele Nebenhandlungen erstellen, wird das verwirrend. Es gibt verschiedene Möglichkeiten, Nebenhandlungen zu finden, aber eine der am häufigsten vorgeschlagenen Methoden ist es, sich Charaktere auszudenken, die die Handlung vorantreiben können. *Writer's Digest* schlägt sieben Wege zur Entwicklung eines Subplots vor. Nachfolgend finden Sie drei Möglichkeiten, die auch im Produktdesign anwendbar sind:[6]

Der isolierte Block
: Erzählen Sie Ihre Nebenhandlung an einem Stück als Geschichte in der Geschichte. Sorgen Sie sich nicht um Übergänge und beginnen Sie einfach einen neuen Abschnitt oder ein neues Kapitel. Diese Technik kann besonders nützlich sein, wenn Sie in der Ich-Form schreiben, da Ihr Charakter immer nur eine Sache zur gleichen Zeit erleben kann. Ein Beispiel aus der traditionellen Erzählkunst sind *Die Abenteuer des Huckleberry Finn*. Im Produktdesign kann dieser Ansatz für solche Nebenhandlungen in der Nutzererfahrung hilfreich sein, die von der Haupthandlung und der Reise unabhängig sind. Ein Beispiel dafür sind unglückliche Verläufe, die auftreten, wenn die Erfahrung in eine separate Reise abzweigt.

Die parallele Linie
: Schreiben Sie eine Nebenhandlung, die mit der Haupthandlung verwoben ist. Hier lautet der Ratschlag, mit der Haupthandlung zu beginnen und sich auf die Hauptfiguren zu konzentrieren, insbesondere auf den Protagonisten. Sobald es sich von selbst ergibt, fügen Sie den Anfang der Nebenhandlung ein und wechseln von da an möglichst regelmäßig hin und her, um die Symmetrie der beiden Handlungsstränge zu betonen. Ein Beispiel aus der traditionellen Erzählkunst ist der Katz-und-Maus-Klassiker *Der Schakal* von Fredrick Forsyth. Im Produktdesign eignet sich dieser Ansatz vor allem zur Anwendung auf alternativen Routen. Obwohl es z.B. eine Hauptroute auf dem Weg zum Kaufabschluss gibt, können die einzelnen Routen von ihrer Bedeutung her relativ gleichwertig sein.

Einschübe
: Die Haupthandlung konzentriert sich auf eine Gruppe von Charakteren, während die Nebenhandlung andere Charaktere einbezieht. Lassen Sie Ihre Nebenhandlungen je nach Bedarf ein- und aussetzen. Zum Beispiel könnte in einem Kapitel ein Mentor auftauchen, der einen Ratschlag gibt und der dann auf einer anderen Reise wieder verschwindet, bis er später in einem anderen Kapitel wieder auftaucht. Wenn Sie eine Ich-Erzählung schreiben, ist es völlig in Ordnung, wenn die Kapitel mit dem Mentor in

6 Gastkolumne, »7 Ways to Add Great Subplots to Your Novel«.

der dritten Person verfasst sind. In der traditionellen Erzählkunst findet sich dieser Ansatz beispielsweise in Harper Lees *Wer die Nachtigall stört*. Übertragen auf das Produktdesign ließe sich diese Vorgehensweise auf jede Art von Produkt oder Dienstleistung anwenden, bei der in verschiedenen Phasen der Erfahrung wiederkehrende Charaktere auftauchen (siehe Kapitel 6). Fortlaufender Supportbedarf und Unhappy Journeys können ein Beispiel dafür sein, aber der Ansatz lässt sich auch ebenso gut auf Happy Journeys anwenden.

So gehen Sie vor

Wenn Sie schon einmal an der Definition einer von Anfang bis Ende durchgängigen Erfahrung oder auch nur einer primären User Journey beteiligt waren, dann wissen Sie sicherlich, dass dabei unweigerlich Verzweigungspunkte auftreten. Oft kennen Sie den Start- oder Endpunkt und können sich von dort aus vorarbeiten. Wie immer bestimmt der größtmögliche Nutzen für Ihr Projekt Ihre Handlungsschritte und Ihre Vorgehensweise. Ein guter Ausgangspunkt ist es, sich die Art der Nebenhandlung und der Haupthandlung anzusehen. Hiervon ausgehend versuchen Sie dann herauszufinden, ob die Nebenhandlung am besten als isolierter Block, als parallele Linie oder in Form von Einschüben behandelt wird. Sie müssen sich aber auch nicht unbedingt an eine bestimmte Vorgehensweise halten. Wichtig ist, dass es Ihnen gelingt, den Subplot zu definieren.

Die vorangegangenen Storytelling-Ansätze sind einfach Methoden, die Ihnen helfen können, Ihre Nebenhandlung zu konkretisieren und festzulegen, wie sie mit der Haupthandlung verbunden ist.

Haupt- und Nebenhandlungen mittels Storymaps visualisieren

Auch beim Visualisieren der Haupt- und Nebenhandlungen können uns traditionelle Erzählungen Inspiration bieten. Im Internet finden Sie zahlreiche Beispiele. In solchen Storymaps werden im Allgemeinen folgende Informationen erfasst:

- eine Übersicht über alle Nebenhandlungen
- Überschneidungen der Nebenhandlungen mit der Haupthandlung
- welche Charaktere an welcher Nebenhandlung beteiligt sind

Einige Storymaps, wie z. B. jene in Abbildung 10.4, sind sehr ansprechend gemacht und können uns sowohl informieren als auch inspirieren, wie wir die Haupt- und Nebenhandlungen auch im Produktdesign visualisieren könnten. Andere bieten LoFi-Ansätze, um wichtige Informationen in den Vordergrund zu rücken – auch hiervon können wir bei unserer Arbeit und der Art und Weise, wie wir sie im Produktdesign präsentieren, profitieren.

The Hunger Games

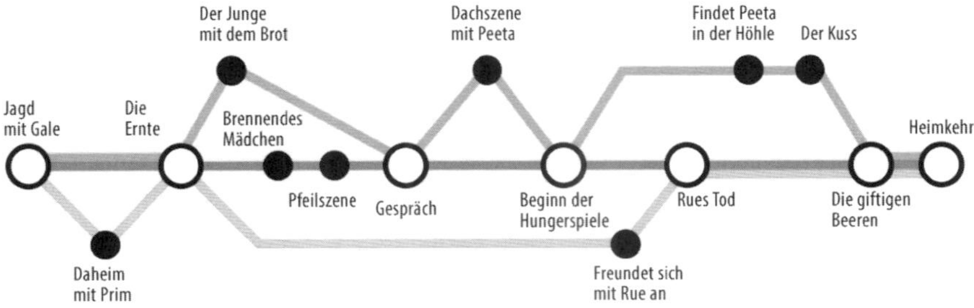

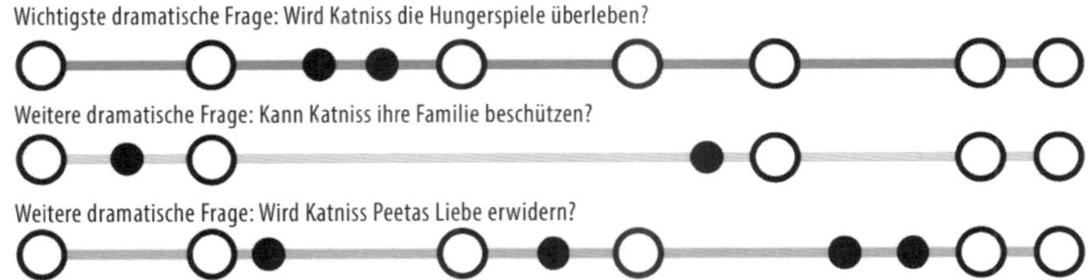

Abbildung 10.4: Storymap von »The Hunger Games« von Gabriela Pereira[7]

So gehen Sie vor

Was Sie wie visualisieren sollten, hängt von Ihrem konkreten Projekt ab und davon, was diesem den größten Nutzen bringt:

- Identifizieren Sie die Rolle und den Wert, den die Visualisierung von Nebenhandlungen haben kann. Sie können z. B. anhand einer Storymap aufzeigen, wo sich Nebenhandlungen überschneiden, oder damit die an den einzelnen Nebenhandlungen beteiligten Akteure und Charaktere darstellen.
- Stellen Sie fest, ob diese Visualisierung Ihnen und Ihrem Team als Teil des Denk- und Definitionsprozesses dienen soll oder ob sie sich eher an den Kunden oder wichtige Stakeholder richtet. Dies wirkt sich auf den von Ihnen angestrebten Genauigkeitsgrad aus.

7 Gabriela Pereira, »How to Create a Story Map«, DIY MFA, 15. Mai 2012, *https://oreil.ly/FbY4p*.

- Wie bei den meisten Planungsdokumenten sollten Sie sich von der Umsetzung anderer inspirieren lassen und Ihre Vorgehensweise daran ausrichten, was für Ihr Projekt am zuträglichsten ist.

Zusammenfassung

In gewisser Weise können wir, und mehr noch die Nutzer aus unserer Zielgruppe, von Glück sagen, dass Chatbots und VUIs in den von uns erarbeiteten Produkten und Diensten Einzug halten. Für diese Erfahrungsformen müssen wir möglichst viele Fallkonstellationen sorgfältig durchdenken und gestalten. Es gibt dabei zwar immer noch zu viele Sackgassen, um ein gutes Nutzererlebnis schaffen zu können, aber diese Sackgassen bieten uns die Gelegenheit zum Lernen.

Auch wenn wir uns hauptsächlich auf die primäre Customer Journey und den wichtigsten Use Case konzentrieren, verleihen die sekundären Journeys – alternative Wege zum gleichen Ziel oder unbefriedigende Ergebnisse, mit denen wir umgehen müssen – den von uns entworfenen Produkten und Diensten mehr Realismus. Indem wir diese aktiv nachvollziehen, können wir uns in unsere Nutzer hineinversetzen, sie verstehen und ihnen zum Erfolg verhelfen. Indem wir diese sekundären Journeys und Nebenhandlungen erfassen – und, wo relevant, auch visualisieren, wie sie alle miteinander zusammenhängen –, erkennen wir besser, was es zur Vervollständigung der Erfahrung noch braucht. Diese Erkenntnis ist eine Grundvoraussetzung für unser nächstes Thema: die Entwicklung von Thema und Erzählung im Produktdesign.

11

Themen- und Storyentwicklung im Produktdesign

Reale Inhalte verwenden

Viele von uns haben schon an Projekten gearbeitet, bei denen die Wireframes, das Design oder der Prototyp erst dann echte Inhalte enthielten, als die Entwicklung so gut wie abgeschlossen war und die Website oder App kurz vor dem Livegang stand. Wir alle wissen, wie diese Geschichte endet und was mit den sorgfältig entworfenen Modulen und Seiten passiert. Sie funktionieren nicht mehr und sehen furchtbar aus. Noch schlimmer ist es, wenn der Inhalt von den an der Projektentwicklung beteiligten Teams nicht sorgfältig durchdacht oder verstanden wird, sodass das Ergebnis schließlich nicht den Anforderungen der Nutzer oder des Unternehmens entspricht.

In meiner langjährigen Tätigkeit als UX-Designerin bin ich immer wieder Kunden oder internen Stakeholdern begegnet, die darauf bestanden, den eigentlichen Inhalt in die Wireframes und/oder den Prototyp zu integrieren. In der Regel handelt es sich jedoch nie um den tatsächlichen Inhalt, sondern um Entwürfe, die überarbeitet und aktualisiert werden müssen, um sie dann erneut in die Wireframes einzufügen. Darüber hinaus kann es sein, dass die Gestaltung der Wireframes nicht der Seite im endgültigen Design und in der endgültigen Version entspricht, sodass höchstwahrscheinlich weitere Änderungen an den Inhalten erforderlich sind.

Ich bin mir sicher, dass es Teams und Projekte gibt, bei denen dieser Prozess funktioniert. Meiner Erfahrung nach bedeutet es mehr Ärger und Zeitverschwendung als Benefit, echte Texte in Wireframes zu platzieren und diese dann zu ändern. Dies wirft jedoch ein wichtiges Problem auf: Wir müssen die Inhalte in die von uns gestalteten Seiten und Bildschirme einfügen, damit wir wirklich prüfen können, wie er funktioniert. Inhalt und Design müssen sich schließlich Hand in Hand weiterentwickeln.

Viel zu oft entwerfen wir nur für das Best-Case-Szenario. Alles reiht sich sauber aneinander. Es gibt keine einzelnen Wörter in einer neuen Zeile, keine langen Wörter, die in der Mitte abgeschnitten oder in die Zeile darunter umbrochen werden und darüber eine Lücke hinterlassen. Keine Überschriften, die sich über zwei oder vielleicht sogar drei Zeilen erstrecken, ganz zu schweigen von Absätzen, die einfach zu lang sind.

Es ist einfach – oder zumindest einfacher –, mit Fake-Inhalten zu gestalten. Mit echten Inhalten zu gestalten, ist schwieriger. Aber genau das wird mit den von uns entwickelten Wireframes und Designs passieren: Es werden Inhalte in sie eingebaut. Und dann sollte der Inhalt nicht alles ruinieren. Er sollte vielmehr wie ein Handschuh passen, oder vielleicht besser: Was wir entwickelt und wie wir es entwickelt haben, sollte wie ein Handschuh auf den tatsächlichen Inhalt passen.

Ich bin für die Verwendung von Lorem-ipsum-Blindtext in Verbindung mit Notizen über den Inhalt, der dort später eingefügt werden soll. Echte Inhalte zu schreiben, ist schwierig und braucht Zeit. Wenn ich mich daran versuche, werden die Inhalte meiner Wireframes oder Prototypen zweifellos wortreicher und weniger den Punkt treffen als die meiner Texterkollegen. Außerdem werde ich dafür wesentlich länger brauchen. Das heißt aber nicht, dass ich mir keine Gedanken über den Inhalt mache. Ich plane sorgfältig die Geschichte, die die Seite und die einzelnen Module erzählen sollen, und füge eine ungefähre Textmenge hinzu, sowie Notizen zu den Details, die der Text meiner Meinung nach abdecken sollte.

Auf welche Weise Sie und Ihr Produktteam an den Inhalt Ihres Projekts herangehen, bleibt Ihnen überlassen. Viele Designer und Produktmitarbeiter schreiben am Ende die Texte, und das ist kein Problem, solange es für das Projekt funktioniert und die Texte gut geschrieben sind. Wichtig ist, dass der Inhalt von Anfang an berücksichtigt wird und der Prozess, dass der Inhalt das Design beeinflusst und umgekehrt, in Gang kommt. Alles hängt miteinander zusammen, und alle Inhalt im Produktdesign sollten aus einem bestimmten Grund vorhanden sein – genau wie bei einer guten Geschichte.

Die Bedeutung von Thema und rotem Faden im Storytelling

Wenn Sie darüber nachdenken, worum es in einer Erzählung geht, egal ob in einem Buch oder einem Film, beschäftigen Sie sich als Erstes mit der Handlung – also mit den Ereignissen, die sich in der Geschichte abspielen, und den Figuren, denen sie widerfahren. Gehen Sie einen Schritt weiter und denken Sie darüber nach, worum es in der Geschichte wirklich geht: Das ist das Thema.

Das Thema war Aristoteles' drittes Prinzip für gute Geschichten. Lexico definiert das Thema als »eine Idee, die in einem Werk der Kunst oder Literatur wiederkehrt oder es durchdringt.« Obwohl das Thema einer Geschichte oft mit Worten wie Liebe und Ehre beschrieben wird, wie es bei den Hornblower-Büchern der Fall ist. Der Autor Robert McKee drückt es so aus:

> Ein echtes Thema ist kein Wort, sondern ein Satz; ein klarer, kohärenter Satz, der die eindeutige Bedeutung einer Geschichte zum Ausdruck bringt, denn er impliziert eine Aufgabe: Die leitende Idee prägt die strategischen Entscheidungen des Autors.[1]

Beim Thema geht es mit anderen Worten darum, was die Geschichte bedeutet – aber durch »einen anderen Erfahrungskontext«, wie es der Journalist Larry Brooks ausdrückt, und das wirkt sich auf die Geschichte selbst aus.

Die meisten Geschichten haben mehrere Themen. In Harry Potter zum Beispiel geht es im Hauptthema um Gut und Böse und die Macht der Liebe. Hinzu kommen jedoch Themen rund um Freundschaft und Loyalität. Es kann ein übergeordnetes Thema der Gesamterzählung geben, und Themen, die nur in bestimmten Kapiteln oder Teilen der Geschichte vorkommen. Die Themen der stärksten Geschichten sind meist miteinander verbunden und ergänzen sich oder kontrastieren einander. Ein Thema kann ganz offensichtlich sein, aber auch nuancierter und schwieriger zu erkennen, wie in *Batman Begins*, das den Kampf eines Menschen mit seiner eigenen Identität und Zwiespältigkeit zeigt.[2]

Selbst wenn der Schriftsteller nicht explizit über das Thema seiner Erzählung nachdenkt, haben die meisten Geschichten doch eins. Themen sind so eng mit der menschlichen Natur verbunden, dass es fast unmöglich ist, eine Geschichte ohne Thema zu erzählen; das Thema kann als Kitt betrachtet werden, der die gesamte Erzählung zusammenhält.

In allen guten Geschichten geschehen die Dinge aus einem bestimmten Grund, und auf die eine oder andere Weise ist alles miteinander verbunden. Vor einiger Zeit sahen mein Partner D. und ich einen Horrorfilm. In einer der Szenen holte der Hauptcharakter etwas aus einem Schrank. In der Szene waren zwei Sprühdosen zu sehen, und irgendwie wussten wir, dass diese später eine Rolle spielen würden, und das war dann auch so. Wie Sie in Kapitel 2 gesehen haben, war Walt Disney berühmt dafür, auf diese kleinen Details zu achten. Sie gehören auch zu den Dingen, die mein Vater an seiner Arbeit als Schriftsteller wirklich schätzt.

---

1 Robert McKee, »*Story: Substance, Structure, Style, and the Principles of Screenwriting*« (New York: ReganBooks, 2006).

2 Melissa Donovan, »What Is the Theme of a Story?« *Writing Forward*, 15. Oktober 2019, *https://oreil.ly/DYgc_*.

Eines der Bücher, die uns meine Eltern als Kinder vorlasen, war das schwedische Buch *Historien om Någon* (»Die Geschichte von jemandem«) von Åke Löfgren und Egon Möller-Nielsen (Abbildung 11.1). Auf dem Buchcover befindet sich ein Schlüsselloch mit zwei Augen, die hindurchspähen und auf der ersten Seite des Buchs ist ein rotes Stück Schnur abgebildet. Dieser rote Faden zieht sich durch das ganze Buch und führt die Erzählung durch die Ereignisse, einschließlich einer umgefallenen Vase, und durch eine offene Tür. Als Kind verfolgte ich diesen roten Faden gespannt, weil ich neugierig war, was am Ende zum Vorschein kommen würde, und ich freute mich so sehr, als sich herausstellte, dass es ein kleines Kätzchen war.

Während die rote Schnur in dieser Kindergeschichte sehr wörtlich zu nehmen ist, ist der sprichwörtliche »rote Faden« auch im Sprachgebrauch das, was eine Erzählung zusammenhält. Nicht im Sinne einer visuellen Leitschnur, die man im Buch sehen oder der man folgen kann, wenn man Höhlen erforscht oder aus einem Labyrinth herausfinden möchte wie Theseus und Ariadne in der griechischen Mythologie. Nein, dieser rote Faden zieht sich unsichtbar durch alles hindurch. In der Rhetorik ist damit gemeint, dass jeder Vortrag, besonders ein längerer, kohärent sein sollte. Im Storytelling ist er zum Symbol für eine zusammenhängende Erzählung geworden, und wenn er nicht vorhanden ist oder wir vergessen, was wir sagen wollten, wenn wir eine Geschichte erzählen oder einen Vortrag halten, sprechen wir davon, dass wir »den Faden verloren haben«.

Im traditionellen Storytelling ist dieser rote Faden mit der Handlung oder dem Thema der Geschichte verbunden. Er kann auch mit einem Charakter verbunden sein und bildet den größeren und wichtigeren Aspekt, wie alles miteinander zusammenhängt. Die Produzentin Barri Evins erklärt dazu:

> Das Thema als Entscheidungshilfe zu verwenden, von großen bis zu kleinen Entscheidungen, ist eine wirkungsvolle Technik. Dadurch können Sie das Thema in jeden Aspekt Ihrer Geschichte einfließen lassen und so eine intensive und mitreißende Lese-Erfahrung erschaffen.[3]

Übung: Die Bedeutung von Thema und rotem Faden im Storytelling

Denken Sie an einen Film, den Sie gesehen haben, oder an ein kürzlich gelesenes Buch. Was war darin das Thema oder der rote Faden?

---

3 Barri Evins, »The Power of Theme«, *Writer's Digest*, 17. August 2018, *https://oreil.ly/tDdHr*.

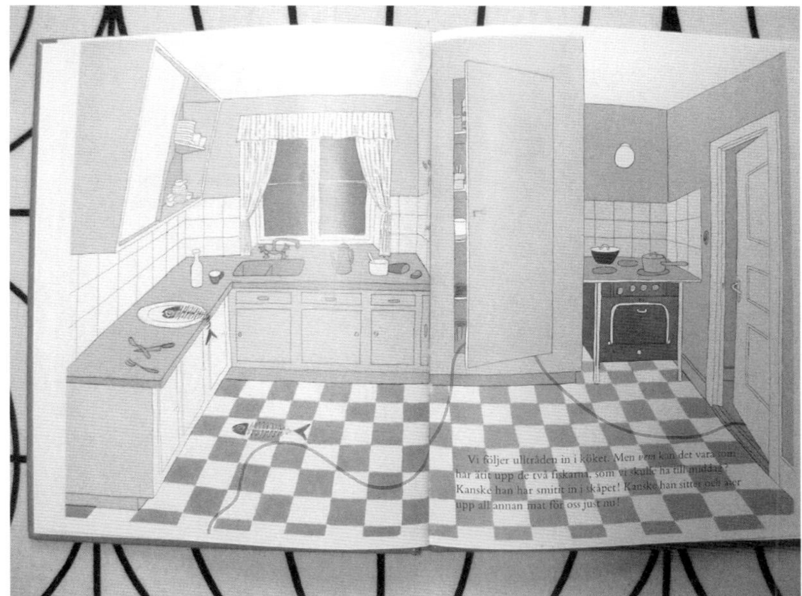

Abbildung 11.1: »Historien om Någon« von Åke Löfgren und Egon Möller-Nielsen

Die Bedeutung von Thema und rotem Faden im Produktdesign

Im Produktdesign haben wir oft von Anfang an eine Vorstellung davon, woran wir arbeiten. Dieses Konzept wird hoffentlich weiterentwickelt und durch eine klar definierte Strategie unterstützt, bevor die UX-, Design- oder Entwicklungsarbeit beginnt. Im besten Fall zieht sich ein roter Faden durch das Ganze (Abbildung 11.2). Vielleicht haben wir sogar damit begonnen, UX-Ziele (wie in Kapitel 9 beschrieben) sowie Designprinzipien zu entwickeln, die uns helfen, das Look-and-Feel der Erfahrung in Worte zu fassen. Diese Techniken verbinden die Teile des Projekts nach und nach miteinander. Wenn das Projekt wirklich gut läuft, haben wir auch mit der Arbeit an der inhaltlichen Strategie begonnen. Während das Projekt fortschreitet, entwickelt sich diese sich gegenseitig befruchtende Beziehung zwischen UX, Design, Inhalt und Entwicklung weiter. Ist das nicht der Fall, kann es passieren, dass wir den UX-, Design- und Entwicklungsprozess beginnen und sogar abschließen, bevor der Inhalt richtig durchdacht ist, und wir am Ende mit einer Website oder App dastehen, die auf dem Papier vielleicht toll aussieht, aber in der Realität eine absolute Katastrophe ist.

Abbildung 11.2: Der rote Faden im Produktdesign

Für ein gutes Produktdesign ist es unerlässlich, ein Thema oder viele Themen zu haben, über die sich alle Beteiligten absolut im Klaren sind. Ohne ein Thema ist im Grunde alles offen, und das Angebot und die Erfahrung könnten an die Wand gefahren werden. Allzu oft sträubt man sich dagegen, die Content-Strategie gleichzeitig mit dem UX-Design zu erarbeiten – ganz zu schweigen, bevor das UX-Design beginnt. Dieser Widerstand führt zu einer unklaren Vorstellung davon, wie und warum die einzelnen Inhalte einzubinden sind. Genau wie in einer guten Erzählung alles aus einem bestimmten Grund geschieht, sollten auch alle Bestandteile des Produktdesigns aus einem guten Grund vorhanden sein: weil es einen Zusammenhang gibt oder zumindest geben sollte. Durch diesen Zusammenhang unterscheiden sich großartige Produktdesigns und Inhalte von nur guten oder durchschnittlichen.

Mit UX-Zielen und Designprinzipien können wir dafür sorgen, dass die von uns gestalteten Erfahrungen sorgfältig durchdachte und geplante rote Fäden enthalten – selbst wenn unser roter Faden nicht so sichtbar ist wie in meinem Kinderbuch oder die Verbindung nicht so offensichtlich ist wie in dem erwähnten Horrorfilm.

Übung: Die Bedeutung von Thema und rotem Faden im Produktdesign

Denken Sie an Ihr Produkt oder Ihre Dienstleistung und ermitteln Sie das Hauptthema der Produkterfahrung.

Die Entwicklung der Erzählung im traditionellen Storytelling

Es gibt zahlreiche Möglichkeiten, ein Drehbuch oder ein Buch zu schreiben. Das reicht von der Anfangsphase bis hin zum Großteil des Schreibprozesses selbst. Manche Schriftsteller und Drehbuchautoren setzen sich einfach hin und legen los. Andere verwenden eine Gliederung, um Erzählung und Schreibprozess zu strukturieren. Die Vorgehensweise hängt bis zu einem gewissen Grad davon ab, wie es zum Schreiben des Drehbuchs oder Buchs kam.

Bei Büchern wie dem vorliegenden werden die Autoren in der Regel gebeten, eine Gliederung zu erstellen, um dem Verlag bei der Einschätzung zu helfen, ob das Buch tatsächlich für ihn geeignet ist. Diese Technik bietet auch den Autoren die Chance, ihre Gedanken zu ordnen und zu strukturieren. Nachdem O'Reilly mich kontaktiert hatte, skizzierte ich das Buch wie gewünscht. Manche Autoren finden Gliederungen unglaublich hilfreich, andere wiederum empfinden sie als Einschränkung oder gar als Blockade für ihren Schreibprozess.

Wenn Sie nach Ratschlägen suchen, wie Sie zum Beispiel einen Roman schreiben können, heißt es oft: Setzen Sie sich einfach hin und beginnen Sie mit dem Schreiben. Ein Schreibblog namens *The Write Practice* empfiehlt, den ersten Entwurf in möglichst kurzer Zeit zu verfassen: in einer Sitzung, wenn es sich um eine Kurzgeschichte handelt, oder in einem Vierteljahr, wenn es sich um einen Roman handelt. Während dieses ersten Entwurfs, so wird empfohlen, sollten Sie sich nicht zu viele Gedanken über die Handlung oder Gliederung machen. Diese wird sich ergeben, wenn Sie wissen, dass Sie eine Geschichte zu erzählen haben. Der Zweck dieser ersten Skizze ist vielmehr ein Entdeckungsprozess, bei dem Sie herausfinden, was Sie tatsächlich vorhaben. Viele Autoren schreiben drei oder mehr Entwürfe:

Der erste Entwurf
: Dies ist oft ein grober Entwurf, der nicht an andere weitergegeben werden sollte. Er ist nur für Sie gedacht, und er soll Ihnen helfen herauszufinden, was Sie schreiben möchten.

Der zweite Entwurf
: Dieser ist zwar tendenziell ausgefeilter, dient aber nicht zum Feinschliff. Im zweiten Entwurf nehmen Sie größere strukturelle Änderungen vor und klären die Handlung und die Charaktere bzw. die Idee für Ihr Sachbuch.

Der dritte Entwurf
: Dieser ist für den Feinfschliff gedacht und hier beginnt laut *The Write Practice* der eigentliche Spaß.

Dies passt sicherlich dazu, wie dieses Buch entstanden ist, aber mancher wird diesem Ansatz nicht zustimmen. Es gibt auch unterschiedliche Ansichten darüber, ob Autoren sich Gedanken über die Festlegung ihres Themas machen sollten: Einige sagen, erst nach dem Schreiben eines ersten Entwurfs, andere sind der Ansicht, dass das Thema als integraler Bestandteil während der gesamten Entwicklung der Geschichte präsent sein sollte. Man kann argumentieren, dass es keine Rolle spielt, wie Sie Ihr Buch schreiben, ob Sie mit Charakteren oder einem Thema beginnen oder ob Sie eine klare Struktur haben, solange Sie nur schreiben und am Ende eine fesselnde Geschichte herauskommt.

Entwickeln Sie Ihre Content- und Product-Experience-Story

Für das Produktdesign ist das Gegenstück zu der Frage, wie Sie Ihre Geschichte schreiben, die Frage, wie Sie das eigentliche Produkt definieren und festlegen, welche Inhalte und Funktionen es enthalten soll. In Kapitel 6 wurde bereits erwähnt, dass manche Projekte eher von der großen Idee als von den Bedürfnissen der Charaktere geleitet werden. Beim Film ist das Gegenstück eine bestimmte Szene oder die Verwendung der neuesten Spezialeffekte, die die Geschichte in eine bestimmte Richtung treibt. Wie Sie auf Ihre Geschichte oder Ihre Produktidee kommen, spielt eigentlich keine Rolle, solange die Erzählung bei der Zielgruppe ankommt.

Leider ist dies oft der Punkt, an dem viele Produkte scheitern, weil das, was erdacht und entwickelt wird, nicht auf der Priorität der tatsächlichen Nutzerbedürfnisse basiert. Vielleicht ist die Idee auch gut, aber dem Projekt fehlt es an einer klaren Informationsarchitektur und Inhaltsstrategie, die umgesetzt und den Nutzern die Inhalte geben kann, die sie benötigen.

Es gibt viel zu viele Projekte, bei denen eine fantastisch aussehende Website oder App in Photoshop, Illustrator oder Sketch konzipiert wurde und nach der Entwicklung ganz anders aussah. Und das liegt nicht an einer schlechten Entwicklung. Meistens liegt es an mangelnder Planung, Erstellung und Verwaltung von Inhalten in Kombination mit mangelnder Zusammenarbeit zwischen dem Designteam und denjenigen, die für die Erstellung oder Einarbeitung der Inhalte verantwortlich sind. Es ist egal, wie toll die Website oder App im Design aussieht, wie gut die Idee ist oder wie gut sie den Recherche-Ergebnissen entspricht, wenn die Inhalte der Website oder App nicht mit der Grundlage übereinstimmten, auf der sie konzipiert wurde.

Genauso wie eine Gliederung und die Definition eines Themas manchen Autoren bei der Planung und Verlegern bei der Einschätzung der Relevanz und des Nutzens der Bücher helfen kann, gibt es eine Reihe von Tools und Methoden, mit denen Produktteams an der Planung und Einschätzung des Nutzens einer

Website oder App arbeiten können. Dazu gehören Sitemaps, Card-Sorting und Inhaltspläne.

Darüber hinaus habe ich in diesem Buch Methoden aus dem traditionellen Storytelling behandelt (z.B. die Karteikarten-Methode in Kapitel 5), die Ihnen hilft, die Gesamterzählung zu planen und die verschiedenen Teile der Erfahrung aus Sequenzen, Szenen und Handlungen zu bestimmen. In Kapitel 9 habe ich mich mit den UX-Zielen befasst, die bei der Definition des Themas der Produkterfahrung helfen, und im vorherigen Kapitel habe ich mich mit Haupthandlungen und Nebenhandlungen beschäftigt. All dies hilft in Kombination mit den uns vertrauten Tools und Methoden wie etwa Sitemaps, Referenzpunkte und einen Rahmen zu schaffen, der sicherstellt, dass sich das Thema der Produkterfahrung durch alle Teile zieht und als Leitstern für die Entwicklung der Geschichte der Produkterfahrung dienen kann.

Was uns Storytelling über Thema und Entwicklung Ihrer Produktgeschichte lehrt

Für eine großartige Geschichte müssen Sie wissen, was Sie und wem Sie sie erzählen – also die Handlung Ihrer Produkterfahrung kennen. Mit diesem Wissen können Sie ein besseres Verständnis für die gesamte End-to-End-Erfahrung entwickeln. Sich einfach hinzusetzen und loszuschreiben, statt eine vollständige Gliederung vorzubereiten, mag beim traditionellen Storytelling einige Vorteile haben. Beim Produktdesign besteht jedoch die Gefahr, dass wir uns zu sehr auf die Details wie etwa bestimmte Bildschirme konzentrieren, noch bevor wir ein solides Gesamtbild im Kopf haben. Wenn Sie die Erzählstruktur mit einer der in Kapitel 5 behandelten Methoden erarbeiten, schaffen Sie eine solide Basis, um sowohl in die Inhaltsstrategie als auch in die Informationsarchitektur einzusteigen. Während es beim UX-Design darum geht, den richtigen Inhalt zur richtigen Zeit auf dem richtigen Gerät bereitzustellen, geht es auch darum, den richtigen Inhalt überhaupt erst einmal zu finden. Wie Joseph Phillips für GatherContent schreibt: »Ein großer Teil der Content-Strategie hat eigentlich nichts mit den Inhalten selbst zu tun. Es geht um die Menschen.«[4]

Ihr Thema ermitteln

Der Journalist Larry Brooks führt aus, dass es einen wichtigen Unterschied zwischen Konzept, Idee, Prämisse und Thema gibt. Diese Begriffe werden oft synonym verwendet, sagt er, aber auf die falsche Weise, da sie unterschiedli-

4 Joseph Phillips, »A Four Step Road Map for Good Content Governance«, GatherContent (Blog), 1. Oktober 2015, *https://oreil.ly/vIQcr*.

che Bedeutungen haben. Am Beispiel von *In meinem Himmel* von Alice Sebold (Oberon Books) erklärt er die Unterschiede wie folgt:

Die Idee
: eine Erzählung darüber, wie der Himmel aussieht

Das Konzept
: eine Erzählerin, die bereits im Himmel ist, die Geschichte erzählen lassen und sie dann in einen Krimi zu verwandeln. Oder, als Frage formuliert: »Was ist, wenn ein Mordopfer keine Ruhe im Himmel findet, weil das Verbrechen ungelöst bleibt, und sich einschaltet, um seinen Angehörigen zu helfen, einen Abschluss zu finden?«

Die Prämisse
: »Was wäre, wenn ein 14-jähriges Mädchen keine Ruhe im Himmel findet und erkennt, dass ihre Familie auf der Erde wegen des unaufgeklärten Mords an ihr ebenfalls keine Ruhe findet, sodass sie eingreift, um die Wahrheit aufzudecken und ihren Lieben Frieden zu bringen, damit diese loslassen können?«

Das Thema
: Was bedeutet die Geschichte?

Brooks vermittelt, dass eine Idee immer eine Teilmenge eines Konzepts ist, und ein Konzept wiederum eine Teilmenge einer Prämisse. Was etwas zu einem Konzept macht, ist der Qualifikator, welcher durch einen »Was wäre, wenn ...?«-Satz ausgedrückt werden kann. Indem Sie den Qualifikator hinzufügen, öffnen Sie die Tür zu einer Geschichte. Sie erhalten eine Prämisse, wenn Sie einen Charakter mit hineinnehmen und erweitern sozusagen das Konzept. Im Beispiel von *In meinem Himmel* geschieht dies, indem die Suche der Heldin in den »Was wäre, wenn ...?«-Satz eingefügt wird. Das Thema hingegen ist etwas ganz anderes und wirft die Frage auf, was die Geschichte für Sie bedeutet; was denken und empfinden Sie? Es geht um die Lebensrelevanz der Erzählung.[5]

So gehen Sie vor

In einem nicht-literarischen Sinne kann ein Konzept weiterhin als Idee bezeichnet werden, so Brooks, und das passt gut dazu, dass wir die Begriffe Idee und Konzept im Produktdesign manchmal synonym verwenden. Eine Idee kann auch aus dem Bereich eines Themas stammen, so wie eine Idee für ein Produkt aus einem Thema wie der Finanzplanung stammen kann. Autoren sind sich nicht immer über ihr Thema im Klaren, und genauso kann es im Produktde-

5 Carpenter, »Exploring Theme;« Larry Brooks, »Concept Defined«, *Writer's Digest*, 22. November 2010, *https://oreil.ly/ENHEp*.

sign sein. Der Blog *Writing Forward* gibt die folgenden Tipps zur Entwicklung eines Themas:

Lernen Sie, Themen zu erkennen
: Ermitteln Sie beim Betrachten von Filmen und beim Lesen von Romanen Themen. Das wird Ihnen helfen, Themen besser in Ihre eigene Arbeit einzubringen.

Kein Stress
: Ein Thema ergibt sich normalerweise von selbst, wenn Sie Ihren ersten Entwurf durcharbeiten.

Das Thema verstärken
: Nachdem Sie das Thema erkannt haben, erstellen Sie eine Liste mit verwandten Themen, die Sie in Nebenhandlungen einflechten könnten.

Überprüfen Sie Ihre Arbeit
: Erstellen Sie eine Liste mit allen Themen Ihrer Story.

Es spielt keine große Rolle, ob Sie mit einem klar definierten Thema beginnen oder ob Sie es entwickeln, während Sie das Produkt oder die Dienstleistung erkunden und definieren. Das Wichtigste ist, dass Sie ein Thema haben.

Übung: Ihr Thema ermitteln

Nehmen Sie Ihren Lieblingsfilm oder einen, den Sie kürzlich gesehen haben, und beschäftigen Sie sich mit den folgenden Punkten:

- Was ist die Idee des Films?
- Was ist das Konzept des Films?
- Was ist die Prämisse des Films?
- Was ist/sind das/die Thema/Themen des Films? Was bedeutet die Geschichte?

Wiederholen Sie dies für Ihr Produkt oder Ihre Dienstleistung:

- Was ist die Idee Ihres Produkts oder Ihrer Dienstleistung?
- Was ist das Konzept Ihres Produkts oder Ihrer Dienstleistung?
- Was ist die Prämisse Ihres Produkts oder Ihrer Dienstleistung?
- Was ist/sind das/die Thema/Themen Ihres Produkts oder Ihrer Dienstleistung? Was bedeutet die Geschichte?

Mentale Modelle untersuchen

Als eine unserer Aufgaben als Produkt- und UX-Designer müssen wir dafür sorgen, dass die richtigen Inhalte in einer angemessenen Reihenfolge erscheinen und passend strukturiert und benannt sind, damit wir uns leicht und sinnvoll darin zurechtfinden. Dabei sollten wir uns nicht nur an den Bedürfnissen orientieren, sondern auch an mentalen Modellen. Ohne darüber nachzudenken, ordnen wir und unsere Nutzer jeden Tag in unserem Leben Informationen und Elemente. Bestimmte Gruppierungen fühlen sich einfach richtig an oder machen Sinn, an andere haben wir uns einfach gewöhnt. Diesen Erwartungen zu entsprechen, ist ein wichtiger Bestandteil der Strukturierung und Organisation der von uns definierten Inhalte. Eines der bekanntesten Werkzeuge zur Organisation von Informationen ist die Kartensortierung, eine Methode, die hilft, die Informationsarchitektur einer Website, App oder Plattform zu definieren oder zu bewerten.

Wir müssen aber nicht nur einfach gewährleisten, dass die Benennung und Organisation von Informationen und Inhalten sinnvoll ist. Wenn wir an unseren Inhalten und unserer Informationsarchitektur arbeiten und sie definieren, sollten wir bewerten, ob die definierte Struktur die vom Nutzer erwartete Geschichte erzählt. Die weiter vorne in diesem Buch behandelten Werkzeuge (insbesondere in Kapitel 5 und 10) bieten Ihnen einen guten Ausgangspunkt für die verschiedenen Schritte und die Reihenfolge, in der ein Nutzer eine Erfahrung typischerweise durchläuft. Wie Sie jedoch in Kapitel 3 gesehen haben, verläuft der Weg eines Nutzers heutzutage selten linear, und er beginnt auch nicht unbedingt an dem so sorgfältig ausgearbeiteten Anfang. Das heißt, dass wir über die seiten- und bildschirmübergreifende Erzählung und die Erzählung innerhalb jeder dieser Seiten und Ansichten sowie ihren Zusammenhang mit der Gesamterfahrung nachdenken müssen, unabhängig davon, wann oder wie ein Nutzer auf diese Seiten oder Bildschirme gelangt.

Übung: Mentale Modelle untersuchen

Wenn Sie die Geschichte Ihres Produkts und die dazugehörigen Inhalte für die einzelnen Teile der Produkterfahrung entwickeln, denken Sie an Folgendes:

- Passt der Inhalt zu den mentalen Modellen der Nutzer?
- Haben Sie die Inhalte und Gruppen entsprechend den Erwartungen Ihrer Nutzer klar benannt?
- Haben Sie die Inhalte entsprechend den Erwartungen Ihrer Nutzer gruppiert?

Zusammenfassung

Obwohl wir alle ganz unterschiedliche Vorlieben haben, wie wir arbeiten und die Ideen für unser Produkt entwickeln, spricht einiges dafür, strategisch an unsere Projekte heranzugehen. Prozesse geben uns eine Struktur, der wir folgen können. Da alle Projekte in der Regel chaotisch anfangen (egal, ob es sich um Produktdesign oder das Schreiben eines Buchs, Theaterstücks oder Drehbuchs handelt), können selbst die einfachsten Prozesse uns in die richtige Spur bringen und uns helfen, dort zu bleiben.

In Kapitel 5 wurde die Handlung als das definiert, was Sie Ihrem Publikum wann erzählen. Bei der Entwicklung von Themen und Geschichten geht es darum, den roten Faden oder die durchgehende Linie zu definieren, die die Einzelteile der Handlung und die gesamte Produkterfahrung miteinander verbindet, und dann die dazu passende Inhaltsstrategie und Informationsarchitektur zu entwickeln.

Wie in diesem Kapitel beschrieben, entwickeln sich die Ereignisse in allen guten Geschichten aus einem bestimmten Grund, und alle Inhalte der von uns gestalteten Produkte und Dienstleistungen sollten ebenfalls aus einem bestimmten Grund vorhanden sein. Dazu müssen wir uns bei allem, was wir tun und sagen, darüber im Klaren, warum und wie wir uns auf diesen Inhalt beziehen, damit er bei den Nutzern am besten ankommt.

12

Choose-Your-Own-Adventure-Storys und modulares Design

Eine Seite für jeden Athleten

Im Jahr 2011 arbeitete ich mit einem sehr talentierten Team an meinem bis dahin denkwürdigsten Projekt, der BBC-Website für die Olympischen Spiele in London 2012. Wir arbeiteten mit dem Rest des BBC-Olympiateams zusammen und erstellten eine Seite für jeden Athleten, jede Sportart, jedes Land und jeden Austragungsort, und dann gab es natürlich noch die Ergebnisse und die Zeitpläne. Es war ein gewaltiges Projekt mit einer sehr straffen Deadline. Ich war Teil des Teams, das an den Länder-, Sportstätten- und Sportlerseiten arbeitete.

Insbesondere die Athletenseiten waren eine Herausforderung, da sie bei jedem einzelnen Athleten funktionieren mussten. Die Vorlage, die wir für die Athleten definierten, musste auf Leute wie Usain Bolt passen, der schon an früheren Olympischen Spielen teilgenommen und Medaillen gewonnen hatte und wahrscheinlich auch bei den Olympischen Spielen in London Medaillen gewinnen würde. Über ihn wurde häufig in den Nachrichten berichtet, und er wurde in anderen Geschichten über sein Land und die Veranstaltungen, an denen er teilnahm, erwähnt. Am anderen Ende des Spektrums hatten wir Athleten, für die eine Medaille auch nie nur annähernd in Reichweite gekommen war und die höchstwahrscheinlich auch bei den Olympischen Spielen in London keine gewinnen würden. Einige von ihnen kamen aus Ländern mit so wenigen Athleten, dass es vielleicht nicht eine einzige Nachricht über sie oder ihr Land gab. Das waren nur einige der Komplexitäten, mit denen wir es zu tun hatten.

Als wir mit der Arbeit am BBC-Olympia-Projekt begannen, war das Redesign von BBC Sport fast fertig. Wir mussten mit den von BBC Sport bereits definierten Kernvorlagen arbeiten, konnten aber im Rahmen der Richtlinien frei entscheiden, welche Module wir zeigen wollten, und bis zu einem gewissen Grad auch, wo. Dies war das erste Dynamic-Build-Projekt für die BBC, und indem wir die Kernvorlagen beibehielten und Regeln dafür aufstellten, wann die verschiedenen Inhaltsmodule und die Variationen angezeigt werden sollten, konnten wir eine Lösung konzipieren und entwickeln, die sich an jedes einzelne Land, jede Sportart, jeden Austragungsort und jeden Athleten anpasste. Das war keine geringe Aufgabe, aber eine ziemlich spannende.

Das Projekt war keineswegs einfach, aber es wurde durch die Minimierung von Variationen und durch klar definierte Regeln ermöglicht. Der enorme Umfang der BBC-Berichterstattung, die schiere Anzahl an Website-Besuchern unterschiedlichen Alters, digitaler und technischer Versiertheit sowie das Interesse an und Wissen über die Olympischen Spiele und ihre Sportarten machten dies zu einem unglaublich faszinierenden Projekt.

Seitdem hat sich die Technologie stark weiterentwickelt, und es gibt auch viel mehr Geräte. Wir sind jetzt an einem Punkt, an dem mehr auf das Individuum zugeschnittene und personalisierte Erfahrungen möglich sind als je zuvor. Als die Urheber der Erfahrungen können wir unsere Geschichte auf einen bestimmten Nutzer zuschneiden, je nachdem, wer er ist, an welchem Ort er sich befindet, was er weiß, was wir über ihn wissen und wo er sich auf seiner User Journey befindet. Diese Individualisierung ist unglaublich wirksam und eröffnet Möglichkeiten, Erfahrungen zu gestalten und zu liefern, die den Nutzern in ihrem Alltag helfen, aber auch Momente des Vergnügens bieten können. Sie bietet auch großartige Möglichkeiten, wenn es um modulares Design in einer Multidevice-Landschaft geht. Da keine zwei User Journeys gleich sind und die Hintergrundgeschichten, Bedürfnisse, Sorgen der Nutzer und vieles mehr unterschiedlich sind, können wir ihnen auch die Möglichkeit geben, genau die gewünschte Art von Erfahrung zu wählen – ganz ähnlich wie bei den CYOA-Büchern.

CYOA-Bücher und modulare Geschichten

Unsere Online-Erfahrungen ähneln nicht traditionellen linearen Geschichten, sondern eher einem Spielbuch. CYOA-Spielbücher – nach der Choose-Your-Own-Adventure-Reihe, die das Genre in den 1980er- und 1990er-Jahren populär machte – enthalten mehrere Handlungsstränge und mögliche Enden. In der von Bantam Books veröffentlichten Buchreihe sind die Geschichten in der zweiten Person geschrieben, und die Leser übernehmen die Rolle des Protagonisten (Abbildung 12.1). Nach dem Lesen einiger Seiten werden dem Leser zwei oder drei Handlungsoptionen dargeboten, die der Protagonist ausführen könnte. Basierend auf dieser Wahl springt der Leser zurück oder vorwärts zu einer bestimmten Seite, auf der er mit noch mehr Optionen konfrontiert wird, die den Ausgang der Handlung und schließlich das Ende des Buchs bestimmen. Die Anzahl der möglichen Enden ist nicht festgelegt, sondern variiert von bis zu 44 in den früheren Büchern bis zu nur 8 in den späteren Abenteuern.

Abbildung 12.1: »The Cave of Time« von Edward Packard, das erste Buch der bei Bantam Books erschienenen »Choose Your Own Adventure«-Reihe

CYOA hat auch die Hypertext-Fiction hervorgebracht, eine Form der elektronischen Literatur. In Hypertext-Fiction bewegen sich die Nutzer durch die Geschichte, indem sie auf Hyperlinks klicken, die sie von einem Knotenpunkt zum nächsten in der Erzählung führen. Der Begriff Hypertext-Fiction wird manchmal auch für traditionelle nichtlineare Literatur verwendet, bei der interne Verweise eine Art interaktive Erzählung darstellen. Zusammenfassend kann auch der Begriff Interactive Fiction (IF) verwendet werden, der sich allerdings auch auf eine Art von Abenteuerspiel bezieht, bei dem die gesamte Oberfläche nur aus Text oder aus Text mit ein paar begleitenden Grafiken bestehen kann.

Die Hauptsache bei all diesen Variationen oder CYOAs ist, dass sie es dem Nutzer erlauben, an der Geschichte teilzuhaben. Anders als Romane, bei denen der Leser passiv ist und der Autor entscheidet, in welcher Reihenfolge die Geschichte erzählt wird, ermöglichen CYOA-Geschichten (wie Spiele) dem Leser aktive Teilhabe, indem er Entscheidungen über Charaktere trifft und mitbestimmt, wie sich die Geschichte entfaltet. In diesem Sinne wird der Leser von CYOA-Geschichten eher zu einem »Nutzer« als zu einem »Leser«. Diese Tatsache macht CYOA sehr relevant für den Kontext des Produktdesigns.

CYOA und Produktdesign

Die verschiedenen Handlungsstränge, Entscheidungspunkte und möglichen Enden in CYOA-Geschichten ähneln der Art und Weise, wie Nutzer unsere Produkte und Dienstleistungen erfahren. Wie Sie in Kapitel 3 gesehen haben, werden Nutzer zunehmend mitten in der von uns geschaffenen Erfahrung landen und nicht gleich am Anfang. Jede Seite hat in der Regel mehr als einen CTA (sei es ein primärer oder sekundärer), der den Nutzer zu einer anderen Seite oder Ansicht in der Erfahrung führt, wenn er angeklickt oder angetippt wird.

Genau wie in den CYOA-Büchern kann diese Aktion den Nutzer zu einer früheren Seite oder Ansicht bringen – zum Beispiel zur Startseite – oder zu einer späteren, je nachdem, wie er sich idealerweise durch unsere Website bewegen sollte. Beim Produktdesign müssen wir jedoch sicherstellen, dass die Erzählung und die Erfahrung immer noch stimmen, egal wo der Nutzer landet, wenn er zum ersten Mal zu uns kommt. Dasselbe gilt auch für spätere Besuche.

Kapitel 10 beschäftigte sich mit verzweigten Erzählungen mit Haupt- und Nebenhandlungen, und in Kapitel 11 betonte ich, wie wichtig es ist, die erzählte Geschichte zu kennen und darauf zu achten, dass sie von einem roten Faden durchzogen wird. CYOA bietet für das Produktdesign eine gute Metapher und einen Rahmen, um die mittlerweile etwas chaotischen Erfahrungen zu überblicken. Zunehmend sollte der Nutzer bestimmen dürfen, wie sich die Erzählung der Produkterfahrung entfalten soll.

In CYOA-Büchern ist der Inhalt so konzipiert, dass verschiedene Kombinationen von Handlungssträngen funktionieren können. Obwohl es verglichen mit der Bandbreite der möglichen Kombinationen von Ein- und Ausstiegspunkten für die von uns gestalteten Produkte und Dienstleistungen und möglichen Journeys dazwischen weniger Variationen gibt, ist die Notwendigkeit der Definition solcher Variationen auch im Produktdesign wichtig. Beim BBC-Olympiaprojekt waren wir nicht direkt an der Definition der Regeln und möglichen inhaltlichen Ausprägungen des Inhalts für die verschiedenen Seiten (z.B. der Athleten) beteiligt. Wie bei den meisten Dingen sollte das Produktdesign idealerweise eine Zusammenarbeit zwischen verschiedenen Disziplinen sein. Der wichtigste Punkt ist, dass jemand im Team dafür sorgen sollte, dass die Inhalte durchdacht sind und die richtigen »Regeln« festgelegt werden, die bestimmen, was wann, wo und für wen gezeigt werden soll. Auf diese Weise funktioniert die Erfahrung, und die Erzählung fügt sich genau wie in CYOA-Büchern zusammen, egal welche Entscheidungen der Nutzer trifft.

Übung: CYOA und Produktdesign

Denken Sie an Ihr eigenes oder ein regelmäßig verwendetes Produkt, und überlegen Sie sich drei mögliche Varianten, wie die Nutzer Ihr Produkt erfahren könnten. Gehen Sie dabei die folgenden Punkte durch:

- **Woher kommen sie?** Dies ist der Einstiegspunkt; zum Beispiel, wenn die Nutzer auf einen Link in einem Tweet klicken, den sie in ihrem Feed gesehen haben.
- **Wohin führt dieser Einstiegspunkt?** Dies ist ihr erster Berührungspunkt mit Ihrem Produkt; zum Beispiel eine Artikelseite.
- **Wo beenden sie ihre Journey?** Dies ist ihr Ausstiegspunkt; zum Beispiel eine Anmeldeseite.

Modularität im Produktdesign

Wenn Sie sich mit der Struktur von CYOA-Geschichten beschäftigen, erkennen Sie, dass sie genau wie Website- und App-Seiten und -Ansichten aus mehreren Teilen bestehen. Als wir 2011 an der BBC-Olympia-Website arbeiteten, war Responsive Design noch nicht üblich, aber trotzdem gingen wir das Design auf modulare Weise an. Wir wählten diesen Ansatz, damit die Seiten dynamisch veröffentlicht werden konnten. Egal, ob es sich um den Aufbau dynamischer Seiten oder einfacher responsiver Websites handelt, die modulare Herangehensweise an das Design hat mit der standardisierten Präsentation von Inhalten und Funktionen zu tun und stellt sicher, dass die Inhalte auf so vielen Geräten wie möglich angezeigt werden können.

Der Webdesigner und Berater Brad Frost schreibt: »Sorgen Sie dafür, dass Ihre Inhalte überall verfügbar sind, denn sie werden überall verfügbar sein.«[1] Wir sind noch nicht an einem Punkt, an dem »überall« möglich ist, zumindest nicht in der fließenden und übergangslosen Form, die wir in verschiedenen Filmen wie *Minority Report* und Konzeptvideos wie *A Day Made of Glass* kennenlernen. Urstadt und Frier schreiben, dass es nicht schwierig ist, sich die Zukunft vorzustellen; schwierig ist es, dorthin zu gelangen.[2] Auch wenn zukunftssichere Gestaltung nicht möglich ist, schreibt Frost, können wir doch so zukunftsfreundlich wie möglich gestalten. Und dazu gehört es, dafür zu sorgen, dass unsere Produkte auf so vielen Geräten wie möglich verwendet werden können.

Die Zukunft von Apps könnte darin liegen, dass sie im Hintergrund bleiben und die Inhalte in Form von Karten an eine zentrale Erfahrung weiterreichen, sagt Paul Adams, SVP of Product bei Intercom. Die Apps würden wie Benachrichtigungen funktionieren und müssten nicht wie heute einzeln geöffnet werden.[3] Karten sind laut Adams bereits ein wichtiges Design-Muster. Von Pinterest bis Google Now wurden Karten verwendet, um mundgerechte Inhalte zu liefern, und der Vorteil des modularen Designs ist, dass sie auf einer großen Anzahl von Geräten angezeigt werden können. Man kann sich auch leicht vorstellen, dass diese Karten auf intelligenten Spiegeln, interaktiven Oberflächen, in Autoinnenräumen, auf Fenstern, kleineren Geräten wie in Filmen wie *Her* oder sogar den in Prototypen von Tattoos-UIs auf unserer Haut eingesetzt werden können.

Die aktuellen Entwicklungen – so auch die Detailansichten in Benachrichtigungen auf Smartwatches und Smartphones und die Glance Clock, eine smarte Wanduhr – sind ein früher Vorgeschmack auf zukünftige Entwicklungen.

---

1 Brad Frost, »For a Future-Friendly Web«, Brad Frost (Blog), 2. Oktober 2011, *https://oreil.ly/lqubX*.

2 Urstadt, Frier, »Welcome to Zuckerworld«.

3 Paul Adams, »The End of Apps as We Know Them«, Inside Intercom (Blog), 22. Oktober 2014, *https://oreil.ly/T3UCw*.

Twitter Cards und Facebooks Previews vermitteln ebenfalls eine Vorstellung davon, wie die Zukunft des Webs und der Apps, wie wir sie kennen, aussehen könnte. Auch wenn sie im Moment noch viel zu restriktiv sind und der Content-Eigentümer aus ein paar vordefinierten Vorlagen auswählen muss, stoßen sie trotzdem eine interessante Idee an, geben sie doch einen Hinweis darauf, dass wir unsere Inhalte zunehmend nicht für unsere eigenen Websites und Apps, sondern für alle möglichen anderen Bereiche gestalten werden.

The Grid versuchte, dies mit seinem AI-Website-Builder zu erreichen (Abbildung 12.2). Die Website passte den von Ihnen hinzugefügten Inhalt automatisch an, basierend auf den von Ihnen definierten Style-Regeln sowie dem jeweiligen Gerät und Inhalt.[4] Obwohl The Grid im Jahr 2019 sang- und klanglos in der Versenkung verschwand, bot sich ein früher Vorgeschmack darauf, wie Websites und Apps in Zukunft entwickelt werden.

Abbildung 12.2: Einige der früheren Grid-Seitenansichten

4 Frederic Lardinois, »The Grib Raises $4.6 Million for Its Intelligent Website Builder«, *TechCrunch*, 2. Dezember 2014, ***https://oreil.ly/IU8Xh***.

Stellen Sie sich vor, Sie nehmen einen beliebigen Link von einer beliebigen Website und fügen ihn in eine andere Website ein, und der Inhalt, der mit dem ursprünglichen Link verbunden war, nimmt automatisch die Form und Gestalt der neuen Website an. So funktionieren Facebook-Vorschauen und Twitter Cards grundsätzlich. Die Informationen, die wir in unterschiedlichen Typen kartenbasierten Designs sehen, wie zum Beispiel in der Google-App und den mit Grid erstellten Websites, sind ähnlich. Bei Google-Karten ist jedoch keine Verknüpfung erforderlich. Die angezeigten Informationen können auf gescrapten Daten, einem Feed oder einem API-Aufruf beruhen. Diese Form der Content-Fluidität stellt eine weitere Ebene der Komplexität für unsere Inhalte dar, da wir noch mehr Kontrolle darüber verlieren, wie die Nutzer auf den Content stoßen, ihn erfahren, mit ihm interagieren und wie er möglicherweise angezeigt wird. Darüber hinaus entwickeln wir jetzt auch immer häufiger für VUIs, und der Nutzer wird in einigen Fällen überhaupt keine sichtbare Nutzeroberfläche mehr vorfinden. Aber auch bei solchen Schnittstellen geht es um Modularität, nicht zuletzt weil VUIs jeweils ein einzelnes Ergebnis zurückgeben und der Nutzer dann vor der Entscheidung steht, wie er fortfahren möchte.

Websites und Apps, wie wir sie kennen, wird es wahrscheinlich noch recht lange geben. Aber wir müssen uns bei unseren Designs der Tatsache stellen, dass wir sie immer häufiger in Teilstücken und nicht mehr als Ganzes erfahren. Aus Sicht des Storytellings und der Content-Strategie müssen wir durch diesen Wandel noch mehr Wert darauf legen, die verschiedenen Kontexte zu verstehen, in denen unsere Inhalte erfahren werden könnten (wie in Kapitel 7 beschrieben). Es geht auch darum, wie diese Modularität zusammen mit Inhalten aus anderen Apps und Websites eine Geschichte erzählen und ein Teil dieser Erzählung werden kann.

Hinsichtlich ihrer Eignung (oder fehlenden Eignung) für bestimmte Situationen und Orte und ihre Rolle in unserem täglichen Leben wird es immer Unterschiede zwischen den Gerätetypen geben. Mit einer klar ausgearbeiteten Content-Strategie, definierten Vorlagen für Seiten und Module und bedingten Wenn-dann-Regeln für die dynamische Veröffentlichung sind wir jedoch in der unglaublich spannenden Position, Erfahrungen und Inhalte so zu liefern, dass sie nicht nur für möglichst viele Geräte und Größen funktionieren, sondern auch für möglichst viele verschiedene und einzigartige Nutzer. Dies ist eine der Möglichkeiten, um bessere Geschichten zu erzählen, die bei den Nutzern ankommen.

Wir müssen uns auf die Bausteine konzentrieren, nicht auf die Seite oder die Ansicht

Bevor wir die Geschichte den Nutzern erzählen können, müssen wir sie auch intern und allen Kunden erzählen. In der Vergangenheit haben wir eine Ansicht einer Seite präsentiert. Ob wir ein Wireframe oder ein Hochglanz-JPEG verwendeten – wir konnten Kunden und internen Stakeholdern mit Sicherheit sagen, wie ihre Website aussehen würde, bis auf ein paar Unterschiede zwischen den Browsern. Es erinnerte an das Durchblättern und die Präsentation eines Buchs oder einer Broschüre. Mit der Einführung des ersten iPhones im Jahr 2007 begann sich das zu ändern. Wir begannen, die Erfahrung für mobile Geräte zu optimieren, vor allem mit maßgeschneiderten mobilen Websites. Je mehr Geräte auf dem Markt auftauchten, desto vielfältiger und unterschiedlicher wurden die verschiedenen Darstellungsformen einer Website.

Als die Herausforderungen und Kosten, die mit der Pflege individueller mobiler Websites verbunden sind, zunahmen und die Erwartung der Nutzer, unabhängig vom Gerät den gleichen Inhalt und die gleiche Funktionalität vorzufinden, immer mehr zur Norm wurde, begannen wir umzudenken. Wir konzentrierten uns nicht mehr auf die Seiten, sondern auf deren Bausteine oder Module. Modulares Design und Pattern-Bibliotheken gab es schon seit vielen Jahren als Versuch, Design und Entwicklung zu rationalisieren und konsistentere Benutzeroberflächen zu gewährleisten. Aber erst ab 2010 wurde dies zusammen mit dem Responsive Design zu einem richtigen Trend.[5] Heute ist das modulare Design durch Modul- und Pattern-Bibliotheken in aller Munde und wird allgemein verwendet.

Wenn Sie mit modularem Design arbeiten, hat jeder Baustein einen bestimmten Zweck und ist ein Teil eines Größeren, kann sich aber auch anpassen. Als Ausgangspunkt für responsive Websites sollten wir anstreben, den Kerninhalt und die Funktionalität unverändert zu lassen, und sicherstellen, dass wir beides an das jeweilige Gerät und den Bildschirm anpassen können. Wir sind zwar noch nicht an einem Punkt, an dem unsere Erfahrungen so geschmeidig sind wie in John Underkofflers Vision in *Minority Report*, aber beim responsiven Design fließen die Inhalte und passen sich dem jeweiligen Gerät an.

Der Webdesigner und Gründer von Paravel Trent Walton ist der Ansicht, dass wir Designer und Entwickler diesen Fluss koordinieren müssen, und spricht von Content-Choreografie. Das ist ein wunderbarer Ausdruck, der unseren Beruf sehr schön beschreibt. Genau wie der Choreograf einer gelungenen Ballettdarbietung müssen wir die einzelnen Inhaltsbestandteile so lenken, dass, so

5 Erin Malone, »A History of Patterns in User Experience Design «, *Medium*, 31. März 2017, *https://oreil.ly/ikWIe*.

Walton, »die beabsichtigten Botschaften auf jedem Gerät und in jeder Bildschirmbreite erhalten bleiben.« Mit einer Methode, die »Content Stacking« genannt wird, definieren wir die Reihenfolge und die Priorität der Inhalte über verschiedene Geräte und Bildschirmgrößen hinweg, und wenn wir auf einen unserer definierten Breakpoints treffen, legen wir fest, wie der Inhalt in das neue, von uns definierte Layout fließen soll. Nahtlos. Damit das funktioniert, müssen wir mit Modulen innerhalb von Modulen arbeiten.

Die modulare Herangehensweise an die UX-, Design- und Entwicklungsphase ist die einzige Möglichkeit, dass unsere Inhalte auf so vielen Geräten wie möglich flüssig dargestellt werden können – sowohl auf aktuellen als auch auf künftigen. Es ist auch die effizienteste und beste Art, sowohl zu gestalten als auch zu entwickeln, und nur so können wir sicherstellen, dass wir dynamisches Publishing als Möglichkeit zur Bereitstellung von Inhalten nutzen können. Das ist wichtig, damit unsere Designs funktionieren, aber noch wichtiger ist es, dass sie für jeden unserer Nutzer funktionieren, egal von welchem Einstiegspunkt er kommt, was er vorher gesehen oder getan hat, und unabhängig davon, welche Entscheidungen er trifft und wohin er als Nächstes geht. Wie überall im Produktdesign ist es wichtig, diese Komplexität zu visualisieren, und hier kann die Rückbesinnung auf CYOA eine Inspiration für den Produktdesignprozess bieten.

Gemeinsame Muster in auswahlbasierten Geschichten

Genau wie Kurt Vonnegut und Christopher Booker typische Formen und Erzählstrukturen in Geschichten ermittelt haben, wurden verschiedene Analysen zu den typischen Mustern von CYOA-Büchern und anderen auswahlbasierten Geschichten und Spielen durchgeführt. Der Spieleentwickler Sam Kabo Ashwell ermittelt eine nicht erschöpfende Liste von acht Mustern und Strukturen. Viele Werke fallen direkt in eines dieser Muster, andere können wiederum Elemente mehrerer Muster beinhalten.[6]

HINWEIS

Für dieses Buch wurden die Begriffe Spielverlauf, Spiele und Spieler, die Kabo Ashwell in seinem Beitrag verwendet, in Geschichte und Leser geändert.

---

6 Sam Kabo Ashwell, »Standard Patterns in Choice-Based Games«, These Heterogeneous Tasks (Blog), 26. Januar 2015, *https://oreil.ly/wLOYf*.

Zeithöhle

Dieses älteste und bekannteste CYOA-Muster beinhaltet umfangreiche Verzweigungen (Abbildung 12.3). CYOA-Geschichten dieses Typs haben tendenziell relativ kurze Handlungsstränge, und jede Wahl führt zu einem anderen Ergebnis, ohne dass die Handlungsstränge wieder zusammengeführt werden. Dieses Muster ermutigt den Leser ausdrücklich, die Geschichte erneut zu lesen.

Dieses Muster hat viele Ähnlichkeiten mit dem Produktdesign. Das Muster hat mehrere Enden, genau wie es mehrere Enden und Ausstiegspunkte im Produktdesign gibt. Einige sind schlecht (rot markiert), genauso wie einige Enden in Produkterfahrungen Unhappy Paths sind. Selbst wenn die Leser die Geschichte noch einmal lesen, werden sie wahrscheinlich einen großen Teil des Inhalts verpassen, genauso wie die Nutzer einer Website wahrscheinlich nur einen Teil der Inhalte dieser Website betrachten. Ein Hauptunterschied besteht darin, dass im Zeithöhlen-Muster alle Entscheidungen des Nutzers von ungefähr gleicher Bedeutung sind, was bei den meisten Produkterfahrungen nicht der Fall ist.

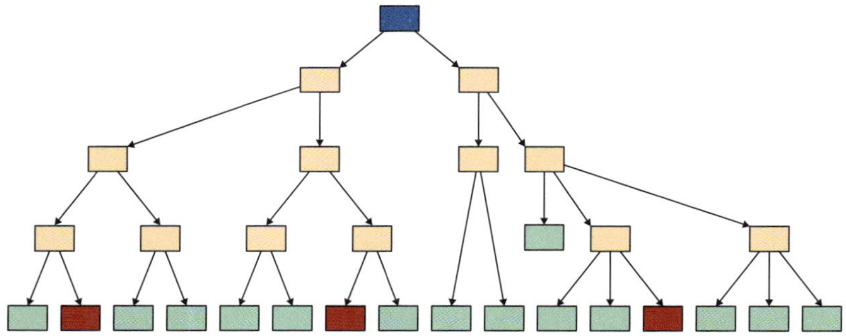

Abbildung 12.3: Das Zeithöhlenmuster

Beispiele für dieses Muster aus dem traditionellen Storytelling sind *The Cave of Time* (Skylark Press) und *Sugarcane Island* (Vermont Crossroads Press), beide von Edward Packard, sowie das Spiel *A Dark and Stormy Entry* von Emily Short.

Gauntlet

Im Gegensatz zum Time-Cave-Muster ist der zentrale Faden im *Gauntlet* eher lang als breit und hat Verzweigungen, die entweder in Sackgassen enden, zurückführen oder wieder auf den zentralen Faden treffen (Abbildung 12.4). Manche Verzweigungen haben mehrere Enden, aber diese ergeben sich oft aus einer letzten Entscheidung, die der Leser treffen muss.

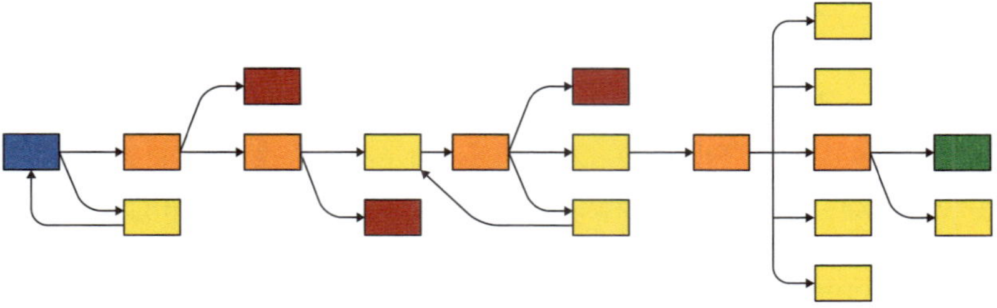

Abbildung 12.4: Die Gauntlet-Struktur

Da Gauntlet-Strukturen in der Regel eine zentrale Geschichte erzählen, können sie ähnlich wie eine lineare Geschichte aufgebaut werden. Die meisten Leser werden auch auf die meisten wichtigen Inhalte stoßen, und es ist für sie normalerweise offensichtlich, dass sie sich auf einem eingeschränkten Pfad befinden. Aus diesem Grund ist die Darstellung der Nebenverzweigungen von großer Bedeutung. In CYOA-Geschichten dieser Art kann das Gauntlet-Muster die Atmosphäre einer gefährlichen oder schwierigen Welt schaffen, mit der Ungewissheit, ob das Betreten einer Abzweigung zum Tod, zu einer falschen Antwort, zu einer Reise in die Vergangenheit, zu einem versperrten Weg oder einfach nur zu einigen landschaftlichen Details führen kann. Bei den meisten unserer Produkterfahrungen wollen wir diese Ungewissheit natürlich nicht hervorrufen. Das Muster weist jedoch viele Ähnlichkeiten mit lineareren Produkterfahrungen auf, z.B. mit aufgabenbasierten Anwendungen, bei denen Fehler die Sackgassen oder »Tode«, wie sie im Gauntlet-Muster genannt werden, veranschaulichen.

Beispiele für das Gauntlet-Muster im traditionellen Storytelling sind *Zork: The Forces of Krill* von Steve Meretzky (Doherty Associates) und *Our Boys In Uniform*, ein Spiel von Megan Stevens.

Verzweigung und Engpass

In der Verzweigungs-und-Engpass-Struktur verzweigt sich die Geschichte, läuft aber immer wieder zusammen, normalerweise um Ereignisse herum, die in allen Versionen der Geschichte gleich bleiben (Abbildung 12.5). Sie unterscheidet sich von der Gauntlet-Struktur dadurch, dass sie sich stark auf die Zustandserfassung stützt: Die Aufzeichnung vergangener Entscheidungen und Aktionen entscheidet, was als Nächstes präsentiert werden soll. Wenn es keine Zustandserfassung gibt, dann haben Sie es hingegen höchstwahrscheinlich mit einem Gauntlet-Muster zu tun.

Dieses CYOA-Muster ist oft sehr zeitabhängig und wird genutzt, um das Wachstum des Lesers/Charakters widerzuspiegeln. Dadurch kann sich der Leser eine recht individuelle Geschichte erschaffen, wobei die Handlung trotzdem relativ überschaubar bleibt.

Im Allgemeinen tendieren Verzweigung-und-Engpass-Erzählungen anfangs zu recht ähnlichen Handlungsabläufen, und damit die spätere Zustandsüberwachung funktioniert, müssen sie ziemlich umfangreich sein und auch genügend Zeit einbeziehen. Das ist erforderlich, da sich die notwendigen Veränderungen summieren müssen, bevor es möglich ist, ihr Ergebnis im Handlungsablauf darzustellen. Im Produktdesign ähnelt dies der Notwendigkeit einer hinreichenden Nutzung und der richtigen Daten dazu, was die Nutzer gesehen und womit sie interagiert haben, um kontextbezogene, maßgeschneiderte und personalisierte Produkte anbieten zu können.

Ein Beispiel für dieses Muster ist das Spiel *Long live the Queen*; das Muster ist auch ein Leitprinzip der Choice-of-Games-Spiele und Non-IF-Games.

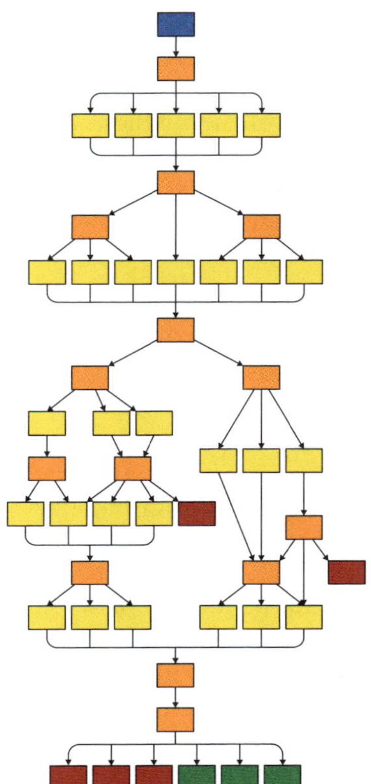

Abbildung 12.5: Die Verzweigungs- und Engpassstruktur

Suche

Beim Quest-Muster werden auf Basis der vom Nutzer getroffenen Entscheidung verschiedene Handlungszweige gebildet (Abbildung 12.6). Diese führen in der Regel zu einer kleinen Anzahl von erfolgreichen Endpunkten – oft nur einem – und weisen eine modulare Struktur für jeden Zweig auf, mit kleinen, eng gruppierten Clustern von Knotenpunkten. Es gibt im Allgemeinen kein Zurück, und ein Wiedereinstieg kommt recht häufig vor. Wenn Quest-Strukturen gut funktionieren sollen, sind sie oft umfangreich und beinhalten eine Form der Zustandserfassung.

Die eng aneinandergereihten Knoten führen dazu, dass es innerhalb eines Clusters mehrere Möglichkeiten gibt, sich einer bestimmten Situation anzunähern, und auch untereinander gibt es viele Verbindungen. Da die Erzählung jedoch oft fragmentiert oder episodenhaft ist, haben einige Teile der Geschichte möglicherweise keinen Einfluss auf das große Ganze. Im Produktdesign beobachten wir dies immer häufiger: Die Anzahl der möglichen Einstiegspunkte wächst, ohne dass der jeweilige Touchpoint einen großen Einfluss auf die Produkterfahrung selbst hat. Trotzdem ist jeder Touchpoint in Bezug auf die Nachrichtenübermittlung und den gewünschten CTA vernetzt.

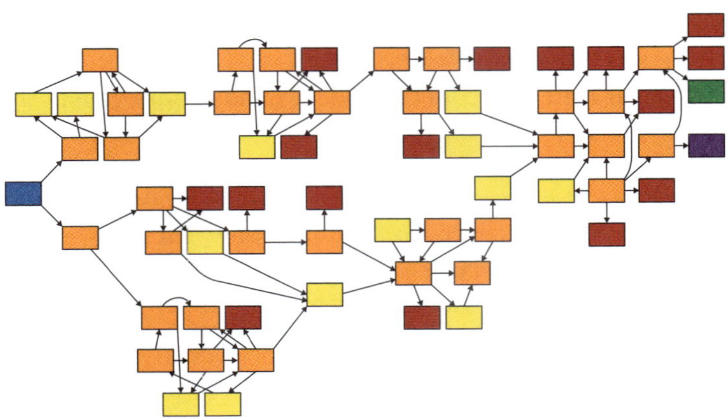

Abbildung 12.6: Die Quest-Struktur

Die Quest-Kategorie umfasst einige der größten CYOAs und eignet sich gut für Erzählungen mit zielgerichteten Erkundungsreisen sowie für Geschichten, die sich auf das Umfeld konzentrieren, da sie eher geografisch als zeitlich ausgerichtet sind. Beispiele für diese Struktur ist die Fighting-Fantasy-Buchreihe von Steve Jackson und Ian Livingstone.

Übersichtskarte

In der Übersichtskartenstruktur ist die Reise zwischen den Knoten umkehrbar, wodurch eine statische Geografie und eine Welt entsteht, in der der Leser unendlich viel erkunden und spielen kann (Abbildung 12.7). Obwohl die Zeit auch hier eine Rolle spielt, ist dieses Muster durch Geografie strukturiert. Dies ist oft wörtlich zu nehmen und stützt sich auf umfangreiche Zustandserfassung, sowohl explizit als auch im Verborgenen, um die Erzählung voranzubringen.

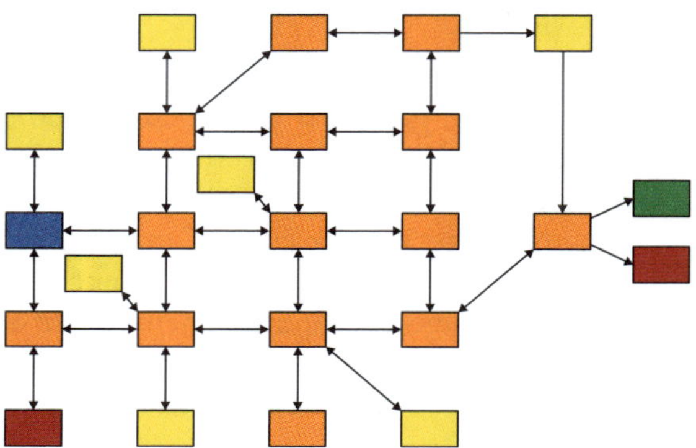

Abbildung 12.7: Die Open-Map-Struktur

Dieses Muster wird oft verwendet, um den Standardstil des Parser-IF nachzuempfinden, und der Erzählfluss ist tendenziell langsamer und weniger gerichtet. Der Leser hat viel Zeit, die Welt zu erkunden, und verbringt oft weniger Zeit damit, die Geschichte voranzutreiben. Beim Produktdesign denkt man hier an Produkte mit sozialem Charakter. Im ersten Teil muss man die Plattform kennenlernen, bevor man sich anmeldet. Danach liegt das Hauptaugenmerk darauf, sich mit ihr vertraut zu machen. Dann gewinnt die Erkundung der Inhalte und der verschiedenen Bereiche der Plattform an Bedeutung und die Erzählung der Erfahrung verlangsamt sich.

Ein Beispiel für diese Struktur im traditionellen Storytelling ist *Chemistry and Physics* von Caelyn Sandel und Carolyn VanEseltine.

Der sprechende Hut

In dieser Struktur verzweigt sich die Geschichte im frühen Spiel massiv und läuft auch wieder intensiv zurück, sodass es oft zu einer Verzweigung-und-Engpass-Struktur kommt, in der bestimmt wird, welchem Hauptzweig der Nutzer zugewiesen wird. Oft sind diese Hauptzweige recht linear, manchmal sehen sie aus wie Gauntlet-Strukturen. Es kann sich aber auch um wahllose, geradlinige Pfade handeln. Sprechender-Hut-Strukturen setzen stark auf Zustandsüberwachung im frühen Spiel und Engpässe, wenn es zu den Entscheidungspunkten kommt.

Mit seiner Verzweigung-und-Engpass-Struktur zu Beginn und der eher linearen Struktur in der zweiten Hälfte sind Spiele mit Sprechender-Hut-Struktur ein Kompromiss zwischen den breiten offeneren Strukturen und den tieferen linearen. Im Allgemeinen hat der Leser einen großen Einfluss auf den Verlauf der Geschichte. Auch wenn es so wirkt, als würden alle Entscheidungen zum gleichen Erzählstrang führen, kann es vorkommen, dass der Autor am Ende mehrere verschiedene Spiele schreiben muss.

Beispiele für diese Struktur aus dem traditionellen Storytelling sind die Visual Novel *Katawa Shoujo* (Four Leaf Studios) und das Spiel *Magical Makeover*.

Schwimmende Module

Die Schwimmende-Modul-Struktur ist nur in computerbasierten Werken möglich. In dieser Struktur gibt es keine Bäume, keine zentrale Handlung und keinen durchgehenden Handlungsstrang, obwohl es verstreute Zweige und Äste geben kann. Stattdessen werden modulare Begegnungen für den Leser entweder zufällig oder basierend auf dem Zustand verfügbar.

In dieser Struktur ist es für den Autor schwer, Annahmen über vorherige Ereignisse zu treffen, und eine generell schwer zu erfassende Struktur. Damit die Schwimmende-Modul-Struktur funktioniert, ist eine große Menge Inhalt nötig, sonst wird sie schnell zu einer linearen Struktur.

Schleife und Wachstum

Bei Schleife-und-Wachstum-Strukturen dreht sich die Erzählung um eine Art roten Faden, der sich in einer Schleife kontinuierlich wiederholt und stets zum selben Punkt zurückführt (Abbildung 12.8). Aufgrund der Zustandsüberwachung können jedoch bei jedem Durchlauf neue Optionen freigeschaltet und andere gesperrt werden. Dieses Muster ist sehr allgemein und kann mit vielen anderen gemeinsam auftreten.

In Schleife-und-Wachstum-Strukturen wird die Gleichförmigkeit der Welt betont, während gleichzeitig ein erzählerisches Momentum aufrechterhalten wird. Es muss in der Regel eine Art Rechtfertigung dafür geben, warum sich ganze Teile der Erzählung wiederholen, und dies hängt oft damit zusammen, dass der Leser Routinetätigkeiten ausführt, sich auf Zeitreisen einlässt oder Aufgaben erfüllt. Aufgrund der Regelmäßigkeit dieser Struktur beinhalten viele Geschichten dieser Art einen Kampf gegen Stillstand oder Gefangenschaft. Auf das Produktdesign bezogen, ähnelt diese Struktur aufgabenbasierten Anwendungen und Software mit Beispielen aus dem Online-Banking. Betrachtet man das traditionelle Storytelling, so sind die Spiele *Trapped in Time* von Simon Christiansen und *Solarium* von Anya Johanna DeNiro Beispiele.

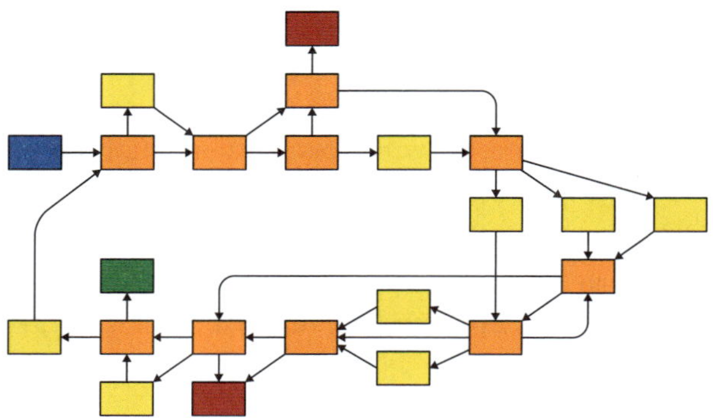

Abbildung 12.8: Die Schleife-und-Wachstum-Struktur

Übung: Gemeinsame Muster in auswahlbasierten Geschichten

Mit Blick auf Ihr eigenes Produkt: Welches Muster entspricht am ehesten der narrativen Struktur der Produkterfahrungen?

Schlüsselprinzipien aus CYOA-Strukturen auf das Produktdesign anwenden

Die vorangehenden CYOA-Strukturen und die zugehörigen Diagramme sind viel kleiner und einfacher als die eigentlichen Werke (Abbildung 12.9). Was sie jedoch ebenso wie die typischen Erzählformen (siehe Kapitel 9) veranschaulichen, ist das Grundmuster verschiedener Typen von CYOA-Geschichten. Sie bieten eine Grundlage für das Verständnis, die Definition und die Arbeit mit verschiedenen Arten von CYOA-Geschichten.

Obwohl es immer Ausnahmen geben wird, sind diese CYOA-Muster nützlich, um Schlüsselprinzipien zu erkennen, die Autoren helfen können, ihre CYOA-Geschichte bestmöglich zu gestalten, sowie Inspirationen zu liefern, die die Fantasie anregen. Einige Prinzipien sind auch für das Produktdesign von besonderer Bedeutung.

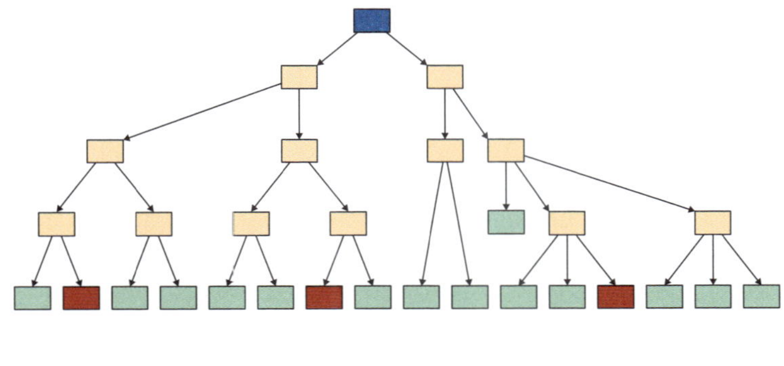

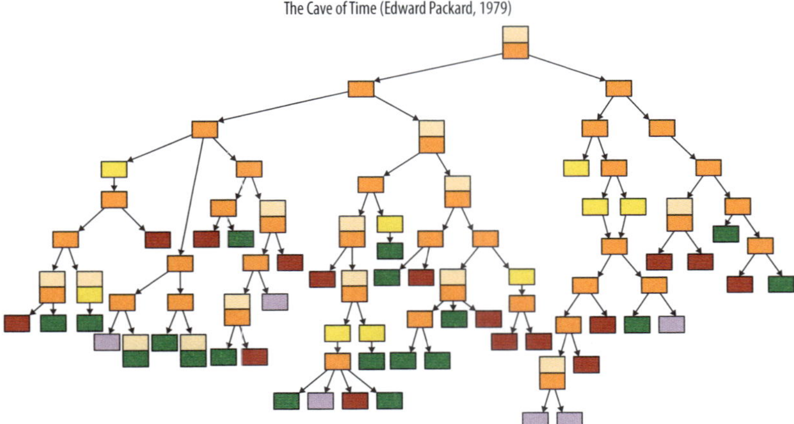

Abbildung 12.9: Das Muster der Zeithöhle (oben) und das Muster aus dem Buch »The Cave of Time« (unten)[7]

Verzweigte Erzählungen

Einer der wichtigsten Aspekte von CYOA-Geschichten sind die sich verästelnden Geschichten, die sich aus den Knotenpunkten der Erzählung und den nachfolgenden Entscheidungen des Lesers bilden. In manchen Fällen hat die Geschichte Haupt- und Nebenzweige, in anderen ist kein Zweig der Geschichte wichtiger als ein anderer.

Anwendung auf das Produktdesign

Alle CYOA-Geschichten müssen an einem zentralen Punkt beginnen. Beim Produktdesign ist es komplizierter: Die Produkterfahrung kann überall beginnen und enden. Außerdem kann der Nutzer an jedem Punkt entscheiden, woanders hinzugehen, und zwar sowohl durch die von uns bewusst definierten

---

7 Sam Kabo Ashwell, »CYOA structure: The Cave of Time«, These Heterogenous Tasks (Blog), 5. August 2011, *https://oreil.ly/Jvdaf*.

und in die Entscheidung integrierten CTAs als auch aufgrund seiner eigenen Wünsche. Die Weiterreise kann die Nutzung der Hauptnavigation, die Suche auf der Website oder App oder auch das Verlassen der Website beinhalten.

Unsere Aufgabe ist es, die Verzweigungen des Produkterfahrungsnarrativs möglichst so zu definieren und zu gestalten, dass sie den Nutzer auf Kurs halten, solange es sinnvoll für ihn ist. Unser Ziel ist es nicht, den Nutzer nur um der Sache oder einer Kennzahl willen auf unserer Website oder App zu halten – vielmehr möchten wir einen tatsächlichen Wert bieten und den Nutzer so gut wie möglich begleiten, auch wenn das bedeutet, dass er unsere Website oder App verlässt.

Übung: Verzweigte Erzählungen

Definieren Sie für Ihr Produkt oder Ihre Dienstleistung Folgendes:

- Was sind die Hauptzweige der Produkterfahrung?
- Gibt es Abzweigungen, die nicht sorgfältig durchdacht sind?
- Wie können Sie die Verzweigung noch verdeutlichen?

Ein zentrales Thema

Einige CYOA-Strukturen wie der Gauntlet sind um einen zentralen Faden herum aufgebaut. Andere haben mehr verzweigte Strukturen, aber in einigen Fällen können diese Zweige wiederum ihren eigenen zentralen Faden besitzen.

Anwendung auf das Produktdesign

In den meisten Produkterfahrungen gibt es einen dominanten Zweig, zumindest am Anfang. In Kapitel 10 wurden Haupthandlungen und Nebenhandlungen definiert; Nebenhandlungen sind alternative Journeys, Unhappy Journeys und verzweigte Journeys. Hier sind die Sackgassen, zu denen manche Verzweigungen in CYOA-Geschichten führen, am ehesten mit Unhappy Journeys vergleichbar, während Verzweigungen, die wieder zusammenlaufen, am ehesten mit alternativen Journeys vergleichbar sind.

Egal, welche Haupt- und Nebenhandlung die von uns definierten Produkterfahrungen haben, ein roter Faden sollte immer vorhanden sein, eine durchgehende Linie, die alles miteinander verbindet. Manchmal ist sie stärker im Produktnarrativ verankert, manchmal weniger zusammenhängend, aber dennoch mit einer klaren Verbindung zwischen den verschiedenen Teilen.

Übung: Ein roter Faden

Was ist bei Ihrem Produkt oder Ihrer Dienstleistung der rote Faden, der sich durch das Erfahrungsnarrativ zieht?

Handlungsknoten

Auch wenn einige CYOA-Strukturen keinen roten Faden aufweisen, besitzen doch alle Typen Knotenpunkte, die die Zweige der Erzählung miteinander verbinden und aus denen der Leser eine Wahl trifft. Diese Handlungsknoten bilden das Rückgrat der Geschichte und sind ein wichtiger Teil des CYOA-Erzählpuzzles. Auch wenn sie nicht direkt durch eine lineare Erzählung verbunden sind, sind sie lose miteinander verbunden. Wenn Sie etwas in einem Teil der CYOA-Geschichte ändern, kann dadurch ein Knoten an anderer Stelle beeinflusst werden.

Anwendung auf das Produktdesign

Im Produktdesign gibt es immer einige zentrale Elemente der Erfahrung, die alles zusammenhalten. Sowohl für CYOA-Geschichten als auch für das Design von Produkterfahrungen ist es entscheidend, diese Elemente und ihre Zusammengehörigkeit zu erkennen. Im Zusammenhang mit modularem Design und Pattern-Bibliotheken reden wir oft über Hauptmodule und Modulvarianten.

Ein einfaches Beispiel ist ein Hero-Modul, dem bei der Verwendung auf der Startseite ein bestimmtes Layout zugewiesen wird, das aber bei Verwendung auf einer Sekundärseite ein etwas anderes und weniger »heldenhaftes« Layout erhält (z.B. nur einen Titel und einen CTA zeigt, während auf der Startseite eine Beschreibung enthalten ist). Darüber hinaus gibt es einige immer wieder verwendete Schlüsselmodule, die einen großen Teil der Seiten und Ansichten ausmachen, und diese Module spielen eine große Rolle dabei, die Nutzererfahrung voranzutreiben. Weiterführende Beiträge sind ein solches Beispiel.

Genauso wie eine Änderung in einer CYOA-Geschichte eine Auswirkung an anderer Stelle haben kann, kann eine Änderung in einem Modul, das auf einer Seite oder in einer Ansicht verwendet wird, auch (ungewollt) eine andere Seite oder Ansicht ändern, auf der dasselbe Modul verwendet wird. Dies bringt uns zum nächsten Prinzip, nämlich der Vernetzung.

Übung: Handlungsknoten

Denken Sie bei Ihrem Produkt an Folgendes:

- **Was sind die wichtigsten Punkte der Produkterfahrung?** Denken Sie an die Wendepunkte und die Anfangs- und Schlussszenen aus Kapitel 5 zurück.
- **Ermitteln Sie einige der Hauptmodule, aus denen sich die Seiten und Ansichten Ihres Produkts zusammensetzen.** Betrachten Sie diese als die Knotenpunkte der Geschichte, die die Erzählung der Produkterfahrungen voranbringen.

Vernetzung

Damit die CYOA-Geschichte funktioniert, muss ein Element die Knotenpunkte der Geschichte zusammenhalten und den Leser mit den Knotenpunkten verbinden, sonst fällt die Geschichte auseinander. Viele der von Kabo Ashwell ermittelten Strukturen weisen ein hohes Maß an Vernetzung auf. In Bezug auf das Produktdesign sticht die Quest-Struktur am meisten hervor. Sie bietet zahlreiche Möglichkeiten, sich einer bestimmten Situation zu nähern.

Anwendung auf das Produktdesign

Diese vernetzte Struktur ist vergleichbar mit den vielen Einstiegspunkten, mit denen wir im Produktdesign arbeiten: Oft führen zahlreiche Wege auf dieselbe Seite oder Ansicht. Außerdem ist im Produktdesign alles miteinander verbunden. Wie bei den verbundenen Story-Knoten ist jedes Modul, das verwendet wird, um die Geschichte des Produkts zu erzählen, mit anderen Teilen der Produkterfahrungen durch das gleiche Modul sowie mit dem größeren Ganzen verbunden. Eine Änderung an einer Stelle kann Auswirkungen auf die Erfahrung an anderer Stelle haben. Damit Sie Ihr Inhaltsmodul-Puzzle am Schluss nicht zu viele Teile enthält, verwenden Sie dasselbe Modulmuster und Seiten- oder Ansichtslayout wieder, wo immer es aus inhaltlicher, nutzerbezogener und geschäftlicher Sicht angebracht ist.

Übung: Vernetzungen

Mit Blick auf Ihr eigenes Produkt: Welche Elemente verbinden die verschiedenen Teile der Produkterfahrung?

Zustandsüberwachung

Um zu wissen, welcher Teil der Geschichte dem Leser als Nächstes erzählt werden soll, und um die Geschichte überhaupt voranzutreiben, greifen viele CYOA-Strukturen auf eine Zustandsüberwachung zurück. Damit diese funktioniert, muss die CYOA-Geschichte selbst ziemlich umfangreich sein und es muss etwas Zeit verstreichen, damit die erforderliche Veränderung greifen kann.

Anwendung auf das Produktdesign

Die Zustandsüberwachung ist aufgrund der aktuellen Trends im Produktdesign und -marketing von besonderer Bedeutung. Wie bereits weiter oben in diesem Buch und insbesondere in Kapitel 3 beschrieben, gibt es immer mehr Möglichkeiten, Daten als Teil der Produkterfahrung zu nutzen, um den Nutzern einen größeren Mehrwert zu bieten. Damit das funktioniert, müssen wir wissen, welche Daten wir betrachten sollen und was dies wiederum bewirken soll.

Durch die Fortschritte bei IoT, Smarthomes, Chatbots und VUIs gewöhnen wir uns zunehmend an Schnittstellen, mit denen wir mit natürlicher Sprache kommunizieren, und diese Erfahrung fühlt sich persönlicher an. Das Aufkommen der On-Demand-Erfahrungen – alles steht auf Knopfdruck bereit – trägt ebenfalls dazu bei, dass die Erwartungen der Nutzer steigen, das Gewünschte dann zu bekommen, wann sie es möchten. Sofortige Bedürfnisbefriedigung ist der Trend, und bald wird das auch unsere Erfahrung mit Websites über das heute schon Vorhandene hinaus erweitern.

Die Möglichkeit, durch Dynamic Publishing maßgeschneiderte Erfahrungen zu liefern, ähnelt in gewisser Weise den CYOA-Büchern, nur verstärkt. An fast jedem einzelnen Schlüsselpunkt der Erfahrung können wir dem Nutzer die speziell für ihn relevanten Informationen geben. Das bedeutet nicht, dass wir alle zwangsläufig völlig unterschiedliche Erfahrungen mit derselben Website machen werden. Vielmehr wird das, was wir sehen und wie viel wir davon sehen, auf Basis unseres Aufenthaltsorts und der aktuellen Nutzung individuell auf uns zugeschnitten sein.

Übung: Zustandsüberwachung

Nennen Sie mit Blick auf Ihr Produkt einige Beispiele für die folgenden Punkte:

- Wird die Zustandsüberwachung derzeit genutzt? Wenn ja, wie?
- Wie könnte sie (verstärkt/anders) genutzt werden, um einen Mehrwert für den Nutzer zu schaffen?
- Wie könnte sie (verstärkt/anders) genutzt werden, um einen Mehrwert für das Unternehmen zu schaffen?

Schwebende Module

Wie bereits erwähnt, ist die Struktur der schwebenden Module für den Autor wirklich schwer umzusetzen und nur in computergestützten Werken möglich. Schwebende Module werden nur in dieser Struktur erwähnt, es handelt sich also keineswegs um ein allgemeines Prinzip. Dennoch ist es wichtig, sie im Zusammenhang mit Produktdesign zu erwähnen, weil sie zeigen, wie wir uns zunehmend mit Produkterfahrungen auseinandersetzen müssen.

Anwendung auf das Produktdesign

Wie ich bereits weiter oben in diesem Kapitel beschrieben habe, müssen wir uns immer häufiger darauf einstellen, dass unsere Inhalte überall angezeigt werden und dass unsere Nutzer von überall herkommen und überall hingehen können. Da immer mehr Produkterfahrungen abseits der traditionellen, gewohnten Seite oder Ansicht stattfinden, müssen wir Produkterfahrungen als verzweigte Erzählungen betrachten, die aus Handlungsknoten und schwebenden Modulen mit einem hohen Maß an Vernetzung bestehen. Obwohl wir trotzdem noch in der Lage sind und sogar sein müssen, diese verzweigten Erzählungen durch die möglichen Haupt- und Nebenhandlungen, die die Produkterfahrung beinhalten kann, zu visualisieren und zu definieren, ist es nicht möglich, alle möglichen Varianten zu definieren. Und das ist auch nicht nötig. Ein Rahmen für die Herangehensweise an diese neuen Arten von Erfahrung hilft uns jedoch ungemein, und hier können wir uns von CYOA-Geschichten inspirieren lassen.

Übung: Schwebende Module

Geben Sie mit Blick auf Ihr Produkt und unter Berücksichtigung der Metapher der schwebenden Module einige Beispiele für die folgenden Punkte:

- Welche Teile der Produkterfahrung können als schwebende Module erfahren werden?
- Wo könnten diese schwebenden Module angesiedelt sein oder erfahren werden? (Zum Beispiel als Teil einer VUI, als Karte, die in sozialen Medien angezeigt wird, in einem Feed).

Was Produktdesigner von CYOA lernen können

Die Kernidee hinter CYOA-Büchern ist, dass der Nutzer selbst entscheidet, wie sich die Geschichte entfaltet. Sie basiert natürlich auf vordefinierten Optionen, aber nichtsdestotrotz liegt es in der Hand des Nutzers, was als Nächstes passiert. So sehr wir auch versuchen, den Weg zu gestalten, den die Nutzer unserer Produkte und Dienstleistungen einschlagen sollen, so liegt es doch fast immer in ihrer Hand zu bestimmen, wann und wo sie beginnen und wann und wo sie aufhören. Natürlich gibt es Punkte ohne Wiederkehr, an denen Nutzer auf Fehler oder unklare Schnittstellen stoßen, die einen ungewollten Abbruch statt einer Fortsetzung ihrer Reise nach sich ziehen, aber insgesamt entscheiden die Nutzer, in welcher Reihenfolge, wann, wo und wie sie unser Produkt oder unsere Dienstleistung erfahren.

Wie Sie bisher in diesem Kapitel gesehen haben, gibt es bei CYOA und Produktdesign ein paar Ähnlichkeiten und gemeinsame Herausforderungen sowie Ansätze, die bei ihrer Bewältigung helfen.

Verzweigungsnarrative erkennen

Das Grundkonzept von CYOA-Geschichten besteht darin, dem Leser eine Vorauswahl an Möglichkeiten zu bieten, was als Nächstes passieren wird. In manchen Fällen gibt es weniger Auswahlmöglichkeiten, in anderen mehr, genau wie beim Produktdesign.

Vieles, was ich früher in diesem Buch behandelt habe, sollte helfen, Verzweigungsnarrative ausfindig zu machen. Wenn Sie die Handlung erarbeiten (siehe Kapitel 5) und etwa die Karteikartenmethode verwenden, können Sie die Punkte ermitteln, an denen die Verzweigung der Produkterzählung beginnt. Wenn Sie mit Journeys und Flows arbeiten und sich die Haupthandlung und Nebenhandlungen ansehen, wie in Kapitel 10 erläutert, kommen noch mehr Details hinzu. Es gibt jedoch Fälle, in denen die Zweige der Erzählungen gleichberechtigt, wenn nicht sogar gleichwertig, nebeneinander laufen, ganz ähnlich wie die Entscheidungen, die der Leser in CYOA-Geschichten trifft. Zum Beispiel arbeiten wir mit maschinellem Lernen und dynamischen Inhalten, die auf Basis von aktiven und passiven Entscheidungen der Nutzer und von Daten bestimmte Elemente, ganze Module oder in einigen Fällen ganze Seiten austauschen. Bots und Konversationsschnittstellen sind ebenfalls Paradebeispiele für Erfahrungen mit verzweigten Narrativen, die auf den Entscheidungen des Nutzers basieren.

Anwendung auf das Produktdesign

Beim Produktdesign gehen wir nicht immer systematisch vor, um die verschiedenen Zweige der Erfahrungen zu ermitteln. Durch die Herausarbeitung der Schlüsselaspekte können Sie jedoch die Zweige ermitteln und die zugehörige Erfahrung definieren. Referentin Cassie Phillipps skizziert vier Facetten von verzweigten Geschichten und rät, sie in der folgenden Reihenfolge anzugehen:[8]

8 Cassie Phillipps, »All Choice No Consequence: Efficiently Branching Narratives«, Game Narrative Summit, 2016, *https://oreil.ly/qdV2A*.

Geschichte

Stellen Sie sicher, dass Sie eine sinnvolle und wirkungsvolle Geschichte haben und dass Sie nicht durch zu viele Wahlmöglichkeiten abgelenkt werden, da dies den Prozess der Geschichte verlangsamen und das Endergebnis beeinträchtigen könnte. Konzentrieren Sie sich stattdessen zu Beginn auf die Gliederung und gestalten Sie die Erzählung so lose, dass Sie sie noch ändern können, aber doch so genau, dass Sie wissen, dass ihr Rhythmus funktioniert. Übertragen auf das Produktdesign benötigen wir eine klare Vorstellung davon, wie das Erfahrungsnarrativ aussehen soll, und wir dürfen den Nutzer dieser Erfahrung nicht mit zu vielen Auswahlmöglichkeiten verwirren.

Verzweigungen

Ihre Hauptzweige sollten zu einer Veränderung der Szenen oder Charaktere als Ergebnis der getroffenen Wahl führen. Die Verzweigungen könnten auch einzigartige Wege zum Erreichen desselben Ziels bieten. Um Verzweigungen zu ermitteln, können Sie von den Hauptkonflikten oder -zielen rückwärts denken und die Szenen neu ordnen. Beim Produktdesign ist es besonders praktikabel, sich anzusehen, wie die Erfahrung funktioniert, wenn der Nutzer sie auf eine etwas zufällige Weise durchläuft; zum Beispiel, wenn er auf einer Produktseite statt auf der Startseite landet.

Dialog

In sinnvollen Verzweigungen macht der Dialog einen Unterschied. Er sollte so knapp wie möglich gehalten werden, da die Aufmerksamkeitsspanne kurz ist. Um die Erzählung voranzutreiben, sollten die Charaktere außerdem eindeutige Stimmen haben und es sollten klare Konsequenzen und Ziele an wichtige Teile des Dialogs geknüpft sein.

Wahlmöglichkeiten

Wahlmöglichkeiten in verzweigten Erzählungen sind oft in den möglichen Reaktionen der Charaktere zu finden (z.B. werden sie mit X, Y oder Z reagieren?). Andere Bereiche, in denen Wahlmöglichkeiten häufig vorkommen, sind charakterdefinierende Eigenschaften wie Meinungen sowie unvermeidbare Konsequenzen. Um Wahlmöglichkeiten zu schaffen, müssen Sie auf Details achten, z.B. jeder Option eine angemessene Gewichtung geben, sicherstellen, dass jede Wahl eine klare Konsequenz hat, und schlechte Entscheidungen vermeiden. Schlechte Entscheidungen können die folgenden Merkmale aufweisen:

- *Falsch – Der Spieler-Charakter negiert die Wahl sofort.*
- *Schlecht – Die Erzählung legt eine andere Bedeutung in das Präsentierte.*
- *Unklar – Der Spieler versteht die Optionen nicht vollständig.*

Die gleichen Leitprinzipien lassen sich auch auf das Produktdesign anwenden, insbesondere auf Bots und Conversational Interfaces. Der erste, nützliche Aspekt zum Thema Wahlmöglichkeiten findet sich oft in den Reaktionen der Charaktere. Sie sollten ihn im Hinterkopf behalten und mit der emotionalen Reaktion auf eine Produkterfahrung verbinden.

Inhalte und verzweigte Erzählungen visualisieren

Für den Leser von CYOA-Büchern kann es ziemlich schwierig sein, den Überblick zu behalten, woher er gekommen ist. In den neuen Auflagen der Choose-Your-Own-Adventure-Bücher hat der Chooseco-Verlag Karten der versteckten Erzählstruktur der Geschichten beigefügt (Abbildung 12.10). Jeder Pfeil steht für eine Seite, ein Kreis für einen Entscheidungspunkt, die Quadrate für Enden.[9]

Abbildung 12.10: Die versteckten Erzählstrukturen in dem CYOA-Buch »The Case of the Silk King«, mit freundlicher Genehmigung von Chooseco

Abgesehen davon, dass sie schöne Visualisierungen darstellen, zeigen diese Karten, dass die Bücher nicht alle dieselbe Struktur haben und dass die Leser manchmal zwei, drei oder sogar nur eine Option an einem Entscheidungspunkt haben. Fans und Blogger wie Kabo Ashwell erstellen diese Visualisierungen schon seit Jahren. Ein anderer Ansatz des Informatikers Christian Swinheart ist

9 Sarah Laskow, »These Maps Reveal the Hidden Structures of ›Choose Your Own Adventure‹ Books«, *Atlas Obscura*, 13. Juni 2017, *https://oreil.ly/rNO2C*.

die Visualisierung der Buchenden, zu denen die verschiedenen Zweige führen (Abbildungen 12-11 und 12-12).

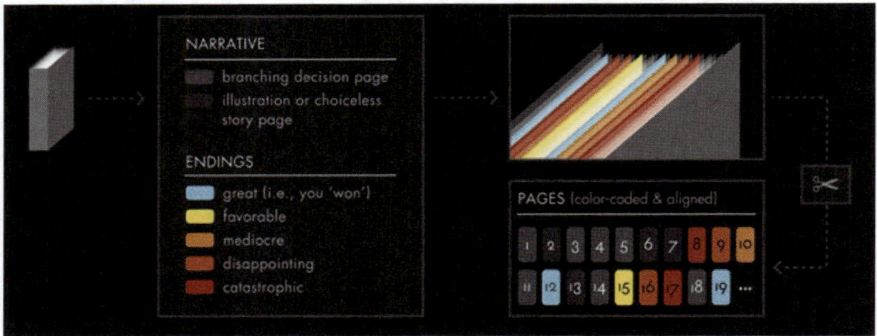

Abbildung 12.11: Visualisierung von Christian Swinehart, bei der jede Seite des CYOA-Buchs farblich codiert wurde, basierend auf der Anzahl der angebotenen Wahlmöglichkeiten und der Qualität des Endes (http://samizdat.co/cyoa)

Anwendung auf das Produktdesign

Viele der zuvor in diesem Kapitel behandelten Strukturen stützten sich in geringerem oder größerem Maße auf die Zustandsüberwachung, um zu ermitteln, was der nächste Teil der Geschichte sein sollte. Bei der Produktentwicklung, und insbesondere wenn dynamische Elemente im Spiel sind, ist es wichtig, die Kriterien für den Austausch eines Moduls gegen ein anderes zu definieren. Diese Kriterien können bedeuten, dass nur ein Modul geändert wird und der Rest der Produktstory gleich bleibt. Oder die Produkterfahrung verzweigt sich von dort aus auf Basis der Daten über den Nutzer sowie der Aktionen, die er durchgeführt oder nicht durchgeführt hat.

Wenn wir die Inhalte für die von uns entworfenen Erfahrungen (Websites, Apps, Bots, sprachbasierte oder physische Erfahrungen) durchdenken und planen, können wir viel aus CYOA und der Visualisierung dieser Geschichten ziehen. Wer schon einmal an einer komplexen Software oder Website gearbeitet haben, weiß, wie nützlich Flussdiagramme für die Definition und die Gestaltung jeder Eventualität sind. Je komplexer die Software oder die Erfahrung, desto wertvoller und wichtiger wird es, alle Eventualitäten zu erfassen, von den potenziellen Handlungen der Nutzer bis hin zu den Reaktionen des Systems, inklusive Fehlermeldungen und Seiten.

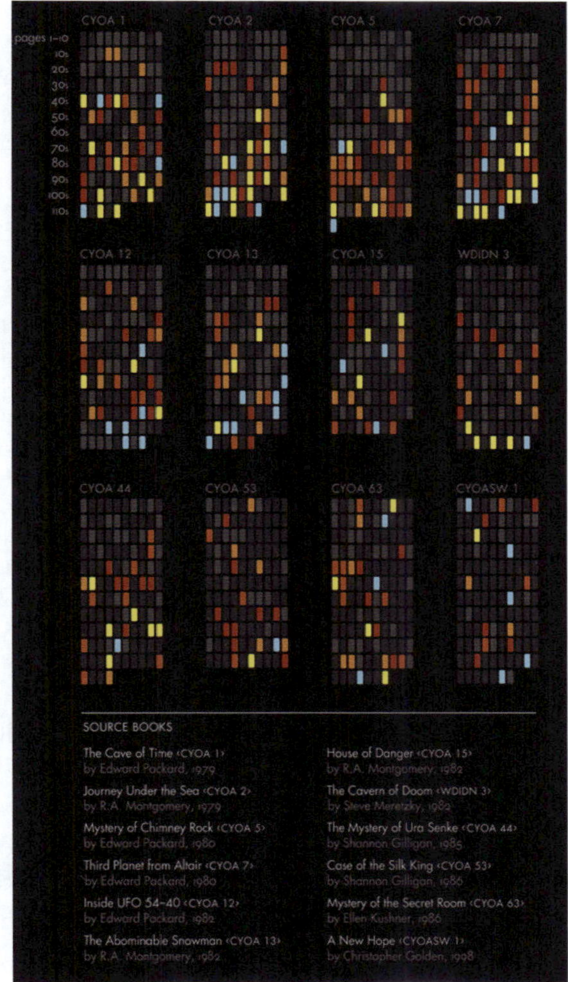

Abbildung 12.12: Christian Swineharts Visualisierung von zwölf nebeneinanderliegenden CYOA-Büchern, wobei das älteste Buch oben platziert ist und die Anzahl der möglichen Enden in den neueren Büchern allmählich abnimmt (http://samizdat.co/cyoa)

Zusammenfassung

Die Journeys der Nutzer zu, mit und von unseren Produkten werden immer weniger linear. Sie beginnen oft nicht mehr auf der Startseite, die wir früher als den Anfang der Reise betrachtet haben, sondern irgendwo mittendrin. Infolgedessen wird es immer wichtiger dass die UX funktioniert, egal, was passiert.

Wie Sie in diesem Kapitel gesehen haben, wird es im Produktdesign genau wie im traditionellen Storytelling immer verzweigte Erzählungen geben. Mit zunehmender Geräteanzahl und durch vernetzte Wohnungen steigt die Komplexität unserer Entwicklungen. Aber auch die Möglichkeiten entfalten sich. Zwar würden wir gerne glauben, dass wir kontrollieren können, wie der Nutzer von einem Teil der Erfahrungen zum nächsten gelangt, aber wir sollten lieber den Kontrollverlust akzeptieren. Es liegt an den Nutzern, zu entscheiden, wie und womit sie interagieren, und an uns, dass die Erfahrung ungeachtet ihrer Wahl funktioniert.

CYOA-Geschichten zeigen uns, wie wertvoll und schön es ist, den Nutzer bestimmen zu lassen, wie die Geschichte erzählt wird, und dass eine klare Definition unserer Entscheidungen uns hilft, das Narrativ der Erfahrung zusammenzufügen. CYOA bietet auch nützliche Anhaltspunkte, um Vielschichtigkeit und die Beziehungen der verschiedenen Bereiche der Erfahrung zu visualisieren. CYOA kann uns auch helfen, herauszufinden, welcher Inhalt als Nächstes oder welches Modul statt eines Standardmoduls gezeigt werden soll, je nachdem, wer der Nutzer ist, welchen Hintergrund er hat und welchen Teil der Produkterzählung er bisher erfahren hat.

Im nächsten Kapitel sehen wir uns an, wie wir all dies mithilfe von Storytelling zu Seiten und Ansichten zusammenfügen, die dem Nutzer eine klare und wertvolle Geschichte erzählen.

Szenenstruktur auf Wireframes, Designs und Prototypen anwenden

Was nicht über den Falz passte

In meinen ersten Jahren bei Dare führten wir häufig Gespräche mit Kunden, wie man Inhalte »oberhalb des Falzes« platziert. Bei diesem Ausdruck ging es ursprünglich um die obere Hälfte einer Zeitungsseite. Inzwischen ist er zum Begriff für den Teil der Webseite geworden, der ohne Scrollen sichtbar ist und den wichtigsten Inhalt darbietet. Als Merkhilfe für uns selbst und um Fragen von Kunden vorzubeugen, enthielten alle unsere Wireframes eine hübsche gestrichelte Linie, die anzeigte, wo sich der Falz wahrscheinlich befinden würde. Das funktionierte, aber die Frage, wie man noch mehr über dem Falz platzieren kann, kam immer wieder auf. Nicht nur bei Dare führten wir solche Gespräche. Zahlreiche Diskussionen entstanden in Artikeln und Blogbeiträgen, und obwohl ich zu dieser Zeit nicht auf UX-Meet-ups oder -Konferenzen war, ganz bestimmt auch dort.

Früher ging der Trend dahin, Websites zu entwerfen, die nicht unter den Falz reichten. Sie gingen nur so weit nach unten, wie der Browser-Bildschirm reichte, und der gesamte Inhalt passte in den sichtbaren Bildschirmbereich. Bei diesen Projekten gab es keine Diskussionen über den Falz. Stattdessen beschäftigten wir uns mit der rechten und linken Navigation sowie mit großen Websites im Canvas-Stil, die fast wie eine ausgedehnte, eindimensionale Anordnung von Seiten wirkten, die man nach oben und unten sowie nach links und rechts bewegen konnte. Allmählich wurde jedoch immer deutlicher, dass die Nutzer tatsächlich scrollen, und obwohl der Falz immer noch wichtig ist, muss nicht der gesamte Inhalt darüber liegen.

Mit der Einführung des iPhones im Jahr 2007 und des iPads im Jahr 2010 schrumpfte der Platz, den wir oberhalb des Falzes zur Verfügung hatten. Wir erkannten auch, dass die Nutzer neuerdings durchaus über die Mitte hinausscrollten und mehr Zeit mit dem unteren Seitenrand verbrachten. Wie meistens war der Grund ein kompliziertes Zusammenspiel mehrerer Faktoren. Einerseits ging es so leicht, mit dem Daumen ganz nach unten zu wischen, und andererseits platzierten wir immer öfter bei mobilen Ansichten einige Navigationslinks am unteren Seitenrand, um dem geringeren Platz, der für die Anzeige der oberen Navigation zur Verfügung stand, Rechnung zu tragen. Zu guter Letzt wurden am unteren Seitenrand sowohl auf Desktop- als auch auf Mobilgeräten immer häufiger »Mehr davon«-Inhalte am unteren Seitenrand eingesetzt.

Zusammen etablieren sich dadurch bei den Nutzern erlernte Verhaltensmuster. Da die Nutzer immer mehr nützliche Inhalte am Seitenende fanden, stieg die Erwartung, dass diese auch auf anderen Seiten vorhanden sein würden. Je mehr Nutzer dies erwarteten, desto mehr solcher Inhalte lieferten wir, und so weiter. Das Ergebnis: Heutige Untersuchungen zum Nutzerverhalten auf längeren Seiten zeigen, dass der Schwerpunkt nach wie vor oben liegt, aber statt zum Seitenende hin abzufallen, nimmt die Aktivität dort wieder zu und liegt weniger in der Seitenmitte.

Mit der Einführung von Responsive Design und dem Aufkommen von One-Page-Websites wurde die Sorge um den Falz von vielen Designern und einigen Kunden komplett über Bord geworfen. Heute sehen wir viele Websites, bei denen der Großteil des Inhalts unterhalb des Falzes liegt. Bildmaterial in voller Breite, das automatisch das Browserfenster füllt, wurde populär und führte zu einem erheblichen Anstieg der Seitengröße. Insbesondere bei vielen Start-ups ist es das groß angelegte Statement, das die Erfahrung prägt. Der Fokus liegt auf dem ersten Eindruck und einer »Wow«-Reaktion und nicht darauf, dass die wichtigsten Inhalte oder Funktionen über dem Falz zu finden sind.

Die Debatte um die Bedeutung des Falzes ist jedoch nach wie vor berechtigt. Zwar sind viele von uns, genau wie Kunden und interne Stakeholder, nun zuversichtlicher, dass die Nutzer scrollen, doch wir müssen Sie weiterhin sicherstellen, dass wir die Erzählung der Seite choreografieren. Wir sollten den Nutzer einladen, ihm klar machen, dass es unterhalb des Falzes noch mehr gibt, und dann seine Aufmerksamkeit binden und ihn dort hinführen, wo wir und er hinwollen. Wir müssen die Eröffnungsszene jeder Seite und den Rest dieser Szene und die Verknüpfung mit den anderen Szenen der Geschichte choreografieren.

Die Rolle von Szenen und Szenenstruktur beim Storytelling

Im traditionellen Storytelling werden Szenen als Bausteine der Geschichte betrachtet. In einer Szene agieren und reagieren die Charaktere auf die stattfindenden Ereignisse, die besuchten Orte und die Menschen, die ihnen begegnen. Genau wie eine größere Sequenz in einem Film besteht eine Szene aus einem Anfang, einer Mitte und einem Ende, und sie sollte sich auf einen bestimmten Spannungspunkt konzentrieren, der die Geschichte voranbringt.

Bei der Definition der Szenen Ihrer Geschichte ist es sinnvoll, sich diese als »einen ununterbrochenen Handlungsfluss von einem Ereignis zum nächsten« vorzustellen. Es sollte keinen großen Zeitsprung von einem Schauplatz zum anderen geben. Die Charaktere können durchaus von einem Ort zum anderen gehen, ohne die Szene zu unterbrechen, und wenn man es sich als Film- oder TV-Produktion vorstellt, würde die Kamera einfach mitlaufen. Manchmal verzetteln sich Autoren bei der Überlegung, ob sie eine oder zwei Szenen wählen sollen, ob eine kleine Zeitlücke oder ein Ortswechsel eine neue Szene darstellen oder als Teil einer Szene betrachtet werden soll. Der allgemeine Ratschlag lautet: Wenn es sich wie dieselbe Szene anfühlt, bleiben Sie dabei. Bei einer anderen nützlichen Herangehensweise gehen Sie davon aus, dass sich in einer Szene etwas ändert. Die Szene ist also vorüber, wenn die Veränderung vollzogen ist.

Diese Veränderungen zeigen wiederum, dass jede Szene einen Anfang, eine Mitte und ein Ende haben sollte. Wie bei jeder anderen Geschichte hat die Reihenfolge, in der Sie die Szene erzählen, einen Einfluss darauf, wie sie wahrgenommen wird, und auch auf den Zusammenhang der restlichen Geschichte mit früheren und nachfolgenden Szenen. Wie Sie eine Szene positionieren, hängt davon ab, wo sie sich in der Geschichte befindet, außerdem von der Art der Geschichte, die Sie schreiben, und von ihrer Länge. Vom Romanautor C. S. Lakin stammen diese Richtlinien für die Szenentypen, die eine Geschichte enthalten sollte:[1]

- *Eröffnungsszenen sollten Ihr Versprechen aufbauen und mit Charakteren gefüllt sein. Hier führen Sie die Hintergrundgeschichte ein.*
- *Die mittleren Szenen sollten den Konflikt darstellen und die Spannung erhöhen. Hier sollten sich auch die Wendepunkte ereignen.*
- *Klimaktische Szenen sollten auf einen fesselnden Höhepunkt hinarbeiten. Diese Szenen können kürzer sein und sowohl mit Action als auch mit Emotionen gefüllt sein.*

Wenn ein Autor mit einer Szene kämpft oder diese einfach nicht funktioniert, liegt es in der Regel nicht daran, dass der Dialog schlecht ist oder die Szene nicht gut erklärt wird. Meistens liegt es an der Struktur der Szene und an einem mangelnden Tempo. Weiter hinten in diesem Kapitel werden Sie sich ansehen, wie man Szenen planen und strukturieren kann.

1 C. S. Lakin, »8 Steps to Writing a Perfect Scene – Every Time«, Jerry Jenkins (Blog), *https://oreil.ly/UWewi*.

Übung: Die Rolle von Szenen und Szenenstruktur im Storytelling

Denken Sie an ein Buch, das Sie kürzlich gelesen haben, oder an eine TV-Serie oder einen Film, den Sie gesehen haben:

- Welche Szenen sind Ihnen besonders aufgefallen?
- Warum würden Sie sie als Szenen definieren?
- Was war der Anfang, die Mitte und das Ende der Szene?
- Was war der Spannungspunkt, der die Änderung verursacht hat?

Die Rolle von Szenen und Szenenstruktur im Produktdesign

Wenn wir uns im Produktdesign mit Szenen beschäftigen, sind uns die Seiten und Ansichten unseres Produkts oder unserer Dienstleistung am wichtigsten. Sie sind die Bausteine unserer Produktgeschichte. Natürlich können Szenen zweifelsohne auch externe Faktoren der konkreten Zeit und Umgebung, in der die Handlung im Zusammenhang mit der Produkterfahrung stattfindet, einbeziehen. In diesem Kapitel betrachten wir Szenen jedoch im Zusammenhang mit den Seiten oder Ansichten unserer Produkterfahrung und konzentrieren uns nur auf die Darstellung auf dem Bildschirm. Was sich außerhalb des Bildschirms abspielt, habe ich in Kapitel 7 erläutert.

Wie in Kapitel 5 erläutert, gehören Szenen zu den Bausteinen einer Geschichte. Sie sind kleiner als Sequenzen und Akte, aber größer als Einstellungen.

So haben wir die Bausteine definiert:

Akte
: Der Anfang, die Mitte und das Ende einer Erfahrung

Sequenzen
: Je nach Projekt Lebenszyklusphasen oder Key User Journeys

Szenen
: Schritte oder Hauptschritte in einer User Journey oder in Seiten/Ansichten

Aufnahmen
: Elemente einer Seite/Ansicht oder detaillierte Schritte einer Journey

Einstellung
: Der Bereich und der Kontext, in dem die Produkterfahrung stattfindet

Oftmals ist die Nutzer- und Kundenpräsentation unserer Seiten und Ansichten ein wenig ungünstig. Wie die New Yorker Web- und Entwicklungsagentur Kanz in ihrem Blog schreibt, »verkaufen wir den Leuten Informationen zur falschen Zeit und in der falschen Reihenfolge«, und das führt zu verwirrenden und unübersichtlichen Erfahrungen. Genau wie traditionelle Storyteller manchmal damit zu kämpfen haben, eine Szene zu definieren, genauer ausgedrückt, mit ihrem Anfang und ihrem Ende, kämpfen wir beim Produktdesign manchmal mit der Definition der Inhalte, die auf eine Seite gehören oder eben nicht. Manchmal fügen wir zu viele Inhalte ein, was für den Nutzer zu einer verwirrenden Seitenerfahrung führt. In anderen Fällen fügen wir zu wenige Inhalte ein, sodass der Nutzer mehr klicken oder tippen muss, als nötig wäre, um mehr Inhalt zu erhalten. Wie Kanz sagt, präsentieren wir nicht immer die richtigen Informationen zur richtigen Zeit.

Genauso wichtig wie beim traditionellen Storytelling ist die Szenenstruktur beim Produktdesign. Ein Wireframe oder Design, egal ob realitätsnah oder nicht, erzählt immer eine Geschichte. Es sollte eine inspirierende Geschichte sein, die den Nutzern auf ihrem Weg zum Ziel klar hilft, egal wonach sie gesucht haben. Wenn wir die Hierarchie der Informationen nicht richtig umsetzen, können wir auch die Geschichte nicht richtig erzählen. In diesem Zusammenhang ist es auch wichtig, Seiten und Ansichten als Mini-Geschichten zu betrachten. Jede Seite oder Ansicht besitzt eine Eröffnungsszene, die die neue Seite, auf die der Nutzer gekommen ist, einleitet. Wenn er weiter nach unten scrollt, durchläuft er die mittleren Szenen und die Schlussszene.

Als Nächstes werden wir uns mit der Rolle von Szenen und Szenenstruktur bei der Gestaltung der Seiten und Ansichten unserer Produkte beschäftigen.

HINWEIS

In diesem Kapitel geht es um Wireframes, Designs und Prototypen, aber wenn ich mich auf alle drei beziehe, schreibe ich stattdessen von der Seite oder der Ansicht.

Die Erzählung der Seite oder Ansicht

In diesem Buch habe ich bereits über Sequenzen in Filmen und im Produktdesign (z. B. User Journeys) als Mini-Geschichten mit drei Akten geschrieben. Dieses Konzept lässt sich auch auf Wireframes, Designs und Prototypen anwenden. Alle Seiten oder Ansichten bilden zusammen eine Geschichte, und jede Seite oder Ansicht ist ein Teil davon. Jede Seite oder Ansicht erzählt aber auch eine Geschichte für sich, mit einem Anfang, einer Mitte und einem Ende.

Denken Sie nur an die Rolle von Eröffnungsszenen in Filmen und Fernsehserien, auf die ich in Kapitel 5 hingewiesen habe. Dies ist die Szene, die »die Bühne bereitet« für das, was folgen wird.

Im Produktdesign ist die Eröffnungsszene einer Seite oder Ansicht das oberhalb des Falzes Präsentierte und der Anfang Ihres Seitennarrativs. Egal, woher die Nutzer kommen, dies sehen sie zuerst. Die Eröffnungsszene legt die Erwartungen für den Rest der Seite fest und bestimmt, wie der Nutzer die Seite beurteilen wird. Ist es wohl das, wonach sie suchen? Sieht es interessant aus? Möchte er mehr darüber erfahren?

Die Aufgabe des restlichen Bereichs der Seite oder Ansicht ist es, den Nutzer durch die Inhalte zu führen und die richtige Balance zu finden. Laut Xinyi Chen von der Nielsen Norman Group sind »relevante Informationen ›Signal‹, während irrelevante Informationen ›Rauschen‹ sind.« Jeder UX-Designer oder visuelle Gestalter sollte sich hinsichtlich Inhalt, Seitendesign sowie CTAs, die zeigen, wie man die Journey fortsetzen kann, ein hohes Signal-Rausch-Verhältnis zum Ziel nehmen. Genau wie im Beispiel von *Findet Nemo* in Kapitel 5 wird die Erzählweise unserer Geschichte Einfluss darauf nehmen, wie das Publikum sie versteht und was es davon mitnimmt. Im weiteren Verlauf dieses Kapitels werde ich mich damit beschäftigen, wie Sie die Erzählstruktur Ihrer Seite definieren und warum es von Vorteil ist, zu testen und zu überlegen, ob die Seite auch dann noch eine Geschichte erzählt, wenn Sie die gesamte Formatierung entfernen.

Übung: Die Erzählung der Seite oder Ansicht

Betrachten Sie Ihr eigenes oder ein regelmäßig genutztes Produkt und denken Sie an die Startseite:

- **Welche Geschichte sollte die Seite neuen Nutzern erzählen?** Nehmen Sie diese Bewertung vor, ohne sich die Seite anzusehen.
- **Welche Geschichte soll die tatsächliche Seite dem Nutzer erzählen?** Sehen Sie sich die Seite dieses Mal an.

Die Geschichte unterhalb des Falzes

Oft konzentrieren wir uns so sehr auf die Inhalte, die wir und die Nutzer als Erstes sehen werden, dass wir dabei die Möglichkeit vergessen, etwas Großartiges und vielleicht sogar Unerwartetes zu liefern, sobald der Nutzer sich über die Seite bewegt. Im Sommer 2012 arbeitete ich an einem großen Redesign der Website einer globalen Make-up-Marke. Eines der Ziele der neuen Website war es, die Verbraucher über die Wahl des richtigen Make-ups aufzuklären.

Wir legten eine Inhaltsstruktur fest: Nach einer bestimmten Anzahl Produkte im Produktraster sollte ein kurzer, aber ästhetisch ansprechender Ratschlag erscheinen, der sich auf die Produkte bezog, die sich der Nutzer ansah. Außerdem legten wir fest, dass nach einer bestimmten Anzahl Zeilen ein Produktmodul in voller Breite eingefügt werden sollte, um das Raster aufzulockern (Abbildung 13.1). Diese beiden Rastervarianten wurden entwickelt, um die Aufmerksamkeit der Nutzer zu binden und ihnen einen Grund zu geben, weiterzuscrollen, um zu sehen, was als Nächstes kommt.

Mein damaliger Chef Mark Bell hatte eine Phase, in der er schwedische Online-Zeitungen wie die von Aftonbladet.se als großartige Beispiele für die Steigerung der Browsing-Erfahrungen heranzog. Wenn man zum Ende eines Nachrichtenartikels scrollte, musste man nicht zurück auf die Startseite klicken; stattdessen zeigte die Website automatisch wieder die Startseite an, sodass man einfach weiter scrollen konnte.

Header und Navigation			
Bild und Seitenintro			
Intro Tipp	Produkt	Produkt	Produkt
Produkt	Produkt	Produkt	Produkt
Produkt	Produkt	Produkt	Tipp
Produktvorstellung ganze Breite			
Produkt	Produkt	Produkt	Produkt
Produkt	Produkt	Produkt	Produkt
Produkt	Produkt	Tipp	Produkt
Footer			

Abbildung 13.1: Das Raster auflockern

In manchen Fällen, z. B. bei einer Nachrichtenseite, ist das genau das Richtige: Die Nutzer sollen auf der Website bleiben, sie erforschen und sich mit weiteren Artikeln beschäftigen. In anderen Fällen, wie z. B. bei einer E-Commerce-Website, möchten Sie die Nutzer mit so wenig Klicks und Unterbrechungen wie möglich durch den Kaufprozess leiten. In anderen Fällen wollen Sie informative oder anregende Inhalte zum richtigen Zeitpunkt mit der Seitendarstellung verbinden. Unabhängig vom Zweck unserer Seiten müssen wir den Fluss und die Erzählstruktur der Seite im Auge behalten.

Die New York Times kam als Erstes mit interaktiven Inhalten wie »Snow Fall« (Abbildung 13.2) auf den Markt. Während Sie sich auf der Seite nach unten bewegten, wurden zusätzliche Teile der Geschichte durch den Einsatz von Parallax-Scrolling hinzugefügt. Dieser Ansatz baut eine faszinierende Erzählung auf, die den Leser in den Bann zieht und Lust auf mehr macht.

Solche Erfahrungen eignen sich großartig für bestimmte Inhaltstypen. Wir dürfen aber die Nutzer nicht von ihren Zielen ablenken oder von den Aktionen, die sie ausführen sollen. Wenn Sie mit dem Aufbau Ihrer Seiten und Ansichten beginnen, sollten Sie diese Ziele definiert haben. Sie sollten auch UX-Ziele definieren, die Sie daran erinnern, was wann wichtig ist und auf welchem Niveau sich die Erfahrung bewegen sollte. Bestimmen Sie auch den Zweck der Seite oder der Ansicht und legen Sie fest, was ein Erst- oder wiederkehrender Besucher auf ihr tun kann. Darauf gehe ich gleich noch näher ein.

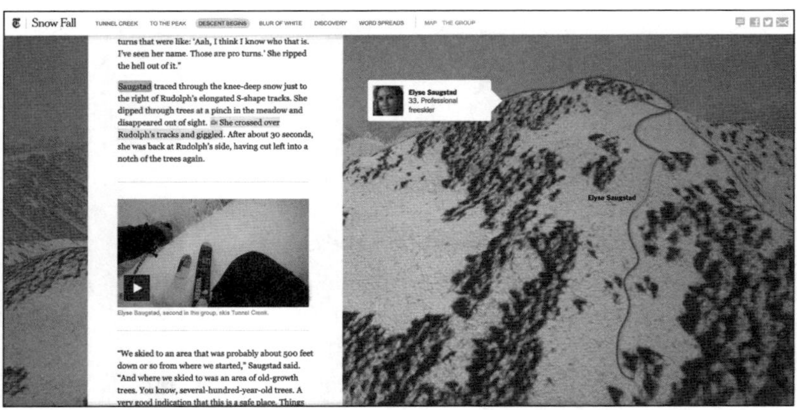

Abbildung 13.2: Die interaktive News-Story »Snow Fall«[2]

Als Leitprinzip können Sie sich vorstellen, dass der Bereich oberhalb des Falzes die Eröffnungsszene Ihrer Seite ist. Angewandt auf das traditionelle Storytelling ist dies die »Szene«, die die Aufmerksamkeit des Publikums erregen und es in den Bann ziehen muss, damit es weiterliest oder -sieht. Genauso sollten Sie es auch beim Produktdesign halten. Unterhalb des Falzes befindet sich der Hauptinhalt der Geschichte, die Sie erzählen. Stellen Sie sicher, dass es sich um eine spannende Geschichte handelt, die den Nutzer an der richtigen Stelle ein-

2 John Branch, »Snow Fall«, The New York Times, 2012, *https://oreil.ly/gb0u_*.

bezieht und mit der gewünschten Aktion, die er ausführen soll, sowie mit der gewünschten emotionalen Reaktion verknüpft ist.

Die Seite oder Ansicht als Teil der Erzählung

Auch wenn der Nutzer des fertigen Produkts jeweils nur eine Seite oder Szene sehen wird, sollte die Strukturierung unserer Seite ihm auch helfen, sich ein mentales Bild davon zu machen, wie diese Seite oder Szene zum Rest passt. Unabhängig davon, ob dies die erste oder letzte Seite oder Ansicht ist, sollte sie entsprechend gehaltvoll sein, damit sie als Anfang, Mitte oder Ende der Erzählung funktioniert.

In Kapitel 3 haben Sie gesehen, wie stark fragmentiert User Journeys mittlerweile sind und dass oft der einzige Kontext, den der Nutzer beim erstmaligen Besuch auf unserer Website sieht, der Inhalt ist, der den angeklickten oder angetippten Link begleitet. In den meisten Fällen sehen sie diesen Kontext in ihren Suchergebnissen oder gemeinsam mit dem Social-Media-Beitrag, mit dem sie interagiert haben. Hier hilft es, an CYOA-Bücher zu denken (wie in Kapitel 12 beschrieben), und daran, wie man die Erzählung so plant, dass sie ungeachtet ihrer Reihenfolge funktioniert.

In Kapitel 10 habe ich mich mit untergeordneten Erzählungen und alternativen Journeys beschäftigt. Diese Absprungpunkte sollten für den Nutzer eindeutig sein, egal auf welcher Seite oder in welcher Ansicht er sich befindet. Wir sollten ihm helfen, sich die Auswirkungen eines Klicks oder Fingertipps auf den Link oder die Schaltfläche vorzustellen. Genauso sollten sie sich vorstellen können, was sie sehen, wenn sie zurückkehren oder zu einem anderen Abschnitt oder einer anderen Seite gehen. An dieser Stelle ist es wichtig, die mentalen Modelle der Nutzer anzusprechen, die wir in Kapitel 11 betrachtet haben.

Die Erzählungen der Wireframes und UX-Prototypen

Die Geschichte, die wir mit unserem Design erzählen, ist nicht nur für die vorgesehenen Nutzer bestimmt. Bevor unser Design den Nutzer erreicht, müssen wir intern und gegenüber dem Kunden die Geschichte der Seite oder Ansicht erzählen. Dabei spielen Wireframes und Prototypen eine große Rolle.

Im Vergleich zum traditionellen Storytelling ähneln Wireframes Drehbüchern. Die englischsprachige Wikipedia beschreibt ein Drehbuch als eigenständige literarische Form; genau wie eine Musikpartitur ist es »dazu bestimmt, durch die Darbietung anderer Künstler interpretiert zu werden, und dient nicht als fertiges Produkt zum Vergnügen des Publikums.« Das Gleiche gilt für Wireframes. Sie sollen kein direktes Abbild des fertigen Produkts sein, und die visuellen Designer sollen es nur »ausmalen«. Ähnlich wie ein Drehbuch die Szenen beschreibt, in denen sich die Handlung abspielt, und Regieanweisungen gibt, beschreibt ein Wireframe die Hierarchie der Inhalte. Ein Wireframe beschreibt, wo die Inhalte platziert werden sollen, wie lang sie sein sollen, welche Funktionalität hinzukommt und so weiter. Dadurch sollen es nicht nur die Designer und Entwickler leichter haben, die Geschichte zum Leben zu erwecken, sondern das Wireframe soll auch den internen Stakeholdern und den Kunden dienen.

Kapitel 8 zeigte, dass Storyboards manchmal als Inspiration verwendet werden, um die Handlung eines Films festzulegen. In anderen Fällen werden sie als Arbeitsergebnis genutzt und sollen zeigen, wie die Geschichte erzählt und zum Leben erweckt werden soll. Hier können wir Parallelen zu Prototypen ziehen. Prototypen dienen dem Team dazu, Interaktionen und Sequenzen zu testen, um die Produkterfahrung zu gestalten und zu definieren. Sie eignen sich auch als Werkzeug, um festzuhalten, wie diese Produkterfahrung erzählt werden soll.

Wenn es um die Rolle und die Geschichte geht, die Wireframes und Prototypen in Ihrem Projekt erzählen, sollte der Faktor entscheidend sein, was dem Projekt, dem Team und dem Kunden oder den internen Stakeholdern am meisten helfen wird. Die Verwendung der Wireframes und Prototypen, ihre Detailtreue, die Anzahl der Notizen und Anmerkungen sollten sich nach ihrem Zweck richten.

Die Seite oder Ansicht insgesamt als einen Teil der Geschichte, aber auch als eigene Geschichte zu betrachten, ist eine gute Grundlage, um das Narrativ der Seite oder Ansicht zu erkennen und zu definieren. Es gibt jedoch noch konkretere Erkenntnisse, die wir aus dem traditionellen Storytelling gewinnen können. Diese sehen wir uns als Nächstes an.

Die Bestandteile einer Szene

Es gibt verschiedene Interpretationen des gewünschten Inhalts einer Szene, je nachdem, ob Sie einen Roman, ein Drehbuch oder ein Theaterstück schreiben. Aber auch innerhalb derselben Form variiert die Definition. Die Autorin Jane Friedman spricht von sieben Ebenen einer Szene:[3]

Zeit und Umgebung
: Diese erste Ebene verankert den Leser im »Wann« und »Wo«.

Dramatische Handlung
: Diese zweite Ebene entfaltet sich von Moment zu Moment.

3 Alderson, »7 Essential Elements of Scene + Scene Structure Exercise«.

Konflikt, Spannung, und/oder Dramatik
Dies ist in die zweite Ebene eingebettet, und auch wenn der Konflikt nicht offenkundig sein muss, muss er doch vorhanden sein.

Charakter
Das Herz der Geschichte ist die emotionale Entwicklung des Helden und das ist es, was die Handlung vorantreibt.

Das Ziel des Protagonisten
Dies ist die fünfte Ebene, die sich mit dem spezifischen Ziel befasst, das der Charakter in der Szene zu erreichen hofft. Wenn dieses Ziel klar verständlich ist, stellt sich für das Publikum die Frage: »Wird der Protagonist Erfolg haben?«

Charaktere und ihre Veränderung oder emotionale Entwicklung
Dies ist die sechste Ebene. Sie betrifft die wesentliche emotionale Veränderung, die der Charakter durchlaufen muss, um das Interesse des Publikums zu erhalten.

Thematische Bedeutung
Diese letzte Ebene umfasst das allgemeine Thema und das Motiv der Erzählung. Wenn die in der Szene eingesetzten Details mit Eindrücken übereinstimmen, die Ihre Leser mitnehmen sollen, dann haben Sie der gesamten Handlung Bedeutung und Tiefe verleihen können.

Autor Ali Luke hat eine andere Sichtweise und definiert die folgenden Elemente einer Szene:[4]

Charaktere
Mindestens ein Charakter, der in Aktion tritt.

Dialog
Wenn es mehr als einen Charakter gibt, sollte ein Dialog stattfinden.

Beschreibung der Umgebung
Wo findet die Szene statt und wie wirkt sich die Umgebung auf die Handlung und/oder den Dialog aus?

Konflikt oder Komplikation
Dies führt zum Spannungsmoment.

Ansteigende Emotion oder Spannung
Die Emotionen sollten nicht mit dem Höhepunkt beginnen, sondern sich in der Szene steigern.

4 Luke, »What Is a Scene?«

Ende
Schließen Sie mit einem starken Ende ab, statt die Spannung allmählich abflauen zu lassen.

Verbindung zur nächsten Szene
Entweder eine eindeutige Fortsetzung der aktuellen Szene oder eine weniger direkte Anknüpfung.

Anwendung auf das Produktdesign

Friedman wie Luke liefern gute Orientierungspunkte, auf die wir im Produktdesign zurückgreifen können. Lukes Auflistung hat die stärkste Verbindung zum Produktdesign und kann fast direkt auf die Definition der Geschichte der Seite oder der Ansicht angewandt werden:

Charaktere
Dies ist Ihr Hauptnutzer, der im Begriff ist, eine Aktion (oder keine Aktion) durchzuführen.

Dialog
Dies ist die Markenbotschaft.

Beschreibung der Umgebung
Dies sind alle begleitenden Botschaften und Inhalte, die auf der Seite oder in der Ansicht vorhanden sind und Kontext sowie ausreichend Hintergrundinformationen liefern, um dem Nutzer zu helfen, eine Entscheidung hinsichtlich seiner Aktionen zu treffen.

Konflikt oder Komplikation
Die Emotionen sollten nicht mit dem Höhepunkt beginnen, sondern sich in der Szene steigern.

Ende
Schließen Sie mit einem starken Ende ab, statt die Spannung allmählich abflauen zu lassen.

Link zur nächsten Szene
Entweder eine eindeutige Fortsetzung der aktuellen Szene oder eine weniger direkte Anknüpfung.

Übung: Die Bestandteile einer Szene

Arbeiten Sie anhand von Lukas Lukes Liste der Elemente einer Szene mindestens eine der folgenden Übungen durch:

- Definieren Sie die Elemente einer Szene aus Ihrem Lieblingsfilm gemäß der Definition von Luke.
- Nehmen Sie eine Seite oder Ansicht Ihres eigenen oder eines von Ihnen regelmäßig verwendeten Produkts und definieren Sie anhand der auf das Produktdesign angepassten Liste deren Bestandteile.
- Definieren Sie anhand der auf das Produktdesign angepassten Liste für eine noch nicht entworfene oder entwickelte Seite oder Ansicht die Bestandteile der Szene.

Elemente, die helfen, die Geschichte einer Seite oder Ansicht zu erzählen

Im Produktdesign kann man sich die Grundbausteine, aus denen eine Seite oder Ansicht besteht, leicht als die Elemente der Seite vorstellen. Natürlich wird die Geschichte, die wir erzählen, auch davon geprägt, wie wir diese Elemente einsetzen und kombinieren und in welcher Reihenfolge wir sie präsentieren. Dies bildet einen wichtigen Teil der Geschichte und lässt sich folgendermaßen aufschlüsseln:

Die Grundbausteine
: Die Module und die Elemente, aus denen die Module bestehen (z. B. Bilder, Überschriften, Text, Schaltflächen, Formularfelder)

Die visuelle Präsentation
: Wie die Grundbausteine zum Leben erweckt werden, wie sie verwendet werden, um die Aufmerksamkeit auf bestimmte Teile der Seite oder Ansicht zu lenken, und was ihre Ästhetik dem Nutzer über die Seite, die Ansicht und das Produkt als Ganzes sagt

Wir können jedoch noch mehr Elemente einer Seite oder Ansicht aus dem traditionellen Storytelling beziehen:

Die Charaktere oder Nutzer
: Jede Seite oder Ansicht zielt auf bestimmte Nutzer ab, die wir zum Handeln bewegen wollen. Eine gute Seite oder Ansicht sollte klar erkennen lassen, an wen sie sich richtet und warum.

Primäre und sekundäre CTAs

Genauso wie eine Szene eine Verknüpfung zur folgenden Szene enthalten sollte, sollte eine Seite oder Ansicht durch primäre CTAs einen klaren Weiterverweis insbesondere zur nächsten Seite bieten, außerdem auch untergeordnete Verknüpfungen durch sekundäre und kontextbezogene CTAs.

Was uns Szenen über die Definition von Seiten oder Ansichten lehren

Wenn Autoren mit der Arbeit an ihren Szenen beginnen, schreiben sie. Das mag offensichtlich erscheinen, aber diese einfache Sache gilt auch für das Produktdesign und bedeutet nicht, dass Sie unbedingt gleich damit anfangen, die eigentliche Erzählung zu schreiben. Es gehört viel »strukturelles« oder planerisches Schreiben dazu, das, genau wie beim Design, hilfreich für die nächsten Schritte ist.

Es steckt so viel Kraft im Schreiben, und wie ich bereits beschrieben habe, erzählt jede Seite oder jeder Bildschirm eine Geschichte. Der erste Schritt besteht darin, herauszufinden, wie die Geschichte eigentlich lautet und wem sie in erster Linie erzählt werden soll.

Die folgenden sieben Methoden sind vom traditionellen Storytelling inspiriert und großartige Möglichkeiten, die Erzählung Ihrer Seite oder Ihres Bildschirms zu definieren. Sie sind so aufgebaut, dass Sie sie entweder als Schritt-für-Schritt-Anleitung durcharbeiten oder einzeln so einsetzen können, dass Ihr Produkt, Ihr Team und Ihr Projekt den größten Nutzen erfährt.

Bestimmen Sie den Zweck der Seite oder Anzeige

Gemäß Jerry Jenkins' Blog gehört es zu den wichtigsten Aspekten zu Beginn der Arbeit an einer Szene, ihren Zweck in ein oder zwei Sätzen zu beschreiben. Demnach ist der übliche Ratschlag, eine Szene solle die Handlung vorantreiben, den Charakter offenbaren oder beides, zwar gut, aber zu vage. Ihre Szene sollte ein starkes Tempo haben und statt zu erzählen, sollten Sie sie bildlich darstellen und Empathie für Ihren Hauptdarsteller wecken. Sie sollten auch sicherstellen, dass der Leser weiterblättern möchte, um mehr zu lesen. Wir nehmen in uns auf, was passiert, und entscheiden uns für eine neue Aktion: »Aktion – Reaktion – Verstehen – Entscheidung – weitere Aktion.« Jenkins empfiehlt, jede Szene in einem Satz zusammenzufassen. Und wenn Ihnen kein Zweck für eine Szene einfällt, sollten Sie sie verwerfen und eine ersinnen, die funktioniert.[5]

5 Lakin, »8 Steps to Writing a Perfect Scene – Every Time«.

Ganz ähnlich gehe ich vor, bevor ich mit dem Skizzieren oder Wireframing beginne. Ich beginne gewohnheitsmäßig stets mit der Definition des Zwecks der Seite oder Anzeige, für die ich eine Skizze oder ein Wireframe anfertigen möchte. Meist fange ich mit der Gesamtaussage an und verfeinere sie dann weiter und schlüssele auf, was ein Erstbesucher und was ein wiederkehrender Besucher tun können sollte, und zwar sowohl auf einem Mobilgerät als auch auf einem Desktop. Auf diese Weise zwinge ich mich nicht nur, mir klarzumachen, warum diese Seite benötigt wird und was ihr Hauptzweck ist, sondern ich muss auch über die Bedürfnisse nachdenken, die sie erfüllen soll und inwiefern sie sich auf mobilen und Desktop-Geräten unterscheiden könnte.

Oftmals sind UX-Designer und der Rest des Teams nicht in der Lage, diese einfachen Fragen zu beantworten, weder vor dem Wireframing noch nachdem das Wireframe »fertig« ist. Stattdessen stürzen sie sich direkt ins Skizzieren, Wireframing, Design oder Prototyping. Dadurch verpassen sie jedoch einen wichtigen Schritt und laufen dann Gefahr, den Weg des »Einfach-Machens« einzuschlagen, statt sich das »Warum«, »Was«, »Für wen« und »Wie« zu verdeutlichen. Wenn Sie den Zweck einer Szene festhalten, verschaffen Sie sich einerseits selbst Klarheit, andererseits dient es als gute Selbstkontrolle, wenn Sie dies für Ihre Seiten oder Ansichten durchführen (Abbildung 13.3). Wenn Sie sich schwer tun, den Zweck genau zu bestimmen, dann ist noch Arbeit nötig, entweder um den Zweck zu definieren oder vielleicht die ganze Seite zu überdenken, genau wie Jenkins es für die schriftstellerische Tätigkeit empfiehlt.

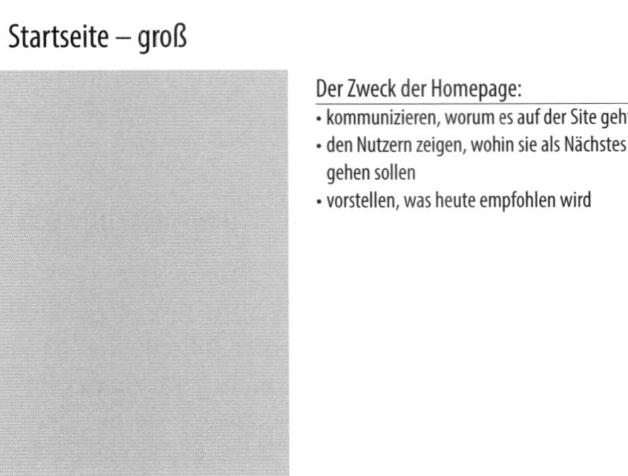

Abbildung 13.3: Den Zweck einer Seite oder eines Bildschirms definieren

So gehen Sie vor

Am besten verfahren Sie so, wie es für Sie am besten funktioniert. Sie könnten sich einfach hinsetzen und ein oder zwei Sätze über den Zweck der Seite zu schreiben. Manche Menschen können jedoch besser nachdenken, während sie z. B. skizzieren. Wenn Sie also durch Skizzieren leichter erfassen können, woran Sie arbeiten, dann tun Sie das.

Ich schreibe gerne zunächst den Einleitungssatz »Der Zweck dieser Seite/Ansicht ist es, ...« auf und erstelle dann eine Liste mit Aufzählungspunkten. Meistens verschaffen Sie sich bei Schreiben Klarheit darüber, worauf sich die Seite konzentrieren soll, statt sich nur von Ihren Ideen für das tolle Seitenlayout leiten zu lassen. Wenn Sie mit einer Skizze oder einem Wireframing beginnen, achten Sie darauf, dass Sie Ihre Visualisierung noch einmal durchgehen und die Aussagen über den Zweck der Seite ergänzen.

Übung: Bestimmen Sie den Zweck der Seite oder Anzeige

Nehmen Sie eine der Seiten oder Bildschirme für eines Ihrer Produkte oder eines, das Sie regelmäßig verwenden:

- Definieren Sie den Zweck der Seite oder des Bildschirms, indem Sie den Satz »Der Zweck dieser Seite/Ansicht ist es, ...« vervollständigen und die Antworten als Aufzählungspunkte darunter auflisten (siehe Abbildung 13.3).

Diese Übung macht auch im Nachgang Sinn: Nehmen Sie eine Seite oder einen Bildschirm, die/den Sie bereits entworfen oder sogar fertig entwickelt haben, und denken Sie über Folgendes nach:

- Kann der Zweck der Seite anhand der Bildschirmanzeige klar und einfach erklärt werden?

Seiteninhalte anhand der Bedürfnisse von Erst- und wiederkehrenden Nutzern festlegen

Wenn Sie mit der Arbeit an einer Szene beginnen, sollten Sie drei bis sieben Aufzählungspunkte notieren, die beschreiben sollten, was passieren wird. So können Sie sicherstellen, dass in der Szene nicht zu viel oder zu wenig passiert und dass Sie auf dem richtigen Weg bleiben, wenn Sie mit dem Schreiben der Szene beginnen.[6]

6 Luke, »What Is a Scene?«

Ein ähnlicher Prozess bietet sich für das Produktdesign an. Sicherlich könnten Sie einfach mit dem Skizzieren, Wireframing, Gestalten oder sogar Entwickeln der Seite oder des Bildschirms anfangen, ohne alle benötigten Inhalte, Funktionen und CTAs bestimmt zu haben. Wir gehen gerne davon aus, dass wir alle diese Elemente im Kopf haben, aber wenn wir dann tatsächlich anfangen, den Inhalt zu notieren, ist es meist doch nicht so klar, wie wir dachten. Nehmen Sie sich Zeit, zu definieren, welche Inhalte die Seite oder der Bildschirm Erst- und wiederkehrenden Nutzern bieten soll – dieser sinnvolle Schritt hilft Ihnen, herauszufinden, was auf der Seite enthalten sein sollte (Abbildung 13.4). Es ist auch eine nützliche Übung, die Sie immer wieder durchführen können, um sicherzustellen, dass Sie auf dem richtigen Weg sind.

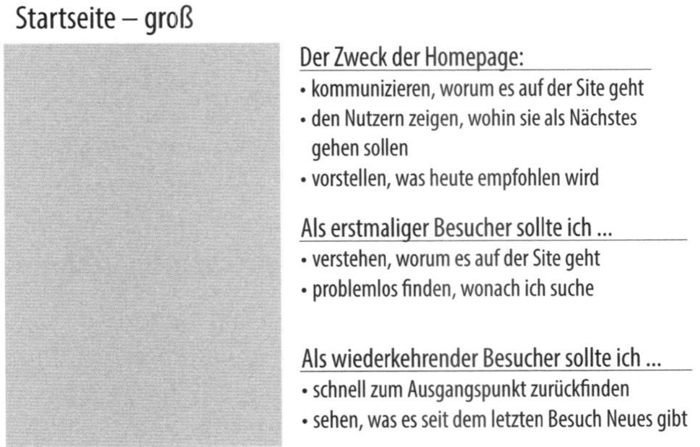

Abbildung 13.4: Die Bedürfnisse von Erst- und wiederkehrenden Nutzern berücksichtigen

So gehen Sie vor

Ich verwende gerne zwei Spalten – eine für die Erstnutzer und eine für wiederkehrende Nutzer – und positioniere sie unter der Zweckaussage. Diese dient dann als übergreifender Anker, der zusammenfasst, warum die Seite existiert. Dann schreibe ich einen Satz an den Anfang jeder Spalte: »Als Erstnutzer sollte ich in der Lage sein, ...« und »Als wiederkehrender Besucher sollte ich in der Lage sein, ...« Diese Sätze und die anschließenden Aufzählungspunkte, die beschreiben, was einem Erstnutzer und einem wiederkehrenden Nutzer möglich sein sollte, gibt mir die Möglichkeit, die Bedürfnisse und Prioritäten der einzelnen Nutzer zu identifizieren.

Übung: Seiteninhalte anhand der Bedürfnisse von Erst- und wiederkehrenden Nutzern festlegen

Nehmen Sie eine der Seiten oder einen Bildschirm für ein Produkt, an dem Sie gerade arbeiten, oder für ein regelmäßig verwendetes Produkt:

- Definieren Sie, was ein Erstnutzer tun können sollte, indem Sie den Satz »Als Erstnutzer sollte ich in der Lage sein, ...« notieren und die Antworten als Aufzählungspunkte darunter auflisten (siehe Abbildung 13.4).
- Definieren Sie, was ein wiederkehrender Nutzer tun können sollte, indem Sie den Satz »Als wiederkehrender Besucher sollte ich in der Lage sein, ...« notieren und die Antworten als Aufzählungspunkte darunter auflisten (siehe Abbildung 13.4).

Diese Übung können Sie auch gut im Nachhinein für eine bereits gestaltete oder gar entwickelte Seite durchführen. Vervollständigen Sie in diesem Fall die zuvor genannten Sätze und beurteilen Sie anschließend die betreffende Seite im Licht Ihrer Antworten:

- Entspricht die Seite den Bedürfnissen von Erstbesuchern?
- Entspricht die Seite den Bedürfnissen von wiederkehrenden Besuchern?

Bestimmen, wie viel Zeit ein Nutzer auf der Seite oder dem Bildschirm verbringen soll

Ein weiteres gutes Prinzip, um die Erzählung Ihrer Seiten zu definieren, ist, zu entscheiden, welche Inhalte und Funktionen enthalten sein sollen, und um die Struktur zu erstellen, ist es, sich klarzumachen, wie lange sich ein neuer oder wiederkehrender Besucher mit jeder Seite beschäftigen sollte. Ein klar definierter Zeitrahmen gibt Ihnen einen weiteren Prüfpunkt, mit dessen Hilfe Sie einschätzen können, ob Sie die Nutzer in ihrer direkten Journey unterstützen oder eher ablenken.

Manchmal ist ein geplanter oder unerwarteter Stopp eine schöne Sache. Manchmal, z.B. wenn nur wenig Zeit zur Verfügung steht oder eine Aufgabe erledigt werden muss, wird er zur Frustrationsquelle und sollte vermieden werden. Führen Sie diese Übung durch, bevor Sie mit dem Definieren und Skizzieren der Inhalte beginnen, damit Sie das Ergebnis zusammen mit dem Zweck und der Rolle der Seite oder des Bildschirms im Hinterkopf behalten können.

So gehen Sie vor

Die tatsächliche Zeit, die ein Nutzer auf einer Seite oder einem Bildschirm verbringt, hängt immer von mehreren Faktoren ab und variiert je nach Vertrautheit mit dem Thema und dem Produkt, Computerkenntnissen so weiter. Wie bei allem, was messbar ist, können Sie jedoch allgemeine Bandbreiten verwenden. Am vorteilhaftesten ist es, wenn Sie dies einfach auf Basis von erstmaligen und wiederkehrenden Besuchern aufschlüsseln.

Ist Ihr Produkt bereits live und möchten Sie die Seiten verbessern oder ein Redesign durchführen, sind die Analysen, wie lange neue und wiederkehrende Besucher im Durchschnitt auf der Seite verbringen, ein nützlicher Ausgangspunkt. Die meisten Analyseplattformen, etwa Google Analytics, ermöglichen es Ihnen, diese Daten einzusehen. Am besten ist es jedoch immer, sowohl quantitative Daten, z. B. Analysen, als auch qualitative Daten zu verwenden, damit Sie einen Einblick sowohl in das quantitative »Was« als auch in das qualitative »Warum« erhalten.

Das aktuelle Nutzerverhalten ist möglicherweise nicht ideal, daher ist es sinnvoll, eine quantitative Bewertung durch qualitative Einblicke zu ergänzen, um die Ursache der Verhaltensweisen zu diagnostizieren. Durch die Kombination aus Analytics und Tools wie Hotjar, mit denen Sie erfassen können, wohin die Nutzer blicken und wie sie die Seite auf eine ungestellte, unbefangene Art und Weise scannen, können Sie einschätzen, welche Geschichte die Seite derzeit erzählt, vielleicht auch unbewusst.

Wenn Sie an einem neuen Produkt arbeiten, kann ein Blick auf die Daten ähnlicher Websites derselben Branche oder auf Seiten und Bildschirme von Nicht-Konkurrenten, die den gleichen Zweck erfüllen, einen wertvollen Anhaltspunkt liefern. Egal, ob Sie an einem Redesign, einer Überarbeitung oder einem brandneuen Produkt arbeiten, es empfiehlt sich immer, die gewünschte Zeit in einem ersten Schritt selbst zu definieren. Damit stellen Sie sicher, dass Sie nicht zu voreingenommen oder in eine bestimmte Richtung gelenkt werden, sondern den Zweck, die Rolle und Bedürfnisse Ihrer erstmaligen und wiederkehrenden Besucher im Blick behalten. Wenn Sie wirklich keinen sicheren Richtwert ermitteln können, führen Sie intern ein paar Tests mit nicht direkt am Projekt beteiligten Personen durch, um abzuschätzen, wie lange Erstbesucher und wiederkehrende Besucher wahrscheinlich auf der Seite bleiben werden. Diese Zeitspannen können dann anhand der zuvor beschriebenen Benchmark-Daten weiter verfeinert werden.

Egal, welchen Weg Sie einschlagen, es ist empfehlenswert, die gewünschte Zeit als Richtwert zu betrachten, anstatt zu versuchen, die genauen Millisekunden zu bestimmen. Wichtig ist, dass die gewünschte Zeit auf der Seite als Referenzpunkt dienen sollte, basierend auf ihrem Zweck und dem Nutzungskontext. Außerdem sollte diese Schätzung dazu beitragen, dass sich das Produktdesignteam bewusst macht, wie sich das Design auf die Navigation des Nutzers auswirkt.

Geräteübergreifende Inhalte ermitteln und priorisieren

Eine großartige Möglichkeit, um den Bedarf auf den mobilen und den Desktop-Varianten zu ermitteln, besteht darin, den Inhalt selbst in Worte zu fassen und herauszufinden, was auf jede Seite und jeden Bildschirm gehört. Ich rate den Teilnehmern meiner Workshops und Kurse oft, die für die Desktop- und mobilen Seiten benötigten Inhalte zu notieren, dann durchzugehen und für jedes Gerät zu priorisieren (und ggf. Geräte hinzuzufügen). Das ist ein schneller und einfacher Weg, sich die Prioritäten klarzumachen und herauszufinden, ob ein bestimmter Inhalt auf dem Mobiltelefon wirklich gebraucht wird. Als Ausgangspunkt gilt: Wenn Sie ihn auf dem Handy nicht brauchen, brauchen Sie ihn wahrscheinlich auch nicht unbedingt auf dem Desktop (es sei denn, es gibt einen wirklich guten Grund dafür).

So gehen Sie vor

Sobald Sie den Zweck der Seite und der Ansicht und die Möglichkeiten für Erst- und wiederkehrende Nutzer definiert haben, nehmen Sie am einfachsten Stift und Papier und notieren in einer Spalte den Inhalt, den der Nutzer auf dem Desktop benötigt. In einer zweiten Spalte notieren Sie die Inhalte, die auf dem Handy benötigt werden. Hier kann es sinnvoll sein, sich konkrete Szenarien für Ihre Nutzer auszudenken, da der Nutzungskontext bedeuten kann, dass das Mobiltelefon eine höhere Bedeutung hat. Bei der Suche nach Restaurants auf dem Desktop ist der Nutzer beispielsweise oft mit der Vorausplanung beschäftigt, sodass der aktuelle Standort vielleicht keine Priorität hat. Bei der Suche nach Restaurants auf dem Smartphone möchte er jedoch eher ein Restaurant in der Nähe finden, das genau jetzt geöffnet hat.

Übung: Geräteübergreifende Inhalte ermitteln und priorisieren

Definieren Sie Folgendes für eine Ihrer Seiten, deren Zweck und Handlungsmöglichkeiten für Erst- und wiederkehrende Nutzer Sie bereits bestimmt haben:

- Welche Inhalte benötigt der Nutzer auf einem Desktop?
- Welche Inhalte benötigt der Nutzer auf einem mobilen Gerät?
- Priorisieren Sie die Relevanz der Desktop-Inhalte, indem Sie die einzelnen Elemente nummerieren, wobei 1 die höchste Wichtigkeit darstellt.
- Priorisieren Sie die Wichtigkeit der mobilen Inhalte, indem Sie die einzelnen Elemente nummerieren, wobei 1 die höchste Wichtigkeit darstellt.
- Vergleichen Sie die beiden Listen. Prüfen Sie bei Bedarf, wie Sie die mobile oder die Desktop-Ansicht anpassen können, damit sie den Bedürfnissen des Nutzers am besten entspricht.

Definieren Sie den Fluss der Inhalte von kleinen auf große Bildschirme

Wenn wir die Geschichte einer Seite planen, müssen wir sowohl den Fluss von oben nach unten berücksichtigen als auch festlegen, wie die Abschnitte und die darin enthaltenen Module zu einem Ganzen zusammengefügt werden. Wie ich in Kapitel 12 erläutert habe, müssen wir – mit den Worten von Trent Walton – den Inhalt und seinen Fluss von einem größeren zu einem kleineren Bildschirm und umgekehrt choreografieren, damit die beabsichtigte Botschaft auf jedem Gerät vermittelt wird. Im Responsive Design definieren wir dazu Breakpoints, an denen sich das Layout von einem zum anderen Gerät ändert, und legen unsere Content-Stacking-Strategie fest – also wie die Inhalte in den verschiedenen Ansichten »gestapelt« werden sollen. Dies ist ein wichtiger Aspekt, wenn wir die Erzählung der Seite oder Ansicht definieren.

Als Ausgangspunkt sollten wir den Kerninhalt und die Funktionalität unverändert lassen. Das heißt aber nicht, dass Sie auf Desktop- und mobilen Geräten genau die gleiche Erzählung liefern sollten. Nehmen Sie zum Beispiel eine Erfahrung, bei der der Standort eine wichtige Rolle spielt und bei der Sie eine Karte anzeigen möchten, um auf dem Desktop auf bestimmte Orte hinzuweisen. In der Desktop-Ansicht haben Sie viel Platz, um sowohl die Karte als auch eine begleitende Liste einzubinden, ähnlich wie es Airbnb oder Foursquare machen. Auf dem Handy wird es ein bisschen eng. Nur weil Sie als Ausgangspunkt den Kerninhalt und die Funktionalität beibehalten sollten, bedeutet das nicht, dass Sie dies genau auf dieselbe Art und Weise darstellen müssen oder der Karte auf dem Smartphone so viel Bedeutung beimessen müssen wie auf dem Desktop. Darüber hinaus haben Produktdesigner die Möglichkeit, den aktuellen Standort des Nutzers auf dem Handy zu nutzen. Diese Aspekte sollten im Hinblick auf den Nutzungskontext beim Produktdesign berücksichtigt werden.

Wenn wir die Geschichte unserer Seiten und Ansichten für kleinere und größere Bildschirme definieren, müssen wir uns mit der Rolle dieser Bildschirmgrößen für die Erfahrung beschäftigen und überlegen, wofür das jeweilige Gerät gut oder weniger gut geeignet ist. Dies wiederum hilft uns, die Geschichte der einzelnen Seiten oder Ansichten zu definieren.

So gehen Sie vor

Nachdem Sie den Inhalt ermittelt und priorisiert haben, ist es einfacher, seinen Fluss auf der Seite und die Ansichten zu skizzieren. Beginnen Sie auf jeden Fall und ohne Ausnahme mit dem Skizzieren, bevor Sie mit der Arbeit am Computer beginnen. Selbst wenn Sie sich nur 15, 30, 45 Minuten oder eine Stunde Zeit nehmen – wenn Sie im Vorfeld etwas Zeit mit dem Skizzieren verbringen, werden Sie den Fluss und die Geschichte der Seite verstehen und Zeit sparen.

So können Sie auch sehr gut die Priorisierung der Inhalte etwas konkreter gestalten, wie Abbildung 13.5 zeigt.

Wenn Sie sich mit dem Inhalt und seinem Fluss von einem Gerät zum nächsten beschäftigen, müssen Sie die Breakpoints berücksichtigen. Wenn Sie Ihr Browserfenster verkleinern, indem Sie die untere rechte Ecke nach links ziehen, wird sich an einem bestimmten Punkt das Seitenlayout ändern. Jetzt haben Sie einen definierten Breakpoint erreicht. Für diese Breakpoints definieren wir im Prinzip unsere Content-Stacking-Strategie, sodass wir wissen, wie sich der Inhalt in die neuen Abmessungen einpassen wird.

Man hört viel von »mobile first« und in manchen Fällen wird es auch als Ansatz bezeichnet, der für den Wireframing-Prozess gewählt werden muss. Mobile first ist ein bedeutender Ansatz für die Entwicklung unserer Designs, aber nicht für die Konzeption des Inhalts und seines Layouts.

Startseite – groß

Header & Navigation	1. Header & Navigation			
Hero-Feature	2. Hero-Feature			
Vorgestellte Kategorien	3. Kategorie		4. Kategorie	
			5. Kategorie	6. Kategorie
Vorgestellte Produkte	7. Produkt	8. Produkt	9. Produkt	10. Produkt
Footer	11. Footer			

Startseite – klein

Header & Nav.	1. Header & Nav.	
Hero-Feature	2. Hero-Feature	
Vorgestellte Kategorien	3. Kategorie	
	4. Produkt	5. Produkt
Vorgestellte Produkte	6. Produkt	7. Produkt
	8. Produkt	9. Produkt
Footer	10. Footer	

Abbildung 13.5: Priorisierung von Inhalten über Geräte und Bildschirmgrößen hinweg

Ob Sie zuerst für das kleinste oder das größte Gerät skizzieren, macht für das Endergebnis meist keinen Unterschied. Das Wichtigste ist, dass Sie den Inhalt auf kleineren und größeren Bildschirmen in Verbindung miteinander durcharbeiten, anstatt zuerst alle Ihre mobilen Wireframes zu erstellen und dann die für den Desktop. Manche Leute finden es einfacher, zuerst mit der mobilen Version zu beginnen und sich dann hochzuarbeiten. Ich persönlich bevorzuge es, zuerst mit dem komplexesten Bildschirm zu beginnen, und das ist für mich in Bezug auf die verschiedenen Layout-Optionen der Desktop. Ich fange nur dann mit dem Smartphone an, wenn die Erfahrung, an der wir arbeiten, hauptsächlich auf dem Handy genutzt werden soll.

Ich glaube nicht an richtige und falsche Wege. Wenn Ihnen jemand sagt, dass Sie zuerst Wireframes für mobile Geräte erstellen müssen, würde ich das infrage stellen, es sei denn, er hat einen sehr guten Grund. Was zählt, ist das Endergebnis, und da wir nicht erst einen Satz Wireframes fertigstellen und dann den nächsten beginnen sollten, ist es eigentlich egal, wie man beginnt.

Übung: Definieren Sie den Fluss der Inhalte von kleinen auf große Bildschirme

Mit Ihrer Liste der priorisierten Inhalte für eine der Seiten oder Ansichten Ihres Produkts nehmen Sie zwei Blätter Papier, eines für Desktop und eines für Mobile. Skizzieren Sie auf beiden den Umriss des entsprechenden Bildschirms. Gehen Sie dann wie folgt vor:

- Beginnen Sie entweder mit Mobile oder Desktop und zeichnen Sie ein übergeordnetes Wireframe entsprechend der von Ihnen definierten Priorisierung der Inhalte. Dies kann wie in Abbildung 13.5 auf einer modularen Ebene oder mit mehr Details erfolgen. Das Wichtigste ist, dass Sie das Layout des Inhalts durcharbeiten.
- Gehen Sie für die anderen Bildschirmgrößen genauso vor, wobei Sie immer im Hinterkopf behalten, was jeweils am besten geeignet ist; zum Beispiel sind drei Spalten auf dem Handy nur schwer unterzubringen.
- Überprüfen und überarbeiten Sie beides, bevor Sie mit dem detaillierteren Wireframing/Design beginnen.

Verwenden Sie primäre und sekundäre CTAs, um die Geschichte zu erzählen

Der bereits erwähnte Mark Bell hatte die Idee, dass eine gut gestaltete Website keine Hauptnavigation braucht. Stattdessen sollten die Nutzer selbstständig durch den Inhalt und die Geschichte einer Seite navigieren. Das ist ein wirklich tolles Prinzip, das wir im Hinterkopf behalten sollten, wenn wir Seiten und Ansichten definieren und strukturieren.

Jede Seite sollte ihre eigene Geschichte durch die visuelle Hierarchie des Inhalts und die primären Handlungsaufforderungen, aber auch durch die unterstützenden und sekundären Links erzählen. Die Hauptnavigation sollte das Ticket sein, das wir immer in der Hosentasche haben, unser persönlicher Fahrstuhl oder Teleporter, wenn Sie so wollen, der uns mit einem oder zwei Klicks oder Tipps auf magische Weise von einem Ort zum anderen bringt. Kein Warten, keine Verwirrung, einfach direkt ans Ziel.

Die kontextbezogene Navigation über Links und Handlungsaufforderungen innerhalb des Inhalts der Seite/Ansicht selbst bietet dagegen eine eher beiläufige Erfahrung. Wir sind weniger in einer »Bring-mich-jetzt-dorthin«-Stimmung, sondern wollen erkunden und uns vom Inhalt und der Geschichte der Seite auf unserer Reise leiten lassen. Die kontextbezogene Navigation ist eine oft übersehene Möglichkeit, und das Ergebnis ist, dass Nutzer auf die Hauptnavigation oder die Suche zurückgreifen müssen, um ans gewünschte Ziel zu gelangen.

So gehen Sie vor

Bei der Definition der primären und sekundären CTAs sowie der kontextuellen Links geht es sehr stark darum, die Geschichte zu kennen, die die Seite selbst erzählen soll und welche Rolle die betreffende Seite oder Ansicht in der übergreifenden Geschichte spielt. Bei der Navigation müssen Sie sicherstellen, dass es Türen gibt, die den Nutzer auf die richtige Weiterreise führen und entweder die Haupthandlung (Haupt-CTA) oder eine der definierten Nebenhandlungen (Neben-CTAs und kontextuelle Links) unterstützen.

Bei der Navigation möchten wir jedoch auch, dass dem Nutzer nicht zu viele Optionen geboten werden, die ihn verwirren könnten, und dass die Ziele des Nutzers und des Unternehmens immer im Vordergrund stehen. Es ist sinnvoll, die folgende Übung durchzuarbeiten, bevor und während Sie an dem Wireframing oder Design arbeiten.

Übung: Verwenden Sie primäre und sekundäre CTAs, um die Geschichte zu erzählen

Bestimmen Sie für die Seite oder Ansicht, mit der Sie in den vorherigen Übungen gearbeitet haben, Folgendes:

- Was ist die wichtigste Aktion, die der Nutzer auf dieser Seite oder Ansicht ausführen soll?
- Welche weiteren Aktionen soll er durchführen?
- Wie können Sie andere Weiterleitungen durch kontextbezogene Navigation unterstützen; zum Beispiel, wenn der Nutzer mehr zu einem bestimmten Thema sehen möchte?
- Auf welche – falls zutreffende – verwandten Inhalte sollte der Nutzer aufmerksam gemacht werden, wenn der Inhalt dieser Seite/Ansicht nicht ganz seinen Zielen entspricht?

Wireframes, Mockups und Prototypen mithilfe von Storytelling testen und bewerten

Alle vorangegangenen Übungen zur Definition des Zwecks, der Bedürfnisse von erstmaligen und wiederkehrenden Besuchern sowie der Priorisierung von Inhalten helfen Ihnen bei der Planung und Definition der Geschichte, des Inhalts und der Funktionalität Ihrer Seiten und Ansichten, sei es für Wireframes, weiterentwickelte Mockups oder die von Ihnen erstellten Prototypen. Sie eignen sich auch hervorragend, um sie nach der Entwicklung der Wireframes, Mockups oder Prototypen zu überprüfen und mit einem »Ja« oder »Nein« abzuhaken, ob die definierten Seiten und Ansichten Ihren ursprünglichen Spezifikationen in

Bezug auf den Zweck und die Bedürfnisse/Ziele der Nutzer entsprechen. Darüber hinaus bieten die Übungen einen großartigen Ausgangspunkt, um Ihre Key Performance Indicators (KPIs), Metriken und die Analytics einzurichten und anschließend zu messen sowie die eigentlichen Seiten zu testen.

Prüfen Sie die narrative Struktur Ihrer Seiten und Ansichten

Mit klickbaren Prototypen können Sie evaluieren, ob die Seiten und Ansichten die von Ihnen definierten Vorgaben erfüllen. Sie können auch die Journeys visualisieren, die Nutzer durchlaufen würden, indem Sie Wireframes und Bildschirmansichten mit hervorgehobenen Bereichen überlagern, oder Sie können die Struktur einer Präsentation so aufbauen, dass sie das Publikum Schritt für Schritt hindurchführt. Während der rote Faden normalerweise nicht sichtbar wäre, können diese Arten von visualisierten Journeys der richtige Zeitpunkt sein, um den roten Faden in eine tatsächliche Präsentation und Erzählung zu verwandeln, genau wie in dem Buch aus meiner Kindheit.

Beziehen Sie Nutzer-Feedback und Forschungsergebnisse ein

Eine wirklich schöne und visuelle Art, die Ergebnisse von Nutzertests wiederzugeben, sind Zitate, Beobachtungen und Feedback von Nutzern in dieser Art von Präsentationen. Sie können auch an Ihre Personas anknüpfen und hervorheben, wie deren Journey aussehen und sich anfühlen würde.

In Kapitel 6 wurde die Bedeutung von Personas beschrieben. Damit die in diesem Buch erläuterten Storytelling-Techniken und -Prinzipien nicht nur am Anfang einbezogen und dann vergessen werden, als ob sie auf magische Weise das Projekt von ganz alleine weiter begleiten und lenken würden, müssen wir sie kontinuierlich einbringen. Dazu gibt es verschiedene Möglichkeiten, je nachdem, welcher Weg für Ihr Projekt am besten geeignet ist und am besten zu Ihrem Publikum passt.

Zusammenfassung

Es ist notwendig zu ermitteln, welcher Inhalt auf eine Seite oder Ansicht ganz unabhängig davon, ob Sie den Wert von Wireframes sehen oder nicht. Eine Seite oder Ansicht wird immer eine Geschichte erzählen. Damit es sich um die gewünschte Erzählung handelt – und um eine, die den Nutzer zum Weiterlesen animiert –, müssen Sie sie definieren.

Zwar könnten Sie die in diesem Kapitel beschriebenen Schritte und Methoden überspringen und ein gutes Ergebnis erzielen, indem Sie direkt mit dem Design oder der Entwicklung beginnen, doch es ist von großem Wert, sich damit zu beschäftigen. Oftmals scheint es eine sinnlose Übung zu sein, da wir bestimmt wissen, was wir tun. Wenn wir uns jedoch im Vorfeld etwas Zeit nehmen, um die Schritte für alle Hauptseiten und Ansichten unseres Produkts zu definieren und durchzuarbeiten (bevor wir uns mit Modulen, Layout und Code beschäftigen), stellen wir sicher, dass wir eine ganzheitliche Sicht auf unsere Arbeit erhalten, um die Bedürfnisse des Nutzers und des Unternehmens besser zu erfüllen, und dass wir unsere Zeit möglichst effizient einsetzen. Wenn Sie die in diesem Kapitel vorgestellten Übungen durcharbeiten und in der Lage sind, den Zweck jeder Seite und die Art und Weise, wie sie oder die Ansicht die Anforderungen des Nutzers und des Unternehmens erfüllt, klar zu formulieren, können Sie auch sicher sein, dass Sie Ihre Arbeit gut präsentieren und sie an Kunden und interne Interessengruppen verkaufen können.

Ihre Geschichte präsentieren und teilen

Wie Storytelling den Tag rettete

Ende 2010 zogen wir bei Dare in ein neues Büro, und unser Experience-Planning-Team bekam Zuwachs. Ihr Name war Roz Thomas, ihr Hintergrund lag im Produktdesign, unter anderem für die damalige Polly Pocket Group, eine Puppenserie mit dem entsprechenden Zubehör. Roz konnte ihre Gedanken hervorragend skizzieren, sodass sie dem Kunden leicht präsentiert werden konnten.

Zur gleichen Zeit arbeitete ich als Vorbereitung einer neuen Telefonkampagne an einer Neugestaltung der Homepage von Sony Mobile (früher Sony Ericsson). Wir hatten einige Rückmeldungen zur ersten Version erhalten, und meiner Meinung nach entsprachen die Wünsche unseres Kunden, nicht den Bedürfnissen der Nutzer oder des Unternehmens auf globaler oder lokaler Marktebene. Inspiriert von Roz, versuchte ich, meine Gedanken zu skizzieren.

Wie genau ich zu meinem Ergebnis kam, weiß ich nicht mehr, aber irgendwie wurde aus meinen Kritzeleien, die ich ursprünglich nur für mich selbst angefertigt hatte, um meine Gedanken festzuhalten, ein Dokument im Comic-Stil, in dem die Inhalte der Homepage als Superhelden dargestellt wurde. Ich nutzte die Illustrationen, um die Geschichte zu erzählen, warum unsere ursprüngliche Version der Homepage in die richtige Richtung ging. Dem Sony-Mobile-Team bei Dare gefiel das so gut, dass ich meine Skizzen im Comic-Stil mit dem Kunden durchging (Abbildung 14.1), anstatt unser Feedback mündlich zu erläutern. Sie kamen sehr gut an und soweit ich mich erinnern kann, stimmte der Kunde meinem Vorschlag zu, und wir blieben bei unserer ursprünglichen Empfehlung.

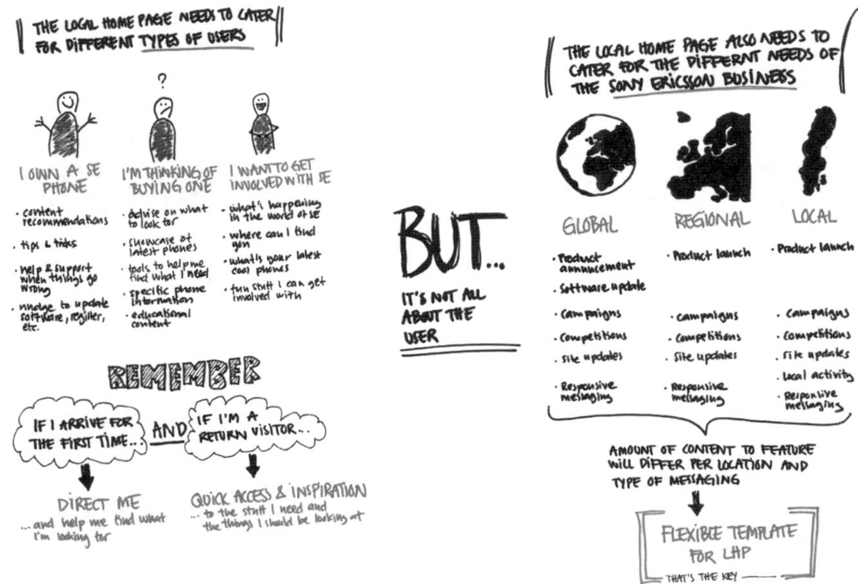

Abbildung 14.1: Meine Skizze für die Homepage

Vielleicht wäre es ohne die Skizzen zu demselben Ergebnis gekommen. Doch sie halfen, das Grundprinzip unseres Ansatzes auf eine Weise zum Leben zu erwecken, die die Aufmerksamkeit des Kunden erregte und es ihm ermöglichte, eine emotionale Beziehung herzustellen. Präsentationen, Anrufe und Gespräche stoßen oft auf taube Ohren, weil sie keine emotionale Verbindung auslösen, und das liegt oft daran, wie sie präsentiert oder erzählt werden. Wenn unsere Aufmerksamkeit nicht geweckt wird, beginnen die zweitausend Tagträume, die wir alle täglich haben. Das Ergebnis kann sein, dass wir am Ende »Nein« statt »Ja« sagen (oder »Nein« statt »Ja« hören müssen), weil wir einfach keine Verbindung herstellen und nicht aufnehmen können, was die präsentierende Person sagt. Ähnlich verhält es sich mit den Menschen auf der Empfängerseite, die während unserer Präsentation nicht aufnehmen können, was wir sagen.

Wir hatten eine wirklich gute Beziehung zum Team von Sony Mobile, und anderenfalls hätte ich mich nicht so wohl damit gefühlt, ihnen meine Skizzen im Superhelden-Stil zu präsentieren. Meine Präsentation war sicherlich ein bisschen ungewöhnlich, aber manchmal ist das auch gut so. Solange man den Kunden mit auf die Reise nimmt, die Arbeit auf die richtige Art und Weise präsentiert und die richtigen Erwartungen setzt, funktionieren die meisten Arten von Deliverables und Präsentationsformen. Das Publikum zu erreichen, ist nur eine Frage der Art und Weise der Präsentation und der erzählten Geschichte. Es muss die richtige Geschichte und der dem Publikum angemessene Blickwinkel sein.

Die Rolle des Storytellings für die Präsentation Ihrer Erzählung

Im Laufe der Zeit und in verschiedenen Berufen hat sich das Storytelling durchgesetzt, wenn es um die Präsentation einer Geschichte geht. Es gibt keine Abgrenzung – wenn Sie jemandem etwas erzählen, ist das Storytelling.

Wir alle, die wir mit Produktdesign zu tun haben, ob wie ich als UX-Designerin oder in einer anderen Rolle, arbeiten an bestmöglichen Erfahrungen für unsere Nutzer. Beim Einsatz von Storytelling für die Präsentation unserer Arbeit liegen die Chance und das Potenzial darin, wie wir damit eine gute Erfahrung für die Menschen schaffen können, denen wir etwas präsentieren und mit denen wir arbeiten, seien es Teammitglieder, interne Stakeholder und/oder Kunden. Statt einfach nur Fakten, Begründungen, Feedback oder die geleistete Arbeit so zu präsentieren, wie sie sind, ermöglicht uns Storytelling, das »Erzählen«, wie es der Produzent Peter Guber nennt, sie in eine Erfahrung für unser Publikum zu verwandeln. Der Einsatz von Storytelling mag in Bezug auf Arbeitssituationen überzogen erscheinen, aber je eher wir begreifen, dass alles, einschließlich sämtlicher Aspekte der Arbeit bis hin zum Lesen einer E-Mail, eine Erfahrung ist, desto besser können wir diese Erfahrungen gestalten.

In den meisten Arbeitsbereichen wird von uns erwartet, dass wir unsere Arbeit durch Logik und Argumentation begründen und kommunizieren. Doch Geschichten (wie in Kapitel 1 erörtert) sind eine der mächtigsten Möglichkeiten, Menschen zum Handeln zu bewegen. Es geschieht etwas in uns, wenn Fakten und Botschaften in eine Geschichte eingebettet sind. Geschichten helfen uns, uns an Details und Ereignisse zu erinnern, und bewegen uns emotional. Argumente und Logik allein können den stärksten Business Case zum Scheitern bringen, aber die Einbettung in eine Geschichte kann die Menschen emotional berühren.

Kurz: Storytelling ist wichtig. Es ist ein sehr mächtiges Werkzeug – unter anderem deshalb, was wir damit erreichen können. Als Nächstes sehen wir uns vier wichtige Möglichkeiten an, wie wir Storytelling einsetzen können.

Das Kommunikationsziel durch Storytelling erreichen

Egal, welche Art Geschichte Sie erzählen oder wie Sie sie präsentieren, am Ende versuchen Sie, etwas zu bewirken. Ob Sie ein Dokument zur Verfügung stellen, eine Präsentation halten oder ein Meeting leiten, es gibt immer einen Grund und ein Kommunikationsziel.

Guber spricht von zielgerichteten Erzählungen, also Geschichten, die mit einem bestimmten Zweck erzählt werden. Das Geheimnis seines Erfolgs ist das

Erzählen von zielgerichteten Geschichten, erklärt Guber, und das kann jeder tun und die Ergebnisse sofort sehen. Genauso gingen die Troubadoure im Mittelalter vor: Sie beobachteten die Reaktionen ihres Publikums und passten ihre Darbietungen entsprechend an.

Heute präsentieren Journalisten ihre Geschichten, die sich entwickeln, während sie ihre Fragen stellen. Komiker arbeiten in der Hoffnung, dass das Publikum lachen wird, auf eine bestimmte Pointe hin, passen sich aber dann schnell an und versuchen, die Situation zu retten, wenn der Witz daneben geht. Und große öffentliche Redner strukturieren ihren Vortrag für das gewünschte Ergebnis, beobachten aber kontinuierlich die Reaktion des Publikums und passen ihre Darbietung daran an.

Den CTA klar formulieren

Bei allem, was wir tun und bei der Arbeit kommunizieren, wollen wir bei unserem Gegenüber etwas bewirken. Die Kraft des Storytellings liegt in erster Linie darin, zielgerichtete Geschichten zu erzählen, die diese Aufforderung zum Handeln so zum Leben erwecken, dass sie bei unserem Publikum ankommt. Dies gilt nicht nur für die Qualität unserer Arbeit, sondern auch darauf, wie wir sie verbal und auf Papier präsentieren. Mit der angemessenen visuellen und verbalen Präsentation stellen wir sicher, dass unsere Botschaft bei den Kunden und internen Teammitgliedern ankommt. Wenn wir nicht wissen, welchen CTA wir unserem Publikum geben wollen, wie sollten sie ihn dann annehmen?

Übung: Das Kommunikationsziel durch Storytelling erreichen

Nehmen Sie eine Präsentation oder ein Dokument, an dem Sie gerade arbeiten, und denken Sie über Folgendes nach:

- **Warum erstellen Sie es?** Zum Beispiel: um einen Lösungsvorschlag zu präsentieren und die dahinter stehenden Überlegungen und Recherchen zu erläutern.
- **An wen richtet es sich?** Zum Beispiel: hochrangige interne Stakeholder, die es genehmigen müssen, der Hauptansprechpartner beim Kunden und die Vorgesetzten, an die es weitergeleitet wird.
- **Was erhoffen Sie sich davon?** Zum Beispiel: das Grundprinzip hinter dem Vorschlag verstehen.
- **Welche Aktion oder welches Ergebnis hoffen Sie damit zu erreichen?** Zum Beispiel möchten Sie Zustimmung erreichen oder andere Personen veranlassen, aktiv zu werden.

Storytelling als Weg zum Buy-in

Einer der wichtigsten Wünsche für unsere Präsentationen besteht darin, dass die Teammitglieder, die internen Stakeholder und die Kunden das Präsentierte annehmen. Dies gilt für Konzepte und Ideen, Lösungsvorschläge, Arbeitsabläufe und vieles mehr. Egal, wie gut Ihre Idee, Ihr Ansatz, Ihre Lösung oder Ihr Argument auch sein mag, wenn Sie das Team und/oder den Kunden nicht überzeugen können, wird Ihr Vorschlag nie in die Realität umgesetzt werden. Das gilt nicht nur für die Zustimmung zur UX, sondern auch für jeden einzelnen Projektschritt – von der Ideenfindung bis zum Post-Launch, von der ersten Überprüfung bis zur endgültigen Freigabe und Nachbereitung. Das ist einer der Gründe, warum es für uns als UX-Designer, Product Owner und mehr unverzichtbar ist, großartige Storyteller zu sein.

Manchmal nehmen wir an, dass sich unsere Arbeit oder das präsentierte Angebot von selbst verkaufen wird. Das ist aber nur selten der Fall. Die Fähigkeit, die mit Ihrer Arbeit zusammenhängende Geschichte zu präsentieren, ist der absolute Knackpunkt, um auch Zustimmung zu bekommen. Wie Guber sagt: »Wenn man nicht erzählen kann, kann man nicht verkaufen.«

Wenn ein Schriftsteller fast den Großteil eines Jahres oder mehr mit seiner Geschichte verbracht hat, aber diese Geschichte nie gelesen wird, dann ist sie nicht erzählt. Das Gleiche gilt für Start-ups, Kleinunternehmer, Musiker usw.: Es spielt keine Rolle, was Sie Großartiges erschaffen haben, wenn niemand es sieht oder hört. Das gilt auch für das Produktdesign.

Weitere Gründe, warum Zustimmung wichtig ist

Neben dem Verkauf unserer Ideen und unserer Arbeit gibt es noch andere wichtige Gründe, warum die Zustimmung so wichtig ist, z.B. die Erfahrung der Nutzer. Viele Organisationen möchten den Status quo ändern, sich agilere und kollaborativere Arbeitsweisen aneignen und die Anforderungen an geräteübergreifende Projekte und die Digitalisierung insgesamt vollständig erfassen. Während Konferenzen und aktuelle und populäre Artikel uns glauben machen könnten, dass die meisten Menschen es »verstanden haben«, trifft das auf viele Organisationen und viele Menschen nicht zu. Abgesehen davon, dass wir unsere Arbeit verkaufen und verständlich machen müssen, was wir tun und warum es wertvoll ist, gibt es noch weitere wichtige Gründe, warum wir uns darum kümmern und uns darauf konzentrieren sollten, Zustimmung zu erhalten. Dies kann Folgendes bewirken:

- eine verbesserte Arbeitsweise, die die Zusammenarbeit über Disziplinen und Geschäftsbereiche hinweg gewährleistet.
- Organisationssilos auflösen

- Budgets und die Zeit aller Mitarbeitenden besser nutzen
- sicherstellen, dass alle an einem Strang ziehen

Mangelnde Akzeptanz verstehen

Beginnen wir, uns um mehr Akzeptanz zu bemühen, sei es für UX-Design oder etwas anderes, sollten wir immer zunächst verstehen, warum diese Akzeptanz fehlt. In den meisten Fällen läuft es auf drei Punkte oder eine Kombination davon heraus:

Der Mehrwert wird noch nicht verstanden
: Wer sich zum Beispiel nicht auf UX-Design einlässt, sieht oder versteht noch nicht den Wert von UX, die Rolle der UX, und wie UX in das Gesamtbild und das Projekt passt.

Etwas anderes ist vertrauter
: Wer z. B. für UX-Design eingekauft wird, kommt aus einer anderen Disziplin und kennt sich mit etwas anderem (z. B. der Entwicklung) besser aus und priorisiert es entsprechend, möchte beispielweise der Entwicklung mehr Budget zuweisen oder der Entwicklung den Vortritt lassen.

Das Budget wird anderweitig eingesetzt
: Wer auch immer Einfluss auf das Budget und den Zeitplan hat, hat aus einem oder beiden vorgenannten Gründen die Prioritäten anderswo gesetzt.

Von wem Sie Zustimmung benötigen

Ein besseres Verständnis für die Gründe mangelnder Akzeptanz ist der erste Schritt, um herauszufinden, mit welcher Erzählung Sie mehr Akzeptanz erzielen können. Die vorgenannten drei Gründe bieten trotz aller Nuancen einen guten Ausgangspunkt. Wenn Sie Zustimmung gewinnen möchten, sollten Sie auch verstehen, auf wen Sie sich konzentrieren sollten und welche Rolle diese Personen spielen, um das gewünschte Ergebnis zu gewährleisten. Im Großen und Ganzen können sie wie folgt eingeteilt werden:

Interne Teammitglieder
: die engsten Verbündeten, die Sie ins Boot holen müssen

Kunden und Stakeholder
: Menschen, die die Kontrolle über Budgets und das »Ja« oder »Nein« haben

Wie Sie die Akzeptanz erhöhen

Wenn Sie erkannt haben, warum es an Akzeptanz mangelt und von wem Sie Akzeptanz benötigen, finden Sie im nächsten Schritt mehr darüber heraus, was

Ihre Chancen erhöhen kann. Um mehr Akzeptanz bei den internen Teammitgliedern zu erhalten, sind im Wesentlichen drei Aspekte wichtig:

Die Geschichte des Teams und seiner einzelnen Personen verstehen
: Sie müssen nicht nur erkennen, wohin sich das Team bewegt, sondern müssen sich auch mit seiner Vorgeschichte beschäftigen. Je nachdem, wo es an Akzeptanz mangelt, müssen Sie sich die Person, das ganze Team oder beides ansehen.

Ermitteln, was die andere(n) Person(en) zum Helden macht
: Jedem Teammitglied und jedem Team wird immer etwas besonders am Herzen liegen. Wenn Sie auf Widerstand stoßen, versuchen Sie zu verstehen, warum und was die betreffende Person oder das Team so richtig zur Geltung bringen könnte.

Ihren Ansatz und Ihre Arbeit anpassen
: Passen Sie auf der Grundlage der vorangegangenen Kapitel Ihre Herangehensweise an ein Thema, ein Problem usw. an, sodass sie besser zu dem jeweiligen Teammitglied oder Team passt.

Ähnlich ist es mit der Steigerung der Akzeptanz bei Kunden und internen Stakeholdern, der Fokus sollte aber deutlicher darauf liegen, was ihnen wirklich wichtig ist. Es geht nicht darum, Spielchen zu spielen oder sich zu verbiegen, aber oft helfen kleine Dinge der betreffenden Person, ihre Arbeit zu erledigen oder vor ihren Vorgesetzten gut dazustehen. Hier einige Schritte, die Sie unternehmen können, um die Akzeptanz bei Kunden und Stakeholdern zu erhöhen:

Die wichtigsten Kunden und Stakeholder ermitteln
: Dies sind die Personen, mit denen Sie direkt und indirekt zu tun haben. Möchten Sie Ihre Chancen auf Zustimmung erhöhen, müssen Sie zunächst ermitteln, wer die Entscheidungsgewalt hat und das Budget kontrolliert.

Finden Sie heraus, was für sie wichtig ist
: Sie müssen herausfinden, worauf sie am besten reagieren. Um noch einmal das Beispiel UX aufzugreifen: Manche Kunden und interne Stakeholder ziehen es einfach vor, sich auf visuelle Designs zu konzentrieren statt auf UX-Leistungen, und das ist in Ordnung. In diesem Fall sollten Sie dem visuellen Aspekt der UX-Leistungen ein wenig mehr Bedeutung beimessen.

Ihr aktuelles Wissen über das Thema einschätzen
: Ihr Vorschlag sollte immer die Vorkenntnisse über das Thema berücksichtigen. Sie erzählen jemandem, dem das Thema völlig neu ist, eine Geschichte nicht auf die gleiche Art und Weise wie jemandem, der sich gut damit auskennt.

Ihren Vorschlag mit den Bedürfnissen verknüpfen
In diesem Schritt geht es auch darum, die Stakeholder gut aussehen zu lassen. Im Zusammenhang mit UX könnte es darum gehen zu verstehen, wie und wo UX im Prozess für sie angesiedelt ist und wie sie ihnen helfen kann, sie gut dastehen zu lassen – nicht nur im Hinblick darauf, welchen Beitrag UX zum Projekt leistet, sondern auch, inwiefern jede der UX-Leistungen dem Kunden und seinem Projekt helfen kann, einem besseren Endergebnis einen Schritt näher zu kommen.

Ihre Arbeit so präsentieren, dass sie bei den Kunden ankommt
Manche bevorzugen viele Details, andere nur eine Zusammenfassung auf hohem Niveau. Finden Sie das richtige Gleichgewicht, um die betreffende Person anzusprechen, anstatt sie sofort abzuschrecken.

Etwas Greifbares anbieten, das Sie den Verantwortlichen präsentieren können
Die Hauptkunden und Stakeholder, mit denen Sie am häufigsten zu tun haben, sind nicht immer für das Budget zuständig oder in der Position, ein endgültiges »Ja« oder »Nein« auszusprechen. Aus diesem Grund ist es wichtig, Ihren wichtigsten Stakeholdern und Kunden etwas zu bieten, das sie in der Hierarchie nach oben weiterreichen können und das es ihnen leicht macht, das Projekt zu verkaufen.

Manchmal hat man das Gefühl, in einer Sackgasse zu stecken, wenn es um die Akzeptanz geht. Hat die Organisation, mit der Sie arbeiten, einen sehr niedrigen UX-Reifegrad, müssen Sie vielleicht mit jemandem in einer einflussreicheren Position zusammenarbeiten und ihn dazu bringen, die Geschichte zu erzählen, warum und wie UX in die Organisation eingebunden werden sollte.

Das muss nicht unbedingt jemand von ganz oben sein. Wenn das Unternehmen von der großen Idee geleitet wird, könnten Sie sich mit einer Person aus dem Kreativteam zusammentun, wenn es vom Geschäftlichen geleitet wird, mit einem Business-Analysten oder mit einem Ingenieur, wenn das Unternehmen derzeit vorwiegend darauf fokussiert ist, und so weiter. Der einsame Storyteller ist oft nicht der beste Weg, wenn Reifegrad oder Akzeptanz nur gering ausgeprägt sind. Stattdessen brauchen Sie dann ein Kollektiv, das immer weiter wachsen kann, bis die Akzeptanz schließlich in der gesamten Organisation angekommen ist. Zu guter Letzt: Möchten Sie mit Ihrem Vorschlag und Ihrer Arbeit Begeisterung auslösen, müssen Sie einen Grund für Begeisterung vermitteln. Und das hängt direkt mit meinem nächsten Thema zusammen.

Übung: Storytelling als Weg zum Buy-in

Nehmen Sie die Präsentation eines Projekts, einer Idee, eines Ansatzes o. Ä., an der Sie gerade arbeiten/vor Kurzem gearbeitet haben, und denken Sie über Folgendes nach:

- **Wer ist Ihre Hauptzielgruppe?** Das sind die Leute, die Sie überzeugen wollen.
- **Wofür wollen Sie sie begeistern?** Seien Sie sich über die konkreten Aspekte im Klaren, an denen sie sich beteiligen sollen.
- **Warum sollten sie sich darauf einlassen?** Machen Sie Ihrem Publikum den Mehrwert Ihres Vorschlags klar.
- **Wie haben Sie Ihre Präsentation strukturiert/können Sie sie strukturieren, um auf dieses Ziel hinzuarbeiten?** Stellen Sie eine Erzählstruktur zusammen, die darauf hinarbeitet, aber dem Publikum auch klarmacht, was Sie wollen.
- **Welche Einwände könnten von wem kommen?** Versetzen Sie sich so weit wie möglich in die Lage Ihres Gegenübers und ermitteln Sie genau wie für Ihre Personas Barrieren, die einem Buy-in im Wege stehen könnten. Machen Sie sich die Punkte klar, an denen Ihre Präsentationsgeschichte eine negative Wendung nehmen könnte, damit Sie dies einplanen und »Lücken« füllen können, bevor es dazu kommt. Zum Beispiel könnten das »Warum« oder der Hauptzweck Ihres Vorschlags missverstanden werden, man könnte die Kosten oder den Zeitaufwand für zu hoch halten usw.
- **Wie können Sie Ihre Präsentation so anpassen, dass sie ankommt?** Machen Sie sich klar, worauf es den Stakeholdern ankommt, präsentieren Sie den richtigen Umfang an Details und bieten Sie ihnen einen greifbaren Mehrwert.

Storytelling als Weg zur Inspiration

Jede großartige Geschichte wirkt ein bisschen Wunder, da der Storyteller uns dazu bringt, die Dinge anders zu sehen. Große Geschichtenerzähler hatten immer schon die Fähigkeit, diesen Zauber hervorzurufen, indem sie die Vorstellungskraft ihrer Zuhörer einfingen und sie in eine andere Welt versetzten. Ob sie Menschen zum Handeln inspirieren oder einfach ihre Aufmerksamkeit und ihr Interesse erregen möchten, alle guten Storyteller wecken den Appetit und das Verlangen, mehr zu hören. In der Arbeitswelt kann ein solcher großartiger Storyteller eine Führungskraft, ein Manager oder ein Kollege sein, der andere stets mit Energie und der Motivation »Tun wir's« erfüllt. Oder es kann die Person sein, die das Komplexe einfach oder normalerweise Langweiliges interessant erscheinen lässt.

Guber sagt, dass alle guten Geschichten ein Versprechen der Zukunft enthalten. Wenn diese Zukunft den Zuhörer bewegt, wird die Geschichte inspirierend. Es spielt fast keine Rolle, über welches Thema gesprochen wird; wenn es so erzählt wird, dass die Zuhörer eine Verbindung ziehen können, hat die Geschichte das Potenzial, zu inspirieren und Menschen zu aktivieren. Die Geschichte ist voll von Beispielen großer Storyteller, die andere inspirieren und dazu bringen konnten, an das zu glauben, woran auch sie glaubten. Nur ganz wenige haben dieselbe inspirierende Wirkung wie diese Menschen, noch sollten wir alle danach streben, große inspirierende Leitfiguren und Redner zu sein. Wir alle können mit kleinen Schritten unsere Arbeitsumgebung inspirierender gestalten.

Der Sog des Möglichen

Storytelling ist wichtig, um andere zu inspirieren und zu motivieren. In Kapitel 2 stellte ich Nancy Duarte und ihre Analyse großer Rhetorik vor. Duarte sah sich Reden von Martin Luther King Jr. und Steve Jobs im Detail an und visualisierte, wie sie sich auf unterschiedliche Weise vom Status quo zum »neuen Glück« bewegen.[1]

Für Steve Jobs' Rede zum iPhone-Launch markierte Duarte farblich, wann er sprach, wann er auf Video umschaltete und eine Demo zeigte. Sie überlagerte auch die Reaktionen des Publikums an verschiedenen Stellen und wie Jobs wohlüberlegt reagierte, um zu verdeutlichen, was er das Publikum fühlen lassen wollte. Er sagte staunend Dinge wie »Isn't this awesome«, »Isn't this beautiful«, und dadurch, so Duarte, weckte er bestimmte Empfindungen in ihnen.

Martin Luther King Jr. hingegen erreichte die Herzen seiner Zuhörer, indem er Metaphern, Bibelstellen und Lieder einbezog, die bei den Zuhörern Widerhall fanden. Durch Wiederholungen und den Vergleich des Status quo mit den Möglichkeiten stellte King eine Verbindung zu den Menschen her.

Sowohl Kings als auch Jobs' Reden enthalten Passagen mit Kultcharakter. Bei Martin Luther King Jr. war es »I have a dream ...«, das er immer wieder wiederholte. Für Steve Jobs war es »Every once in a while a revolutionary product comes along and changes everything.« In jedem dieser Sätze geht es um die Verheißung des Kommenden, um das, was uns emotional anspricht – das Gegenstück zu »Es war einmal« oder »In einer sehr weit entfernten Galaxie«. Und wie auch immer wir unsere Geschichten anfangen oder beenden, wenn wir sie richtig erzählen, wissen wir, dass etwas Gutes bevorsteht.

Wenn wir unsere Geschichte und ihre Präsentation so strukturieren, dass sie die Anziehungskraft des Möglichen einbeziehen, erhöhen wir unsere Chancen, beim Publikum mentale Bilder davon zu erzeugen. Genauso wie ein Komiker

1 Nancy Duarte, »The Secret Structure of Great Talks«, *TEDxEast* Video, November 2011, *https://oreil.ly/XSSWO*.

auf eine Pointe hinarbeitet, können wir mithilfe der Erzählstruktur herauszufinden, wann und wie wir auf den Hauptteil hinarbeiten und wie wir die Geschichte von da an am besten erzählen sollten, um den gewünschten CTA zu erreichen. Manchmal brauchen wir für das gewünschte Ergebnis aber auch etwas Handfesteres, nämlich ein Buy-in oder die Inspiration von Menschen. Hier kommen Daten ins Spiel.

Übung: Storytelling als Weg zur Inspiration

Denken Sie an Ihre Präsentation und ermitteln Sie Folgendes:

- den Status quo
- was sein könnte

Die richtige Geschichte hinter den Daten erkennen und erzählen

Steven Levitt, Autor von Freakonomics und SuperFreakonomics, glaubt, dass »Daten einer der mächtigsten Mechanismen sind, um Geschichten zu erzählen.« Und genau das tut er: Er nimmt riesige Datenmengen und bringt sie dazu, eine Geschichte zu erzählen – von der Geschichte, warum so viele Drogendealer bei ihren Müttern leben, bis hin zu der Geschichte, wie Lehrer bei Prüfungen zugunsten ihrer Schüler schummeln. Seine Geschichten aus Daten machten ihn berühmt und brachten ihm schließlich die John-Bates-Clark-Medaille ein, eine der renommiertesten Auszeichnungen der Wirtschaftswissenschaften.[2]

Der Ökonom Dan Ariely sagt: »Big Data ist wie Sex bei Teenagern – jeder redet darüber, niemand weiß wirklich, wie man es macht, jeder denkt, dass alle anderen es machen, also behaupten alle, dass sie es machen.« Levitt führt aus, dass – historisch betrachtet – traditionell die Geschäftsleute Experten für Daten waren. Es war ihre Aufgabe, dafür zu sorgen, dass die Leute das Gewünschte und Antworten bekamen. Aber mit der Entwicklung von Big Data geht es nicht mehr darum, die Antwort zu kennen, sondern um die effektive Nutzung der Daten. Levitt fährt fort:

> Die Zukunft des Business liegt in der Hand der Unternehmen, die es verstehen, mithilfe von Daten ihre Strategien zu verbessern und ihre Dienstleistungen zu personalisieren.[3]

2 Anne Cassidy, »Economist Steven Levitt On Why Data Needs Stories«, *Fast Company*, 18. Juni 2013, *https://oreil.ly/IvUlm*.

3 Jessica Davies, »Authenticity is key to multiplatform storytelling, says economist Steven Levitt«, *The Drum*, 29. Mai 2013, *https://oreil.ly/Z4udi*.

Viele Organisationen sitzen auf tonnenweise Daten, aber wie das Zitat andeutet, wissen nur sehr wenige, wie man sie gewinnt, nutzt oder anwendet. Egal, wofür wir Daten verwenden, ob als Teil einer Schnittstelle, als Erkenntnisse in einem Bericht oder in einer Präsentation, sie haben immer eine Geschichte zu erzählen. Der knifflige Teil ist, dass Daten uns alles oder absolut nichts sagen können, wenn wir nicht wissen, wie wir sie interpretieren sollen. Es ist eine Disziplin für sich, Big Data zu verstehen und damit zu arbeiten – eine, die Harvard Business Review 2012 als »den sexysten Job des Jahrhunderts« bezeichnete.[4]

Um sich den Mehrwert von Big Data zu erschließen, müssen Sie laut Levitt organisatorische Silos aufbrechen und die Zusammenarbeit zwischen Abteilungen und Teams fördern. Der Katalysator dafür ist oft die Erkenntnis des sich daraus ergebenden Benefits. Genauso wenig wie alle UX-Designer Programmierexperten sein müssen oder sollten, sollten wir alle Datenwissenschaftler oder -experten sein, aber es ist hilfreich, wenn wir verstehen, wie wir Daten im Designprozess als Teil des Designs und zur Präsentation und Evaluierung unserer Arbeit nutzen können. Wir müssen jedoch wissen, womit wir arbeiten und wie wir damit arbeiten, da wir sonst riskieren, unsere Entscheidungen auf die falschen Informationen zu stützen.

Die Geschichte hinter den Daten verstehen und herausfinden, welche Daten verwendet werden sollen

Vor allem in den letzten Jahren ist datengesteuertes Design ein so heißes Thema geworden, dass viele auf den Zug aufspringen, ohne den Kontext richtig zu verstehen. Viele von uns sind mit Googles 41 Blautönen vertraut: Das Unternehmen analysierte den Bereich zwischen zwei Blautönen, die auf seiner Homepage bzw. der Gmail-Seite verwendet wurden, um den wirkungsvollsten zu finden und systemweit zu standardisieren. Einige Unternehmen haben sich dazu hinreißen lassen, ähnliche Tests durchzuführen. In einer Horrorgeschichte führte ein Unternehmen tägliche Tests durch und nahm anhand der Ergebnisse tägliche Änderungen im laufenden Betrieb vor.

Das Risiko, sich durch Daten so weit steuern zu lassen, steigt, wenn man sie isoliert betrachtet und fälschlicherweise für eine Wahrheit hält, die in Wirklichkeit eine Lüge ist. Da unsere Interaktionen und unser Online-Verhalten immer komplexer und von einer wachsenden Liste von teilweise externen, nicht digitalen Faktoren beeinflusst werden, ist es eine echte Gefahr, eine einzelne Kennzahl zu betrachten und Entscheidungen darauf zu stützen. Diese einzelnen Metriken werden oft als Eitelkeitsmetriken bezeichnet, weil sie uns eigentlich nichts sagen oder ein falsches Bild liefern, das auf fehlendem Kontext beruht.

---

4 Thomas H. Davenport und D. J. Patil, »Data Scientist: The Sexiest Job of the 21st Century«, *Harvard Business Review*, Oktober 2012, *https://oreil.ly/MXzem*.

Wir können sowohl quantitative als auch qualitative Daten in unsere Arbeit einbeziehen:

Quantitative Daten
: Diese konzentrieren sich auf eine große Bandbreite an Informationen, mit deren Hilfe wir Muster und Gemeinsamkeiten finden können. Es sind numerische Daten, die sich normalerweise auf die Beantwortung der Fragen »wer«, »was«, »wann« oder »wo« konzentrieren. Umfragen und Analysen sind quantitative Methoden.

Qualitative Daten
: Diese nicht numerischen Daten zielen eher auf das »Warum« oder »Wie« ab. Es geht nicht darum, so viele Antworten wie möglich zu erhalten, sondern wir verwenden diese Daten, um über die reine Antwort hinauszugelangen und den Grund zu verstehen. Typische qualitative Methoden sind Beobachtungen und Interviews.

Viele Eitelkeitsmetriken beruhen auf quantitativen Daten. Seitenaufrufe und durchschnittliche Sitzungsdauer sind zwei Beispiele für Metriken, die oft ohne Kontext verwendet werden; ein höherer Wert wird gemeinhin als etwas Gutes angesehen. Das kann durchaus der Fall sein, aber es kann auch schlecht sein – es hängt ganz vom Kontext ab. Wie in Kapitel 5 erwähnt, müssen wir bei den von uns entworfenen Erfahrungen eine wachsende Liste von Faktoren berücksichtigen. Das gilt nicht nur dafür, wie wir Daten berücksichtigen und auswerten, sondern auch für ihre Erhebung.

Für UX-Designer wird es zunehmend zu einer wichtigen Qualifikation, Daten verstehen und mit ihnen arbeiten zu können. Wir sollten in der Lage sein, Analysen zu nutzen, um Design-Entscheidungen zu treffen (oder nicht zu treffen), KPIs festzulegen und Erkenntnisse aus Daten auf überzeugende und wertschöpfende Weise zu präsentieren. Wir sollten auch verstehen, welche Nutzerdaten verfügbar sind, wie wir sie nutzen können und wie nicht und ob wir sie unter rechtlichen Gesichtspunkten überhaupt verwenden dürfen.

Metriken und KPIs für das Storytelling nutzen

Wenn wir Websites und Apps konzipieren, definieren und entwerfen, möchten wir den Nutzer immer zu bestimmten Handlungen bewegen. Wie ich weiter oben in diesem Kapitel bereits ausgeführt habe, können wir nicht wissen, ob unser Vorhaben vom Erfolg gekrönt war oder nicht, wenn wir keine Messungen durchführen.

Mit KPIs beschäftigen sich üblicherweise Marketing, Strategie oder die Anzugträger. Viel zu oft sind das UX- und das Design-Team nicht an der Ermittlung oder Auswertung der KPIs beteiligt.

Ihre KPIs sollten jedoch eng mit dem Ziel der Erfahrung verbunden sein. Hier hilft es, wenn Sie definierte Ziele für Ihre Seiten, Ansichten und UX-Ziele festgelegt haben. Wenn Sie sich Gedanken darüber machen, welche KPIs Sie für jedes einzelne UX-Ziel sowie für die übergeordneten Ziele und für Ihre Seiten und Ansichten verwenden möchten, können Sie genau bestimmen, woran Sie Erfolg festmachen. Wie immer endet die Nutzung von KPIs nicht mit ihrer Definition. Vielmehr sollten Sie überprüfen, ob die KPIs tatsächlich erreicht wurden.

Daten visualisieren

Viele von uns haben schon einmal in einer Präsentation gesessen, in der schlecht gestaltete Folien mit einem Diagramm nach dem anderen gezeigt wurden. Sobald der Vortragende sie erläutert und die nächste Folie eingeblendet hat, haben wir alle Details vergessen. Wenn wir uns die Folien später ansehen, können wir uns beim besten Willen nicht mehr an ihre Bedeutung erinnern. Bei der Visualisierung von Daten denkt man vielleicht an verschiedene Informations-Dashboards, die eine Fülle von Daten präsentieren und hoffentlich auch eine gewisse Bedeutung transportieren. Zwar können Informations-Dashboards sicherlich helfen, die Abhängigkeit vom Kurzzeitgedächtnis zu verringern, indem alle relevanten Daten an einem Ort gezeigt werden. Allerdings gehen die Notwendigkeit und der Wert der Datenvisualisierung weit darüber hinaus.[5]

Vor nicht allzu langer Zeit war die Fähigkeit, Daten zu visualisieren, ein »nice to have«. Jetzt ist sie fast ein »must have«, besonders je höher man die Karriereleiter hinaufklettert. Grundlegende Kompetenzen in der visuellen Kommunikation sind jedoch in allen Karrierephasen wesentlich. Wie Aristoteles schrieb, hat die Art, wie wir eine Geschichte erzählen, einen tiefgreifenden Einfluss auf die menschliche Erfahrung, und in seinen sieben goldenen Regeln für gutes Storytelling spielt die Ausgestaltung eine wichtige Rolle. Genauso wie Design zu einem Wettbewerbsvorteil geworden ist, heben Sie sich durch die Fähigkeit, Daten zu visualisieren und zu präsentieren, von Ihrer Konkurrenz ab oder werden zurückgeworfen – egal, ob es sich dabei um einen Kollegen im selben Unternehmen, einen anderen Bewerber oder eine konkurrierende Website oder App handelt.

Egal, was Sie präsentieren: Die Fähigkeit, Daten zu visualisieren, hilft Ihnen, Informationen in leichter verständliche und verwertbare Teile zu gliedern. Alle Daten haben eine Geschichte zu erzählen, aber wir müssen sie herauskitzeln, damit wir sie tatsächlich erzählen können. Wir müssen die von uns erstellten Daten, auf die wir anschließend über oder für die von uns erstellten Websites

5 Shilpi Choudhury, »The Psychology Behind Information Dashboards«, *UX Magazine*, 4. Dezember 2013, *https://oreil.ly/pDhON*.

und Apps zugreifen, aufschlüsseln und auf eine sinnvolle, zweckmäßige und publikumsgerechte Weise präsentieren.

Die Visualisierung von Daten ist wichtig, weil sie uns bei folgenden Aufgaben hilft:

- die Abhängigkeit vom Kurzzeitgedächtnis verringern
- kognitive Überlastung verringern
- das Auge des Lesers führen
- Informationen für den Entscheidungsprozess bereitstellen

Übung: Die richtige Geschichte hinter den Daten erkennen und erzählen

Denken Sie an ein Projekt, an dem Sie gerade arbeiten oder kürzlich gearbeitet haben, und stellen Sie sich die folgenden Fragen:

- Wie werden/wurden qualitative und quantitative Daten im Produktdesignprozess verwendet?
- Wurden die Daten visualisiert? Wenn ja, wie, und welchen Nutzen haben sie für das Produkt oder Projekt?

Was uns traditionelles Storytelling über die Präsentation Ihrer Erzählung lehren kann

Viele der in diesem Buch behandelten Methoden und Werkzeuge können uns bei der Präsentation unserer Arbeit helfen. Wie ich bereits geschrieben habe, ist alles eine Erfahrung, und obwohl wir nie garantieren können, dass jemand etwas auf eine bestimmte Art und Weise erlebt, können wir die Erfahrung möglichst optimal gestalten. In diesem Abschnitt erläutere ich fünf Schritte zur Verwendung von Storytelling für die Präsentation Ihrer Geschichte.

Wem erzählen Sie Ihre Geschichte – und warum?

Alle guten Geschichten werden mit einer bestimmten Person im Sinn erzählt. Beim traditionellen Storytelling kann sie Teil eines großen und breiten Publikums mit unterschiedlichen Bedürfnissen und Vorlieben sein, aber die Handlung und Charaktere finden aus einem bestimmten Grund Anklang bei ihr (Abbildung 14.2). Wenn wir unsere Geschichte bei der Arbeit präsentieren, haben wir vielleicht ebenfalls ein breites Publikum im Sinn – das größere Unternehmen, wenn es um einen Lösungsansatz geht, das direkte Team oder den Kunden, wenn es z. B. um einen Verbesserungsvorschlag geht. Je mehr wir über das Publikum wissen, desto wahrscheinlicher ist es, dass wir sie so erzählen, dass sie ankommt und wir das gewünschte Ergebnis erreichen.

Abbildung 14.2: Herausfinden, wem und warum Sie Ihre Geschichte erzählen

Das gewünschte Ergebnis ist eng mit der Frage nach dem »Warum« verbunden. Für das meiste unserer Arbeit und die meisten Präsentationen haben wir einen Grund. Aber oft ist es nur ein übergeordneter Grund, den wir kennen und artikulieren können. Viele Deliverables und Präsentationen lassen ihre Zuhörer im Unklaren darüber, was sie da eigentlich sehen oder was die wichtigsten Erkenntnisse sind, weil der Präsentierende es nicht geschafft hat, sich klar zu artikulieren und Verwirrung zu vermeiden.

Wie bereits erwähnt, sollten beim Produktdesign die Charaktere idealerweise vor der Handlung kommen, da es am Ende um die Nutzer geht (ohne Nutzer gibt es kein Produkt). Die meisten Entwürfe beinhalten jedoch die Idee einer Handlung und das »Was« vor der Frage »Für wen«.

Ebenso gibt es bei der Präsentation unserer Arbeit oft ein »Warum?«, das zum »Wer?« führt. Die meisten Menschen beginnen mit dem »Warum« (z.B. der Umsatzsteigerung) oder dem »Was« (z.B. dem Redesign), und obwohl das »Wer« immer präsent ist, sind die Details hierzu oft eine Erweiterung des »Warum« und »Was«. Das ist absolut in Ordnung, solange es klar kommuniziert wird.

Nach Aristoteles sind Handlung und Charakter gleichwertig, und so ist es auch bei dem »Warum« und dem »Wer« Ihrer Erzählung. Zum Beispiel arbeitet Ihr Team vielleicht an einer Präsentation für einen Kunden (»Wer«), um ein Konzept oder eine Idee zu verkaufen (»Warum«).

Genauso wie wir im Produktdesign konkret und klar kommunizieren müssen, wer unsere Zielgruppe ist, welche Bedürfnisse sie hat und warum unser Produkt oder unsere Dienstleistung für sie geeignet ist, müssen wir bei der Präsentation unserer Geschichte eine ähnliche Vorarbeit leisten, um unsere Zielgruppe zu identifizieren. Das muss nicht mehr als 15 Minuten dauern, aber es kann sich unmittelbar auszahlen.

Zusammengefasst können wir das »Wer« und »Warum« Ihrer Präsentation folgendermaßen definieren:

Wer
: Ihr primäres und sekundäres Publikum

Warum
: Steht in engem Zusammenhang mit dem »Wer« und bezieht sich auf das gewünschte Ergebnis

So gehen Sie vor

Die in Kapitel 6 behandelten Prinzipien von Personas, Empathie- und Charakterkarten lassen sich auch anwenden, um das »Wer« und das »Warum« zu erarbeiten.

Der erste Schritt sollte jedoch immer darin bestehen, das »Wer« genauer festzulegen. Nur dann können Sie sich wirklich darauf konzentrieren, was die konkreten Personen, an die sich Ihre Präsentation richtet, interessiert. Es bei einer Präsentation (was) beim Kunden (wer) zu belassen, um unsere neueste Arbeit (warum) zu verkaufen, ist sehr unkonkret und lässt wichtige Details unberücksichtigt. In den meisten Fällen werden Sie nicht nur vor Ihrem Hauptansprechpartner beim Kunden präsentieren, sondern auch vor dessen Vorgesetzten und oft auch vor den endgültigen Entscheidungsträgern und Budgetverantwortlichen, an die die Präsentation weitergereicht wird.

Viele der in diesem Buch verwendeten Methoden und Übungen können Sie auch verwenden, um das »Wer« und »Warum« Ihrer Erzählung zu identifizieren. In Kapitel 6 habe ich eine allgemeine Liste von Charakteren im Produktdesign vorgestellt. Diese bildet eine nützliche Grundlage, um zu bestimmen, welche Charaktere auf Ihr Produkt oder Ihre Dienstleistung zutreffen. In ähnlicher Weise bildet eine allgemeinere Liste der Personen, denen Sie Ihre Geschichte präsentieren möchten, einen nützlichen Ausgangspunkt für die Definition Ihrer speziellen Situation.

Genau wie sich die Charaktere im Produktdesign je nach Unternehmen und Rolle unterscheiden, wird auch Ihre konkrete Zielgruppe unterschiedlich sein. Es gibt jedoch verschiedene Techniken und Karten zur Stakeholder-Analyse, die unabhängig vom Projekt verwendet werden können. Eine davon ist ein

Macht/Interessen-Raster für die Priorisierung von Stakeholdern. Dieses bestimmt, welche Stakeholder »zufriedengestellt« und welche nur »informiert« werden müssen. Eine andere ist die Stakeholder-Map, die detaillierter auf die Bedürfnisse der jeweiligen Stakeholder eingeht. Letztere ist vergleichbar mit einer User Persona.

Übung: Wem erzählen Sie Ihre Geschichte – und warum?

Denken Sie an ein Projekt, an dem Sie gerade arbeiten oder kürzlich gearbeitet haben:

- Listen Sie alle Beteiligten (»Wer«) auf, für die die Präsentation, das Ergebnis oder die Arbeit relevant ist.
- Geben Sie für jedes Thema an, warum es relevant ist und was Sie sich von der Präsentation erhoffen (»Warum«).

Ihre Geschichte definieren

Nachdem Sie das »Wer« und das »Warum« definiert haben, ist der nächste Schritt, Ihre Geschichte zu planen und zu definieren. Viele in diesem Buch behandelten Methoden und Übungen, die sich auf die Definition Ihrer Produkt- oder Dienstleistungserfahrung beziehen, gelten auch für die Präsentation Ihrer Geschichte. Zum Beispiel sind sowohl die Methode der zweiseitigen Synopsis als auch die in Kapitel 5 behandelte Karteikarten-Methode gut geeignet, um die Erzählstruktur durchzuarbeiten.

Egal, ob sie eine tatsächliche Präsentation zusammenstellen oder einfach nur herausfinden wollen, was sie definieren und abarbeiten müssen, um dem Briefing bestmöglich zu entsprechen, rate ich den von mir betreuten UX-Teams, Strategen und Geschäftsleuten, eine rasche Gliederung zu skizzieren, bevor sie sich festfahren (Abbildung 14.3). Mit einem einfachen Rahmen und einer klar definierten Erzählung, Wendepunkten und dem letzten Akt, in dem sich alles zusammenfügt, stellen Sie sicher, dass Sie sich über die notwendigen Schritte im Klaren sind. Diese Gliederung wird auch zu einem wertvollen Werkzeug und etwas Handfestem, das man dem Rest des Teams zur weiteren Diskussion mitgeben kann. Wenn Sie es richtig machen, dauert es oft nicht länger als eine Stunde und Sie werden eindeutig in der Lage sein, zu sagen: »Ich empfehle so vorzugehen, und zwar aus diesem Grund.«

In den letzten Jahren ist dies zu meiner Standardmethode geworden, an Projekte heranzugehen, insbesondere wenn ich mit neuen Agenturen arbeite, mit deren Arbeitsweise oder Vorwissen über UX und strategische Aspekte der UX-Planung ich noch nicht vertraut bin. Dieser Prozess ist auch für jüngere UX-Teams, die ihre Strategie- und Präsentationskompetenzen entwickeln, unglaublich wertvoll, genauso für jedes UX-Team, das daran arbeitet, mehr Akzeptanz für UX-Leistungen in einer Organisation zu bekommen. So lässt sich auf einfache Weise ein Storyboard erstellen, das zeigt, was Sie berücksichtigen müssen und wie alles zusammenpasst. Normalerweise benötige ich mehrere Skizzen, um es richtig hinzubekommen, aber das gehört zum Prozess und macht ihn so unglaublich wertvoll. Wenn Sie zunächst annehmen, dass bestimmte Schritte erforderlich sind, sobald Sie die ganze Geschichte vor sich haben, dann aber merken, dass dies nicht zutrifft, können Sie eventuell eine Menge Zeit sparen. Weniger ist meist mehr, und wenn Sie etwas in einem einzigen Diagramm/einer Folie ausdrücken können, ist es in der Regel besser, als wenn Sie zwei, drei, vier oder fünf Folien brauchen.

Abbildung 14.3: Ihre Geschichte festlegen

Dieser Prozess ähnelt dem Skizzieren von Seiten oder App-Ansichten und der in Kapitel 13 beschriebenen Liste »Der Zweck dieser Seite/Ansicht ist …«. Manchmal sträuben sich die Leute gegen diesen Prozess, weil sie einfach nur ihre Arbeit erledigen und sich direkt in die Details stürzen wollen. Wenn Sie jedoch einen Schritt zurücktreten, um sich zunächst ein Gesamtbild zu verschaffen, sei es für eine Präsentationsstruktur, die Art der zu erledigenden Aufgaben oder Ihre Seiten und Ansichten, sparen Sie auf lange Sicht eine Menge Zeit und bringen die Informationen viel exakter auf den Punkt. Und das ist in der Regel eine gute Sache, denn ganz gleich, wie beeindruckend unsere Präsentation oder die zu erbringenden Leistungen auch sein mögen – es ist ein Plus, wenn die Sachverhalte in kürzerer Zeit und mit weniger Seiten oder Folien präsentiert werden. Wir können unsere Aufmerksamkeit nur eine bestimmte Zeit lang aufrechterhalten, und in der Regel gibt es danach noch andere Dinge zu tun. Schließlich müssen auch die besten Geschichten zu einem Ende kommen.

So gehen Sie vor

Wenn Sie an die Metapher einer Präsentation denken, überlegen Sie zunächst, welche Folien Sie benötigen, und skizzieren sie dann. Schreiben Sie den Zweck in wenigen Worten auf (z. B. »Persona-Übersicht«, »Wichtige Templates«). Wenn Sie noch einen Schritt weiter gehen wollen, fügen Sie die wichtigsten Punkte hinzu, die jede Folie enthalten muss, um die Kernaussagen anzusprechen und zu beantworten. Das Ergebnis könnte etwa so aussehen wie in Abbildung 14.4.

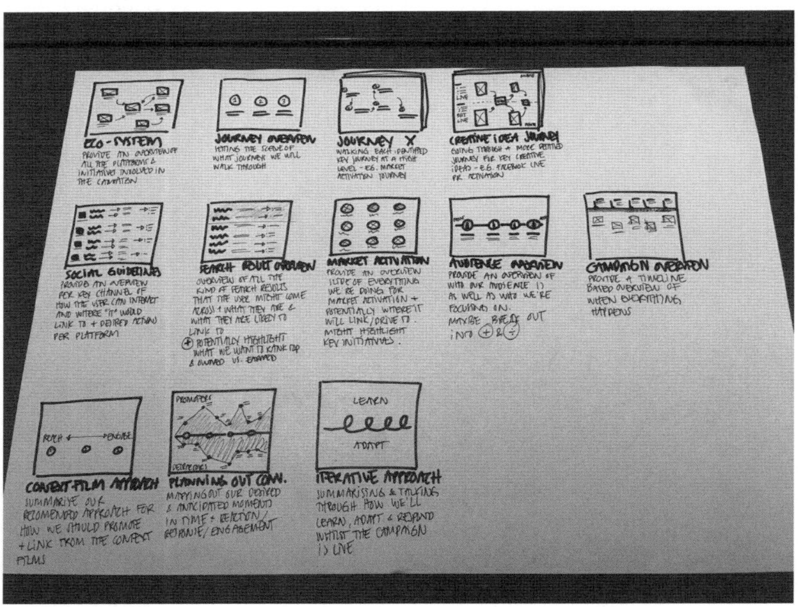

Abbildung 14.4: Folienskizzen

Übung: Ihre Geschichte definieren

Legen Sie für eine Präsentation oder ein Projekt, an dem Sie gerade arbeiten, fest:

- Was sind die wichtigsten Folien, mit denen Sie Ihre Botschaft so vermitteln können, dass sie das »Wer« und »Warum« klärt?
- Schreiben Sie für jede Folie die wichtigsten Punkte auf, die Sie vermitteln möchten.
- Fertigen Sie für jede Folie eine Übersichtszeichnung an, um zu veranschaulichen, wie sich die Erzählung der Präsentation zusammenfügen soll.

Der sprachliche Aspekt Ihrer Geschichte

Der sprachliche Aspekt Ihrer Geschichte ist sehr eng mit dem schriftlichen verbunden. Aber es kommt noch ein performatives Element hinzu. Wenn Sie nur mit dem geschriebenen Wort arbeiten, haben Sie nicht die Möglichkeit, den auditiven Aspekt der Erzählung zu gestalten.

In den alten Zeiten waren Minnesänger unter anderem deshalb so erfolgreich und angesehen, weil sie sich an ihr Publikum anpassen und es fesseln konnten. Sie hielten in bestimmten Momenten bewusst inne, damit bestimmte Details wirkungsvoll bei ihrem Publikum ankamen. Diese Technik wurde damals wie heute häufig genutzt. Wie der Geschichtenerzähler oder Darsteller damit umgeht, hängt mit der gesamten Erzählstruktur seiner Darbietung zusammen.

Abbildung 14.5: Der sprachliche Aspekt Ihrer Geschichte

Wir erleben das bei hervorragenden Rednern, seien es Motivationsredner wie Tony Robbins, Redner auf Konferenzen oder interne Teammitglieder, die etwas vor der Firma oder dem Kunden präsentieren. Alle haben gemeinsam, dass sie ihr Publikum lesen. Sie achten auf Reaktionen des Publikums oder auf das Ausbleiben einer Reaktion und passen sich entsprechend an. Sie schenken Aufmerksamkeit und laden ein, Fragen zu stellen. So schaffen sie eine und schaffen so eine entspannte und inspirierende Umgebung. Mit dem richtigen verbalen Präsentationsstil können auch die scheinbar uninteressantesten Themen interessant gemacht werden. Ob Sie das erreichen, hängt davon ab, wie Sie die Geschichte erzählen und wie Sie das Publikum einbeziehen.

So gehen Sie vor

Die Präsentation beginnt bereits damit, dass Sie Ihre Erzählung kennen und wissen, wie Ihr Publikum an den einzelnen Schlüsselstellen reagieren soll. Eine Möglichkeit, sich dies zu erarbeiten, ist das in Kapitel 9 behandelte Material.

Versuchen Sie, visuell darzustellen, wie die emotionale Reaktion auf jeder Folie in Ihrer Präsentation aussehen soll.

Sie können dies auf verschiedene Arten erreichen, z. B. indem Sie ein »N« für niedrig, »M« für mittel oder »H« für hoch in die obere rechte Ecke jeder Folie schreiben, wie in der folgenden Übung skizziert. Oder Sie können einfach Linien zwischen den einzelnen Folien ziehen, die sie unten verbinden, wenn die emotionale Reaktion geringer ausfällt, in der Mitte, wenn sie etwas stärker ist, oder oben, wenn es sich um einen Moment mit starkem Engagement handelt.

Haben Sie ein klareres Bild von der Präsentation als Ganzes und den Folien, aus denen sie besteht, fällt es Ihnen leichter, sich Gedanken über die verbale Präsentation zu machen. Sie können festlegen, was auf jeder Folie gesagt werden soll und wie detailliert Sie vorgehen wollen. Für Letzteres ist es nützlich, auf das »Wer« und »Warum« zurückzukommen, damit Sie das Gleichgewicht finden.

Übung: Der sprachliche Aspekt Ihrer Geschichte

Verwenden Sie Ihre im Rahmen der Übung »Definieren Sie Ihre Geschichte« skizzierte Präsentation als Grundlage:

- Legen Sie die Schlüsselmomente in Ihrer Präsentation fest, in denen Sie die Aufmerksamkeit des Publikums wirklich fesseln wollen, und markieren Sie diese Folien mit einem Stern. Die Schlüsselmomente könnten z. B. das hochfliegende »Was wäre, wenn« sein oder ein wirklich wichtiges Detail.
- Beschäftigen Sie sich mit der gewünschten emotionalen Reaktion auf jede Folie, indem Sie jede mit einem »N« für niedrig, »M« für mittel oder »H« für hoch in der oberen rechten Ecke markieren. Denken Sie daran, dass nicht alle Folien starke emotionale Momente enthalten können.
- Überprüfen Sie die Präsentation als Ganzes und nehmen Sie gegebenenfalls Anpassungen vor, um den Fluss von niedrig nach hoch richtig hinzubekommen, sodass sich eine gewisse Abwechslung ergibt.
- Wenn Sie mit dem Ablauf der Präsentation zufrieden sind, machen Sie sich Notizen, wie Sie die verbale Präsentation auf Basis bestimmter Folien und der gewünschten emotionalen Reaktion anpassen möchten. Dazu könnte gehören, dass Sie bei einer Folie mit vielen Details etwas entschleunigen oder bei den entscheidenden »Was wäre, wenn«-Momenten mehr Spannung in Ihre Stimme legen.

Der visuelle Aspekt Ihrer Geschichte

Beim traditionellen Geschichtenerzählen spielt der visuelle Aspekt (siehe Abbildung 14.6) oft eine wichtige Rolle. In Kapitel 1 wurde beschrieben, wie die australischen Aborigines Höhlenmalereien verwendeten, um sich an die Geschichte zu erinnern, die sie erzählen wollten, und um sie zum Leben zu erwecken.

Bei der Präsentation im Produktdesign-Bereich vergessen wir manchmal die Bedeutung des visuellen Aspekts. Viele Unternehmen tun das nicht und beauftragen Grafikdesigner mit dem Erstellen der Präsentationen. Und natürlich gibt es auch Unternehmen, die nicht daran denken, und das merkt man. Der visuelle Aspekt gilt jedoch nicht nur für Präsentationen im Zusammenhang mit dem Produktdesign. Er gilt für jedes Ergebnis und jedes Deliverable, von E-Mails und Projektplänen bis hin zu strategischen, UX-bezogenen und technischen Dokumentationen und allem anderen. Mit allem, was wir tun, erzählen wir eine Geschichte, und unsere Erzählweise beeinflusst, wie sie erlebt wird. Ob wir es wollen oder nicht, die Darstellung auf dem Papier wirkt sich auf die Art und Weise aus, wie das beabsichtigte oder unbeabsichtigte Publikum das Thema liest und versteht oder eben nicht versteht.

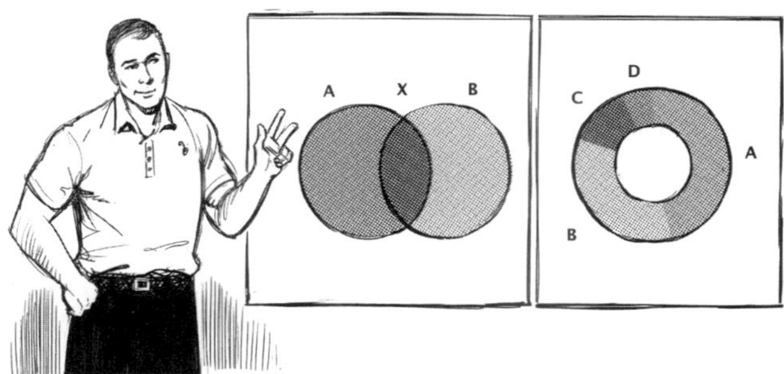

Abbildung 14.6: Der visuelle Aspekt Ihrer Geschichte

Dribble und Pinterest sind voller atemberaubender Deliverables. Die reale Welt sieht manchmal ein wenig anders aus. Manche mögen einwenden, dass der Zweck von UX-Deliverables nicht in ihrem schönen Aussehen besteht – und sicher, das ist nicht ihr primärer Zweck –, aber das ist keine Entschuldigung dafür, sich nicht um die visuelle Präsentation zu kümmern. Unsere Aufgabe als UX-Designer ist es, Klarheit in die Erfahrung zu bringen, mit der Informationshierarchie zu arbeiten und sie nutzerfreundlich zu gestalten. Dennoch vergessen viele UX-Designer, dieselben Prinzipien auf ihre Arbeitsergebnisse anzuwenden, manchmal bis zu dem Punkt, dass nicht einmal klar ist, was man da eigentlich sieht.

In gewisser Weise sagt die Art Ihrer Präsentation etwas darüber aus, wie viel Liebe und Aufmerksamkeit Sie dem Projekt widmen. Sie müssen keine großartigen Fähigkeiten als visueller Designer haben, um ansprechende Deliverables zu erstellen oder klare E-Mails und Berichte zu schreiben. Sie müssen sich nur darüber im Klaren sein, was Sie vermitteln wollen, was der gewünschte CTA ist, und Sie müssen einfache Prinzipien der Informationshierarchie anwenden, um dies zu erreichen. Außerdem müssen Sie die Nutzerfreundlichkeit, Lesbarkeit und die Relevanz für Ihre Zielgruppe im Auge behalten.

So gehen Sie vor

Wenn Sie das »Wer« und »Warum« klar definiert und sich mit dem sprachlichen Aspekt Ihrer Geschichte beschäftigt haben, geht es im nächsten Schritt darum, diese Geschichte zum Leben zu erwecken. Hier ist es wichtig, sich an den Zweck und die Verwendungsart der Präsentation oder des Dokuments zu erinnern. Als allgemeine Faustregel gilt, dass Sie bei Präsentationen, die hauptsächlich persönlich oder per Video-/Telefonkonferenz gehalten werden, weniger Text benötigen als für einfach herumgeschickte Dokumente. Im zweiten Fall ist mehr erklärender Text erforderlich.

Sinnvollerweise beschäftigen Sie sich auch mit der gewünschten emotionalen Reaktion und legen mehr visuelle Betonung auf die Momente, in denen Sie Ihr Publikum inspirieren oder wirklich mitreißen wollen. Je nachdem, wer Ihr Publikum ist, ist jedoch vielleicht ein solcher Höhepunkt ein Moment mit einer Menge Daten und Details. Es hängt davon ab, vor wem und warum Sie präsentieren.

Übung: Der visuelle Aspekt Ihrer Geschichte

Verwenden Sie Ihre im Rahmen der Übung »Definieren Sie Ihre Geschichte« skizzierte Präsentation und die im Rahmen der Übung »Der verbale Aspekt Ihrer Geschichte« vorgenommene weitere Verfeinerung als Grundlage.

Überprüfen Sie für jede Folie Ihre anfänglichen Gedanken (die Übersichtsskizze) zu dem visuellen Hilfsmittel oder Layout, das die Botschaft und den Zweck am besten vermitteln kann.

Die Präsentation Ihrer Geschichte optimieren

Wie ich in Kapitel 2 beschrieben habe, wies Aristoteles als Erster darauf hin, dass die Erzählweise einer Geschichte die ursprüngliche Erfahrung dieser Geschichte beeinflusst. Genauso wie wir versuchen, die Erfahrung für unsere Nutzer an ihre Besonderheiten und den Fortschritt ihrer User Journey anzupassen, sollten wir auch die Präsentation für unsere Kunden oder Stakeholder an ihren Kenntnisstand, ihre Prioritäten und den Fortschritt unserer Product Journey anpassen (Abbildung 14.7). Das gilt sowohl für ihr Verständnis von UX als auch für unsere Detailtiefe.

Abbildung 14.7: Die Präsentation Ihrer Geschichte optimieren

Im Grunde genommen kennen wir diese Anpassung der Erzählweise aus unserem täglichen Leben. Sie werden einem fünfjährigen Kind nicht auf dieselbe Weise von Ihrem Arbeitstag erzählen wie einem Erwachsenen. Und mit welchem Detailreichtum Sie eine Geschichte ausstatten, hängt davon ab, ob Ihr Zuhörer diese zum ersten Mal hört oder ob er sie schon hundertmal gehört hat. Ebenso müssen Sie vor einem Kunden mit umfangreichen UX-Erfahrungen nicht erläutern, was eine Sitemap ist, was der Zweck von Wireframes ist und was nicht. Hat der Kunde keine Erfahrung auf diesem Gebiet, sind solche Erläuterungen hingegen wichtig.

Wie wir unsere Geschichte am besten erzählen, hängt davon ab, wo wir den Schwerpunkt setzen, und das wiederum sollte mit dem »Wer« und dem »Warum« zusammenhängen. Auch eine Reihe weiterer Faktoren spielen eine Rolle, zum Beispiel:

- Was ist das Wichtigste, das wir vermitteln wollen?
- Wozu brauchen wir Meinungen oder Feedback?
- Wie viel wissen sie bereits?
- Was interessiert die betreffende Person?

Bei der letzten Frage geht es darum, was bei der Person, der wir etwas präsentieren, »Klick« macht oder eben nicht. Einige interne Stakeholder und Kunden wollen alle Details, andere nur die wichtigsten Punkte erfahren. Auf welcher Seite der Skala sie sich befinden, macht einen entscheidenden Unterschied für die Präsentation unserer Arbeit, was wir einbeziehen und wie wir sie strukturieren. Wenn wir das nicht korrekt umsetzen, fühlen sich die Kunden oft nicht angesprochen oder geben uns nicht das benötigte Feedback.

Wenn Ihr Ziel darin besteht, ein Buy-in zu erreichen, müssen Sie einige weitere Dinge beachten:

- Was ist ihr aktuelles Bild beispielsweise von der UX?
- Was ist ihr aktuelles Bild beispielsweise davon, wo UX in der Organisation und im Prozess angesiedelt ist?
- Was ist ihr aktuelles Bild beispielsweise beispielsweise von dem Wert der UX?
- Was ist ihr aktuelles Bild davon, wie zum Beispiel UX Projekte und die Organisation weiterbringen könnte?

Übung: Die Darstellung Ihrer Geschichte anpassen

Denken Sie an eine Präsentation, die Sie kürzlich abgehalten oder besucht haben:

- Wie haben Sie bzw. der Vortragende die Präsentation an das Publikum angepasst?
- War dies mit dem »Wer« und dem »Warum« der Präsentation verbunden?
- Wenn nicht, wie hätte es verbessert werden können?

Zusammenfassung

Wie in diesem Buch beschrieben, ist Storytelling ein integraler Bestandteil des Designprozesses – ein praktisches Werkzeug, um zu erzählen, zu informieren, zu strukturieren, zu priorisieren und zu planen, woran Sie arbeiten, und wie Sie dies als Erfahrung zum Leben erwecken können, die in die eigene Geschichte des Nutzers passt. Aber so wie Geschichten in den guten alten Zeiten dazu dienten, Menschen zu unterrichten, zu unterhalten, Werte zu vermitteln und zum Handeln zu bewegen, so dient die Rolle des Storytellings am Arbeitsplatz dem gleichen Zweck: Menschen um gemeinsame Visionen und Ziele zu vereinen und die Zustimmung für Projekte, Ideen und Arbeitsansätze zu erhalten, neue Kunden und Richtlinien zu gewinnen und natürlich als Möglichkeit, unsere Arbeit besser zu präsentieren.

Unabhängig davon, auf welcher Karrierestufe Sie sich befinden oder wie viel Sie im Alltag auf verschiedenen Ebenen präsentieren müssen – Storytelling gehört zu unserer Arbeit. Obwohl wir nicht alle zu Experten werden können, können wir alle definitiv das Storytelling bis zu einem gewissen Grad beherrschen und wir werden die unmittelbaren Vorteile erkennen, sobald wir es in die Praxis umsetzen.

Um Ihre Geschichte zu präsentieren, müssen Sie sowohl absichtlich als auch zielgerichtet mit ihr umgehen und sich klarmachen, warum und wie Sie sie erzählen. Erkennen Sie an, dass nicht jeder auf das Gleiche reagieren wird, sondern dass Kollegen und Kunden unterschiedlich sind, genau wie die Nutzer der von uns gestalteten Produkte und Dienstleistungen. Storytelling ist eine Fähigkeit, die mit Zuhören und Recherche zu tun hat. Es geht darum, Nuancen zu verstehen, sich anpassen und sofort auf die Reaktionen des Publikums reagieren zu können. Und es geht darum, Vertrauen in sich selbst und das Material oder Thema zu haben, über das Sie sprechen. Mehr als um alles andere geht es darum, eine gute Erfahrung für Ihr Publikum zu schaffen, und obwohl eine erzählte Geschichte nicht unbedingt auch eine gute Geschichte ist, hat eine gut erzählte Geschichte die Macht, die Meinung der Menschen zu ändern und sie zum Handeln zu bewegen. Und genau das streben wir bei unserer Arbeit schließlich fast immer an.

Index

D

E

F

G

H

I

J

K

L

M

N

O

P

T

U

V

Über die Autorin

Anna Dahlström ist eine schwedische UX-Designerin mit Sitz in London und die Gründerin der UX-Designschule UX Fika. Seit 2001 arbeitet sie für Kunden, Agenturen und Start-ups an einer Vielzahl von Marken und Projekten, von Websites und Apps bis hin zu Bots und TV-Interfaces. Sie hält regelmäßig Vorträge und hat einen Mastertitel in Computer Science and Business Administration der Copenhagen Business School.

Kolophon

Das auf dem Cover dieses Buchs abgebildete Tier ist ein Rotfuchs (Vulpes vulpes). Der Rotfuchs ist eine von fünf Fuchsarten in Nordamerika. Ihr Verbreitungsgebiet schließt auch Australien ein, wo sie als invasiv gelten. Rotfüchse bevorzugen offene Gebiete mit niedriger Vegetation, kommen aber auch in Wüsten, Wäldern und Tundren zurecht.

Das Fell kann rot, rostrot, rötlich-gelb oder mehrfarbig sein und ist an der Unterseite und Schwanzspitze weiß. Schwarzes Fell säumt Beine, Ohren und Rute. Die Pupillen sind vertikal ausgerichtet und ellipsenförmig, das Gesicht verjüngt sich zu einer sehr schlanken Schnauze.

Die Rute eines Rotfuchses ist mehr als die Hälfte seines Körpers lang. der Körper ist meist 30 bis 55 Zentimeter lang, die Rute 12 bis 30 Zentimeter. Das Gewicht ist sehr variabel – normalerweise liegt es zwischen 6,5 und 24 Pfund.

Bei der Geburt sind Rotfüchse braun oder grau, blind, taub und zahnlos. Rotfüchse sind monogam, und beide kümmern sich bis zum Herbst um den Nachwuchs, bis diese Jungtiere sich selbst versorgen können. Die durchschnittliche Lebenserwartung eines freilebenden Rotfuchses beträgt zwei bis vier Jahre.

Rotfüchse ernähren sich von einer Vielzahl kleiner Vögel und Säugetiere, darunter Mäuse, Kaninchen und Murmeltiere, außerdem Früchten und Gräsern. Sie vergraben überschüssige Nahrung. Rotfüchse jagen vor Sonnenaufgang und am späten Abend. Ihr scharfes Gehör und ihr binokulares Sehvermögen helfen ihnen bei der Jagd auf kleine Beutetiere in der Dunkelheit. Man kann Rotfüchse aber auch tagsüber antreffen – sie sind oft tagaktiv und gelten als die am weitesten verbreiteten Caniden der Welt.

Viele der Tiere auf den O'Reilly-Buchcovern sind vom Aussterben bedroht; alle sind sie wichtig für das Gleichgewicht der Natur.

Die farbige Illustration stammt von Karen Montgomery und basiert auf einem Schwarz-Weiß-Stich aus Le Jardin des Plantes. Das Cover ist in Gilroy und Guardian Sans gesetzt, der Fließtext in Birka und die Überschriften in Myriad Variable Concept.

John Whalen

Think Human: Kundenzentriertes UX-Design

Mit kognitiver Psychologie zu besseren Produkten

2020
248 Seiten, komplett in Farbe
Broschur
€ 29,90 (D)

ISBN:
Print 978-3-86490-715-9
PDF 978-3-96088-854-3
ePub 978-3-96088-855-0
mobi 978-3-96088-856-7

Auf *dpunkt.de* auch als Bundle erhältlich

»Dieses Buch liest sich wie eine Unterhaltung mit John – klar, engagiert und immer auf den Punkt. Ein großartiges Buch für Leute, die neu in die UX-Forschung einsteigen oder die sich bereits mit UX beschäftigen und deren Rolle im Produktdesign besser verstehen wollen. Selbst langjährige Praktiker werden das Konzept der sechs Erfahrungsebenen als innovativ und nützlich und die Zusammenfassung der Schlüsselkonzepte als hilfreiche Auffrischung empfinden. Viele gute Beispiele und konkrete, praktische Ratschläge.«

Laura Cuozzo Guarnotta,
UX Research Lead bei Google

Designen Sie Produkte und Services mit der besten UX, indem Sie sich an den Wünschen, Erwartungen und Denkprozessen Ihrer Kunden orientieren. Mit seinem praktischen Modell der sechs Erfahrungsebenen hilft Ihnen UX-Experte und Psychologe John Whalen dabei, Ihre Kunden besser zu verstehen, Muster zu erkennen und das daraus gewonnene Wissen erfolgreich einzusetzen.

Nachdem Sie im ersten Teil dieses Buchs gelernt haben, welche kognitiven Prozesse zu einem positiven Nutzererlebnis führen, zeigt Ihnen der Autor im zweiten Teil, wie Sie diese mithilfe von Kontextinterviews in Ihren Kunden identifizieren. Im dritten Teil erfahren Sie schließlich, wie Sie die erlangten Erkenntnisse dynamisch umsetzen und in Ihre Arbeit integrieren.

Zahlreiche praxisnahe Beispiele sowie interessante Übungsaufgaben veranschaulichen Theorie und Praxis von Whalens Modell und helfen Ihnen bei dessen Adaption, sodass Sie schnell bessere Produkte oder Services designen, die Ihre Kunden glücklich machen.